青岛北站结构设计

张相勇 等 著

中国铁道出版社

2016年·北京

内 容 提 要

　　《青岛北站结构设计》详细阐述了青岛北站结构设计的全过程,以及施工的关键技术,内容丰富、系统完整。全书共分3篇,第1篇主要介绍青岛北站工程的基本情况;第2篇系统介绍青岛北站地下结构、主站房(屋盖、高架候车层、东西广厅与观景平台、幕墙钢结构)和两侧对称的站台无柱雨棚等各部位的结构计算分析与设计;第3篇详细介绍青岛北站结构设计研究中的关键技术,包括:大型基坑设计与施工、大跨钢结构风荷载效应、大跨钢结构抗火性能化设计、预应力钢结构、钢结构异形截面承载力验算、消能减振设计、大型拱脚节点设计、结构试验研究(整体模型、异形截面、复杂节点及拉索抗火等)、含预应力张拉与卸载的施工仿真分析、大跨钢结构施工监测与健康监测等。

　　本书可供建筑结构设计人员、建筑科研院所研究人员及高等院校土木工程专业师生参考使用。

图书在版编目(CIP)数据

青岛北站结构设计/张相勇等著 . —北京:中国
铁道出版社,2016.7
　ISBN 978-7-113-21970-3

Ⅰ.①青…　Ⅱ.①张…　Ⅲ.①火车站—结构
设计—青岛市　Ⅳ.①TU248.1

中国版本图书馆 CIP 数据核字(2016)第 140939 号

书　　名:**青岛北站结构设计**
作　　者:张相勇　等

策　　划:陈小刚
责任编辑:张　瑜　　　　　编辑部电话:010-51873193
封面设计:崔丽芳
责任校对:孙　玫
责任印制:陆　宁　高春晓

出版发行:中国铁道出版社(100054,北京市西城区右安门西街8号)
网　　址:http://www.tdpress.com
印　　刷:北京铭成印刷有限公司
版　　次:2016年7月第1版　2016年7月第1次印刷
开　　本:787 mm×1 092 mm　1/16　印张:26.5　字数:649 千
书　　号:ISBN 978-7-113-21970-3
定　　价:75.00 元

《青岛北站结构设计》
编委会

主　　编：张相勇

副主编：杨惠东　甘　明　牟在根　赵鹏飞

编　　委：张相勇　杨惠东　甘　明　牟在根　赵鹏飞

薛慧立　韩志伟　张克意　李文峰　Emmanuel Livadiotti

李黎明　王宏伟　吕黄兵　徐瑞龙　焦峰华

刘　娟　毛绍米　张志强　王德连

序

　　进入二十一世纪以来,我国高铁站房建设步入了蓬勃发展的时期,青岛北站是国内近年来新建的高铁站房中设计难度非常大的工程项目之一。"海鸥"方案造型优美,展翅欲飞的动感给人以无限的遐想。建筑师奇特的想象与结构工程师严谨务实的追求共同创造了一项经典的预应力钢结构建筑,该建筑已成为青岛市新的城市景观及城市名片。

　　中铁二院、北京市建筑设计研究院有限公司及法国 AREP 公司三家单位组成的设计联合体,面对新颖奇特而异常复杂的建筑方案,开展了卓有成效的结构设计工作。在结构设计过程中不断创新、反复研究,最终形成了受力合理且施工方便的结构设计方案,尤其是主站房创新性地采用了预应力立体拱架结构,丰富了预应力钢结构体系的内容,实现了建筑艺术的美感,是结构美与建筑美深度融合的典范之作。

　　青岛北站结构体系异常复杂,是多种结构体系组合而成的混合体,含预应力立体拱架结构、拉索结构和钢桁架结构及部分混凝土结构,而且主构件截面多为异形截面,增加了设计难度。为了解决设计难题,应用了多项创新技术。青岛北站的结构设计与建设过程,是产学研深度合作的过程,取得了丰硕的成果。设计联合体与西南交通大学、同济大学、北京科技大学、东南大学、建研科技股份有限公司、北京市建筑工程研究院等组成的设计研究团队,解决了设计过程中的诸多难题,通过理论研究、试验验证及设计方法研究,形成了结构设计中的关键技术,这些创新成果为青岛北站的结构设计提供了理论与技术支撑,从而确保了项目的顺利进行。

　　设计研究团队对青岛北站的结构设计与研究成果进行了全面总结,再次彰显了该团队的创新意识、责任感和使命感。本书是我国高铁站房领域的钢结构及空间结构科技著作,内容丰富、可读性强,它的出版可以增加广大读者对钢结构及大跨空间结构在铁路领域乃至土木工程其他领域应用的了解,也有利于促进我国钢结构的进一步发展。

中国工程院院士

清华大学教授

聂建国

前　　言

　　青岛北站是集高(普)速铁路、城际铁路、轨道交通、公交、长途客运、出租车和社会车辆等多种交通方式为一体的综合性大型交通枢纽,为山东省目前最大的铁路客运枢纽站。站场规模按 8 台 18 线布置,整个火车站由售票厅、广厅、高架候车厅、地下出站厅、无站台柱雨棚等客运部分,以及车站办公服务用房与设备用房组成。

　　青岛北站整体造型富有动感又伸展飘逸,挺拔而富有张力,似一只海鸥振翅高飞,预示着青岛市经济文化的蓬勃发展;建筑优美曲线的灵感来自于展翅飞翔的海鸥,给人以无限的遐想;同时采用预应力立体拱架结构体系直接外露,是建筑美与结构美的完美演绎,形成了一种城市门户的形象,象征着青岛以博大的胸怀迎接来自五湖四海的宾客。

　　青岛北站的"海鸥"方案造型奇特,注定了结构设计的极大挑战性,设计难度与复杂程度在国内近年建造的火车站房中比较少见。中铁二院、北京市建筑设计研究院有限公司及法国 AREP 公司三家单位组成的设计联合体为此付出了艰苦卓绝的努力。从 2007 年青岛北站方案投标开始,设计工作先后经历了结构方案深化设计、初步设计、修改初步设计、施工图设计、施工配合、车站运营配合设计等多个阶段,联合体内部经历了无数的不眠之夜,车站各结构单体也都进行了充分的讨论和多轮的修改,共历时 6 年多的时间。青岛北站于 2013 年 12 月正式通车,工程圆满竣工,为业主、为青岛市民提供了一项精品工程,构成了青岛市新的城市名片与新城市景观。

　　青岛北站在结构设计过程中,设计联合体曾协同西南交通大学、同济大学、北京科技大学、东南大学、建研科技股份有限公司、北京市建筑工程研究院等设计研究团队,对结构设计进行系统的理论研究、试验验证及设计方法研究,成功突破了结构设计中的关键技术,解决了项目设计过程中的诸多难题,为项目的顺利进行奠定了良好的基础。

　　青岛北站属于多种结构体系巧妙组合而成的混合体,含预应力立体拱架结构、拉索结构和钢桁架结构及部分混凝土结构,而且主构件截面多为异形截面,加之单体长度与跨度超限,结构设计难点颇多。通过预应力立体拱架的应用,紧密结合建筑造型,在满足建筑外观要求的基础上,良好地达到了屋盖结构的安全可靠使用要求,实现了独特建筑造型与新颖结构体系的统一;大量运用复杂节点和异形截面构件,通过大尺度缩尺模型试验及节点与异形截面试验的验证,同时进行相应的电算模拟,圆满完成了对其工作性能的验证,同时为其他相似工程问题提供了经验;通过耐火试验,验证高矾索在初始预应力作用下,喷涂防火涂料后,拉伸变形 0.3%,在 500 ℃高温下达到 1.5 h 的耐火极限,结果表明拉索受力性能满足要求,此类拉索耐火试验在国内尚属首次;运用 TMD 阻尼器,有效避免了高架候车层与观景平台大跨度楼面与人群行走频率的共振,同时显著减小了楼面加速度,保证了良好的舒适度要求;防屈曲支撑在西广厅的应用,在不增大原有框架柱截面的基础上,控制住了结构在地震作用下的层间位移角与振动响应,从而有效地保护结构在强震下的安全,而且安装方便,施工快捷;预应力幕墙钢结构在满足建筑外观和结构安全可靠的基础上,良好地实现了其功能作用,与主体结构的灵巧通透形成了呼应。

自 2013 年 12 月车站正式通车后迄今为止,青岛北站结构设计关键技术等各项科研课题均通过了相关部门验收,达到国际先进水平,部分成果达到国际领先水平,共完成关键技术研究报告 11 项,发表论文 20 余篇,相关成果共获得省部级奖励 5 项。

青岛北站结构设计过程中,中国铁路总公司(原铁道部)、青岛市政府给予了大力支持,曾得到柯长华、汪大绥、刘树屯、陈富生、王亚勇、傅学怡、齐五辉、薛慧立、苗启松、陈彬磊、盛平、覃阳、朱兴刚、肖从真、钱基宏、于海平、周学军、夏世群、蒋世林等国内专家的指导和帮助;另外,设计联合体内各单位的领导和许多专家同行亦给予了热情关心、指导与帮助,在此表示最诚挚的感谢。

工程建设过程中,在青岛北站建设指挥部强有力的领导下,总包单位中铁二局、中建股份等单位,以及中建钢构有限公司、中建安装有限公司等钢结构施工单位密切配合,通力合作,最终高质量的完成了本工程。

本书编写自火车站通车后正式筹备,全书由张相勇组织并定稿,各章节编写人员如下:第 1 章:张相勇;第 2 章:张相勇,张克意;第 3 章:张相勇,赵鹏飞;第 8、9 章:张克意,张相勇;第 13 章:李黎明,张相勇;第 14 章:张相勇,张志强;第 16 章:牟在根,张相勇;其他章节均由张相勇编写。参与过本项目的罗斌、谈政、孟祥冲、魏建友、王莹、阳升、方云飞、韩龙勇、陈晗、陈新礼、司波、尧金金、冉鹏飞、张爵扬、汤理达等提供了工程建设过程中相关的资料与素材。参加本书编写的还有李静姝、葛鹏等。部分摄影图片由王顺成提供。

薛慧立、杨惠东、牟在根、赵鹏飞、李文峰、吕黄兵、徐瑞龙等专家校审了书稿。

中铁二院的业务建设课题为本书的顺利出版提供了极大的帮助。

在此一并致谢!

本书编委会

目　　录

第 3 篇　关键技术

第 1 篇

工程基本情况

GONGCHENG JIBEN QINGKUANG

第1章　工程概况

1.1　工程概况

1.1.1　场　　地

青岛北站设在青岛市李沧区,基地西侧为胶州湾及胶州湾高速公路,西南约 1 km 为跨海大桥——青岛海湾大桥的起点,北距青岛流亭国际机场约 13 km。青岛北站建设用地范围地形平坦,地势开阔,无特殊地形地貌。车站总平面图如图 1-1 所示。

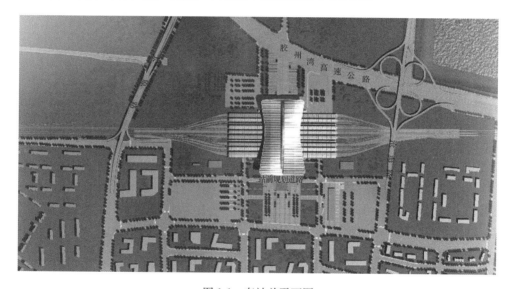

图 1-1　车站总平面图

1.1.2　功　　能

青岛北站是我国"四纵四横"快速铁路网的重要节点,是连接山东半岛、长江三角洲、珠江三角洲沿海快速铁路通道的起点,衔接胶济客专及青荣城际铁路、青连铁路、胶济铁路高速线,是山东省最大的国铁、地铁、公交立体交叉的综合性交通枢纽。青岛北站采用双向广场设计,两侧均设售票厅、进站广厅和地下出站厅,站房总建筑面积 68 898 m²,包括地上两层、地下三层共五层布局。地面层为站台层,建筑面积 12 077 m²,设有 8 个站台 18 条线路;地上二层为高架候车层,建筑面积 31 447 m²,可同时容纳 1 万人候车;地下一层为出站和综合换乘通道,地下二层为地铁 3 号、8 号线,地下三层为地铁 1 号线。

青岛北站集城际铁路、普速铁路、高速铁路、轨道交通、公交、长途客运、出租车和社会车辆等多种交通方式为一体,系统集成实现了旅客多种交通方式的"零换乘"。主站房是整个交通枢纽中最重要的旅客集疏区域,客流集中,功能和流线复杂。

1.1.3　设计要求

(1)符合国家基本建设政策、法令和有关规定,充分体现"以人为本"的设计指导思想。

(2)符合铁路站房建设"功能性、先进性、系统性、文化性和经济性"的建设理念,做到技术先进、功能合理、结构安全,并满足建筑节能和环境要求。

(3)与外部交通环境条件紧密结合,创造以人为本、高效、便捷的交通枢纽。

(4)充分考虑远期发展和火车站的城市窗口形象,合理确定建设标准,注重长远经济效益和社会环境效益。

(5)强调建筑个性与环境的统一,通过一体化、完整而独特的建筑造型体现现代交通建筑的内涵,体现地域文化特点,满足城市规划和城市交通需要。

(6)重视环境和室内空间建设,为旅客创造更为生动、舒适的站内环境。

(7)积极采用新技术、新材料、新设备,提高科技含量,强调消防安全。

1.2　设计概况

1.2.1　方案设计

1.背景

青岛北站由中铁二院工程集团有限责任公司(以下简称铁二院)、北京市建筑设计研究院有限公司(以下简称 BIAD)和法国铁路集团 AREP 建筑设计公司(以下简称 AREP)三家组成的设计联合体共同设计。其中,方案设计由联合体共同完成,AREP 主要负责地上主体建筑与结构的初步设计,BIAD 负责主体建筑与结构的施工图设计,铁二院负责地下部分的整体设计及地上机电各专业相关设计。

2.设计理念

(1)以人为本,贯彻铁路站房建设"功能性、先进性、系统性、文化性和经济性"的建设理念。

(2)针对不同客流需求建立以快速通过为主的旅客交通模式。青岛北站流线设计在满足普通候车式旅客活动模式的基础上,着重加强了客流的快速通过能力。针对不同的旅客需求建立"上进下出、下进下出"的立体站内交通流线,为旅客提供方便快捷的路线。

(3)公共空间的兼容可变性和应急能力。设计中将空间最大限度地留给公共空间面积,采用完整的大空间布局,为未来铁路的发展变化预留下良好的条件。车站具有足够的室内外空间以应对在春运、暑运和节假日等特殊时段客流高峰聚集的情况,提高车站应急能力。

(4)引入站房功能的多元化和城市化。主站房主要空间引入城市化、社会化功能,为旅客提供商业、休闲、休息等多种设施和服务。站房本身已不仅仅局限于交通功能,更成为城市生活的一部分。

(5)展翅腾飞是青岛北站设计的立意基础。青岛北站造型立意海鸥在海滨展翅飞翔,寓示青岛博大的胸怀和广阔的发展前景,突出了"海边的站房"这一得天独厚的环境条件,使交通建筑的空间塑造与自然环境浑然一体,完美地体现了人与自然和谐相处的城市特点,又以独特的建筑造型构成了青岛市的新地标,一座极具地域特征和视觉冲击力的交通建筑将为胶州湾海域增添活力。

3. 规划设计

将青岛北站站房置于城市站前大道尽端上,紧邻大海。轴线上的城市广场、站前广场、站房、站房后的广场延续空间,构成完整的景观序列,青岛北站成为城市轴线的对景,它对称的体形也强化了这一城市空间关系。

针对地形特点,形成对称的站场交通、景观形态。站前广场结合城市交通分东、西两个广场,主广场设在站房东侧,解决城市方向来的旅客进出站;西广场设在胶州湾高速公路与车站之间,解决胶州湾高速公路方向来的旅客进出站,形成完善的进出站交通空间。

整个站区环境开阔,空间丰富且具有层次,为进站人群提供了舒适的集散休闲场所。站前广场及城市广场以自然生态为主题,对应远处的碧海蓝天形成绿色生态的站区环境。具有强烈引导性和流动性的广场景观绿化,融入站房空间,再渗透出来汇入大海,整个站房犹如展翅欲飞的海鸥,给人无限的遐想和视觉映像。

4. 功能设计

青岛北站流线设计在满足传统候车式车站旅客活动模式的基础上,结合空间和平面布局,着重加强了客流的快速通过能力,充分考虑旅客的需求,进行功能流线的优化设计,创造舒适、优美、人性化的空间,为旅客提供细致入微的关爱,使车站成为功能完善、技术先进、经济合理、适应铁路发展和旅客需要的现代化交通建筑精品。

青岛北站为跨线式车站,全站设到发线 18 条(含正线 2 条、货线 2 条),有效长度按 650 m 设计。车站两边最外侧各设一个基本站台,分别采用 500 m×15 m×1.25 m、450 m×12 m×1.25 m,第二站台采用 500 m×12 m×1.25 m,其余 5 个中间站台采用 450 m×12 m×1.25 m。

主站房主要空间设计考虑了足够的场所来处理进、出站层的多种功能,并将城市化、社会化的概念引入站房功能。在进站广厅、候车区等公共空间中为旅客提供商业、餐饮、休息等多种设施和服务,满足不同层次旅客的不同需要。结合候车室布置室内绿化有效地改善了候车环境。站房本身已不仅仅局限于交通功能,更成为城市生活的一部分。

青岛北站建筑平面采取高架候车的形式,采用"上进下出"的旅客流线,将车站功能空间划分为地下出站层、地面站台层、高架候车层三个层面。

地下出站层主要由出站厅及出站通道组成,旅客由站台经自动扶梯下至地下出站厅,检票后进入出站通道。出站旅客可在出站通道选择直接上至东西站前广场、东站房广厅及站前平台、地铁站厅及各地面停车场,实现各种功能的综合连接。

地面站台层东西两端均设置有进站广厅、售票等客运用房。其中东端客运用房中部为进站广厅,广厅右侧设售票用房,左侧设商业用房,使广厅成为综合利用空间,旅客由广厅经自动扶梯可直接到达高架候车层。贵宾候车室设于广厅左侧,具有独立的出入口,并可通过专用垂直电梯上至高架候车层,经进站走廊跨线到达站台。

高架候车层中部为高架候车区,东端设置有少量客运管理及设备用房,并设置有餐厅;西端设置有面海观景区。候车区内采用玻璃隔断划分出普通候车区、母子候车区和软席候车区等,适当引入室内绿化及楼板局部开孔,形成丰富、舒适的候车空间。

餐厅、观景休闲区等配套商业服务设施的设置,在大大提升青岛北站候车空间品质的同时,也将海景车站的独特优势发挥到极致。

5. 建筑方案设计

(1)地下一层

该层(相对标高为−10.500 m)主要功能为铁路旅客到达的出站厅、综合换乘的大厅、地铁站厅、地下停车场,其平面图如图1-2所示。

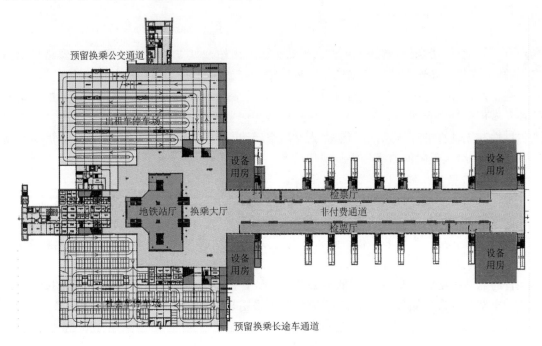

图1-2　地下一层平面图(1∶700)

出站厅为双柱三跨,中跨为城市通道,可连通站房东西广场及地下空间;两侧边跨为出站检票厅,铁路旅客从站台通过楼扶梯到达检票厅,检票后进入城市通道离站。

铁路设备管理用房设置于东西站房下方。

出站厅东侧为换乘大厅。换乘大厅东侧为地铁站厅,南侧为出租车停车场及公交换乘通道,北侧为社会车停车场及长途车换乘通道。铁路旅客出站后可通过换乘大厅选择地铁、出租车、社会车、长途车、公交车等多种交通方式进行换乘。

(2)站台层

站台层(相对标高为±0.000 m)共8个站台,所有站台上均不设柱,所有雨棚及站房的结构柱均设于两条轨道的中央。每个站台均设两处进站楼扶梯,两处地下出站通道,以及两部连接高架候车层与站台层、站台层与出站大厅层的无障碍电梯。站台层平面图如图1-3所示。

西侧基本站台以外设置西站房,西站房中部为进站广厅和基本站台候车区,广厅内设置通向高架层的楼扶梯。西站房本层南侧为售票、工作人员办公区、卫生间,南侧夹层设置设备用房及信号专业用房;北侧为贵宾室、工作人员办公区、设备用房、卫生间,北侧夹层设置设备用房及信号专业用房。

东侧基本站台以外设置东站房,东站房中部为进站广厅和基本站台候车区,广厅内设置通向高架层的垂直交通。东站房本层北侧为售票、工作人员办公区、卫生间,北侧夹层设置设备用房及工作人员办公区;南侧为工作人员办公区、设备用房、卫生间以及 3 个贵宾候车室,南侧夹层设置设备用房及工作人员办公区。

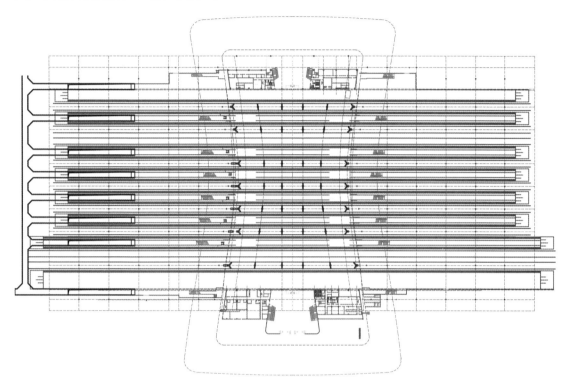

图 1-3　站台层平面图

本站共设 4 个贵宾候车室,其中 3 个贵宾候车室设于东站房,1 个贵宾候车室设于西站房。

站台层南北两侧部分分别为无柱雨棚的覆盖区域。

(3)高架候车层

高架候车层(相对标高为 9.000 m)的高架于站台之上布置。候车区内可根据需要采用轻型隔断划分为软席候车区、无障碍候车区等。候车厅内布置两排玻璃服务单元。服务单元内设卫生间、吸烟区或商业设施等。结构主拱与地面相交处采用磨砂防火玻璃采光地面,以便给站台层引入更多的自然光线。候车厅东西两端除了作为乘客从广厅进入到候车区的过渡空间外,还布置了商业空间,在候车厅西侧靠近外立面幕墙处设置了相对标高为17.100 m 的观海夹层(即观景平台)作为集中的商业空间。高架候车层平面图如图 1-4 所示。

(4)剖面设计

车站剖面图如图 1-5 所示。站房屋面檐口最高点建筑高度为 46.440 m。

为保证站房地下一层大厅空间高度不低于 4.5 m,地下一层层高从站台面至地下一层地面为 10.500 m。设计考虑地下一层喷淋管线等按穿结构梁形式设计,主梁纵向布置,保证室内主要部分的室内净空。

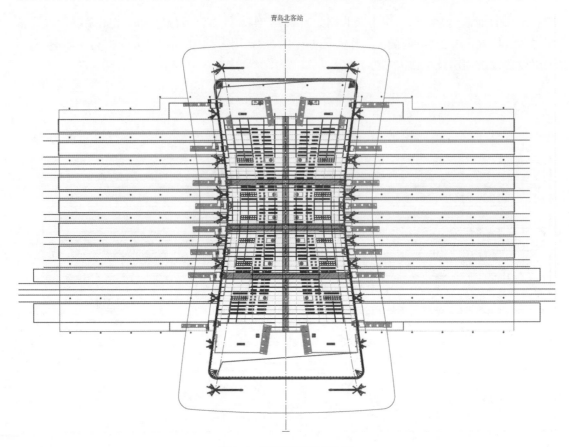

图 1-4　高架候车层平面图

站房首层室内地面比室外广场高 0.3 m，比站台面高 0.15 m。室内外采用斜坡连接，便于旅客通行。站台层层高 9 m。

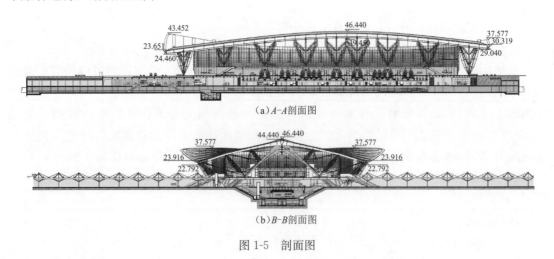

（a）A-A 剖面图

（b）B-B 剖面图

图 1-5　剖面图

（5）立面造型

立面造型如图 1-6 所示。"海鸥"建筑优美曲线的灵感来自于展翅飞翔的海鸥，给人以无限的遐想;整体造型富有动感又伸展飘逸,挺拔而富有张力,似一只海鸥振翅高飞,象征着青岛市经济文化的蓬勃发展;清新通透的建筑造型,独特的滨海建筑环境,不同于以往站房厚重严谨的立面造型风格,营造出浪漫的视觉形象,体现出"海边的新客站"这一独具魅力的空间主题。

(a)东侧效果图

(b)东北侧效果图

(c)南侧效果图

图 1-6 立面造型

6. 结构方案设计

青岛北站结构体系复杂,地上两层(西边局部有第三层观景平台),地下两层(局部三层),地下通道结构与地铁结构接驳,实现无缝衔接与换乘。地上主体结构由主站房(包括屋盖、高架候车层、东西广厅)和两侧对称的站台无柱雨棚组成。主站房屋盖东西长约350 m,南北宽约 168~213 m,为复杂的空间钢结构体系,拱形受力体系跨度为 101.2~148.7 m 不等,最大悬挑约 30 m,每榀拱形受力体系通过几何单元的变化来模拟飞鸟展翅的姿态,拱形体系支座之间设预应力拉索,以平衡水平力。屋盖结构直接落地,其支承斜拱在 9.000 m 标高处穿过高架候车层楼板,且与下部高架候车层结构为互相独立的结构单元。主站房高架候车层平面尺寸约为 120 m×205 m,为由 Y 型柱和实腹工字形梁组成的钢框架体系。主站房两侧对称的站台无柱雨棚投影面积共约 58 000 m²,采用平面管桁架拉索结构,最大跨度 38.5 m。

结构在施工及使用期间应具有足够的强度、刚度、稳定性及耐久性,应根据结构特点进行承载力、稳定性、疲劳、变形、抗裂或裂缝宽度验算,并满足耐久性要求与相关规范的规定。

结构设计基准期为 50 年,建筑结构的安全等级为一级。抗震设防烈度为 6 度,设计基本地震加速度值为 0.05g;设计地震分组为第三组;场地类别为Ⅱ类;根据抗震设防专项审查专家意见和《山东省地震重点监视防御区管理办法》相关规定,在进行地震作用计算时将设防烈度由 6 度提高到 7 度(0.1g)。

"海鸥"形屋盖钢结构、高架候车层钢结构、东西广厅与观景平台结构等有关结构设计及分析内容参考第 2 篇。

1.2.2　方案调整与初步设计修改

1. 屋盖方案调整变化

在方案设计过程中曾对站场线路进行过调整,考虑到本工程主站房结构的特殊性,建筑方案的改变如图 1-7 所示。

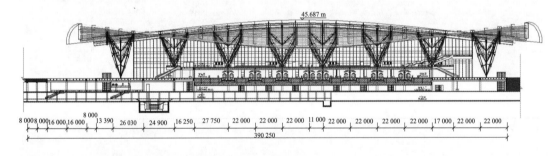

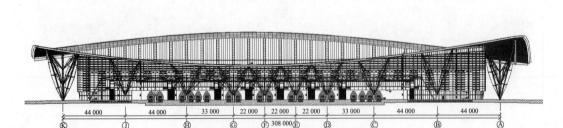

图 1-7　建筑方案修改(单位:mm)

为适应建筑方案调整,结构单元需要重新进行布置,最后确认由原来 8 个拱单元组成的结构修改为现在 10 个拱单元的结构,如图 1-8 所示。拱单元间距的变化,使得结构抗侧力体系布置也发生了相应的变化,修改后侧向刚度要优于修改前,如图 1-9 所示。

2. 无柱雨棚方案调整变化

根据站场线路的变化,结合建筑使用功能,无柱雨棚的设计方案经历了多次修改。其中最大的变化是结构体系由原有的柱顶斜拉索方案改为落地斜拉索方案,如图 1-10 所示。与此同时,结构的跨数、跨度也都进行了相应的调整。

随后在优化过程中,为了节省造价,将雨棚净高从 13.5 m 下降为 9 m。但雨棚在按此高度施工至与主站房连接处的最后一跨时,考虑到雨棚檐口标高与站房檐口标高差距较大可能会导致飘雨现象的发生,于是将最后一跨起翘,如图 1-11、图 1-12 所示。雨棚最终的设计平面图如图 1-13 所示。

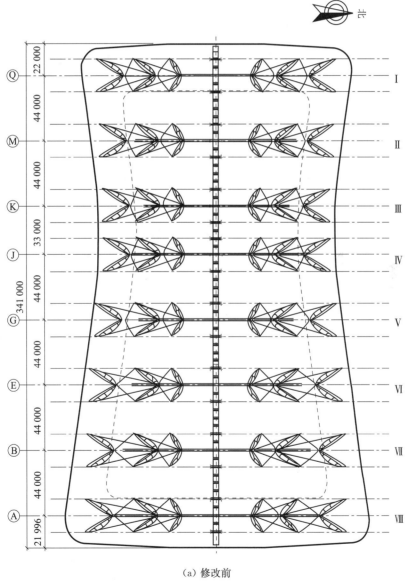

(a) 修改前

图　1-8

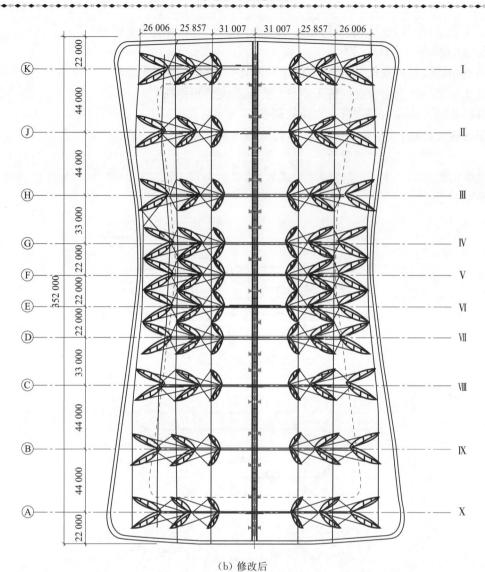

（b）修改后

图 1-8　站房结构拱单元布置图（单位：mm）

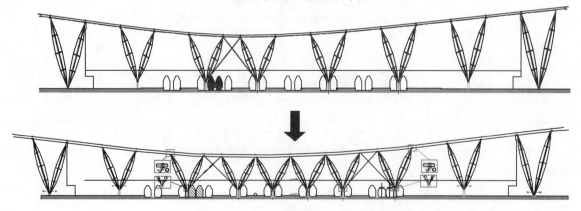

图 1-9　拱单元结构纵向剖面示意图

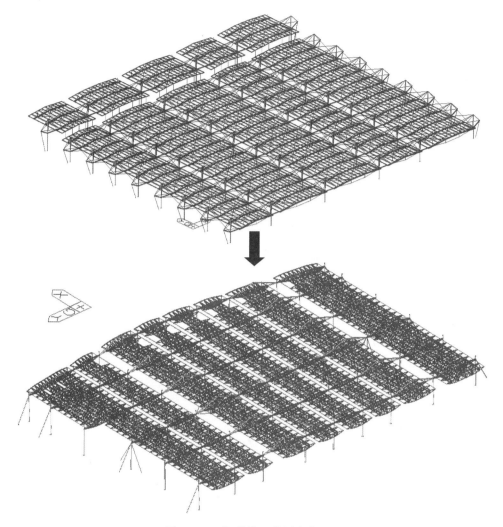

图 1-10　雨棚整体三维图变化过程

1.2.3　抗震设防专项审查

1. 超限情况

青岛北站主站房屋盖的建筑造型独特,结构型式复杂,属《超限高层建筑工程抗震设防专项审查技术要点》(建质〔2006〕220 号)所列的超限结构类型。具体超限情况如下:

(1)属于特殊类型大型公共建筑。

(2)属于超限大跨空间结构:不计悬挑,屋面结构的单向长度约 350 m,大于 300 m。

(3)属于超限大跨空间结构:屋面结构的最大跨度为 148.7 m,大于 120 m。

2. 针对措施

按国家行政许可和建设部令第 111 号要求,应进行抗震设防专项审查。考虑到青岛北站的重要性及超限的情形,在方案设计及初步设计时针对超限采取了特殊加强措施及计算分析,具体如下:

(1)结合建筑造型,采用立体拱架的结构型式,增加构件的轴向力效应,减少弯矩效应,充分利用材料。

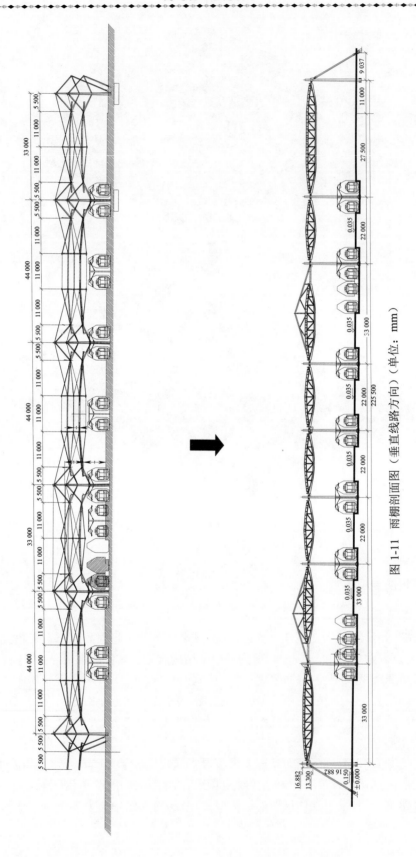

图 1-11 雨棚剖面图（垂直线路方向）（单位：mm）

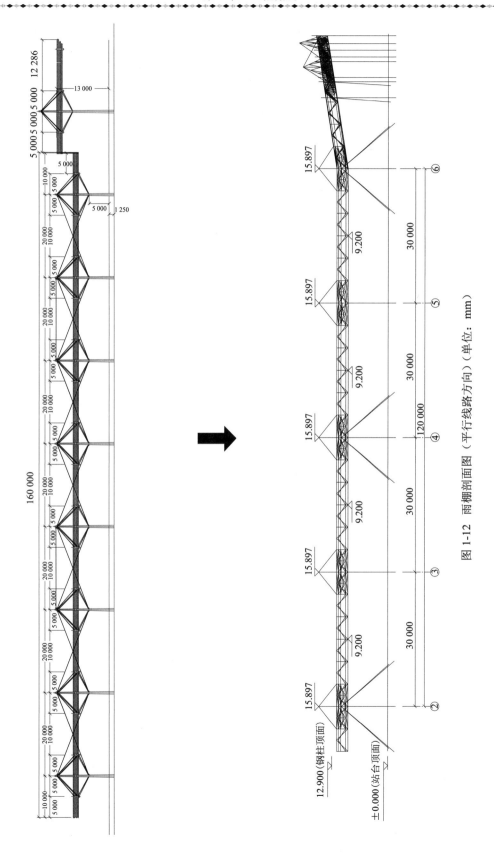

图 1-12 雨棚剖面图（平行线路方向）（单位：mm）

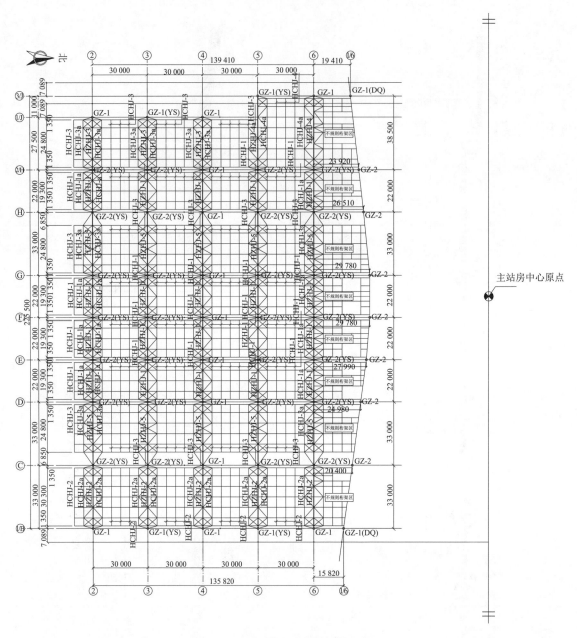

图 1-13 雨棚最终平面图(单位:mm)

(2)将结构纵向中部的四榀立体拱架,通过横梁两两共用的方式联系起来,加强了结构的纵向刚度。

(3)采用拱的结构型式,有效降低了结构的温度效应;在结构布置上,避免结构温度变形出现在一个方向。

(4)利用交叉索对拱下弦偏心的特点,优化交叉索的张拉顺序及张拉力,既保证了索在荷载组合下不退出工作,又优化了拱与横梁的内力分布。

(5)屋脊纵梁在室外(幕墙以外)区域不开洞,使此部分屋脊纵梁的刚度有所提高,边拱及其横梁的受力形态得到改善。

(6)增强屋脊纵梁与屋面交叉撑的联系,增强屋面的整体性。

(7)保证屋面所有构件满足中震弹性的要求,对不同的构件提出了不同的控制应力比。

(8)用 MIDAS 建立了整体模型,用 SAP2000、ANSYS、ABAQUS 建立了格构式整体模型,互相论证结果的正确性与合理性。

(9)进行了中震下的反应谱分析,并采用三组地震波(两组天然波,一组人工波)进行了时程分析,并对二者结果进行了对比。

(10)采用 ABAQUS 进行了动力弹塑性分析,评价结构在罕遇地震下的性能状态。

(11)进行了结构同时考虑材料非线性和几何非线性的双非线性屈曲分析。

(12)针对建筑的特殊性,对结构进行了防连续倒塌研究。

(13)对交叉索等重要节点进行了专门的有限元分析。

3. 超限预审查及审查建议

在正式审查之前,为确保结构体系的安全,曾组织三次结构超限预审查:

(1)第一次超限预审查

2009 年 6 月 9 日,由铁二院组织,在 BIAD 召开第一次超限预审查。与会专家听取汇报后,分别提出了自己的意见和建议,主要有以下几点:

1)主站房 Y 向(长轴方向)侧向刚度偏弱,建议增加此方向的抗侧力措施。

2)本工程主要受力构件大都为异形截面,且多伴有扭转内力,对于这种特殊截面我国规范没有相应的稳定系数求解方法,建议对这种截面的稳定系数和强度验算进行专门的分析研究,给出合理的依据并增加到报告当中。由于工程位于抗震区,设防烈度为 6 度,属乙类建筑,抗震措施应按 7 度设计,故截面应满足我国规范规定的构造要求,在需要的地方要加肋板。

3)罕遇地震动力时程分析只计算了以 Y 向为主的三向地震波输入(X:0.85,Y:1.0,Z:0.65),建议补充以 X 向为主的人工波(X:1.0,Y:0.85,Z:0.65)输入计算;报告中结构阻尼比的取值不明确,超限审查应该提供位移、剪重比和基底反力等结果,并应与规范反应谱进行对比。

4)只考虑弹性特征值屈曲不足以反映真实的稳定情况,建议考虑几何非线性的全过程稳定分析,宜进行同时考虑材料非线性和几何非线性的稳定分析。同时考虑双非线性时,安全系数 $K \geqslant 2.0$。

5)V 型撑的稳定性在报告中没有体现,建议对其进行非线性稳定分析以合理确定其计算长度。另外,V 型撑的稳定性是靠索的预应力来保持的,钢索在不同的荷载工况下都应该处于受拉状态,如果钢索退出工作,那么钢支撑计算长度将发生改变,建议对索的预应力值确定一个目标,并量化体现在报告中。

6)本工程大量使用了预应力拉索,应该明确每根索中的预应力值是如何选取的,并考虑在施工全过程中索和主要受力构件的内力变化,建议补充详细的施工过程分析以及预应力张拉工序,而不仅仅是吊装方案。

7)关于抗震性能设计的加强措施和提高方面的考虑,最好能作详细描述。

8)两侧雨棚均有拉杆与 V 型撑连接,对 V 型撑的不利影响应该予以考虑。

9)防连续倒塌分析方面,建议对 V 型撑的失效情况进行补充考虑,防止这些关键构件的破坏而导致整体的连续倒塌。对于不允许失效的杆件或节点,应提出较高的设防标准。

10)提交超限审查的报告应该完整,不仅要包含上部钢结构部分的内容,下部基础结构、候车层结构等的相关设计资料都应该提供,计算书应与图纸相对应,并应提供各部位关键节点的构造大样;作为审查的一部分,工程所建场地的评价报告、地震安全性评价报告亦应提供,如果没有,也应该提供合理的依据。

11)拱脚下部基础采用拉索,其详细位置应该给出,并给出基础拉索的预应力值和分级张拉要求,建议该预应力值能够将上部结构 100% 自重作用下的推力平衡掉,另外基础承台的变形对结构的影响也应该有所考虑。

12)由于结构中索很多,有些离地面很近,索的防火、防腐技术目前还是个难题,因此对于钢索的防火、防腐问题应该采取必要的措施。

13)主拱是一种渐变截面,它的现场焊接、工厂加工工艺应该有充分的考虑和把握。

14)候车层结构超长,应有结构温度应力的分析,如果设置温度缝,温度缝构造应有详图大样,并与计算模型相一致。

15)风荷载的取值应表达清楚,风振系数和体型系数是按数值风洞的报告分块施加,还是统一取值,应表述清楚。

16)拱和拱脚节点对结构抗侧力具有关键作用,考虑到反恐和防火等方面的因素,应该提高拱和拱脚节点的性能标准(包括抗震、防火等),必要时可在截面内灌混凝土,并进行专门的抗火设计分析,对某些意外事件应采取应对措施。

(2)第二次超限预审查

2010 年 3 月 11 日,青岛北站设计联合体(铁二院、AREP、BIAD)在 BIAD 召开第二次超限预审查。专家组结合此工程的具体特点及设计经验,对正式超限审查会议之前的工作提出以下建议:

1)应进行消防性能化研究。

2)应进行风洞试验。

3)补充基础图及相应的论述。

4)节点应至少做到"大震不屈服"。

5)大震参数按 2010 年版抗震规范取值。

6)考虑拱支座可能的水平变位对结构受力的影响。

7)考虑施工阶段温度变化对结构的影响。

8)应对结构的合龙温度提出要求。

9)考虑结构不均匀布置对结构的影响。

10)增加一种防止连续倒塌分析中构件失效的情形。

11)结构构件较薄,需要通过增加壁厚或设置加劲肋的方式予以增强。

12)设法增加拱的面外刚度。

(3)第三次超限预审查

2010 年 4 月 29 日于青岛市,由山东省住宅和城乡建设厅主持召开论证会,即第三次超限预审查。与会专家审阅了相关设计文件、计算分析报告,经质询和讨论后,提出如下意见,请设计单位在下一步工作中完善:

1)抗震设防:按 6 度乙类建筑抗震设计,按 7 度 0.1g 的地震作用计算校核。

2)拱顶刚性连接,受力很大,要考虑各种不利因素作包络设计;拱脚的水平和转动刚度应进一步研究。

3)风荷载:不同风向角下风压和风振系数不同,风洞试验要直接提供屋盖和围护结构各部分的风压和风振系数;要考虑幕墙未全部完成的不利工况;要考虑台风的影响和幕墙局部破坏后对屋盖产生的负风压作用;对屋盖周边开洞后风荷载的折减应进一步研究,考虑不利工况。

4)立体拱架的空间作用十分重要,应采取有效措施予以保证。

5)预应力设计:索的预应力目标值与结构刚度和构件内力的关系、与 V 型撑的关系要解决,计算索的刚度时要考虑索的挠度,进行施工全过程的模拟设计。

6)主拱和横梁为组合梁构件,建议用全壳元模型校核,并满足局部稳定要求。

7)扭转效应比较明显,宜采取加强措施减小。

8)钢结构(包括拉索)应考虑防腐蚀、防火问题。

9)要考虑屋面超长产生的温度应力和变形对幕墙的影响。

4. 正式审查及建议

2010 年 7 月 6 日,由山东省住房和城乡建设厅主持,委托国家和地方专家组成专家组于北京进行正式的抗震设防专项审查。

专家组审阅有关勘察设计文件,经质询和讨论后认为:勘察设计文件满足专项审查要求,设防标准正确,针对结构超限所设定的性能目标合理。审查结论为:通过。

专家组提出如下建议,请设计单位修改补充和改进:

(1)拱顶脊梁和拱架、拱架和 V 型撑、边桁架和 V 型撑的节点为关键节点,应采取构造措施做到"强节点弱构件"。

(2)应建立部分拱架拉索失效后的第二道防线,防止连续倒塌。索的预应力要与内力分开计算。

(3)拱架、纵向落地 V 型撑等关键构件应确保在大震和局部偶然荷载作用下的承载能力及稳定。

(4)应考虑支座刚度退化对于结构变形和面外构件的影响。

(5)构件截面应满足稳定和延性设计要求,构件长细比和板件宽厚比宜按《建筑抗震设计规范》(GB 50011—2010)相关要求复核。

(6)宜复核人字形拱架在静荷载单独作用下的极限承载力,纵向边桁架宜设计成空间桁架。

后续结构设计过程中,针对专家组提出的宝贵意见与建议,设计团队逐条进行了研究,且对专家意见进行了明确响应。

1.2.4　结构施工图设计

本工程施工图设计自 2008 年 8 月开始启动,各结构部位设计进展不一,中间因各种原因出现一些修改的情况,共提供了 4 版施工图,直到 2013 年 3 月设计工作基本全部完成,设计期间建筑方案几经大的变化与调整。

施工图设计主要内容包括:

1. 主站房屋盖

(1)整体结构计算分析(考虑小震作用),风荷载依据风洞试验报告进行。

(2)中震与大震分析。

(3)稳定性分析：

1)整体稳定性分析(考虑几何非线性和材料非线性)。

2)局部稳定性分析：V型撑等。

(4)防连续倒塌补充分析。

(5)预应力分析。

(6)关键节点细部分析：

1)纵梁和主拱连接节点。

2)纵梁和横梁连接节点。

3)V型撑或索与主拱、横梁连接节点。

4)拱脚节点(含混凝土墩)。

(7)施工图绘制。

2. 高架候车层

(1)整体结构计算分析。

(2)节点计算：

1)梁梁节点。

2)Y型钢柱与钢梁连接节点。

3)Y型钢柱柱脚与混凝土墩连接节点。

(3)次梁组合梁计算，组合楼板配筋计算。

(4)施工图绘制。

3. 东西广厅及观景平台

(1)整体结构计算分析。

(2)节点计算与分析：

1)混凝土梁与钢管混凝土柱连接节点。

2)防屈曲支撑与混凝土梁连接节点。

(3)大跨观景平台及减振分析。

(4)施工图绘制。

4. 幕墙钢结构

(1)整体结构计算分析。

(2)节点计算与分析：

1)三角形桁架柱与屋盖连接节点。

2)三角形桁架柱与楼(地)连接节点。

3)销轴连接节点。

4)预应力索梁体系。

(3)施工图绘制。

5. 无柱雨棚

(1)整体结构计算分析。

(2)预应力分析。

（3）节点计算与分析：

1）横向主桁架与钢柱连接节点。

2）横向主桁架与钢柱连接节点（温度缝处）。

3）刚性支撑与钢柱连接节点。

4）桁架相贯节点。

（4）施工图绘制。

6．地下结构与地基基础

（1）地下通道整体结构计算分析。

（2）超长拉索承台计算分析。

（3）桩基承台计算分析。

（4）基坑计算分析。

（5）施工图绘制。

7．其他主要研究工作

（1）大跨钢结构风荷载效应。

（2）大跨钢结构抗火性能化设计研究。

（3）消能减振设计研究。

（4）预应力钢结构设计研究。

（5）结构试验研究（整体模型、异形节点、复杂截面及拉索抗火等）。

（6）大跨钢结构监测研究。

1.3 工程大事记

青岛北站工程项目实施的时间跨度较长，从项目联合投标到整体开通运营，前后经历 6 年多的时间，工程设计过程中无论是主站房还是无柱雨棚都经历了多轮调整，多次反复。下面仅将项目在实施过程中的关键事件记录如下：

（1）2007 年 6 月，青岛北站设计由原铁道部公开招标。

（2）2008 年 2 月，设计联合体（铁二院、BIAD、AREP）的青岛北站设计方案中标。

（3）2008 年 4 月，原铁道部组织山东省相关部门及设计联合体（铁二院、BIAD、AREP）等项目相关单位在北京召开青岛北站实施方案设计评审会。

（4）2008 年 8 月，联合体内部初步明确分工及责任：地上部分建筑、结构专业的设计工作内容，初步设计阶段工作由 AREP 负责，BIAD 提供审核建议并共同确保结构超限审查通过，施工图阶段由 BIAD 负责；铁二院作为总体设计单位，负责地下所有专业设计工作（后铁二院将部分地下结构施工图设计工作另行委托 BIAD 完成），以及地上部分的机电设计工作。

（5）2008 年 8～11 月，设计联合体内部密集交流结构超限审查准备工作，启动地安评、CFD 数值风洞等工作。

（6）2008 年 11 月，由于站场新增货线等原因，主站房方案重大调整，屋盖的立体拱架主体结构由 8 榀调整为 10 榀。

（7）2009 年 1 月，原铁道部组织项目相关单位在北京召开青岛北站初步设计审查会。

(8)2009 年 6 月,由铁二院组织,BIAD 院技委会对 AREP 提供的青岛北站结构初步设计及超限审查资料进行专家审查。

(9)2009 年 8 月,原铁道部对青岛北站初步设计进行批复。

(10)2009 年 11 月,AREP 另行委托建研科技有限公司组织结构超限报告相关专题内容编写,BIAD 辅助审核。

(11)2009 年 12 月,桩基开始施工。

(12)2010 年 3~4 月,结构抗震超限预审查前后两次分别在北京与青岛举行。

(13)2010 年 7 月,全国抗震超限审查会在北京举行并顺利通过。

(14)2010 年 6 月~2011 年 5 月,风洞试验,主站房整体缩尺模型、异形截面及复杂节点试验课题工作陆续开展。

(15)2010 年 10 月,第一版结构施工图完成,钢结构构件开始制作。

(16)2011 年 3 月,无柱雨棚柱脚钢结构构件开始吊装预埋。

(17)2011 年 4 月~2012 年 8 月,原铁道部对在建站房的建造规模及标准进行调整,BIAD进行青岛北站优化瘦身工作。

(18)2012 年 10 月,主站房柱脚钢结构构件开始吊装预埋。

(19)2012 年 12 月,青岛北站主站房预应力钢结构及卸载安全施工专项方案专家论证会召开。

(20)2013 年 1 月,高矾镀层拉索抗火试验。

(21)2013 年 5 月,由中国钢结构协会专家委员会主办"青岛北站钢结构技术交流会及现场观摩会",40 多名钢结构专家参与交流。

(22)2013 年 6 月,屋盖钢结构整体卸载成功。

(23)2013 年 7~11 月,机电安装、室内装修及幕墙安装。

(24)2013 年 12 月,青岛北站整体通车运营。

青岛北站自开工建设到竣工运营的部分照片如图 1-14~图 1-33 所示。

图 1-14　桩基础施工

图 1-15 主站房地下通道施工

图 1-16 主站房拱脚锚栓埋设

图 1-17 主站房拱脚安装

图 1-18　主站房拱脚、Y 型柱及 V 型撑埋件在同一承台安装

图 1-19　无柱雨棚柱脚埋设(一)

图 1-20　无柱雨棚柱脚埋设(二)

图 1-21　拉索安装与张拉

图 1-22　主站房屋盖及高架候车层安装

图 1-23　主站房屋盖安装内景

图 1-24　中国钢结构协会专家委员会组织青岛北站钢结构技术交流会及现场观摩会

图 1-25　主站房主拱的临时支承胎架千斤顶卸载

图 1-26　无柱雨棚安装（一）

图 1-27 无柱雨棚安装(二)

图 1-28 主站房外幕墙安装

图 1-29 金属屋面板施工

图 1-30　主站房及无柱雨棚整体通过验收

图 1-31　青岛北站整体开通运营实景(一)

图 1-32　青岛北站整体开通运营实景(二)

图1-33 青岛北站整体开通运营实景(三)

1.4 主要科技成果

1.4.1 关键技术问题

青岛北站属于多种结构体系巧妙组合而成的混合体,含预应力立体拱架结构、拉索结构和桁架结构及部分混凝土结构,而且主构件截面多为异形截面,加之单体长度与跨度超限,结构设计难点颇多。

(1)通过预应力立体拱架的应用,紧密结合建筑造型,在满足建筑外观要求的基础上,良好地达到了屋盖结构的安全可靠使用要求,实现了独特建筑造型与新颖结构体系的统一。

(2)大量运用复杂节点和异形截面构件,通过大尺度缩尺模型试验及节点与异形截面试验的验证,同时进行相应的电算模拟,圆满完成了对其工作性能的验证,同时为其他相似工程问题提供了经验。

(3)通过耐火试验,验证高矾索在初始预应力作用下,喷涂防火涂料后,拉伸变形0.3%,在500℃高温下能否达到1.5 h的耐火极限。结果表明拉索受力性能满足要求,此类拉索耐火试验在国内尚属首次。

(4)运用TMD阻尼器,有效避免了高架候车层与观景平台大跨度楼面与人群行走频率的共振,同时显著减小了楼面加速度,保证了良好的舒适度要求。

(5)防屈曲支撑在西广厅的应用,在不增大原有框架柱截面的基础上,不仅控制住了结构在地震作用下的层间位移角与振动响应,从而有效地保护结构在强震下的安全,而且安装方便,施工周期短。

(6)预应力幕墙钢结构在满足建筑外观和结构安全可靠的基础上,良好地实现了其功能作用。

(7)对主站房屋盖结构进行施工监测与健康监测,指导施工过程的安全及精确进行,积累预应力工程施工数据资料,为站房的安全运营提供保障。

1.4.2 技术成果奖项

自2013年12月车站正式通车后迄今为止,青岛北站结构设计关键技术等各项科研课题均通过了相关部门验收,达到国际先进水平,部分成果达到国际领先水平,共完成关键技术研究报告 11 项,发表论文 20 余篇。

截至目前,青岛北站项目及相关科研课题主要获得如下奖项:

(1)2014 年 3 月,"新建青岛北客站及相关工程"获得由中国建筑金属协会颁发的"中国钢结构金奖工程"。

(2)2014 年 10 月,"大跨度拱形空间预应力体系钢结构工程设计施工成套技术"成果获得"中国钢结构协会科学技术奖二等奖"。

(3)2015 年 3 月,"青岛北站主站房缩尺模型及复杂节点和异形截面受力性能试验研究"成果获得"中国铁道学会铁道科技奖三等奖"。

(4)2015 年 5 月,"青岛北站预应力立体拱架新型结构体系研究"成果获得"中国建筑学会科技进步奖三等奖"。

(5)2015 年 11 月,"新建青岛北客站钢结构工程"获得中国钢结构协会颁发的" 2015 年度中国钢结构工程大奖"。

第 2 章 结构方案设计

2.1 "海鸥"形屋盖钢结构

2.1.1 概 述

青岛北站结构体系复杂,主要由大型空间钢结构主站房和无柱雨棚组成。主站房和无柱雨棚是完全脱开的两个独立结构系统。在主站房结构中,屋盖结构与候车厅结构也完全独立。其中,主站房候车厅相对标高 9.000 m,采用 Y 型钢柱+钢梁的框架结构体系,最大跨度 33 m;地下室承轨层采用混凝土柱+预应力混凝土梁的结构体系,跨度 22 m;屋盖结构平面尺寸约为 213 m×350 m。

2.1.2 "海鸥"形钢结构的几何模型

青岛北站屋盖钢结构造型独特,外立面如同海鸥展翅飞翔,结构采用立体拱架的形式予以实现:

(1)每榀立体拱架由 1 榀拱、2 根横梁、6 对 V 型撑、16 根交叉索以及 2 根横梁间的纵向檩条组成,如图 2-1 所示。2 根横梁的间距一般为 22 m。

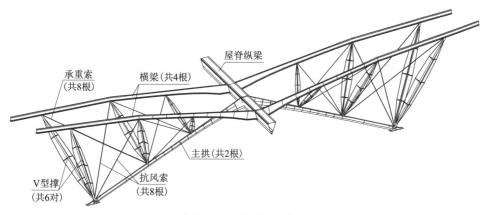

图 2-1 立体拱架三维图

(2)按照交叉索角度的不同及在重力荷载、负风压下的不同反应,将其分为两组:承重索和抗风索,如图 2-2 所示。在重力荷载作用下,承重索索力加大;负风压作用下,抗风索索力加大。

(3)结构共设置了 10 榀立体拱架,纵轨向间距为 44 m+44 m+33 m+3×22 m+33 m+44 m+44 m。

(4)拱的跨度为 101.2~148.7 m。

(5)立体拱架之间除檩条、屋面交叉撑等联系外,在拱顶还设置了截面为 3 600 mm×5 000 mm 的三角形截面屋脊纵梁,如图 2-3 所示。

(6)中间 4 榀立体拱架的横梁两两共用;在纵向,V 型撑组成三角撑形式,如图 2-3 所示。

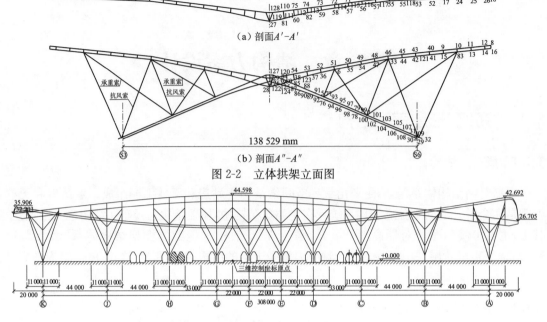

（a）剖面A'-A'

（b）剖面A"-A"

图2-2　立体拱架立面图

图2-3　屋盖结构纵剖面图（单位：mm）

（7）由于建筑造型的要求，交叉索与拱的下弦存在偏心，此偏心对结构受力有较为重要的影响。交叉索偏心示意图如图2-4所示。

（8）最外侧的V型撑由于落地，实际受力状态及发挥的作用相当于斜柱。

（9）作为围护结构的幕墙，其支承结构在水平向与屋面结构有联系，在竖直方向完全独立，即屋面结构仅需负担幕墙结构传递的风载。

（10）V型撑为一轴心受力构件，采用预应力钢结构形式——由中心杆件和外设的3根拉索组成，构件的稳定性依靠外设的拉索保证。V型撑示意图如图2-5所示。

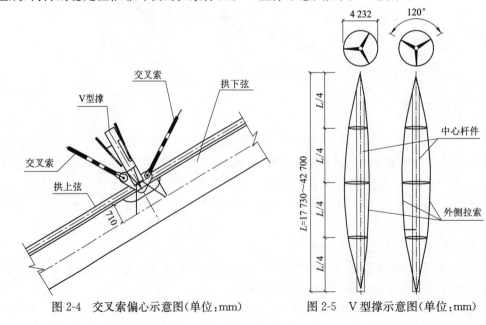

图2-4　交叉索偏心示意图（单位：mm）

图2-5　V型撑示意图（单位：mm）

2.2 高架候车层钢结构

2.2.1 结构方案

高架候车层采用钢框架结构体系,由 H 型钢梁和 Y 型柱组成,Y 型柱间基本跨度为 22 m,中间有两跨跨度为 33 m,三维模型如图 2-6 所示,结构示意图如图 2-7 所示。楼盖体系与屋面体系无关联,可将此部分体系独自建模分析,其主要受到的荷载包括:楼面恒荷载、楼面活荷载、幕墙传来的侧向水平风荷载、水平地震荷载以及温度荷载。

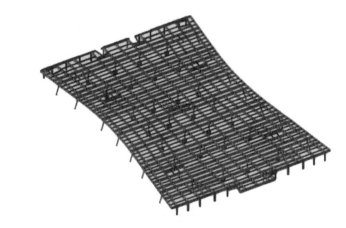

图 2-6 高架候车层结构模型

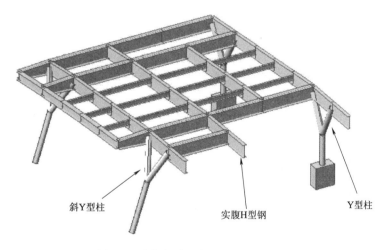

斜Y型柱　　实腹H型钢　　Y型柱

图 2-7 高架候车层结构示意图(局部)

2.2.2 Y 型柱

Y 型柱上面两个分支采用圆管,底部采用变截面箱型截面,连接节点采用铸钢节点。变截面箱型截面计算长度取 3 050 mm,上部截面尺寸为 800 mm×800 mm,内有十字肋板,下部截面尺寸为 2 055 mm×800 mm。

2.2.3　超长组合楼盖

高架候车层沿股道方向最短处总长约为 195.2 m,垂直股道方向整体分析时温度荷载产生的变形较大,所以在沿垂直股道方向接近楼板中部设一道温度伸缩缝,温度伸缩缝位置如图 2-8 所示。

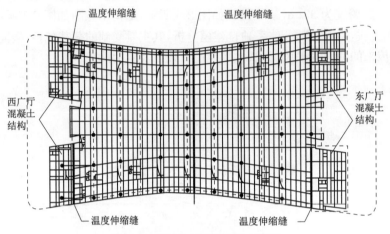

图 2-8　高架候车层温度缝布置图

钢次梁按组合梁设计;楼板跨度 4～5 m,主要为 4.4 m,采用闭口型压型钢板组合楼板,压型钢板波高 95 mm,楼板总厚度为 150 mm,压型钢板考虑受力作用,且在压型钢板顺肋方向的每个槽内配置一根 $\phi8$ 防火构造钢筋。组合梁构造示意图如图 2-9 所示。

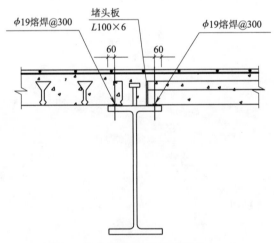

图 2-9　组合梁构造示意图(单位:mm)

2.3　东西广厅与观景平台结构

2.3.1　结构设计使用年限及安全等级

广厅结构设计基准期为 50 年,设计使用年限为 50 年,耐久性年限为 100 年,结构安全等级为一级。

2.3.2　结构方案

东广厅地上建筑层数为二层,钢筋混凝土框架结构分为东南和东北两部分,三维结构布置如图 2-10 所示。

（a）东南向　　　　　　　　　　　　　　　（b）东北向

图 2-10　东广厅结构布置三维图

西广厅地上建筑层数为三层,结构形式为框架结构,第一、二层为混凝土结构,建筑顶层为观景平台,采用钢结构,结构布置如图 2-11 所示。观景平台楼层结构跨度较大,竖向刚度较小,经计算,结构的前几阶竖向振动频率与人的一般步行频率相近,因此大量人群在结构上活动时,容易造成共振。尽管结构的强度满足要求,不会发生强度引起的破坏,但是因为结构共振引起的加速度的振幅过大,极易在人的心理上造成恐慌,在设计时进行了结构消能减振的课题研究,此部分内容将在第 3 篇第 14 章中详细介绍。

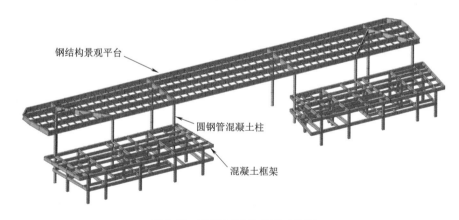

钢结构景观平台

圆钢管混凝土柱

混凝土框架

图 2-11　西广厅结构布置三维图

2.4　站台无柱雨棚

无柱雨棚按 8 台 18 线进行布置,投影面积约 58 000 m²,结构布置图（局部）如图 2-12 所示。

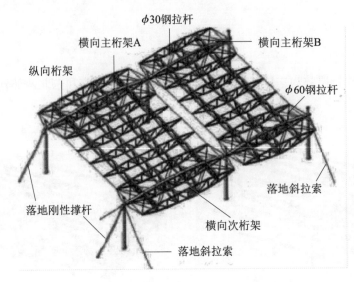

图 2-12　无柱雨棚结构布置图（局部）

雨棚钢结构是由钢管柱、平面管桁架、落地斜拉索与刚性撑杆以及屋面内钢拉杆组成的受力体系,最大跨度为 38.5 m。钢管柱为变截面锥形柱,在横向每间隔一柱列布置落地斜拉索（ϕ90 高矾索）,以增强结构侧向稳定性。屋盖由横向主桁架、纵向桁架及横向次桁架组成,桁架高度为 2.67 m,沿横向主桁架两侧在桁架上下弦双层布置水平钢拉杆,以增大雨棚屋面面内刚度。水平钢拉杆有 ϕ60 和 ϕ30 两种规格,分别布置在钢柱两侧区域和横向主桁架的中间区域。

2.5　地下结构与地基基础

2.5.1　场地的工程地质及水文地质条件

1. 工程地质

场地紧邻胶州湾海域,为青岛市多年垃圾填埋场,地下水位高。土层分布如下:

〈1-1〉杂填土 a（Q_4^{ml}）:褐黄、褐灰、灰白、灰黄等杂色,成分较为杂乱,主要由粉质黏土夹块石、碎石角砾、砂土及填海的混凝土块、碎砖块、石灰渣等建筑垃圾组成,部分夹生活垃圾。碎石类土及砂土在地下水水位线以上呈潮湿状,以下多呈饱和状,结构一般较松散,广泛分布于测区表层,为掩埋生活垃圾的盖层,一般厚 1～9 m,属Ⅱ级普通土。

〈1-2〉杂填土 b（Q_4^{ml}）:灰黑、灰、深灰等色,多由软塑～流塑状腐殖质土夹生活垃圾组成,部分地段为弃土。生活垃圾腐熟后以腐殖质夹塑料袋、碎砖、碎石等为标志,结构疏松,潮湿～饱和状,有强烈臭味,还有沼气产生,厚 3～12 m,分布于建筑垃圾掩盖层的下部,属Ⅱ级普通土。

〈2-1〉淤泥质粉质黏土（Q_4^m）:深灰、灰黑、黑色,软塑～流塑状。部分地段含砂粒、细砾及贝壳等,含有机质较重,有腥味,一般厚 1～7 m,分布于〈1-2〉层杂填土之下,属Ⅱ级普通土。

〈2-3〉中粗砂（Q_4^m）:褐黄色,中密,饱和状。土质不均,含粉粒及黏粒较少,厚 0～3 m,呈透镜状不均匀分布于粉质黏土之上,属Ⅰ级松土。

〈2-4〉软黏性土(Q_4^m)：主要为粉质黏土，灰、灰黄、褐黄色，软塑状，局部硬塑。土质不均，部分含较多的中粗砂、细砾及钙质姜石等，厚 0～3 m，呈透镜体状分布于土层中下部，属Ⅱ级普通土。

〈2-5〉粉质黏土(Q_4^m)：褐黄、棕黄、黄绿等色，硬塑状。部分土质不均一，含少量的细砂、碎石角砾及钙质姜石，厚 1～5 m，比较稳定的分布于基岩顶部，属Ⅱ级普通土。

〈5-1〉全风化泥质砂岩($K_1 q_2$)：棕黄、褐黄色，细粒结构，产状不稳定，薄层～巨厚层构造，泥质胶结。时代较新，成岩作用差，岩质软，易风化。全风化带厚 0～25 m，局部夹细砾层，岩芯多呈土柱状，遇水易软化，失水易开裂崩解，属Ⅲ级硬土。

〈5-2〉强风化泥质砂岩($K_1 q_2$)：棕红、棕黄、褐黄等色，细粒结构，产状不稳定，薄层～巨厚层构造，部分具微层理，泥质胶结。时代较新，成岩作用差，岩质软，易风化。根据钻探揭示，强风化带一般厚达 8～35 m，岩芯多呈短柱状及碎块石状，局部夹薄层细砾岩、流纹岩、砂岩，属Ⅳ级软石。

〈5-3〉中等风化泥质砂岩($K_1 q_2$)：棕红、浅红、棕黄、等色，细粒结构，产状不稳定，薄层～巨厚层构造，泥质胶结。时代较新，成岩作用差，岩质较硬脆。根据钻探揭示，除差异风化可偶见外，中等化带埋藏较深，属Ⅴ级次坚石。

〈6-1〉全风化砂岩($K_1 q_2$)：棕黄色、肉红色，细粒结构、泥质胶结，中厚层状构造，成岩作用差，岩质软。据钻探揭示，全风化带厚 0～5 m，岩芯多呈土柱状、细砂状，属Ⅲ级硬土。

〈6-2〉强风化砂岩($K_1 q_2$)：棕黄色、肉红色，细粒结构、中厚层状构造，泥质胶结，成岩作用差，岩质软，强风化带呈镶嵌状结构，一般厚 8～35 m，岩芯多为碎块石状，少量短柱状，属Ⅳ级软石。

〈6-3〉中等风化砂岩($K_1 q_2$)：棕黄色、肉红色，细粒结构、中厚层状构造，泥质胶结，质坚性脆，中等风化带埋深大，属Ⅴ级次坚石。

〈7-1〉全风化凝灰岩：为火山间歇喷发物，与同组其他岩性为不整合接触。紫褐色，凝灰结构，块状构造，晶屑约占 10%，粒径 0.2～2 mm，喷发沉积状态变化大，分布范围不稳定，中～巨厚层状不等，全风化带厚 0～6 m，水钻岩芯呈砂土状、细角砾状，属Ⅲ级硬土。

〈7-2〉强风化凝灰岩：紫褐色，凝灰结构，块状构造，晶屑约占 10%，粒径约 0.2～2 mm，喷发沉积状态变化大，胶结固化欠佳，分布范围不稳定，中～巨厚层状不等，岩质较坚硬，岩芯极易破碎，水钻岩芯呈粒状、碎屑状，少量呈碎石状、短柱状，强风化带厚度大，分布范围有限，埋藏较深，局部厚度近 20 m，属Ⅳ级软石。

〈8-1〉全风化流纹岩($K_1 q_2$)：为火山间歇喷发物，紫红、灰白、褐红、灰绿、肉红等色，原岩为斑状或霏状结构，流纹及气孔状构造，局部夹泥质砂岩及细砾岩，是火山多次喷发和同时沉积的典型特征物。根据钻探揭示，全风化带厚 0～8 m，保持原岩结构构造，岩芯呈土状，局部残留角砾状矿物颗粒，属Ⅲ级硬土。

〈8-2〉强风化流纹岩($K_1 q_2$)：为火山间歇喷发物，紫红、灰白、褐红、灰绿、肉红等色，斑状或霏状结构，流纹及气孔状构造，局部受挤压后呈糜棱岩状，差异风化明显，偶有球状风化现象，局部有泥质砂岩及细砾岩夹层，是火山多次喷发和同时沉积的典型特征物。强风化带多呈土夹块碎石的镶嵌状结构，水钻岩芯为碎块状及短柱状，一般厚 3～8 m，最厚可达 29 m 以上，属Ⅳ级软石。

〈8-3〉中等风化流纹岩($K_1 q_2$)：为火山间歇喷发物，紫红、灰绿、灰红等色，斑状或霏状结构,流纹及气孔状构造,偶见深色矿物(如辉绿岩等)俘虏体。弱风化带岩质较坚硬,节理较发育～发育,岩芯呈柱状或长柱状,RQD值较大,属Ⅴ级次坚石。

场地现状典型地层的情况如图 2-13 所示。

（a）生活垃圾　　　　　　　　　　　　　　　　　（b）开挖后淤泥质土层

图 2-13　典型地层情况

2. 水文地质

(1)地表水及地下水的赋存

勘察区地表水有小里程端李村河河水(段外)和无名小沟及海潮水、东部低洼地带的积水水塘,水位随季节和潮汐变化显著,潮起潮落,水量随季节变化显著。

地下水赋存方式主要为第四系松散岩类孔隙潜水和块状基岩裂隙水两类。

第四系松散岩类孔隙潜水的含水层主要赋积于人工弃填土和海相沉积之含砂类土层中,与胶州湾海水贯通,并和胶州湾海水有一定的水力联系,地下水位与季节和潮汐的潮起潮落有一定联系,含水量亦极为丰富。

块状基岩裂隙水主要赋存于基岩中,包括风化裂隙水和构造裂隙水。风化裂隙水主要赋存于基岩强风化～中等风化带中,岩石呈砂土状、砂状、角砾状,风化裂隙发育,呈似层状分布于地形相对低洼地带。由于裂隙发育不均匀,其富水性亦不均匀。构造裂隙水主要赋存于断裂带及构造影响带。

(2)地下水的补给、径流、排泄及动态特征

地下水主要受大气降水及地表河水、海水潮汐的补给和影响。地表河流水的消长,潮水的潮起潮落,与地下水的水力联系密切。丰水期由地表河流水补给地下水,涨潮时也可以由海水补给地下水;低潮时,高水位的地下水也可能下渗,它们同时受大气降雨和蒸发的影响。地下水径流方向为自东向西泄入胶州湾,地下水位动态变化较大,年内变幅约 1～2 m,勘察区内一般水位埋深 0.00～4.50 m。

(3)水化学特征

根据水质化验资料,地表水为 $Cl^- - K^+ + Na^+$ 型水,按《岩土工程勘察规范》(GB 50021—2001)(2009 年版)标准判定,该水对混凝土具有弱～中等硫酸盐侵蚀;按《铁路混凝土结构耐久性设计暂行规定》,在环境作用类别为化学侵蚀环境时,水中 SO_4^{2-} 对混凝土结构腐蚀等级为 H1,Mg^{2+} 对混凝土结构腐蚀等级为 H1～H2。

海水具弱～中等盐类结晶侵蚀。

根据水质化验资料,地下水(钻孔水)为 $HCO_3 \cdot Cl^- \text{-} Mg^{2+} + Na^+$ 型水,按《岩土工程勘察规范》(GB 50021—2001)(2009 年版)标准判定,场地环境类别为 Ⅱ 类,该水对混凝土具有微～弱侵蚀,局部为中等侵蚀,对钢筋混凝土中的钢筋及钢结构具有中等～强侵蚀;按《铁路混凝土结构耐久性设计暂行规定》,氯盐环境作用等级为 L1,环境作用类别为化学侵蚀环境时,水中 SO_4^{2-} 对混凝土结构腐蚀等级为 H1,Mg^{2+} 对混凝土结构无侵蚀。

3. 不良地质与特殊岩土

勘察区内特殊岩土主要为人工弃填土、海积淤泥质土。

(1)人工弃填土分为两部分:上部呈灰黄、褐灰、灰白、褐黄等杂色,成分极为杂乱,主要由粉质黏土夹砖石、碎石角砾、砂土及填海的混凝土块、乙炔灰浆等建筑垃圾、工业垃圾组成,为填埋生活垃圾的掩盖层,结构较松散,稍湿～饱和状,广泛分布于勘察区表层,一般厚 1～9 m;下部由灰黑、灰、深灰色的潮湿～饱和状或软塑～流塑状生活垃圾及淤泥质土组成,部分地段为弃土,生活垃圾含腐殖质及塑料袋极多,腐化后结构极为疏松,臭气熏天,孳生沼气,厚 3～12 m,分布于杂填土中下部。

(2)淤泥质粉质黏土:深灰、灰黑、黑色,软塑～流塑,部分地段含砂粒、细砾、钙化姜石及贝壳等,含较重的有机质,有腥味,一般厚 1～7 m,分布于〈1-2〉层杂填土(生活垃圾)之下。

(3)软黏性土:主要为粉质黏土,灰、灰黄、褐黄色,软塑状为主,局部硬塑,土质不均,含少许有机质,部分含较多的中粗砂、细砾及钙化姜石等,厚 0～3 m,呈透镜体状分布于土层中下部。

上述土层所在深度正为部分地下设施所在,对工程影响极大,开挖边壁须增建防护工程,地下空间范围内的应予清除、换填,还需对基底和边壁进行工程加固处理。

2.5.2 地下结构设计

车站建筑部分为地上二层、地下三层,局部设置夹层。其中地上二层为高架候车层;地面层为站台层,中部为站台及股道,东西侧设地面站房。地下一层为铁路出站通道和综合换乘大厅,东侧与城市交通体系(地铁、出租、社会车、公交、长途)连接,东西两侧地下设有部分设备及管理用房;地下二层为地铁 3、8 号线站台层。地下结构平面尺寸:纵向东西向长度为 285.6 m,横向南北向宽度为 42.9 m,横向柱网跨度为 10.95 m+21 m+10.95 m。车站纵向分成三段,分别为 32.5 m、195.2 m、57.9 m,其中中部 195.2 m 为布置铁路站台范围,采用"桥建合一"结构体系,此部分结构需满足铁路列车运行要求;东西两侧分别通过设缝与东西设备用房结构体系脱开,采用矩形框架结构体系。地下结构剖面如图 2-14～图 2-16 所示。

中部纵向长度 195.2 m 范围内的地下结构,地面一层为铁路站台层,地下一层为铁路出站通道,地下二层为地铁 3、8 号线站台层,采用"桥建合一"结构体系,该结构体系为新型站台结构体系,即站台层为列车通过层,针对站台层下两个方向的不同柱距,设计时将主受力构件设计在小柱距方向,形成了横向框架梁结构体系,与弱连接的纵向框架梁形成双向框架。承轨结构通过盆式橡胶支座作用在横向框架梁上,在框架梁上可以产生水平方向的滑动;站台板结构为小框架结构,通过小框架结构的小柱作用在纵向框架梁上。

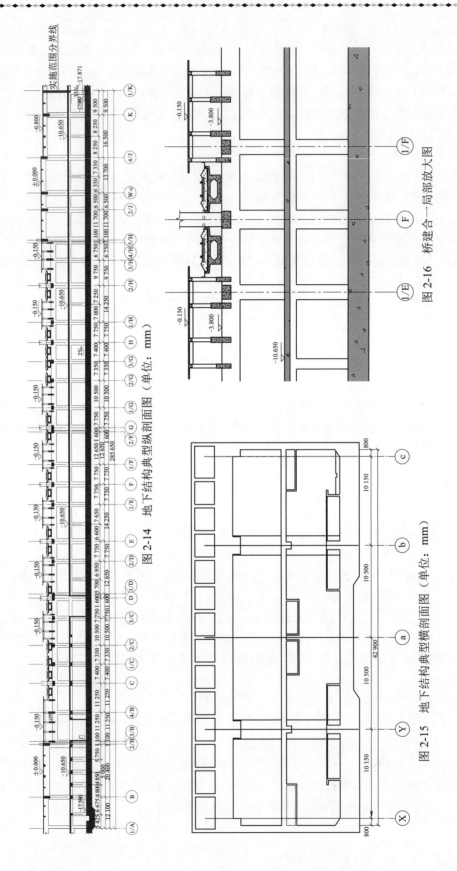

图 2-14 地下结构典型纵剖面图（单位：mm）

图 2-16 桥建合一局部放大图

图 2-15 地下结构典型横剖面图（单位：mm）

1. 结构设计方案要求

结构设计方案应符合下列要求:

(1)选用合理的结构体系、构件型式和布置方式。

(2)应同时能满足列车动荷载和候车人群荷载的作用,并保证候车人员的舒适度。

(3)结构的平、立面布置规则,各部分的质量和刚度宜均匀、连续。

(4)结构传力途径应简捷、明确,竖向构件宜连续贯通、对齐,应能满足上部结构不同材料构件的可靠连接。

(5)宜采用双向平面框架结构,重要构件和关键传力部位应增加冗余约束或多条传力途径。沿股道方向柱距宜控制在 15~30 m 范围,垂直股道方向柱距控制在 10~15 m 范围。

2. 结构缝设计要求

同时结构缝的设计应符合下列要求:

(1)应结合站场正线、建筑使用功能要求、结构受力特点合理确定结构缝的位置和构造形式。

(2)速度高于 120 km/h 的正线应采用单独的桥梁结构,其余站台层(承轨层)结构设缝脱开。基础的连接方式根据工程地质条件,通过计算分析确定。

(3)承轨层的结构缝宜与其上部结构一致,当不一致时,应通过计算分析考虑上下不同位置分缝对整体结构的影响。

(4)结构缝的设置宜符合《混凝土结构设计规范》(GB 50010—2010)中有关结构缝的要求。当结构缝间距超过规范要求时,应考虑温度变化和混凝土收缩徐变对结构的影响,并在设计和施工时采用相应的措施。

2.5.3　地基基础设计

基础设计主要分为主站房基础设计和雨棚基础设计,其具有以下特点:

(1)主站房上部结构体系分为屋盖结构体系与高架候车层结构体系。与上部结构体系配套,下部结构体系主要用于屋盖钢结构基础及高架候车层钢结构基础。屋盖钢结构主受力构件为 10 榀人字斜拱,其在"恒+活"竖向作用下会产生较大的水平分力,设计时考虑恒荷载产生的水平分力由拱脚水平拉索承担,而基础采用竖向桩基础来承受斜拱水平推力,如图 2-17 所示。

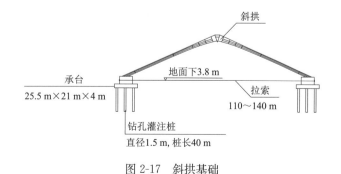

图 2-17　斜拱基础

（2）由于本结构体系复杂，分布不一，国铁站房与地铁车站及市政工程相结合进行设计，底板标高不一致，因此不同柱下基础标高相差很大，对基础结构的选型带来很大的局限性。根据场地地层特点，针对地铁3、8号线车站西段与国铁站房相结合，国铁站房上部结构荷载大的特点，该部分的基础形式选用了桩筏基础，如图2-18所示。

（3）在山东地区，结合类似工程、场地的工程地质特点和上部结构的计算结果，结合施工工艺和受力方式等可选择钻孔桩，经过计算比较，受水平荷载和弯矩大的基础采用钻孔灌注桩，桩端持力层均为弱风化花岗岩夹泥质砂岩（W_2）；其中站房桩径1.2 m，斜拱基础桩径1.5 m，桩基础设计等级为甲级。高架候车层基础、站台无柱雨棚基础设计参照站房基础设计，也采用桩基础，桩径1.0 m。

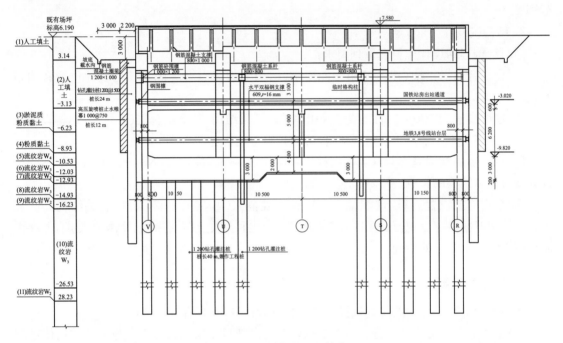

图2-18　出站通道下基础（单位：mm）

2.5.4　基坑工程设计

本工程地下工程建筑面积约10万 m²，大面积的地下工程开发，由此与之相关的基坑工程也具有"规模大、开挖深、坑中坑"等特点。其中，国铁站房出站通道基坑东西长近300 m，南北宽45 mm，开挖深度19 m；地铁1号线基坑南北长300 m，东西宽21 m，开挖深度26 m；地下车库基坑分为南北两部分，地铁3、8号线基坑沿东西向纵向贯穿其中，南北两部分基坑南北长约110 m，东西宽约100 m，开挖深度10 m。

基坑工程平面面积约7万 m³，总土方开挖量约105万 m³，其中表层建筑垃圾开挖量约20万 m³，浅层生活垃圾开挖量约45万 m³。

1. 根据周边条件选取合理的施工方法

结合车站所处场地的实际情况，站址周围场地相对空旷开阔，交通条件良好，现状场地下无重要管线需要保护等条件，本车站具备明挖顺作法施工的条件，并且采用明挖顺作施工可扩大施工作业面,缩短工期,降低工程造价,更易保证工程质量,因此本站采用明挖顺作法施工。

2. 围护结构方案

(1)围护结构

根据本区的环境条件、水文地质条件,经技术经济比较后,确定 A 区围护结构采用钻孔灌注桩,桩径 1.2 m,桩中心距 1.5 m;桩后设高压旋喷桩止水帷幕,桩径 1.0 m,咬合 0.25 m。

(2)支撑系统

本区基坑采用混凝土与钢支撑体系,共采用四道支撑。其中第一道采用钢筋混凝土支撑,截面 1 000 mm×800 mm,钢筋混凝土支撑以间距不大于 8 m 布置;第二～四道采用钢管支撑,规格 ϕ609、$t=16$ mm,其中第三道采用竖向双桁,其余各道采用单桁,钢管支撑水平间距按 3～3.5 m 布置。

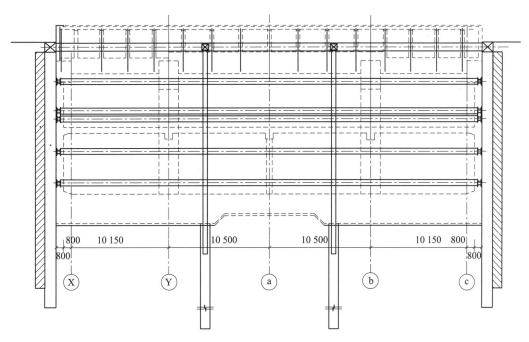

图 2-19　围护结构方案(单位:mm)

第 2 篇

结构设计分析

第 3 章 "海鸥"形屋盖钢结构

3.1 结构体系与成形

主站房屋盖造形为一个双方向变化的自由曲面,平面投影东西长约 350 m,南北宽约 213 m,中部宽度缩小,高度变大。屋盖支承体系主要由 10 榀顺轨向的立体拱架组成(如图 3-1 所示),屋盖平面布置图如图 3-2 所示。

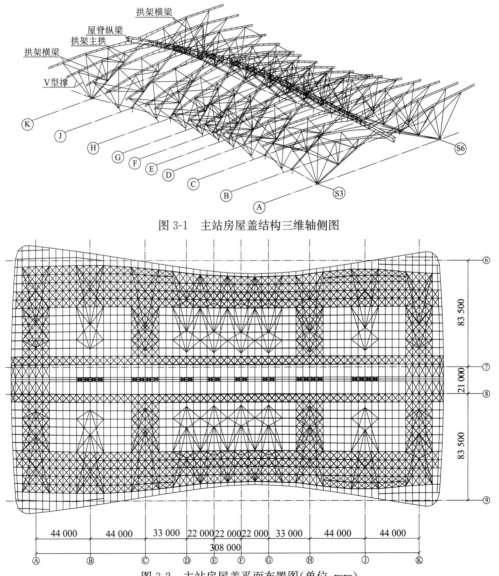

图 3-1 主站房屋盖结构三维轴侧图

图 3-2 主站房屋盖平面布置图(单位:mm)

复杂的屋盖结构体系由简单规则的平面几何单元旋转变换得到。标准几何单元是一个几何图形不变的三角形结构，形状似飞鸟的翅膀（如图3-3所示），通过旋转调整标准单元与竖向平面的夹角 α 来模拟飞鸟翅膀的运动。

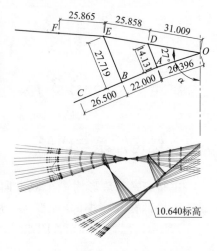

图 3-3　标准几何单元及成形过程示意图（单位：m）

结合铁路轨道的布置取 A~K 10个轴线作为结构斜拱下落的位置，其东西向间距分别为：44 m、44 m、33 m、22 m、22 m、22 m、33 m、44 m、44 m，对应每个轴线分别旋转标准单元 α 角为：72°、66°、59°、55°、52°、51°、51°、53°、59°、66°，并调整标准单元 B 点的标高为 10.640 m，即形成中部高、两端低的空间曲面。10.640 m 标高是候车层人员经常活动的位置，以此标高来对齐标准几何单元将会形成最佳的建筑视觉效果。每个轴线位置处对应一榀立体拱架，立体拱架主拱的几何定位由相应轴线处标准几何单元的"OABC"段确定，立体拱架两个横梁的几何定位由相应轴线处标准几何单元的"ODEF"段再旋转 1°~2°确定，横梁的水平投影间距均为 22 m。各榀立体拱架在中部由高 5 m、宽 3.6 m 的三角形屋脊纵梁串联在一起，中间四榀立体拱架（D~G 轴）两两共用一个横梁，结合 V 型撑形成稳定的三角形纵向抗侧力体系，如图 2-1 与图 2-3 所示。

主要结构构件均外露，截面形式选用了异形组合截面，以表现特殊的建筑效果。主拱截面由类椭圆形下弦、竖向腹板和圆形上弦组成，如图 3-4（a）所示；横梁由类半椭圆形下弦、竖向腹板和矩形上弦组成，如图 3-4（b）所示；屋脊纵梁由两个倒三角形上弦、一个倒三角形下弦和中间开洞钢板组成，如图 3-4（c）所示。V 型撑杆为轴心受力构件，采用预应力压杆，由中心圆钢管和环向均匀布置的三根预应力拉索组成，如图 3-5 所示，利用预应力手段在压杆中间增加弹性支承以提高压杆的稳定临界承载力，减小中心杆件截面尺寸。

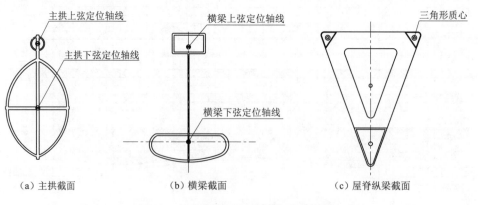

（a）主拱截面　　　　　（b）横梁截面　　　　　（c）屋脊纵梁截面

图 3-4　立体拱架主要构件截面示意图

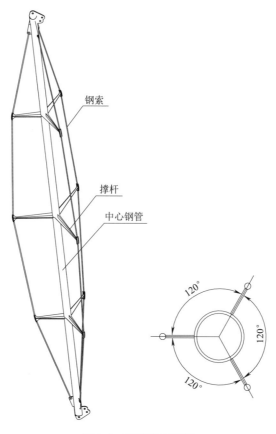

图 3-5 V 型撑示意图

主站房屋盖结构的主要荷载传递路径为:

(1)屋面竖向荷载→顺轨向屋面檩条→纵向桁架檩条→拱架横梁→V 型撑或屋脊纵梁→拱架主拱→基础。

(2)顺轨向风荷载→幕墙桁架立柱→屋面内刚性交叉撑→拱架横梁→屋脊纵梁或 V 型撑→拱架主拱→基础。

(3)横轨向风荷载→幕墙桁架立柱→A 轴或 K 轴拱架横梁→屋脊纵梁、纵向桁架檩条或屋面内支撑→D 轴到 G 轴拱架外侧 V 型撑或主拱→基础。

3.2 结构计算分析

3.2.1 设计荷载

1. 恒载

考虑到本结构各构件的板件普遍较薄,需要设置纵向和横向加劲肋,且节点作法较为复杂,而这些内容在计算模型中无法直接予以反映,所以钢结构自重在计算模型中乘以系数 1.3(恒载有利时自重系数调整为 1.1)。

除钢结构自重外,根据屋面作法,取屋面恒载为 0.8 kN/m²(含屋面二次檩条、可能设置的设备、吊顶等)。

2. 活载

考虑到本屋面为不上人屋面,取屋面活载为 0.5 kN/m²。由于拱结构的特殊性,本次计算还考虑了活载半侧布置的情况。

3. 基本雪压

根据《建筑结构荷载规范》(GB 50009—2012),取基本雪压 $S_0 = 0.25$ kN/m²。

4. 温度作用

合龙温度定为 10 ℃~15 ℃。结构升温取 30 ℃;降温取 −30 ℃。考虑结构在施工阶段未覆盖,计算时按整体升温 50 ℃。

5. 风荷载

主站房屋盖为跨度约 150 m,高度超过 20 m 的空间大跨结构。其顶面的曲线弧面造型独特,空间构造复杂,风荷载的计算也相应变得复杂,无法直接利用规范获得设计需要的风荷载参数(如体型系数等),也无法借鉴类似结构的研究成果评价其抗风特性。为确保主站房和无柱雨棚结构的抗风安全,在同济大学、西南交通大学先后进行 CFD 风洞数值模拟及风洞试验,以研究作用于建筑物上的风荷载及风致振动特性,为结构设计提供依据。具体试验模拟过程将在第 3 篇第 10 章详细介绍。

基本参数如下:

(1)基本风压 $\omega_0 = 0.7$ kN/m²(百年一遇)。

(2)风振系数 $\beta_z = 1.7$。

(3)地面粗糙度类别取为 A 类,$\mu_z = 2.0$(幕墙以内的区域)或 $\mu_z = 1.9$(幕墙以外的区域)。

(4)体型系数按 CFD 及风洞试验报告结果中的较大值选取。不同体型系数对应的风荷载标准值见表 3-1。

1)南风。南风体型系数如图 3-6 所示。根据专家意见,对幕墙以外的屋面风荷载体型系数进行了放大。

2)东风。东风体型系数如图 3-7 所示。根据专家意见,对幕墙以外的屋面风荷载体型系数进行了放大。

表 3-1   不同体型系数对应的风荷载标准值(对应 $\mu_z = 1.9$)

体型系数 μ_s	0.3	0.6	0.7	0.8	1.0	2.3
风荷载标准值 W_k(kN/m²)	0.68	1.36	1.58	1.81	2.26	5.65

3)特殊情形下的体型系数。在施工和使用过程中,有可能出现以下风荷载作用的情形:幕墙结构未安装完成,或者幕墙发生大面积破坏,此时风荷载体型系数将与上述四面封闭的情况有所不同,如图 3-8 所示。

6. 地震作用

(1)青岛北站抗震设防烈度为 6 度,设计基本地震加速度值为 0.05g,设计地震分组为第三组,场地类别为Ⅱ类。《建筑抗震设计规范》(GB 50011—2010)中相应的参数见表 3-2。

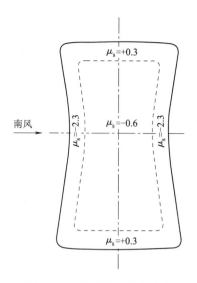

图 3-6 南风风荷载体型系数

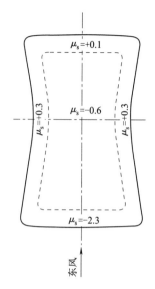

图 3-7 东风风荷载体型系数

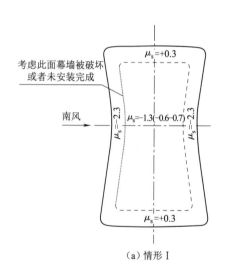

（a）情形Ⅰ

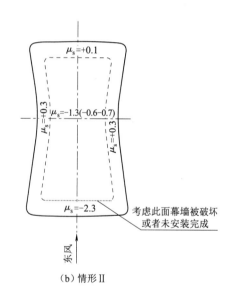

（b）情形Ⅱ

图 3-8 幕墙未安装完成或局部破坏下风荷载体型系数

表 3-2 青岛北站场地地震动参数

概率水平	峰值加速度(g)	水平地震影响系数最大值 α_{max}	特征周期 T_g(s)
小震	0.018	0.04	0.45
中震	0.05	0.12	0.45
大震	0.125	0.28	0.50

（2）时程分析时，水平地震波峰值按照表 3-3 采用，竖向地震波峰值取为水平地震波的 0.65 倍。

表 3-3　水平地震波峰值

地震作用水准	小震	中震	大震
水平地震波峰值(cm/s²)	18	50	125

(3)计算地震作用时采用的重力荷载代表值,按下列采用:屋面结构取"100%恒荷载+50%屋面雪载"。

(4)根据《山东省地震重点监视防御区管理办法》的规定:对位于地震动参数 0.05g 区内的学校、医院、商场等人员密集场所,建设工程抗震设防要求提高至 0.10g。据此,将青岛北站的抗震设防烈度由 6 度提高至 7 度,相应的参数见表 3-4。

表 3-4　青岛北站场地地震动参数(提高至 7 度)

概率水平	峰值加速度(g)	水平地震影响系数最大值 α_{max}	特征周期 T_g(s)
小震	0.035	0.08	0.45
中震	0.10	0.23	0.45

3.2.2　工况组合

1. 荷载效应的基本组合

荷载效应的基本组合见表 3-5。

表 3-5　荷载效应的基本组合

组合名称	组 合 项	备 注
gGen1	1.32 恒+1.1 预应力+1.54 活	
gGen2	1.485 恒+1.1 预应力+1.54×0.7 活	
gGen3	1.32 恒+1.1 预应力+1.54 活+1.54×0.6 南风	
gGen4	1.32 恒+1.1 预应力+1.54 活+1.54×0.6 东风	
gGen5	1.32 恒+1.1 预应力+1.54×0.7 活+1.54 南风	
gGen6	1.32 恒+1.1 预应力+1.54×0.7 活+1.54 东风	
gGen7	1.32 恒+1.1 预应力+1.54×0.7 活+1.1 升温	
gGen8	1.32 恒+1.1 预应力+1.54×0.7 活+1.1 降温	
gGen9	1.32 恒+1.1 预应力+1.54 活+1.1×0.7 升温	
gGen10	1.32 恒+1.1 预应力+1.54 活+1.1×0.7 降温	非抗震组合
gGen11	1.32 恒+1.1 预应力+1.54 活+1.54×0.6 南风+1.1×0.7 升温	
gGen12	1.32 恒+1.1 预应力+1.54×0.7 活+1.54 南风+1.1×0.7 升温	
gGen13	1.32 恒+1.1 预应力+1.54×0.7 活+1.54×0.6 南风+1.1 升温	
gGen14	1.32 恒+1.1 预应力+1.54 活+1.54×0.6 东风+1.1×0.7 升温	
gGen15	1.32 恒+1.1 预应力+1.54×0.7 活+1.54 东风+1.1×0.7 升温	
gGen16	1.32 恒+1.1 预应力+1.54×0.7 活+1.54×0.6 东风+1.1 升温	
gGen17	1.32 恒+1.1 预应力+1.54 活+1.54×0.6 南风+1.1×0.7 降温	
gGen18	1.32 恒+1.1 预应力+1.54×0.7 活+1.54 南风+1.1×0.7 降温	

组合名称	组 合 项	备 注
gGen19	1.32 恒＋1.1 预应力＋1.54×0.7 活＋1.54×0.6 南风＋1.1 降温	非抗震组合
gGen20	1.32 恒＋1.1 预应力＋1.54 活＋1.54×0.6 东风＋1.1×0.7 降温	
gGen21	1.32 恒＋1.1 预应力＋1.54×0.7 活＋1.54 东风＋1.1×0.7 降温	
gGen22	1.32 恒＋1.1 预应力＋1.54×0.7 活＋1.54×0.6 东风＋1.1 降温	
gGen23	1.0 恒＋1.1 预应力＋1.54 南风＋1.1×0.7 升温	
gGen24	1.0 恒＋1.1 预应力＋1.54×0.6 南风＋1.1 升温	
gGen25	1.0 恒＋1.1 预应力＋1.54 南风＋1.1×0.7 降温	
gGen26	1.0 恒＋1.1 预应力＋1.54×0.6 南风＋1.1 降温	
gGen27	1.0 恒＋1.1 预应力＋1.54 东风＋1.1×0.7 升温	
gGen28	1.0 恒＋1.1 预应力＋1.54×0.6 东风＋1.1 升温	
gGen29	1.0 恒＋1.1 预应力＋1.54 东风＋1.1×0.7 降温	
gGen30	1.0 恒＋1.1 预应力＋1.54×0.6 东风＋1.1 降温	
gGen31	1.32 恒＋1.1 预应力＋1.54 半侧活	
gGen32	1.32 恒＋1.1 预应力＋1.54 半侧活＋1.1×0.7 升温	
gGen33	1.32 恒＋1.1 预应力＋1.54×0.7 半侧活＋1.1 升温	
gGen34	1.32 恒＋1.1 预应力＋1.54 半侧活＋1.1×0.7 降温	
gGen35	1.32 恒＋1.1 预应力＋1.54×0.7 半侧活＋1.1 降温	
gGen36	1.2 重力荷载代表值＋1.3 水平地震＋0.5 竖向地震	抗震组合
gGen37	1.2 重力荷载代表值＋0.5 水平地震＋1.3 竖向地震	
gGen38	1.2 重力荷载代表值＋1.3 时程分析的平均值	

2. 荷载效应的标准组合

荷载效应的标准组合见表 3-6。

表 3-6 荷载效应的标准组合

组合名称	组合项	备 注
gStr1	1.0 恒＋1.0 预应力＋1.0 活	非抗震组合
gStr2	1.0 恒＋1.0 预应力＋0.7 活	
gStr3	1.0 恒＋1.0 预应力＋1.0 活＋0.6 南风	
gStr4	1.0 恒＋1.0 预应力＋1.0 活＋0.6 东风	
gStr5	1.0 恒＋1.0 预应力＋0.7 活＋1.0 南风	
gStr6	1.0 恒＋1.0 预应力＋0.7 活＋1.0 东风	
gStr7	1.0 恒＋1.0 预应力＋0.7 活＋1.0 升温	
gStr8	1.0 恒＋1.0 预应力＋0.7 活＋1.0 降温	
gStr9	1.0 恒＋1.0 预应力＋1.0 活＋0.7 升温	
gStr10	1.0 恒＋1.0 预应力＋1.0 活＋0.7 降温	
gStr11	1.0 恒＋1.0 预应力＋1.0 活＋0.6 南风＋0.7 升温	

组合名称	组　合　项	备　注
gStr12	1.0恒+1.0预应力+0.7活+1.0南风+0.7升温	
gStr13	1.0恒+1.0预应力+0.7活+0.6南风+1.0升温	
gStr14	1.0恒+1.0预应力+1.0活+0.6东风+0.7升温	
gStr15	1.0恒+1.0预应力+0.7活+1.0东风+0.7升温	
gStr16	1.0恒+1.0预应力+0.7活+0.6东风+1.0升温	
gStr17	1.0恒+1.0预应力+1.0活+0.6南风+0.7降温	
gStr18	1.0恒+1.0预应力+0.7活+1.0南风+0.7降温	
gStr19	1.0恒+1.0预应力+0.7活+0.6南风+1.0降温	
gStr20	1.0恒+1.0预应力+0.7活+0.6东风+0.7降温	
gStr21	1.0恒+1.0预应力+0.7活+1.0东风+0.7降温	
gStr22	1.0恒+1.0预应力+0.7活+0.6东风+1.0降温	非抗震组合
gStr23	0.9恒+1.0预应力+1.0南风+0.7升温	
gStr24	0.9恒+1.0预应力+0.6南风+1.0升温	
gStr25	0.9恒+1.0预应力+1.0南风+0.7降温	
gStr26	0.9恒+1.0预应力+0.6南风+1.0降温	
gStr27	0.9恒+1.0预应力+1.0东风+0.7升温	
gStr28	0.9恒+1.0预应力+0.6东风+1.0升温	
gStr29	0.9恒+1.0预应力+1.0东风+0.7降温	
gStr30	0.9恒+1.0预应力+0.6东风+1.0降温	
gStr31	1.0恒+1.0预应力+1.0半侧活	
gStr32	1.0恒+1.0预应力+1.0半侧活+0.7升温	
gStr33	1.0恒+1.0预应力+0.7半侧活+1.0升温	
gStr34	1.0恒+1.0预应力+1.0半侧活+0.7降温	
gStr35	1.0恒+1.0预应力+0.7半侧活+1.0降温	
gStr36	1.0重力荷载代表值+1.0水平地震+0.385竖向地震	
gStr37	1.0重力荷载代表值+0.385水平地震+1.0竖向地震	抗震组合
gStr38	1.0重力荷载代表值+时程分析的平均值	

3.2.3　结构分析模型

　　结构分析模型必须能够表现真实结构的关键特性,具有足够的精度并考虑实际的计算代价。为了得到屋盖结构的整体静力、动力性能,同时综合考虑到异形截面构件承载力计算的精度问题,对分析模型做了以下处理:

　　(1)拱架主拱、拱架横梁和屋脊纵梁异形截面构件采用分离式模型,上、下弦杆分别使用梁单元模拟,梁单元轴线分别位于上、下弦的形心位置,中间腹板采用壳单元模拟。

（2）V型撑采用桁架单元，仅考虑中心圆管，构件承载力验算时考虑预应力索对稳定性的提高作用。

（3）V型撑、交叉索与拱架主拱下弦的偏心以刚臂形式考虑。

（4）主桁架檩条上弦、下弦、腹杆分别采用梁单元模拟。

（5）整体计算混凝土拱脚采用梁单元，细部分析时拱脚钢骨采用壳单元并参与整体模型计算。

分析软件主要采用 MIDAS/Gen 和 SAP2000，稳定性分析、节点分析和动力弹塑性分析采用了 ANSYS 和 ABAQUS。图 3-9 是 SAP2000 中的整体计算模型。

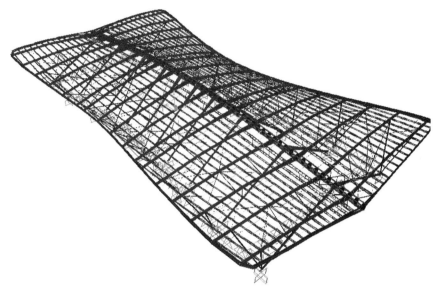

图 3-9　SAP2000 计算模型

3.2.4　静力分析

1. 静力特性

下面将选择典型构件对主站房屋盖的静力特性进行讨论。选择的对象包括拱、横梁、V型撑、交叉索、屋脊纵梁等主要构件。构件所处的位置重点选择了两个：A 轴和 F 轴，前者位于结构的端部，后者位于结构纵向中部。

2. 立体拱架的整体性

每一榀立体拱架由拱、横梁、V型撑等构件组成，结构三维布置图如图 3-10 所示。图 3-11、图 3-12 是拱单独受力与拱架作为一个整体受力时拱弯矩与位移的区别，可以看出，在相同荷载作用下，拱单独受力时弯矩及位移效应明显大于立体拱架整体工作时的效应。所以，拱、横梁、V型撑、交叉索形成了整体受力的立体桁架，有效增加了结构刚度，减少了弯矩效应。

3. 边拱（A 轴）

位于 A 轴的边拱，跨度最大，矢跨比最小（约为 0.2）。图 3-13～图 3-16 是 A 轴拱在"恒＋活"、南风、东风、升温 30 ℃工况下的轴力、面内弯矩、面外弯矩图。其中，由于上弦内力较小，图 3-13～图 3-16 只标示了下弦内力。

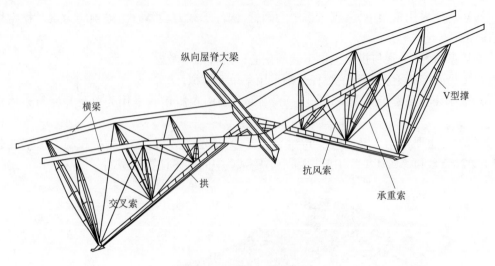

图 3-10 结构三维布置图

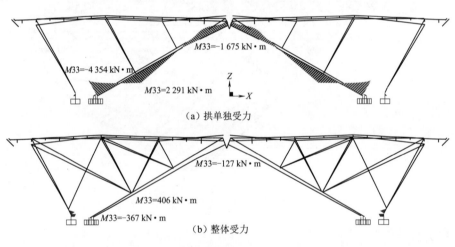

图 3-11 拱单独受力与否的弯矩对比

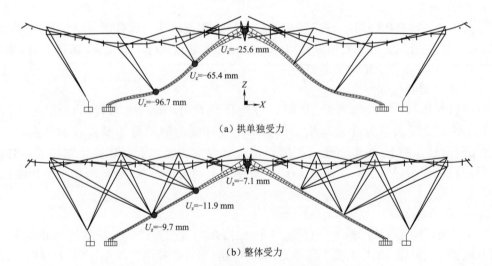

图 3-12 拱单独受力与否的位移对比

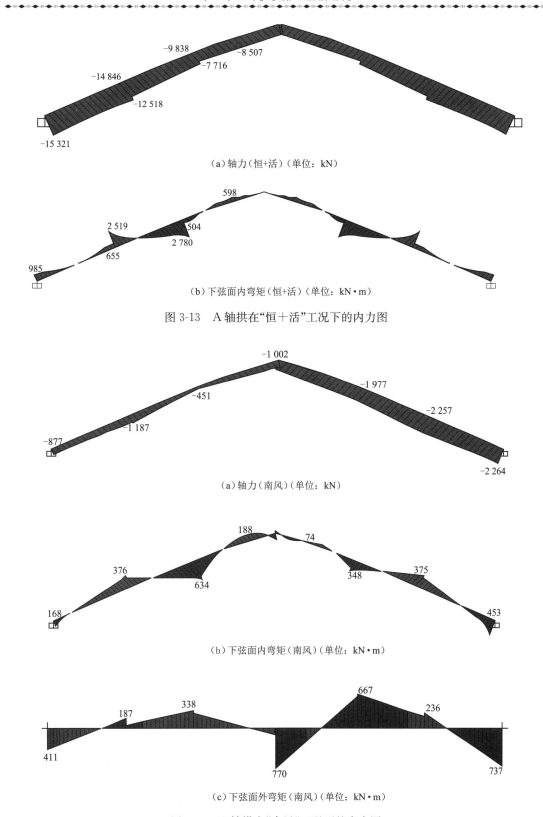

（a）轴力（恒+活）（单位：kN）

（b）下弦面内弯矩（恒+活）（单位：kN·m）

图 3-13　A 轴拱在"恒＋活"工况下的内力图

（a）轴力（南风）（单位：kN）

（b）下弦面内弯矩（南风）（单位：kN·m）

（c）下弦面外弯矩（南风）（单位：kN·m）

图 3-14　A 轴拱在"南风"工况下的内力图

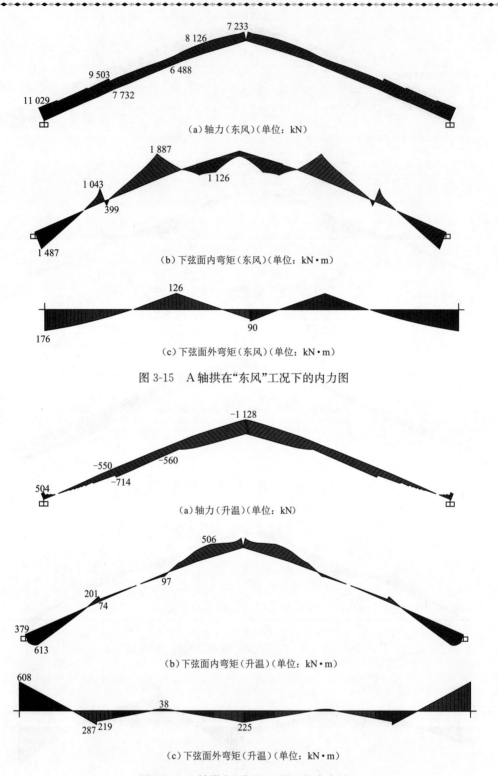

（a）轴力（东风）（单位：kN）

（b）下弦面内弯矩（东风）（单位：kN·m）

（c）下弦面外弯矩（东风）（单位：kN·m）

图 3-15　A 轴拱在"东风"工况下的内力图

（a）轴力（升温）（单位：kN）

（b）下弦面内弯矩（升温）（单位：kN·m）

（c）下弦面外弯矩（升温）（单位：kN·m）

图 3-16　A 轴拱在"升温"工况下的内力图

分析图 3-13～图 3-16，A 轴拱的受力有以下特点：

（1）在竖直向下的荷载作用下，拱表现出压弯构件的受力特性，下弦除承受轴力外，在

"恒+活"作用下还承受一定的弯矩。

（2）拱的上、下弦面积相差悬殊，但作为一个整体仍表现出一定的格构式受力特性。比如在图 3-13 中，V 型撑之间的下弦除自重外并无其他节间荷载，但轴力仍有变化，这就是整体受弯的表现。

（3）"恒+活"的效应最为显著，但在东风作用下（图 3-15），A 轴处屋面的风荷载体型系数高达-2.3，其效应也是相当可观的，且与"恒+活"的效应反号。

（4）虽然处于结构的端部，但 A 轴拱除拱脚处的面外弯矩外，由于温度产生的效应并不显著，体现了拱结构在抵抗温度作用方面的优越性。

（5）由于 V 型撑、交叉索与拱下弦的偏心，在拱与 V 型撑相交处会有弯矩的突变。

（6）由于 A 轴对应的两根横梁受力不完全相同，所以在"恒+活"作用下会有面外弯矩产生。

4. 拱（F 轴）

F 轴位于结构的纵向中部。位于 F 轴的拱，跨度最小，矢跨比最大（约为 0.44）。图 3-17～图 3-20 是 F 轴拱下弦在"恒+活"、南风、东风、升温 30 ℃工况下的轴力、面内弯矩、面外弯矩图。

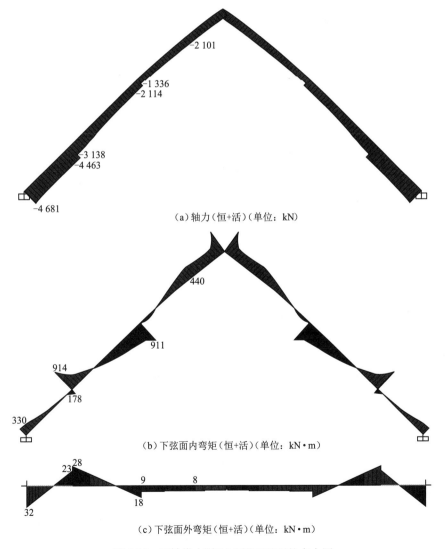

（a）轴力（恒+活）（单位：kN）

（b）下弦面内弯矩（恒+活）（单位：kN·m）

（c）下弦面外弯矩（恒+活）（单位：kN·m）

图 3-17 F 轴拱在"恒+活"工况下的内力图

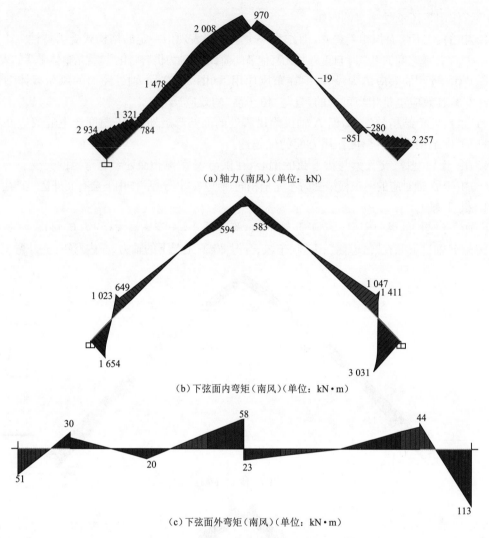

（a）轴力（南风）（单位：kN）

（b）下弦面内弯矩（南风）（单位：kN·m）

（c）下弦面外弯矩（南风）（单位：kN·m）

图 3-18　F 轴拱在"南风"工况下的内力图

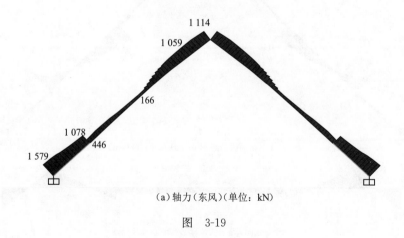

（a）轴力（东风）（单位：kN）

图　3-19

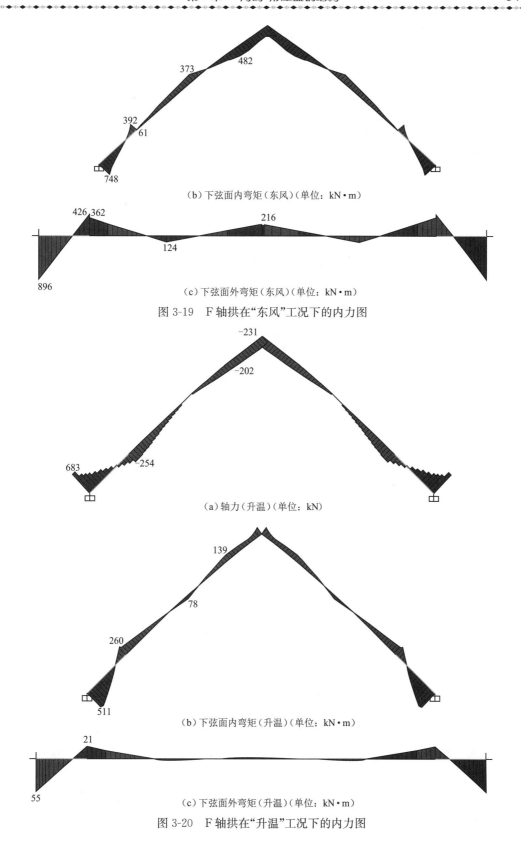

（b）下弦面内弯矩（东风）（单位：kN·m）

（c）下弦面外弯矩（东风）（单位：kN·m）

图 3-19 F 轴拱在"东风"工况下的内力图

（a）轴力（升温）（单位：kN）

（b）下弦面内弯矩（升温）（单位：kN·m）

（c）下弦面外弯矩（升温）（单位：kN·m）

图 3-20 F 轴拱在"升温"工况下的内力图

分析图 3-17～图 3-20,并与图 3-13～图 3-16 相比较,F 轴拱的受力有以下特点:

(1)F 轴拱仍为压弯或拉弯构件,但效应要比 A 轴边拱小很多,因为不论是受荷面积还是跨度、矢跨比,F 轴拱与 A 轴拱的差别都很大。

(2)与 A 轴边拱类似,拱作为一个整体也表现出一定的格构式受力特性。

(3)与 A 轴拱不同的是,不论在南风还是东风作用下,F 轴拱的面内弯矩效应均较大,甚至比"恒+活"的效应更为显著,原因在于:F 轴所在的结构区域与 A 轴的体型系数有较大的区别,且 A 轴边拱不直接承受幕墙顺轨向风荷载作用。

(4)由于位于结构纵向的中部,F 轴拱的面外弯矩很小。

5. A′轴横梁

图 3-21～图 3-24 是 A′轴横梁在"恒+活"、南风、东风、升温 30 ℃工况下的轴力、面内弯矩、面外弯矩图。其中,在轴力图中,标在上方的为上弦轴力,标在下方的为下弦轴力;类似 A 轴边拱,由于上弦的弯矩很小,面内弯矩图和面外弯矩图只标示下弦弯矩。

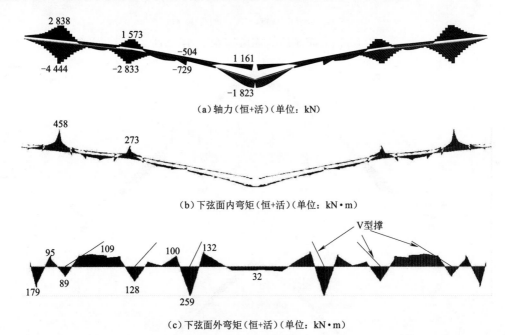

(a)轴力(恒+活)(单位:kN)

(b)下弦面内弯矩(恒+活)(单位:kN·m)

(c)下弦面外弯矩(恒+活)(单位:kN·m)

图 3-21　A′轴横梁在"恒+活"工况下的内力图

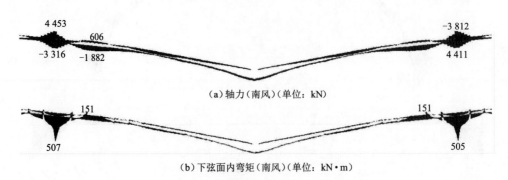

(a)轴力(南风)(单位:kN)

(b)下弦面内弯矩(南风)(单位:kN·m)

图　3-22

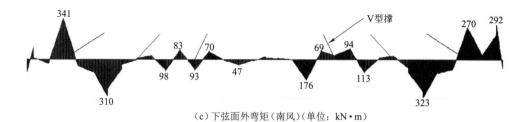

（c）下弦面外弯矩（南风）（单位：kN·m）

图 3-22　A′轴横梁在"南风"工况下的内力图

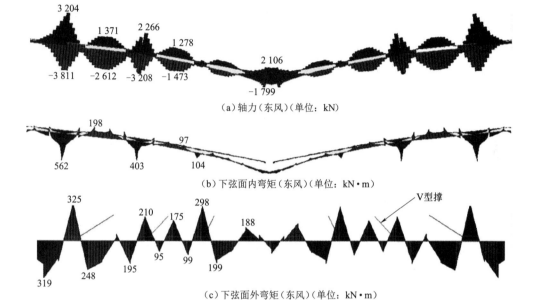

（a）轴力（东风）（单位：kN）

（b）下弦面内弯矩（东风）（单位：kN·m）

（c）下弦面外弯矩（东风）（单位：kN·m）

图 3-23　A′轴横梁在"东风"工况下的内力图

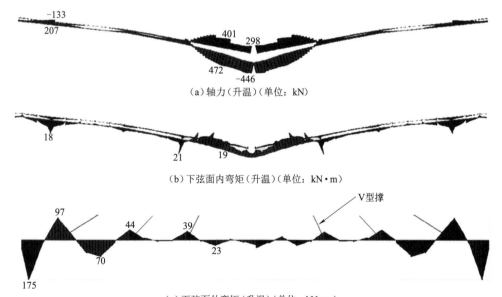

（a）轴力（升温）（单位：kN）

（b）下弦面内弯矩（升温）（单位：kN·m）

（c）下弦面外弯矩（升温）（单位：kN·m）

图 3-24　A′轴横梁在"升温"工况下的内力图

分析图 3-21～图 3-24，A′轴横梁的受力有以下特点：

(1)横梁弦杆承受的弯矩很小，以承受轴力为主。

(2)与拱相比，横梁的格构式效应要明显，原因在于横梁上、下弦面积大致相当。

(3)横梁上、下弦的轴力走势与弯矩走势较为吻合，表现出连续格构式梁的特征。

(4)分析横梁"恒＋活"的内力图可以看出，横梁在重力方向荷载作用下呈现出压弯构件的性态。

(5)A′轴横梁位于幕墙以外，在双向风荷载作用下，受荷均较大，特别是在负风压作用区域，其数值与"恒＋活"相当。

(6)A′轴横梁的温度效应不显著。

6. E′轴横梁

E′轴横梁位于结构中部。图 3-25～图 3-28 是 E′轴横梁在"恒＋活"、南风、东风、升温 30 ℃工况下的轴力、面内弯矩、面外弯矩图。其中，在轴力图中，标在上方的为上弦轴力，标在下方的为下弦轴力；面内弯矩图和面外弯矩图只标示下弦弯矩。

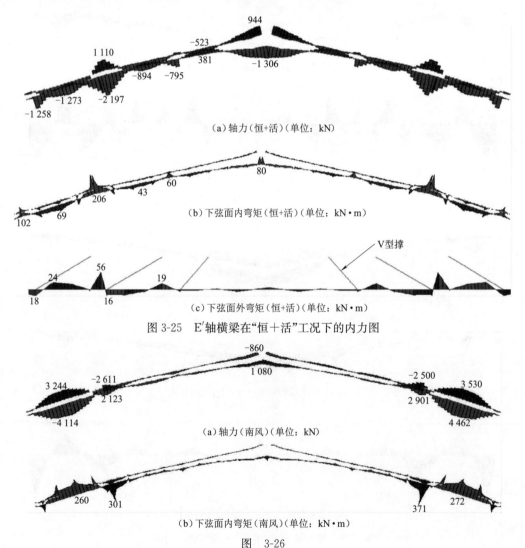

(a)轴力(恒+活)(单位：kN)

(b)下弦面内弯矩(恒+活)(单位：kN·m)

(c)下弦面外弯矩(恒+活)(单位：kN·m)

图 3-25　E′轴横梁在"恒＋活"工况下的内力图

(a)轴力(南风)(单位：kN)

(b)下弦面内弯矩(南风)(单位：kN·m)

图　3-26

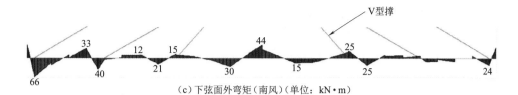

（c）下弦面外弯矩（南风）（单位：kN·m）

图 3-26 E′轴横梁在"南风"工况下的内力图

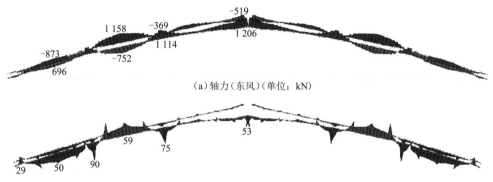

（a）轴力（东风）（单位：kN）

（b）下弦面内弯矩（东风）（单位：kN·m）

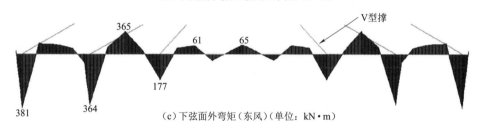

（c）下弦面外弯矩（东风）（单位：kN·m）

图 3-27 E′轴横梁在"东风"工况下的内力图

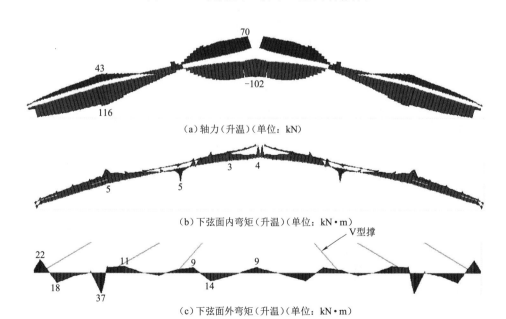

（a）轴力（升温）（单位：kN）

（b）下弦面内弯矩（升温）（单位：kN·m）

（c）下弦面外弯矩（升温）（单位：kN·m）

图 3-28 E′轴横梁在"升温"工况下的内力图

E′轴横梁的受力特点与A′轴横梁类似,都属于具有连续支承压弯(拉弯)构件,但由于A′轴横梁悬挑长度较大,且受荷面积也大,所以在"恒+活"工况下,A′轴横梁的内力反应相对较大。在风荷载作用下,由于二者所处区域不同,风荷载体型系数有较大差别,内力反应也不尽相同。

7. V型撑

V型撑与拱及横梁均为铰接,相当于本结构立体拱架的竖腹杆,而最外侧的V型撑又相当于斜柱(如图3-29所示)。表3-7列出了在"恒+活"工况作用下A、B、F轴拱对应的V型撑轴力。

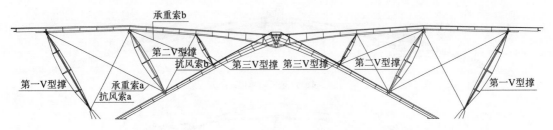

图 3-29　V型撑分布示意图

表 3-7　"恒+活"工况作用下部分V型撑轴力　　　　　　　　　（单位:kN）

位置		A轴	B轴	F轴
第一V型撑	东侧	−4 469	−3 489	−1 825
	西侧	−4 217	−3 272	−1 746
第二V型撑	东侧	−3 602	−2 672	−1 691
	西侧	−3 390	−2 702	−1 688
第三V型撑	东侧	−2 434	−1 559	−896
	西侧	−2 503	−1 634	−918

由于下端点的刚度不同,同一榀拱的三对V型撑轴力有较大的区别:愈向外,轴力越大。不同拱上V型撑的内力差异源于各自的受荷大小及受荷面积不同。

8. 屋脊纵梁

屋脊纵梁位于结构的中轴线上,呈倒三角形,由上部两个弦杆与下部一个弦杆组成。三个弦杆均为三角形。其结构简图如图3-30所示,截面图如图3-31所示。由于在此梁的三个侧面均需开洞,屋脊纵梁事实上是空腹式桁架梁。

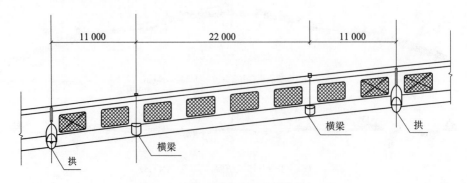

图 3-30　结构屋脊梁侧面图(单位:mm)

纵梁支承在拱的顶点上,跨度最大为 44 m。在两个拱顶之间,作用有 1～2 根横梁。由于在与拱相交处(相当于拱的支座处),屋脊梁上、下弦的弯矩过大,在此处开孔位置设置钢拉杆交叉撑。

屋脊梁在本结构中,不仅是横梁传递荷载的工具,也是拱之间重要的纵向联系构件,对于协调各拱之间的纵向和横向变形发挥了重要作用。

(1)B-C 轴之间的屋脊纵梁

B-C 轴之间屋脊纵梁在"恒+活"工况下的弦杆轴力图、弯矩图如图 3-32 所示。

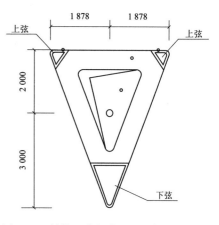

图 3-31　结构屋脊梁截面图(单位:mm)

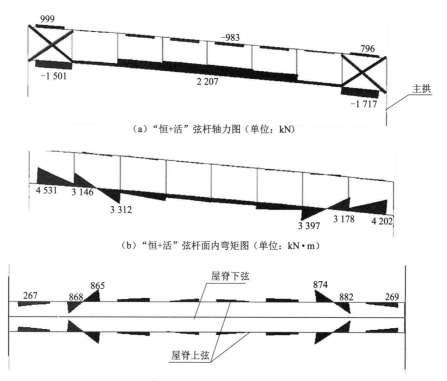

(a)"恒+活"弦杆轴力图(单位:kN)

(b)"恒+活"弦杆面内弯矩图(单位:kN·m)

(c)"恒+活"弦杆面外弯矩图(单位:kN·m)

图 3-32　屋脊纵梁(B-C 轴)在"恒+活"工况下的内力图

由图 3-32 可见,在 B-C 轴之间,屋脊纵梁的轴力图和面内弯矩图表现出明显的连续梁受力特征,即支座处为负弯矩,跨中处为正弯矩。由于下弦截面大于上弦截面,下弦的内力反应比上弦显著。

(2)悬挑部位的屋脊纵梁

在边拱以外,屋脊纵梁悬挑约 22 m(此部分取消开孔)。此部分屋脊纵梁在"恒+活"工况下的弦杆轴力图、弯矩图如图 3-33 所示。由图 3-33 可见,悬挑段的屋脊纵梁根部轴力及弯矩都很大,具有明显的悬臂梁受力特点。

9. 位移

此屋面结构在荷载作用下会产生三向位移,表3-8列出了边拱、中间拱、檩条、横向梁等构件典型位置处的位移。拱顶的位移限值按拱水平跨度控制;拱半跨中的位移限值按拱半跨长度控制。

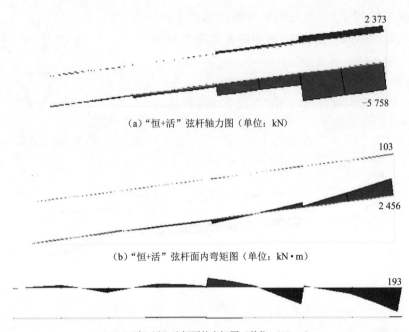

（a）"恒+活"弦杆轴力图（单位：kN）

（b）"恒+活"弦杆面内弯矩图（单位：kN·m）

（c）"恒+活"弦杆面外弯矩图（单位：kN·m）

图3-33　屋脊纵梁悬挑段在"恒+活"工况下的内力图

表3-8　屋面结构的位移

构件		节点位置	位移（mm）			竖向位移与跨度的比值	工况
			ΔX	ΔY	ΔZ		
拱	A轴	拱顶	2.0	88.4	−132.0	1/1 068	gStr14
		半跨中	15.1	95.1	−121.4	1/610	gStr19
	B轴	拱顶	5.6	71.5	−88.2	1/1 372	gStr8
		半跨中	23.0	57.9	−87.6	1/773	gStr35
	F轴	拱顶	4.5	44.2	−43.8	1/2 128	gStr8
		半跨中	16.5	34.5	−43.9	1/1 416	gStr19
横梁	A轴	跨中	−9.8	8.2	−39.6	1/812	gStr18
		悬挑端	−10.6	−7.0	60.7	1/260	gStr25
	B轴	跨中	−3.6	6.0	45.2	1/715	gStr25
		悬挑端	2.7	1.9	−24.2	1/467	gStr23
	F轴	跨中	−11.9	9.6	37	1/684	gStr23
		悬挑端	3.7	0.8	−12.3	1/193	gStr25
屋面檩条	结构中部	跨中	−17.4	4.6	43.5	1/506	gStr23
	A轴以外	悬挑端	−6.7	7.1	−57.4	1/186	gStr12

续上表

构件	节点位置	位移(mm)			竖向位移与跨度的比值	工况
		ΔX	ΔY	ΔZ		
屋脊纵梁	跨中	18.1	3.6	−33.1	1/1 329	gStr9
	悬挑端	2.9	24.1	−124.1	1/177	gStr18

从表 3-8 可知,结构没有位移超限的情形产生。此结构的位移响应具有以下特点:

(1)拱顶的顺轨向(X 向)位移和竖向位移均较小,反映出拱较好的面内刚度。

(2)拱较弱的面外刚度,表现为在温度作用和东风作用时,Y 向位移较大。其中,边拱拱顶 Y 向位移约为 88 mm。

(3)幕墙以外的区域承受较大的负风压,特别是在悬挑区域,风荷载组合时横梁产生了较大的向上的竖向位移。

(4)檩条的变形特性与横梁较为类似。

(5)屋脊纵梁在悬挑端将产生较大的竖向位移。

(6)表 3-8 中的位移为各点相对于相应支点的相对值。

10. 交叉索偏心对结构的影响

图 3-34 和图 3-35 分别是 B 轴拱受"恒+活"作用时的轴力图和弯矩图。其中,在其左半侧的交叉索偏心被取消。

图 3-34 左、右侧的对比表明,索、V 型撑相对拱偏心与否对轴力的影响不大。但从图 3-35 可以看出,在左侧主拱下弦弯矩在 V 型撑处是连续的,右侧则不然,由于偏心造成此处相当于对主拱下弦施加了集中弯矩,将原本连续的弯矩图变为不连续的。

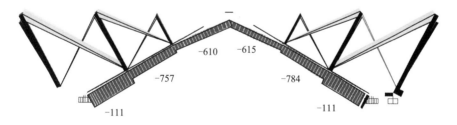

图 3-34 B 轴拱受"恒+活"作用时的轴力图(单位:kN,左侧索偏心取消)

集中弯矩叠加上原本连续的弯矩,形成的后果就是一侧弯矩增加,另一侧减少。这种变化显然对构件受力有影响。其中,由于下端的承重索受力较大,其偏心产生的效应也较大。

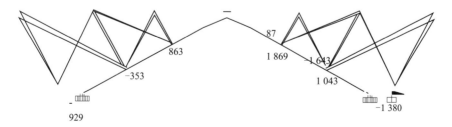

图 3-35 B 轴拱受"恒+活"作用时的弯矩图(单位:kN·m,左侧索偏心取消)

11. 交叉索索力对结构的影响

青岛北站立体拱架的交叉索可以分为承重索和抗风索。此交叉索的索力对于结构位移反应和内力反应有着重要影响。下面对此问题进行讨论。

（1）索不施加预应力

图 3-36 和图 3-37 分别是在承重索和抗风索均不施加预应力下，主拱在"恒＋活"工况下的弯矩图和位移图。从图 3-38 中可以看出，在竖向荷载下，主拱在拱脚、V 型撑处，拱顶附近位置的弯矩较大，其中拱脚弯矩高达 3 414 kN·m，拱顶处最大弯矩为 2 208 kN·m。由图 3-39 可知，主拱在跨中位移为 127 mm，拱顶位移为 52 mm。

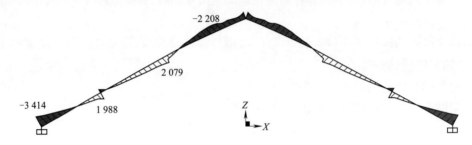

图 3-36　拱在索未施加预应力时"恒＋活"工况下的弯矩图（单位：kN·m）

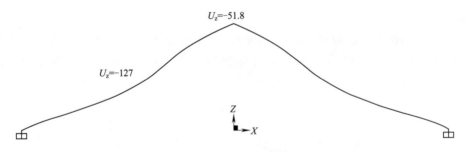

图 3-37　拱在索未施加预应力时"恒＋活"工况下的位移图（单位：mm）

（2）仅承重索施加预应力

图 3-38 和图 3-39 是只施加承重索的预应力（不含其他荷载），主拱在索预应力作用下的弯矩图和位移图。从图 3-38、图 3-39 中可以看出，承重索施加一定的预应力后，主拱产生了与拱在"恒＋活"工况下相反的弯矩，同时在跨中位置产生向上的位移，这说明承重索施加预应力有助于减小拱在大部分区域的弯矩和位移。

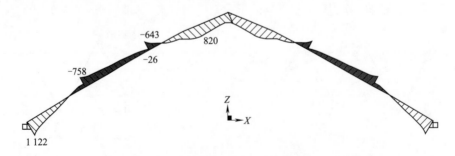

图 3-38　主拱仅在承重索预应力下的弯矩图（单位：kN·m）

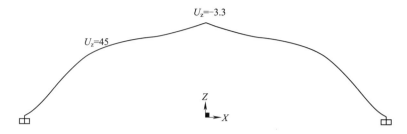

图 3-39 主拱仅在承重索预应力下的位移图(单位:mm)

(3)仅抗风索施加预应力

图 3-40 和图 3-41 是仅施加抗风索的预应力(不含其他荷载),主拱在索预应力作用下的弯矩图和位移图。从图 3-40、图 3-41 中可以看出,在抗风索施加一定的预应力后,主拱产生了在竖向荷载下同向的弯矩,同时在跨中产生向下的位移,这说明抗风索施加预应力不但起不到减小拱的弯矩和位移的作用,反而增加了主拱的弯矩和位移,对结构不利。所以抗风索只需施加一定的预应力保证其不失效即可,不宜施加过大的预应力。

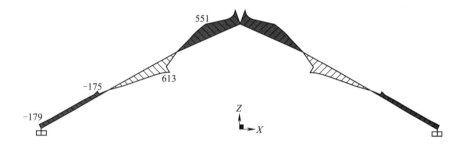

图 3-40 主拱仅在抗风索预应力下的弯矩图(单位:kN·m)

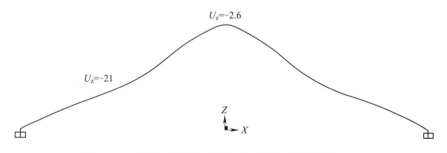

图 3-41 主拱仅在抗风索预应力下的位移图(单位:mm)

(4)重力荷载与索应力同时作用

图 3-42 和图 3-43 是主拱施加预应力后在"恒+活"工况下的弯矩图和位移图,与不施加预应力时的弯矩图(图 3-36)和位移图(图 3-37)对比可以看出,在拱脚处的弯矩由 3 414 kN·m 减小为 1 654 kN·m,减小为原来的 48%,拱顶的弯矩由 2 208 kN·m 减小为 1 045 kN·m,减小为原来的 47%,跨中弯矩两者相差不大;主拱跨中竖向位移由 127 mm 减小为 84 mm,减小为原来的 66%,拱顶位移基本不变。

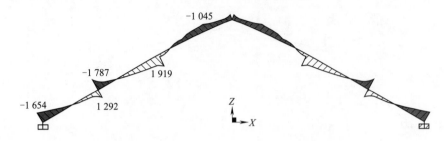

图 3-42 主拱在索施加预应力时"恒＋活"工况下的弯矩图（单位:kN·m）

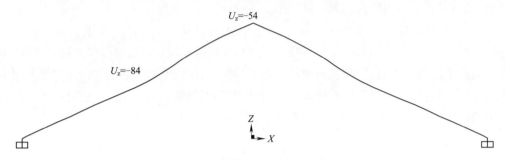

图 3-43 主拱在索施加预应力时"恒＋活"工况下的位移图（单位:mm）

综上所述,施加承重索的预应力可以减小主拱位移,同时减小主拱的弯矩。施加抗风索的预应力增大了主拱的弯矩,所以在结构中只需要保持抗风索在所有工况下不失效即可,不宜施加过大的预应力。

另外,通过索作用产生的上述效应,通过合理的张拉次序的安排及预应力的调整,可以充分优化构件的内力分布。

12. 索挠度对结构的影响

索在重力作用下会产生一定的挠度,下面分析索挠度对结构产生的影响。

将结构整体分析模型中的索分为 15 个单元,并在分析时考虑几何大变形。表 3-9 是结构的部分构件在工况 gGen1(1.32 恒＋1.1 预应力＋1.54 活)下考虑索的挠度和不考虑索的挠度结构内力的对比,从表 3-9 中可以看出,考虑索挠度对结构的内力影响非常小。

表 3-9 部分结构构件考虑索挠度与否内力对比

位　置	约束情形	轴　力	面内弯矩	面外弯矩
A 轴拱脚	不考虑索挠度	−20 788	−1 932	−687
	考虑索挠度	−20 787	−1 932	−687
	比值	1.00	1.00	1.00
B 轴拱脚	不考虑索挠度	−12 864	−1 390	10
	考虑索挠度	−12 864	−1 390	−11
	比值	1.00	1.00	—
E 轴拱脚	不考虑索挠度	−6 560	−750	−113
	考虑索挠度	−6 560	−750	−113
	比值	1.00	1.00	1.00

续上表

位　置	约束情形	轴　力	面内弯矩	面外弯矩
A′轴横梁	不考虑索挠度	−3 863	−482	−54
	考虑索挠度	−3 863	−482	−54
	比值	1.00	1.00	1.00
E′轴横梁	不考虑索挠度	−2 907	−91	94
	考虑索挠度	−2 907	−91	94
	比值	1.00	1.00	1.00
A 轴 V 型撑	不考虑索挠度	−5 475	—	—
	考虑索挠度	−5 475	—	—
	比值	1.00	—	—
E 轴 V 型撑	不考虑索挠度	−2 145	—	—
	考虑索挠度	−2 145	—	—
	比值	1.00	—	—
A 轴交叉索	不考虑索挠度	4 689	—	—
	考虑索挠度	4 688	—	—
	比值	1.00	—	—
E 轴交叉索	不考虑索挠度	2 389	—	—
	考虑索挠度	2 388	—	—
	比值	1.00	—	—

注:轴力单位为 kN,弯矩单位为 kN·m。

表 3-10 是结构关键点的位移对比,从表 3-10 中可以看出,考虑索挠度与否对结构的位移影响很小。

表 3-10　结构关键点位移对比结果(一)(恒+活)　　　　(单位:mm)

位　置	不考虑索挠度	比值	位　置	不考虑索挠度	比值
A 轴拱顶	−61	1.00	E 轴拱顶	−12	1.00
A 轴跨中	−68	1.00	E 轴跨中	−32	1.00

综上所述,青岛北站立体拱架中的交叉索的索挠度对结构的内力和位移均影响很小。

13. 施工阶段温度作用的计算

在施工阶段,有可能出现屋面板还未安装,结构构件直接裸露的情形,此时温度作用会较大,超出了预先设定的±30 ℃。考虑到这种情况,做以下组合作为施工阶段的补充验算:1.32 恒+1.1 预应力+1.1 升温 50 ℃(工况 gGen39)。此时,恒载仅包括结构自重。将工况 gGen39 与原类似工况进行对比,结果见表 3-11。从表 3-11 中可以看出,施工阶段的温度作用并不显著,主拱、横梁和 V 型撑的内力均小于工况 gGen7,不起控制作用。

表 3-11　施工阶段的温度效应

构件及其位置	工　况	内　力		
		轴力 N(kN)	面外弯矩 $M22$ (kN・m)	面内弯矩 $M33$ (kN・m)
主拱第二 V 型撑处	gGen7	−16 565	209	−3 087
	gGen39	−10 397	−150	−2 745
横梁	gGen7	−4 077	99	−463
	gGen39	−2 396	112	−254
V 型撑	gGen7	−5 443	—	—
	gGen39	−3 878	—	—

14. 不均匀活载布置对结构的影响

青岛北站立体拱架上每一对 V 型撑和横梁受力均匀对拱是有利的，但由于施工过程和以后使用阶段的不确定性，同一个立体拱架上的两根横梁及 V 型撑的受荷有可能不同。

为了进一步验证结构的可靠性，取活载按图 3-44 布置（图中阴影区域表示活载布置区域）。此时，A 轴拱对应的两根横梁所受活载不同。以工况 gGen1"恒＋活"作为比较的对象，取"恒＋不均匀布置活载"与其进行内力及位移的对比，结果见表 3-12 和表 3-13。

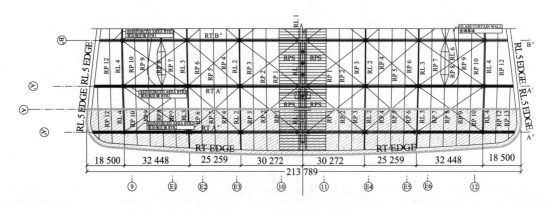

图 3-44　不均匀布置活载示意图（单位：mm）

从表 3-12 可以看出，在不均匀活载布置下，横梁、V 型撑的内力并没有发生明显的变化；拱的面外弯矩有所增大，但此增加的面外弯矩仅增加了截面应力 5 MPa。

表 3-13 说明，在不均匀活载布置下，拱的面外位移（y 向）增大，但仍满足位移限值的要求；其余构件的位移变化不大。

表 3-12　不均匀活载布置对结构的内力影响

构件及其位置	工　况	内　力		
		轴力 N(kN)	面外弯矩 $M22$ (kN・m)	面内弯矩 $M33$ (kN・m)
主拱拱脚	恒＋不均匀活	−19 718	−980	−1 823
	恒＋活	−20 788	−687	−1 932

续上表

构件及其位置	工　　况	内　　力		
		轴力 N(kN)	面外弯矩 $M22$ (kN·m)	面内弯矩 $M33$ (kN·m)
横梁	恒＋不均匀活	−4 250	−338	−490
	恒＋活	−4 298	−345	−491
V 型撑	恒＋不均匀活	−5 761	—	—
	恒＋活	−5 800	—	—

表 3-13　不均匀活载布置对结构的位移影响

构　　件	工　　况	位　　置	位移(mm)		
			U_x	U_y	U_z
主拱	恒＋不均匀活	拱顶	0.0	5.6	−76.6
		半跨中	15.6	42.3	−91.1
	恒＋活	拱顶	0.0	5.5	−80.6
		半跨中	16.7	29.7	−96.5
横梁	恒＋不均匀活	跨中	11.1	−2.7	−76.2

15. 拱脚水平和转动刚度对结构的影响

立体拱架对下部结构的水平反力较大。为了检验结构拱脚可能产生的水平变位对结构的影响,根据下部结构基础图和地勘报告,按照《建筑桩基技术规范》(JGJ 94—2008)中的附录 C——"考虑承台(包括地下墙体)、基桩协同工作和土的弹性抗力作用"计算受水平荷载的桩基的相关内容,计算出桩基基础的水平和转动刚度。其中,水平刚度为 $4×10^5$ kN/m,转动刚度为 $5.2×10^8$ kN·m/rad。

将此水平刚度和转动刚度作为支座约束加入到整体的结构计算模型中。表 3-14 是在工况 gGen1(1.32 恒＋1.1 预应力＋1.54 活)组合下,部分构件在考虑约束刚度与否情况下的内力比值,从表 3-14 中可以看出:

(1)考虑拱脚的水平和转动刚度后,主拱轴力基本无变化,拱脚处的面内弯矩有一定的增加,但由于拱的强轴在面内,所以这种增加对截面验算不起控制作用。

(2)考虑拱脚的水平和转动刚度后,横梁、V 型撑、交叉索的内力基本不变。

表 3-14　考虑拱脚刚度后关键构件内力的对比

位　　置	约束情形	轴　力	面内弯矩	面外弯矩
A 轴拱脚	固定约束	−20 788	−1 932	−687
	考虑支座刚度	−20 810	−2 429	−769
	比值	1.00	1.26	1.11
B 轴拱脚	固定约束	−12 864	−1 390	10
	考虑支座刚度	−12 961	−1 492	−29
	比值	1.01	1.07	—

续上表

位　置	约束情形	轴　力	面内弯矩	面外弯矩
E 轴拱脚	固定约束	−6 560	−750	−113
	考虑支座刚度	−6 430	−833	−117
	比值	0.98	1.11	1.04
A′轴横梁	固定约束	−3 863	−482	−54
	考虑支座刚度	−3 867	−480	−61
	比值	1.00	1.00	—
E′轴横梁	固定约束	−2 907	−91	94
	考虑支座刚度	−2 904	−91	92
	比值	1.00	1.00	1.01
A 轴 V 型撑	固定约束	−5 475	—	—
	考虑支座刚度	−5 495	—	—
	比值	1.00	—	—
E 轴 V 型撑	固定约束	−2 145	—	—
	考虑支座刚度	−2 114	—	—
	比值	0.99	—	—
A 轴交叉索	固定约束	4 689	—	—
	考虑支座刚度	4 708	—	—
	比值	1.00	—	—
E 轴交叉索	固定约束	2 389	—	—
	考虑支座刚度	2 388	—	—
	比值	1.00	—	—

注:轴力单位为 kN,弯矩单位为 kN·m。

　　表 3-15 给出了考虑拱脚水平和转动刚度后结构关键点位移对比结果,从表 3-15 中可以看出,考虑拱脚水平和转动刚度时,结构的位移比采用固定约束的模型得到的结果要大,拱顶的位移增加量为 14 mm。与超过 100 m 的跨度相比,这种位移增加量是较小的。

表 3-15　结构关键点位移对比结果(二)(恒+活)　　　　　(单位:mm)

位　置	固定约束	考虑弹簧	位移增加量
A 拱拱顶	−61	−75	14
A 拱跨中	−68	−78	10
E 轴拱顶	−12	−14	2
E 轴跨中	−32	−34	2

　　综合以上结果,考虑拱脚水平和转动刚度对结构的内力和位移有一定影响:考虑拱脚水平

和转动刚度后,拱的弯矩效应和位移效应增大,但结构的受力性态保持不变;根据截面验算,现有桩基具有足够的水平刚度与转动刚度,结构的安全性可以得到保证。

16. 组合构件单元类型的影响

主拱和横梁属于异形截面,均采用组合截面。整体计算时,上、下弦均用梁单元进行模拟,腹板采用壳单元进行模拟。为了说明这种模拟的可行性,本小节将把上、下弦和腹板均采用壳单元进行模拟,并对两种模拟的结果进行对比分析。

(1)主拱

主拱由三部分组成:类椭圆形下弦、圆形上弦、竖腹板(如图 3-45 所示)。本次分析将主拱的上弦、下弦、腹板均采用壳单元进行模拟,模拟软件采用大型通用有限元软件 ABAQUS V6.8,壳单元采用 S4R 单元,荷载取为主拱 ARC1 的截面校核控制工况的荷载,构件长度取为构件的计算长度,见表 3-16。图 3-46 是主拱的壳单元模型,图 3-47 和图 3-48 是主拱的 Von Mises 应力云图。

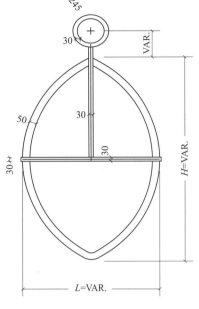

图 3-45　拱截面(单位:mm)

表 3-17 是采用壳单元和采用梁单元模拟的主拱应力及其比值,从表 3-17 中可以看出,采用这两种单元的计算结果基本相同,因此计算模型采用梁-壳组合单元模拟这种异形截面是可行的。

表 3-16　主拱内力

截　　面		控制工况	控制内力			计算长度 (m)	位　　置
			N(kN)	$M22$(kN・m)	$M33$(kN・m)		
上弦	$D245 \times 30$	gGen18	$-1\,511$	-13	-7	20.01	A 轴拱脚
下弦	ARC1	gGen18	$-21\,988$	$1\,855$	$-1\,573$	20.01	A 轴拱脚

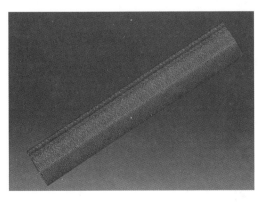
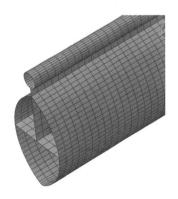

图 3-46　主拱全壳元有限元模型

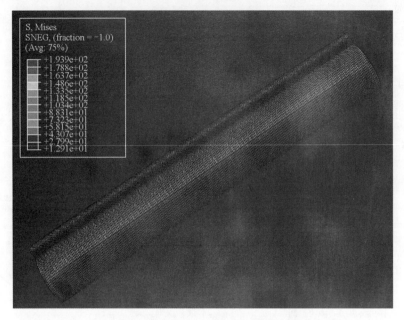

图 3-47　主拱的 Von Mises 应力云图

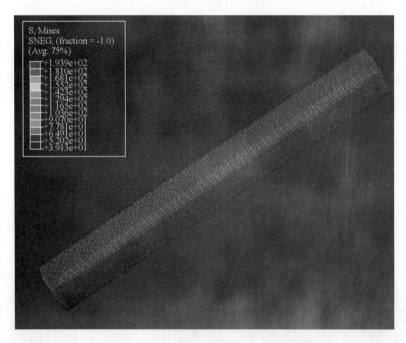

图 3-48　主拱下弦的 Von Mises 应力云图

表 3-17　主拱应力对比　　　　　　　　　（单位：MPa）

位　　　置		支　　座	跨　　中	端　　部
上弦	梁单元	65.2	60.8	87.7
	壳单元	67.6	62.5	91.8
	比值	1.04	1.03	1.05

续上表

位 置		支 座	跨 中	端 部
下弦	梁单元	168.2	160.5	169.2
	壳单元	169.7	160.4	171.6
	比值	1.009	0.999	1.014

注:比值为壳单元模拟的应力值除以梁单元模拟的应力值。

(2)横梁

横梁由三部分组成:类半椭圆形下弦、矩形上弦、竖腹板(如图 3-49 所示)。本次分析将横梁的上弦、下弦、腹板均采用壳单元进行模拟,模拟软件采用大型通用有限元软件 ABAQUS V6.8,壳单元采用 S4R 单元,荷载取为横梁 BTR2 的截面校核控制工况的荷载,构件长度取为构件的计算长度,见表 3-18。图 3-50 是横梁的壳单元模型,图 3-51 和图 3-52 是横梁的 Von Mises 应力云图。

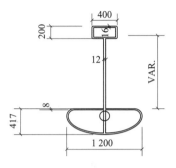

图 3-49 横梁截面(单位:mm)

表 3-19 是采用壳单元和采用梁单元模拟的横梁应力及其比值,从表 3-19 中可以看出,采用这两种单元的计算结果基本相同,因此计算模型采用梁单元模拟这种异形截面是可行的。

表 3-18 横梁内力

截 面		控制工况	控制内力			计算长度 (m)	位 置
			$N(\text{kN})$	$M22(\text{kN}\cdot\text{m})$	$M33(\text{kN}\cdot\text{m})$		
上弦	$R200\times400\times16$	gGen25	4 874	2.6	−176	14.02	J'' 轴第一 V 型撑和第二 V 型撑跨中
下弦	BTR2	gGen25	−6 457	319	−409	14.02	J'' 轴第一 V 型撑和第二 V 型撑跨中

图 3-50 横梁全壳元有限元模型

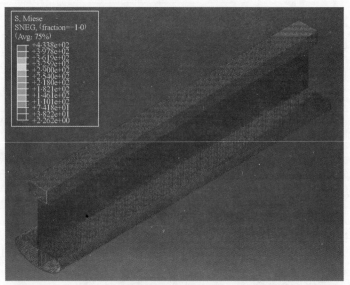

图 3-51　横梁的 Von Mises 应力云图

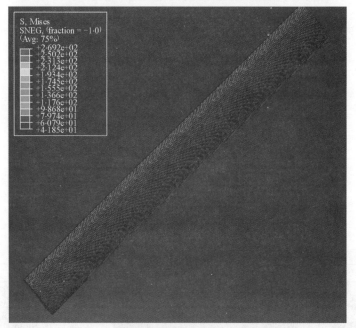

图 3-52　横梁下弦的 Von Mises 应力云图

表 3-19　横梁应力对比　　　　　　　　（单位：MPa）

位　置		支　座	跨　中	端　部
上弦	梁单元	191.5	182.7	216.8
	壳单元	196.7	187.8	217.8
	比值	1.03	1.03	1.00
下弦	梁单元	204.7	200.5	229.5
	壳单元	196.7	192.5	233
	比值	0.96	0.96	1.02

注：比值为壳单元模拟的应力值除以梁单元模拟的应力值。

17. 空间作用的加强

按照抗震设防专项审查专家意见,对结构的空间整体性进行了加强,主要措施是加强了各榀拱架之间的纵向联系。原方案中,各榀拱架的纵向联系是三角形屋脊纵梁及纵向檩条(主檩条);在施工图阶段,将南北两侧的一根纵向檩条予以加强,具体位置如图 3-53 所示。

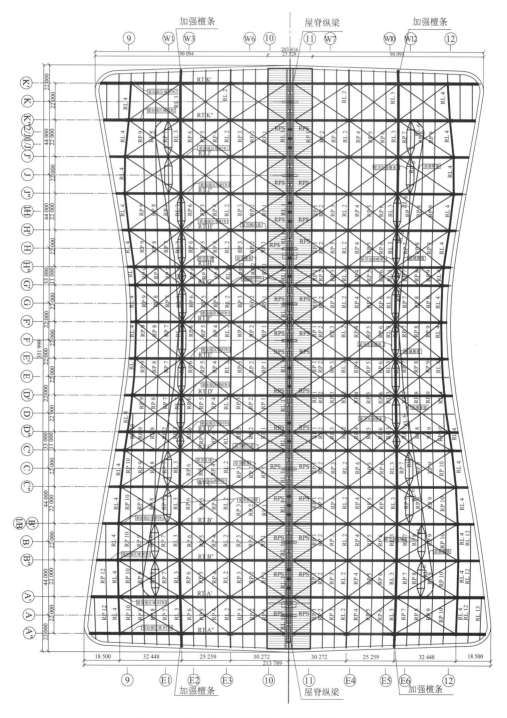

图 3-53 屋盖纵向加强檩条布置图(单位:mm)

3.2.5 线性屈曲分析

1. 部分工况的线性屈曲

下面仅列出部分工况（工况 gStr1、工况 gStr12 和工况 gStr23）的线性屈曲（特征值屈曲）分析结果。由于本结构中腹板高厚比较大，在屈曲分析中出现较多的腹板屈曲情形。在设置了纵向和横向加劲肋后，这种情况应该可以避免。

下面出现的模态都是滤除了腹板、檩条的局部屈曲模态而保留的整体模态。

(1)工况 gStr1(1.0 恒＋1.0 预应力＋1.0 活)

1)A 轴拱(边拱)面外屈曲(λ＝5.2)

A 轴拱在工况 gStr1 下的面外屈曲模态如图 3-54 所示。

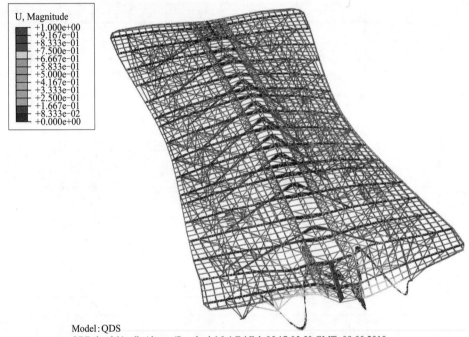

Model：QDS
ODB：buck01.odb Abaqus/Standard 6.9-1 Fri Feb 05 17:05:50 GMT+08:00 2010

Step：buck 01
Mode   70：EigenValue=5.174 3
Primary Var：U, Magnitude
Deformed Var：U Deformation Scale Factor：+3.520e+01

图 3-54　A 轴拱面外屈曲模态(工况 gStr1)

2)B 轴拱面外屈曲(λ＝6.7)

B 轴拱在工况 gStr1 下的面外屈曲模态如图 3-55 所示。

3)K 轴拱面外屈曲(λ＝8.2)

K 轴拱在工况 gStr1 下的面外屈曲模态如图 3-56 所示。

4)J 轴拱面外屈曲(λ＝8.5)

J 轴拱在工况 gStr1 下的面外屈曲模态如图 3-57 所示。

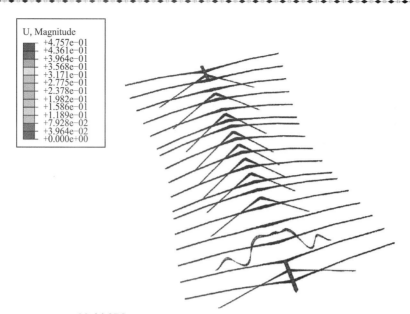

Model:QDS
ODB:buck01.odb   Abaqus/Standard 6.9-1 Fri Feb 05 17:05:50 GMT+08:00 2010

Step:buck01
Mode   186:EigenValue=6.692 1
Primary Var:U, Magnitude
Deformed Var:U Deformation Scale Factor:+3.520e+01

图 3-55   B 轴拱面外屈曲模态(工况 gStr1)

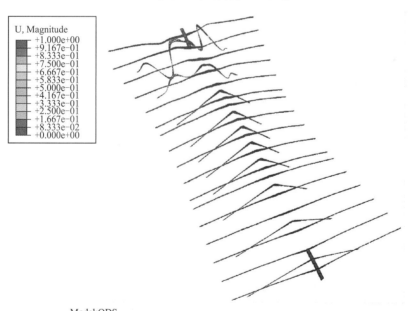

Model:QDS
ODB:buck01.odb   Abaqus/Standard 6.9-1   Sun Feb 07 08:55:59 GMT+08:00 2010

Step:buck01
Mode   74:EigenValue=8.234 2
Primary Var:U, Magnitude
Deformed Var:U Deformation Scale Factor:+3.520e+01

图 3-56   K 轴拱面外屈曲模态(工况 gStr1)

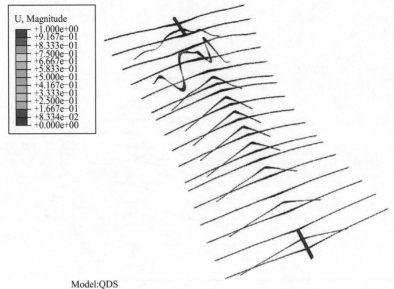

Model:QDS
ODB:buck01.odb　　Abaqus/Standard 6.9-1　　Sun Feb 07 08:55:59 GMT+08:00 2010

Step:buck01
Mode　　86:EigenValue=8.475 1
Primary Var:U, Magnitude
Deformed Var:U　Deformation Scale Factor:+3.520e+01

图 3-57　J 轴拱面外屈曲模态(工况 gStr1)

5)C 轴拱面外屈曲(λ＝8.6)

C 轴拱在工况 gStr1 下的面外屈曲模态如图 3-58 所示。

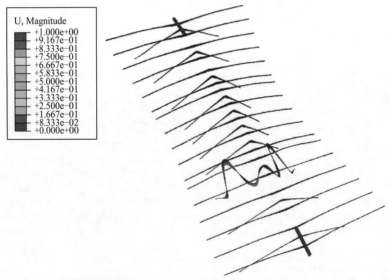

Model:QDS
ODB:buck01.odb　　Abaqus/Standard 6.9-1　　Sun Feb 07 08:55:59 GMT+08:00 2010

Step:buck01
Mode　　91:EigenValue=8.644 5
Primary Var:U, Magnitude
Deformed Var:U　Deformation Scale Factor:+3.520e+01

图 3-58　C 轴拱面外屈曲模态(工况 gStr1)

6)D 轴拱面外屈曲(λ=13.8)

D 轴拱在工况 gStr1 下的面外屈曲模态如图 3-59 所示。

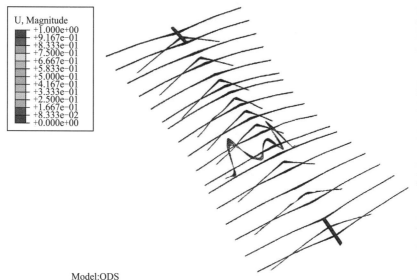

Model:QDS
ODB:buck01_2_2.odb　Abaqus/Standard 6.9-1　Sun Feb 07 09:25:56 GMT+08:00 2010

Step:buck01
Mode　　193:EigenValue=13.821
Primary Var:U, Magnitude
Deformed Var:U Deformation Scale Factor:+3.520e+01

图 3-59　D 轴拱面外屈曲模态(工况 gStr1)

7)A 轴拱附近横梁面内屈曲(λ=14.3)

A 轴拱附近横梁在工况 gStr1 下的面内屈曲模态如图 3-60 所示。

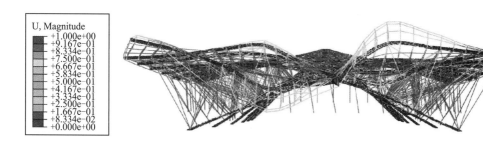

Model:QDS
ODB:buck01_2_3.odb　Abaqus/Standard 6.9-1　Sun Feb 07 09:43:47 GMT+08:00 2010

Step:buck01
Mode　　35:EigenValue=14.296
Primary Var:U, Magnitude
Deformed Var:U Deformation Scale Factor:+3.520e+01

图 3-60　A 轴拱附近横梁的面内屈曲模态(工况 gStr1)

(2)工况 gStr12(1.0 恒＋1.0 预应力＋0.7 活＋1.0 南风＋0.7 升温)

1)A 轴拱(边拱)面外屈曲(λ=4.6)

A 轴拱在工况 gStr12 下的面外屈曲模态如图 3-61 所示。

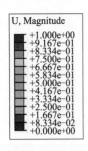
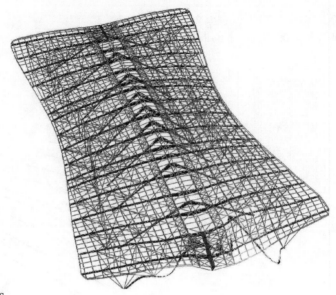

Model:QDS
ODB:buck12.odb Abaqus/Standard 6.9-1 Fri Feb 05 18:09:02 GMT+08:00 2010

Step:buck01
Mode　　41:EigenValue=4.565 3
Primary Var:U, Magnitude
Deformed Var:U Deformation Scale Factor:+3.520e+01

图 3-61　A 轴拱面外屈曲模态(工况 gStr12)

2)K 轴拱面外屈曲(λ＝9.6)

K 轴拱在工况 gStr12 下的面外屈曲模态如图 3-62 所示。

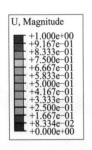
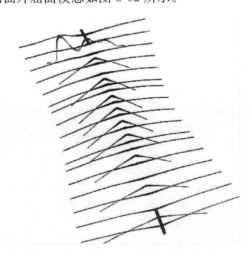

Model:QDS
ODB:buck12_2.odb Abaqus/Standard 6.9-1 Sun Feb 07 08:52:55 GMT+08:00 2010

Step:buck01
Mode　　25:EigenValue=9.611 9
Primary Var:U, Magnitude
Deformed Var:U Deformation Scale Factor:+3.520e+01

图 3-62　K 轴拱面外屈曲模态(工况 gStr12)

3)A轴拱附近横梁面内屈曲(λ=12.7)

A轴拱附近横梁在工况 gStr12 下的面内屈曲模态如图 3-63 所示。

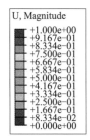

Model:QDS
ODB:buck12_2.odb Abaqus/Standard 6.9-1 Sun Feb 07 08:52:55 GMT+08:00 2010

Step:buck01
Mode 187:EigenValue=12.732
Primary Var:U, Magnitude
Deformed Var:U Deformation Scale Factor:+3.520e+01

图 3-63 A轴拱附近横梁面内屈曲模态(工况 gStr12)

4)C轴拱面外屈曲(λ=16.8)

C轴拱在工况 gStr12 下的面外屈曲模态如图 3-64 所示。

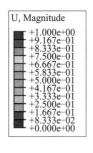
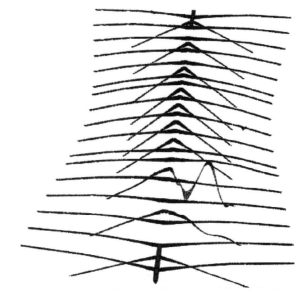

Model:QDS
ODB:buck12_4.odb Abaqus/Standard 6.9-1 Sun Feb 07 10:01:10 GMT+08:00 2010

Step:buck01
Mode 75:EigenValue=16.754
Primary Var:U, Magnitude
Deformed Var:U Deformation Scale Factor:+3.520e+01

图 3-64 C轴拱面外屈曲模态(工况 gStr12)

(3)工况 gStr23(0.9 恒+1.0 预应力+1.0 南风+0.7 升温)

1)A轴拱(边拱)面外屈曲(λ=7.2)

A轴拱在工况 gStr23 下的面外屈曲模态如图 3-65 所示。

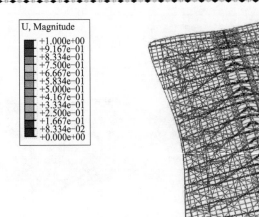

Model:QDS
ODB:buck23.odb Abaqus/Standard Version6.8-1 Fri Feb 05 18:09:41 GMT+08:00 2010

Step:buck01
Mode　133:EigenValue=7.180 4
Primary Var:U, Magnitude
Deformed Var:U Deformation Scale Factor:+3.520e+01

图 3-65　A 轴拱面外屈曲模态(工况 gStr23)

2)K 轴拱面外屈曲(λ＝9.6)

K 轴拱在工况 gStr23 下的面外屈曲模态如图 3-66 所示。

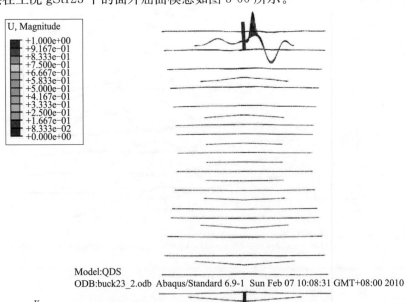

Model:QDS
ODB:buck23_2.odb Abaqus/Standard 6.9-1 Sun Feb 07 10:08:31 GMT+08:00 2010

Step:buck01
Mode 62:EigenValue=9.572 1
Primary Var:U, Magnitude
Deformed Var:U Deformation Scale Factor:+3.520e+01

图 3-66　K 轴拱面外屈曲模态(工况 gStr23)

3)A 轴拱附近横梁面内屈曲(λ=15.2)

A 轴拱附近横梁在工况 gStr23 下的面内屈曲模态如图 3-67 所示。

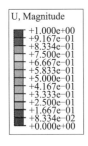

Model:QDS

ODB:buck23_4.odb Abaqus/Standard 6.9-1 Sun Feb 07 10:45:48 GMT+08:00 2010

Step:buck01

Mode 44:EigenValue=15.182

Primary Var:U, Magnitude

Deformed Var:U Deformation Scale Factor:+3.520e+01

图 3-67　A 轴拱附近横梁面内屈曲模态(工况 gStr23)

4)A 轴拱面内屈曲(λ=20.4)

A 轴拱在工况 gStr23 下的面内屈曲模态如图 3-68 所示。

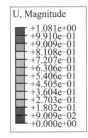

Model:QDS

ODB:buck23_5.odb Abaqus/Standard 6.9-1 Sun Feb 07 11:11:18 GMT+08:00 2010

Step:buck01

Mode 159:EigenValue=20.429

Primary Var:U, Magnitude

Deformed Var:U Deformation Scale Factor:+1.000e+01

图 3-68　A 轴拱面内屈曲模态(工况 gStr23)

5)横梁面外屈曲(λ=20.9)

横梁在工况 gStr23 下的面外屈曲模态如图 3-69 所示。

6)H 轴拱面外屈曲(λ=28.6)

H 轴拱在工况 gStr23 下的面外屈曲模态如图 3-70 所示。

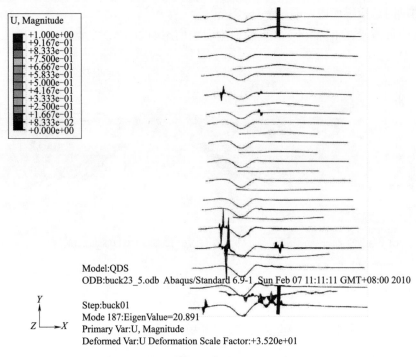

图 3-69　横梁面外屈曲模态（工况 gStr23）

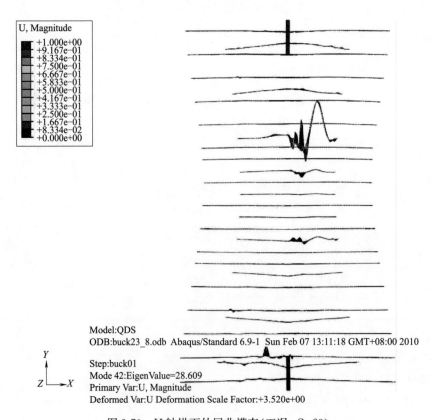

图 3-70　H 轴拱面外屈曲模态（工况 gStr23）

2. 线性屈曲特点

此结构的线性屈曲具有以下特点:

(1)由于跨度最大且受荷较大,位于 A 轴的边拱最先出现屈曲。

(2)拱在面内形成了立体拱架,其面内刚度大于面外刚度,所以每榀拱总是先出现面外屈曲。

(3)拱的内力,特别是轴力要大于横梁,所以往往拱的屈曲要早于横梁出现。

(4)横梁则相反,由于面外有较多的连接,其面内屈曲最先出现。

(5)对于 A 轴的边拱,工况 gStr12 最为不利。

3.2.6　非线性屈曲分析

1. 分析目的

以非线性有限元分析为基础的结构荷载-位移全过程分析可以把结构强度、稳定乃至刚度等性能的整个变化过程表示得十分清楚,在几何非线性的基础上,考虑双重非线性进行全过程分析(弹塑性荷载-位移全过程分析)。

由于荷载组合工况较多,逐一进行全过程分析既不现实也不必要。事实上,只需选取特征值屈曲中屈曲系数较低的几种荷载组合进行分析,就可以完全满足要求。

对于这种特殊的结构型式,初始缺陷大小的确定、双非线性极限承载力的限值等方面的内容,参照《空间网格结构技术规程》(JGJ 7—2010)的规定,取值如下:

(1)取 1/300 跨度作为初始缺陷考虑。

(2)按弹塑性全过程分析求得的极限承载力,与荷载标准值的比值不小于 2。

2. 分析方法

(1)构件模型及材料的本构关系

分析软件仍采用 ABAQUS,对结构进行双重非线性分析。

本结构中的构件类别主要有主拱、拉索、桁架、横梁、V 型撑等,分析中分别采用下列单元:

1)梁、柱等杆件:采用纤维梁单元(B31),该单元基于 Timoshenko 梁理论,可以考虑剪切变形刚度,而且计算过程中单元刚度在截面内和长度方向由两次动态积分得到。

2)V 型撑、桁架腹杆、屋面拉杆等:采用两端释放的杆单元(T3D2)。

3)拉索:采用杆单元,材料赋只拉属性(T3D2,NO COMPRESSION)。

4)主拱、横梁、屋脊梁的腹板:采用四边形或三角形壳单元模拟(S4,S3)。

本工程中主要有两类基本材料——钢材和钢拉索,下面将详细介绍计算中采用的本构模型。

钢材采用双线性随动硬化模型,如图 3-71 所示。考虑包辛格效应,在循环过程中,无刚度退化。计算分析中,对于 Q345 设定钢材的强屈比为 1.4,极限应变为 0.025。

钢拉索极限抗拉强度为 1 860 MPa,弹性模量为 1.95×10^5 MPa,赋只拉属性。

(2)分析工况及初始缺陷

根据结构的特征值屈曲分析结果及受力特性、截面校核等方面的结果分析,选取工况 gStr1、gStr12、gStr23 作为分析工况。每个工况的初始缺陷对应结构特征值整体屈曲的第 1 阶模态。

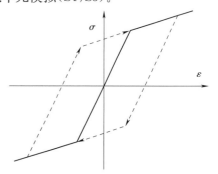

图 3-71　钢材双线性随动硬化模型示意图

3. 分析结果

(1)工况 gStr1

选取的典型节点有两个,分别为 A 轴拱跨中(边拱跨中节点)及悬挑端节点。这两个节点的位移与荷载关系如图 3-72 所示。分析图 3-72 可以得出以下结论:

1)结构的极限荷载可达荷载标准值的 2.4 倍,满足 $K>2$ 的要求。

2)在荷载加至荷载标准值的 1.5 倍后,刚度出现明显的退化。

3)随着荷载的增加,结构的刚度也逐渐变小。

造成结构刚度退化的原因,一方面是结构几何非线性的影响,但更多的是来自结构构件进入塑性的数量逐渐增多、塑性发展逐渐加深。

图 3-73 是荷载达到 1.5 倍标准值时的塑性应变图,首先在屋脊纵梁处出现塑性应变,塑性应变幅度很小,约 1 800 $\mu\varepsilon$。图 3-74 是荷载达到 2.4 倍标准值(临界状态)时的塑性应变图,塑性应变范围扩大到屋面桁架,最大值达到 5 800 $\mu\varepsilon$。图 3-75 是荷载达到 2.4 倍标准值时的变形图,由图 3-75 可以看出,A 拱屈曲,悬挑端位移最大,最大位移达到 0.38 m。

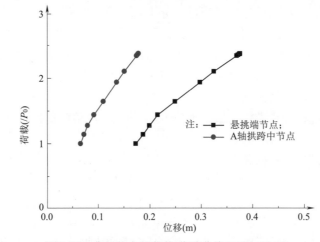

图 3-72　典型节点的荷载-位移曲线(工况 gStr1)

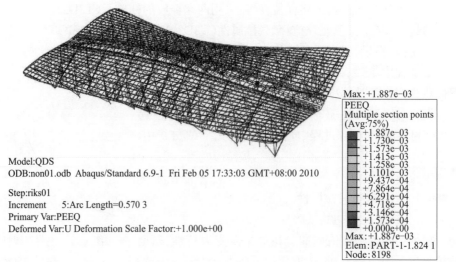

图 3-73　1.5 倍荷载的塑性应变图(工况 gStr1)

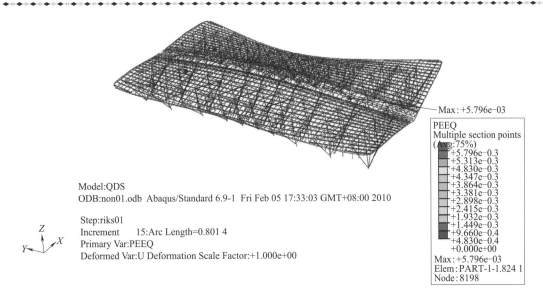

Max:+5.796e−03

PEEQ
Multiple section points
(Avg:75%)
+5.796e−0.3
+5.313e−0.3
+4.830e−0.3
+4.347e−0.3
+3.864e−0.3
+3.381e−0.3
+2.898e−0.3
+2.415e−0.3
+1.932e−0.3
+1.449e−0.3
+9.660e−0.4
+4.830e−0.4
+0.000e+00
Max:+5.796e−03
Elem:PART-1-1.824 1
Node:8198

Model:QDS
ODB:non01.odb Abaqus/Standard 6.9-1 Fri Feb 05 17:33:03 GMT+08:00 2010

Step:riks01
Increment   15:Arc Length=0.801 4
Primary Var:PEEQ
Deformed Var:U Deformation Scale Factor:+1.000e+00

图 3-74　2.4 倍荷载的塑性应变图(工况 gStr1)

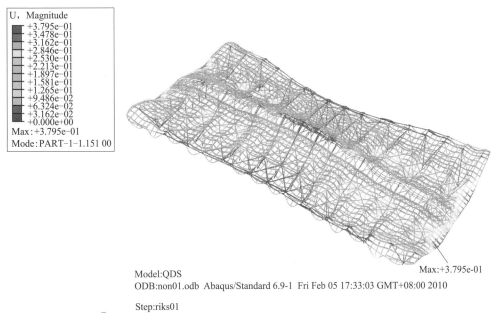

U，Magnitude
+3.795e−01
+3.478e−01
+3.162e−01
+2.846e−01
+2.530e−01
+2.213e−01
+1.897e−01
+1.581e−01
+1.265e−01
+9.486e−02
+6.324e−02
+3.162e−02
+0.000e+00
Max:+3.795e−01
Mode:PART-1-1.151 00

Max:+3.795e−01

Model:QDS
ODB:non01.odb Abaqus/Standard 6.9-1 Fri Feb 05 17:33:03 GMT+08:00 2010

Step:riks01
Increment 15:Arc Length=0.801 4
Primary Var:U, Magnitude
Deformed Var:U Deformation Scale Factor:+5.000e+01

图 3-75　2.4 倍荷载的变形图(工况 gStr1)

(2)工况 gStr12

图 3-76 是在工况 gStr12 下,两个典型节点(跨中节点和 1/4 跨中节点)的位移与荷载关系图。此时极限荷载可达荷载标准值的 2.1 倍,满足要求。结构刚度明显退化的荷载为标准值的 1.6 倍。

图 3-77 给出了 2.1 倍荷载时结构的整体位移结果。图 3-78 给出了 2.1 倍荷载时结构主拱、横梁的变形图,从图 3-78 中可以看出,达到极限荷载时,A 轴拱已经屈曲。

图 3-79 是荷载达到 2.1 倍标准值（临界状态）时的塑性应变图。

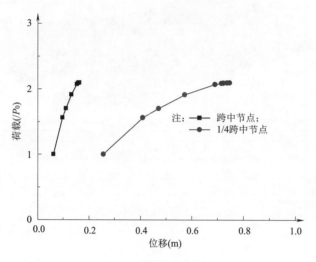

图 3-76　典型节点的荷载-位移曲线（工况 gStr12）

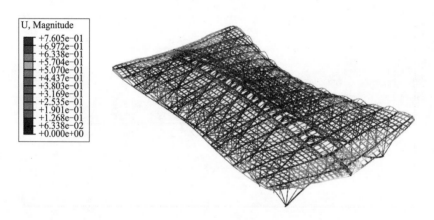

图 3-77　2.1 倍荷载的整体位移图（工况 gStr12）

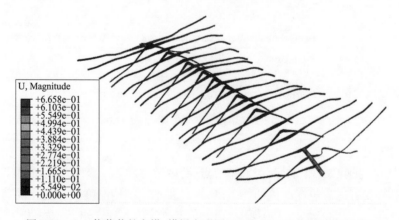

图 3-78　2.1 倍荷载的主拱、横梁变形图（工况 gStr12，位移放大 50 倍）

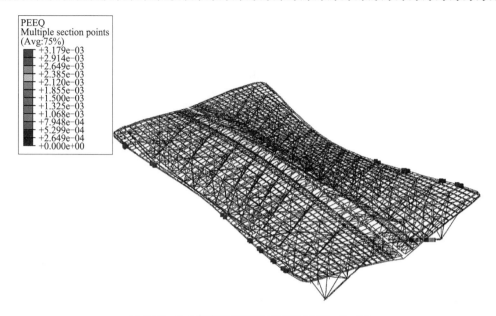

图 3-79 2.1 倍荷载的塑性应变图(工况 gStr12)

(3)工况 gStr23

图 3-80 是在工况 gStr23 下,两个典型节点(跨中节点和 1/4 跨中节点)的位移与荷载关系图。此时极限荷载可达荷载标准值的 3.3 倍,满足要求。结构刚度明显退化的荷载为标准值的 1.7 倍。

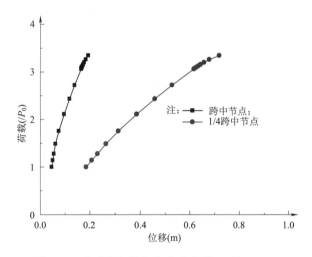

图 3-80 典型节点的荷载-位移曲线(工况 gStr23)

图 3-81 给出了 3.3 倍荷载时结构的整体位移结果。图 3-82 给出了 3.3 倍荷载时结构主拱、横梁的变形图,从图 3-82 中可以看出,达到极限荷载时,A 轴拱已经屈曲。

图 3-83 是荷载达到 3.3 倍标准值(临界状态)时的塑性应变图。

4. 小结

在计入初始缺陷的情况下,分别进行了同时考虑几何非线性和材料非线性的荷载-位移全过程分析,结果汇总见表 3-20。

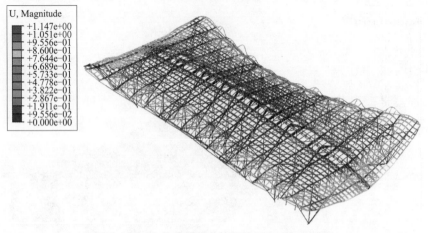

图 3-81　3.3 倍荷载的整体位移图（工况 gStr23）

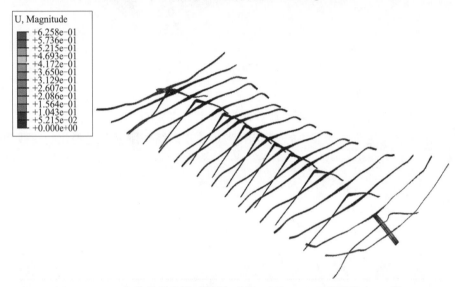

图 3-82　3.3 倍荷载的主拱、横梁变形图（工况 gStr23，位移放大 50 倍）

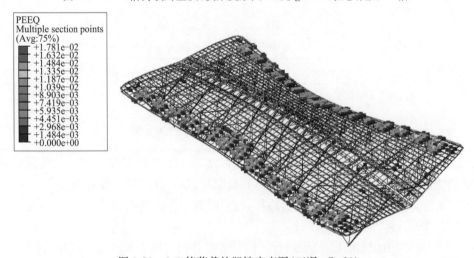

图 3-83　3.3 倍荷载的塑性应变图（工况 gStr23）

表 3-20 荷载-位移全过程分析结果

分析工况	工况 gStr1		工况 gStr12		工况 gStr23	
分析方法	特征值	双重非线性	特征值	双重非线性	特征值	双重非线性
系数 K	5.2	2.4	4.6	2.1	7.2	3.3

由表 3-20 可见,在计入初始缺陷及进行双非线性分析的情况下,结构的极限荷载与荷载标准值的比值在各工况下均大于 2。

3.2.7 弹性动力时程分析

1. 计算内容

主要包括以下计算分析工作:

(1)结构的模态分析。

(2)利用振型分解反应谱法对结构进行中震作用下的抗震计算。

(3)选取三条地震波,利用时程分析法对结构进行中震作用下的抗震计算。

由于小震下的反应较小,下面只讨论中震分析的结果。

结构的重力荷载代表值取"恒载+0.5 雪载"。反应谱与时程分析采用的阻尼比均为 0.02。

2. 地震波的选取与输入

根据抗震规范的要求,在进行动力时程分析时,应选用不少于两组实际地震记录和一组人工模拟的加速度时程曲线。本工程从中国建筑科学研究院抗震工程研究所提供的地震波中选出一组人工波及两组天然波。

(1)中震地震波

图 3-84 和图 3-85 是针对中震作用选择的地震波及其反应谱与规范反应谱的对比。表 3-21 给出了结构在地震波作用下基底剪力与反应谱下基底剪力的对比,从表 3-21 中来看,所采用地震波满足抗震规范"弹性时程分析时,多条时程曲线计算所得结构底部剪力的平均值不应小于振型分解反应谱法计算结果的 80%"的要求,计算同时表明,每条时程曲线计算所得结构底部剪力不应小于振型分解反应谱法计算结果的 65%。

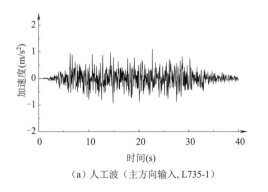

(a)人工波(主方向输入,L735-1)

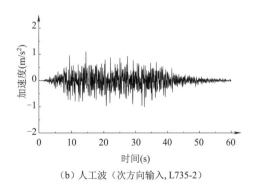

(b)人工波(次方向输入,L735-2)

图 3-84

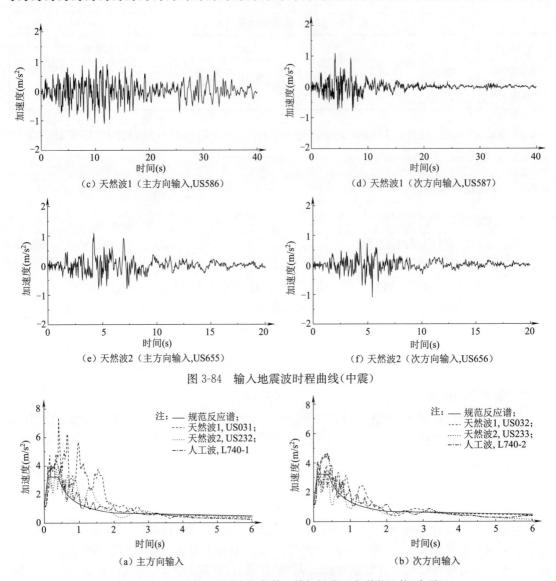

（c）天然波1（主方向输入,US586）　　（d）天然波1（次方向输入,US587）

（e）天然波2（主方向输入,US655）　　（f）天然波2（次方向输入,US656）

图 3-84　输入地震波时程曲线（中震）

（a）主方向输入　　（b）次方向输入

图 3-85　三组输入地震波反应谱及其与规范反应谱的比较（中震）

表 3-21　中震地震波作用下与反应谱下基底剪力（kN）的对比

对比项目	X 向	人工波/反应谱	Y 向	人工波/反应谱
规范反应谱	7 008.18	—	7 494.30	—
L735	9 266.68	132.23%	8 143.51	108.66%
US586	12 328.83	175.92%	7 950.60	106.09%
US655	9 019.03	128.69%	12 942.89	172.70%
平均值	10 204.84	145.61%	9 679.00	129.15%

（2）地震波的输入

中震地震波采用三向输入,即两个水平方向及竖向,三个方向的加速度峰值之比为：1:0.85:0.65 和 0.85:1:0.65。

3. 周期与振型

前 20 阶自振周期见表 3-22,相应的部分振型如图 3-86 所示。分析图表可得:

(1)结构的自振模态首先出现在纵向,基本周期为 1.358 s。

(2)结构的第 2 阶振型($T=0.835$ s)表现为扭转,其与首阶平动振型周期之比为 0.61。

(3)结构的顺轨向振型为第 3 阶振型($T=0.770$ s)、第 4 阶振型($T=0.744$ s),但需要说明的是,顺轨向振动主要表现为屋面及屋脊梁的振动,拱顶的振动幅度很小。

表 3-22 结构的自振周期及振型质量参与系数

周期(s)	振型质量参与系数							
	UX	UY	UZ	RZ	SumUX	SumUY	SumUZ	SumRZ
1.358	0.000	0.903	0.000	0.000	0.000	0.903	0.000	0.000
0.835	0.000	0.000	0.000	0.233	0.000	0.903	0.000	0.233
0.770	0.381	0.000	0.000	0.108	0.381	0.903	0.000	0.341
0.744	0.114	0.000	0.000	0.108	0.495	0.903	0.000	0.450
0.721	0.018	0.000	0.000	0.041	0.513	0.903	0.000	0.491
0.695	0.012	0.000	0.000	0.012	0.525	0.903	0.000	0.503
0.693	0.000	0.001	0.004	0.000	0.525	0.904	0.004	0.503
0.661	0.002	0.000	0.000	0.005	0.527	0.904	0.004	0.508
0.640	0.012	0.000	0.000	0.036	0.539	0.904	0.004	0.544
0.639	0.000	0.000	0.000	0.000	0.539	0.904	0.004	0.544
0.627	0.000	0.002	0.003	0.000	0.539	0.906	0.007	0.544
0.617	0.016	0.000	0.000	0.035	0.555	0.906	0.007	0.580
0.611	0.020	0.000	0.000	0.000	0.575	0.906	0.007	0.580
0.597	0.000	0.003	0.000	0.000	0.575	0.909	0.007	0.580
0.584	0.007	0.000	0.000	0.007	0.582	0.909	0.007	0.587
0.564	0.000	0.000	0.000	0.016	0.582	0.909	0.007	0.602
0.562	0.000	0.000	0.000	0.000	0.582	0.910	0.007	0.602
0.555	0.000	0.001	0.004	0.000	0.582	0.910	0.010	0.602
0.552	0.001	0.000	0.000	0.000	0.583	0.910	0.010	0.602
0.550	0.006	0.000	0.000	0.007	0.589	0.910	0.010	0.610

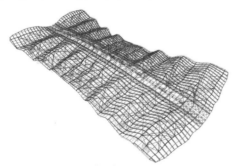 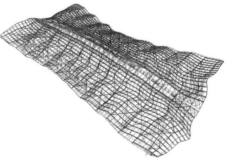

(a)第1阶($T=1.358$ s)   (b)第2阶($T=0.835$ s)

图 3-86

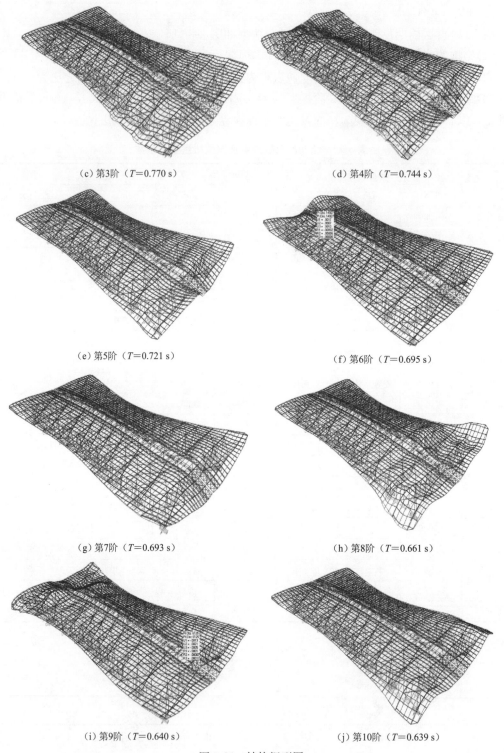

（c）第3阶（$T=0.770$ s）　　　　　　　　（d）第4阶（$T=0.744$ s）

（e）第5阶（$T=0.721$ s）　　　　　　　　（f）第6阶（$T=0.695$ s）

（g）第7阶（$T=0.693$ s）　　　　　　　　（h）第8阶（$T=0.661$ s）

（i）第9阶（$T=0.640$ s）　　　　　　　　（j）第10阶（$T=0.639$ s）

图 3-86　结构振型图

4. 中震反应谱下结构的内力特性

以部分典型构件为对象,讨论本结构在中震反应谱下的内力反应。

（1）A 轴拱

A 轴拱下弦在中震反应谱下的内力分布图如图 3-87 所示。由图 3-87 可知，A 轴拱在中震反应谱下的轴力与面内弯矩反应比"恒＋活"下要小很多。其中，在地震作用下，拱的轴力分布较为均匀。

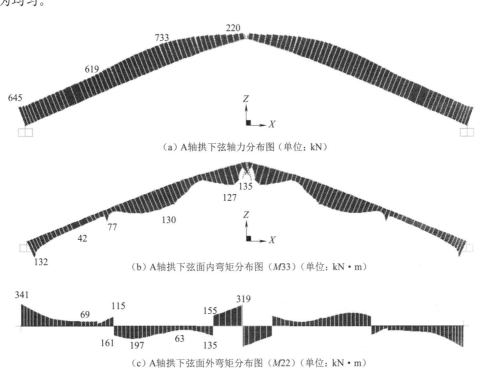

（a）A 轴拱下弦轴力分布图（单位：kN）

（b）A 轴拱下弦面内弯矩分布图（*M*33）（单位：kN·m）

（c）A 轴拱下弦面外弯矩分布图（*M*22）（单位：kN·m）

图 3-87　A 轴拱下弦在中震反应谱下的内力分布图

（2）A′轴横梁

A′轴横梁在中震反应谱下的内力分布图如图 3-88 所示。由图 3-88 可知，与 A 轴拱类似，A′轴横梁在中震反应谱下的内力反应也较小。

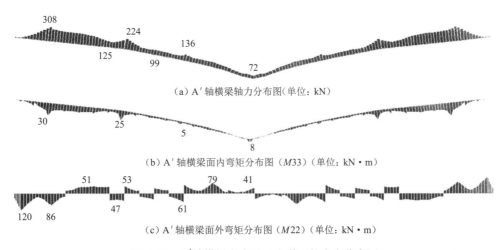

（a）A′轴横梁轴力分布图（单位：kN）

（b）A′轴横梁面内弯矩分布图（*M*33）（单位：kN·m）

（c）A′轴横梁面外弯矩分布图（*M*22）（单位：kN·m）

图 3-88　A′轴横梁在中震反应谱下的内力分布图

（3）V 型撑

V 型撑在中震反应谱下的轴力分布示意图如图 3-89 所示，部分数值见表 3-23。

表 3-23   中震反应谱下部分 V 型撑轴力   （单位：kN）

位 置		A 轴	B 轴	F 轴
第一 V 型撑	东侧	111	123	955
	西侧	121	159	987
第二 V 型撑	东侧	117	68	67
	西侧	105	53	64
第三 V 型撑	东侧	43	31	31
	西侧	43	27	29

反应谱工况下，V 型撑轴力最大的位置分布在模型 D～G 轴的第一 V 型撑处。原因在于，此四组 V 型撑两两相连，成为结构的主要抗侧力构件；其他部位 V 型撑轴力均很小。

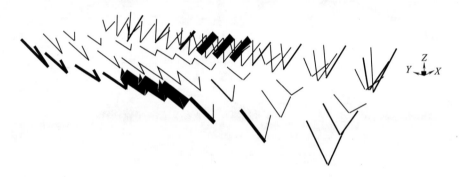

图 3-89   V 型撑在中震反应谱下的轴力分布示意图

（4）交叉索

交叉索在反应谱工况作用下的轴力见表 3-24，交叉索在地震下的内力反应较小。

表 3-24   交叉索在反应谱工况作用下的轴力   （单位：kN）

位 置		A 轴	B 轴	F 轴
承重索 a	东侧	174	86	198
	西侧	149	101	199
承重索 b	东侧	106	97	65
	西侧	86	104	67
抗风索 a	东侧	73	124	63
	西侧	64	158	63
抗风索 b	东侧	39	47	28
	西侧	47	46	29

5. 小结

（1）结构的首阶自振模态出现在纵向，反映出结构纵向刚度小于横向刚度的特性。

（2）主要构件在中震下的内力反应不显著。

(3)地震下的内力反应证明:D～G 轴落地 V 型撑由于特殊的连接形式成为结构纵向主要抗侧力构件。

3.2.8　弹塑性时程分析

1. 分析目的

屋盖为复杂大跨空间结构,依照《建筑抗震设计规范》及《超限高层建筑工程抗震设防专项审查技术要点》的相关规定,需要进行动力弹塑性分析,验证结构在大震下的反应及构件损伤破坏状况。

通过弹塑性分析,拟达到以下目的:

(1)对结构在设计大震作用下的非线性性能给出定量解答,研究本结构在强烈地震作用下的变形形态、构件的塑性及其损伤情况,以及整体结构的弹塑性行为,具体的研究指标包括基底剪力、结构位移、塑性应变、最大应力分布等。

(2)研究结构关键部位、关键构件的变形形态和破坏情况,重点考察的部位主要包括但不限于下列部位:主拱、V 型撑、拉索、横梁、屋脊纵梁等。

(3)论证整体结构在设计大震作用下的抗震性能,寻找结构的薄弱层或(和)薄弱部位。

根据以上研究成果,对结构的抗震性能给出评价,并对结构设计提出改进意见和建议。

2. 计算条件

采用大型通用有限元分析软件 ABAQUS,材料本构关系参见"非线性屈曲分析"章节的相关内容。

在本结构的弹塑性分析过程中,需考虑以下非线性因素:

几何非线性:结构的平衡方程建立在结构变形后的几何状态上,"P-Δ"效应、非线性屈曲效应、大变形效应等都得到全面考虑。

材料非线性:直接采用材料非线性应力-应变本构关系模拟钢材的弹塑性特性,可以有效模拟构件的弹塑性发生、发展以及破坏的全过程。

施工过程非线性:动力分析之前进行结构在重力荷载代表值下的非线性静力分析,考虑索的张拉顺序。

上述所有非线性因素在计算分析开始时即被引入,且贯穿整个分析的全过程。

(1)分析工况

地震的发生是概率事件,为了能够对结构抗震能力进行合理的估计,在进行结构动力分析时,应选择合适的地震波输入。

根据抗震规范要求:"在进行动力时程分析时,应按建筑场地类别和设计地震分组选用不少于两组实际地震记录和一组人工模拟的加速度时程曲线"。参考弹性分析结果,选用满足规范要求的两组天然波和一组人工波,分水平主、次方向给出,竖向地震波输入采用水平地震波中反应谱值较大的一条,进行了三组地震波、调换主方向总计 6 个工况的大震弹塑性分析。

计算过程中,各条波均采用反应谱值较大的分量作为主方向输入,水平主、次方向和竖向地震波峰值加速度比为 1∶0.85∶0.65,峰值加速度取 0.11g(罕遇地震),根据不同的地震波曲线,地震波持续时间统一取 20 s。三组地震波及其反应谱分析曲线如图 3-90、图 3-91 所示。

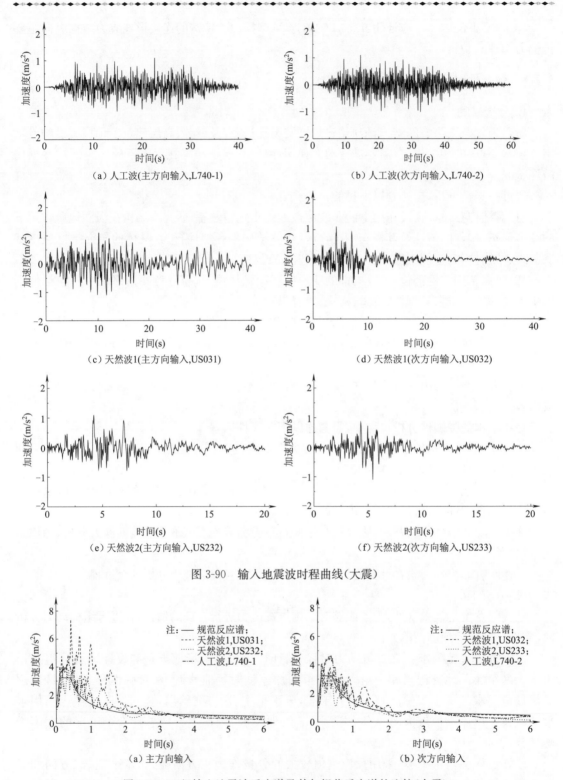

（a）人工波(主方向输入,L740-1)

（b）人工波(次方向输入,L740-2)

（c）天然波1(主方向输入,US031)

（d）天然波1(次方向输入,US032)

（e）天然波2(主方向输入,US232)

（f）天然波2(次方向输入,US233)

图 3-90　输入地震波时程曲线(大震)

（a）主方向输入

（b）次方向输入

图 3-91　三组输入地震波反应谱及其与规范反应谱的比较(大震)

大震地震波与反应谱基底剪力的对比见表 3-25,结果表明所选地震波满足抗震规范第

5.1.2 条对地震波的要求:"弹性时程分析时,每条时程曲线计算所得结构底部剪力不应小于振型分解反应谱计算结果的 65%,多条时程曲线计算所得结构底部剪力的平均值不应小于振型分解反应谱法计算结果的 80%"。

表 3-25　大震地震波基底剪力(kN)与反应谱结果的对比

对比项目	X 向	Y 向	X 向地震波/反应谱	Y 向地震波/反应谱
规范反应谱	13 781	16 276	—	—
人工波 L740	13 690	14 086	0.99	0.87
天然波 US031	28 349	30 772	2.06	1.89
天然波 US232	27 201	26 829	1.97	1.65

根据结构特点,分析采用如下方案:

1)首先,对结构进行三组地震波、三向输入的大震动力弹塑性分析,重点考察特殊的主拱、横梁截面及拉索、V 型撑等特殊构件,给出其在大震作用下的量化表达,并评估其进入塑性的程度。

2)考察结构的整体响应及变形情况,验证结构抗震设计"大震不倒"的设防水准指标,进一步观察结构的薄弱部位,并给出设计改进建议。

(2)计算模型转换及校核

计算模型是进行大震弹塑性时程分析的基础,因此在分析之前,首先进行了 SAP2000 模型的静力和模态分析,以及 ABAQUS 施工模拟和模态分析,用来校核模型从 SAP2000 转换到 ABAQUS 的准确程度。

表 3-26 为 ABAQUS 模型计算的结构主要特性,并列出了 SAP2000 的计算结果。由表 3-26 可知,ABAQUS 的模型质量为 17 073 t,比 SAP2000 的模型质量 16 916 t 大 0.92%。两个模型的周期比较接近,第一周期相等。模型的前 6 阶振型图如图 3-92 所示。

表 3-26　各种模型计算结果比较

项　　目	SAP2000	ABAQUS
结构总质量(重力荷载代表值)(t)	16 916	17 073
T_1(s)	1.36	1.36
T_2(s)	0.84	0.83
T_3(s)	0.77	0.81
T_4(s)	0.74	0.77
T_5(s)	0.72	0.71
T_6(s)	0.70	0.70

(3)弹塑性时程分析

本结构进行动力弹塑性分析的基本步骤如下:

1)根据弹性设计的 SAP2000 模型,生成 ABAQUS 模型。

2)考虑结构施工交叉索索张拉顺序过程,进行结构重力加载分析,形成结构初始内力和变形状态。

3)计算结构自振特性以及其他基本信息,并与原始结构设计模型进行对比校核,保证弹塑性分析结构模型与原模型一致。

4)输入地震记录,进行结构大震作用下的弹塑性动力响应分析。

5)结构阻尼比取 2%。

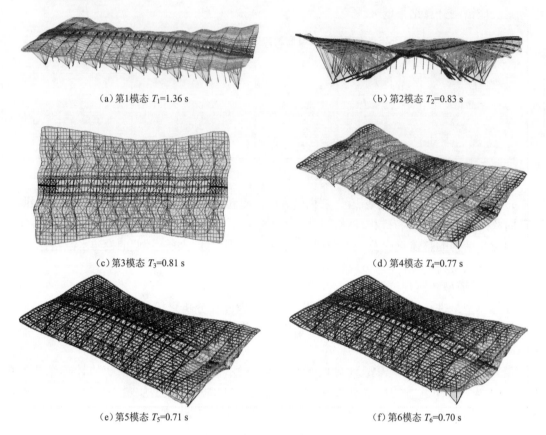

(a)第1模态 T_1=1.36 s   (b)第2模态 T_2=0.83 s

(c)第3模态 T_3=0.81 s   (d)第4模态 T_4=0.77 s

(e)第5模态 T_5=0.71 s   (f)第6模态 T_6=0.70 s

图 3-92   ABAQUS 模型前 6 阶振型图

3. 分析结果

(1)基底剪力响应

按照上节确定的参数,进行了三组地震波、调换主方向总计 6 个工况的罕遇地震弹塑性分析,得到的结构基底剪力见表 3-27。大震下结构的剪重比约为 8%~20%。结构的基底剪力时程曲线如图 3-93、图 3-94 所示。

表 3-27   基底剪力最大值

地震波	X 主方向输入		Y 主方向输入	
	基底剪力(kN)	剪重比(%)	基底剪力(kN)	剪重比(%)
人工波 L740	13 690	8.18	14 086	8.41
天然波 US031	28 349	16.93	30 772	18.38
天然波 US232	27 201	16.24	26 829	16.02

(2)结构位移响应

图 3-95 给出了结构关键部位的几个参考点,通过参考点考察结构的位移反应。每个参考点在 Y 主输入方向、不同坐标方向的位移结果见表 3-28~表 3-30,包括在重力荷载代表值下

的位移、大震时程反应下位移曲线的最大值及最小值。各参考点在大震下的位移时程曲线如图 3-96～图 3-102 所示,从结果可以看出,由于考虑了竖向地震,结构的竖向位移反应比水平位移反应更大,不同的参考点中屋面结构的悬挑端在地震下的位移反应最大。

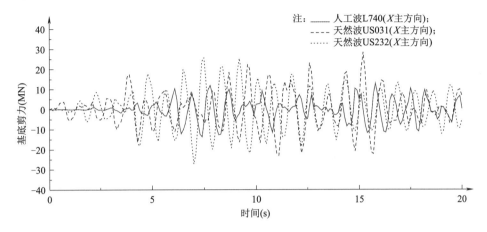

图 3-93   *X* 主方向输入下基底总剪力时程曲线

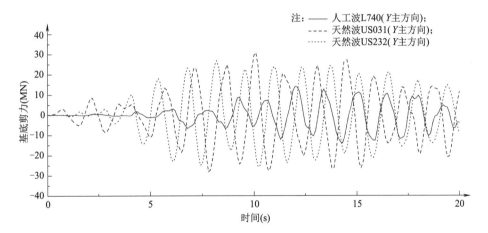

图 3-94   *Y* 主方向输入下基底总剪力时程曲线

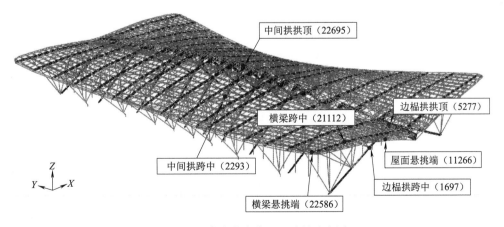

图 3-95   **参考节点位置及编号示意图**

表 3-28　Y 主方向输入时各参考节点在大震下的位移结果（X 向）　　（单位：mm）

位　置	节点号	重力下	最大值			最小值		
			L740	US031	US232	L740	US031	US232
边榀拱跨中	1697	10.85	14.42	18.08	16.09	6.73	3.89	6.05
中间拱跨中	2293	12.32	22.33	31.90	28.77	1.18	−10.45	1.01
边榀拱拱顶	5277	0.12	1.85	4.01	2.61	−1.68	−3.92	−2.35
屋面悬挑端	11266	−15.11	0.56	9.83	4.04	−32.67	−37.31	−35.59
横梁跨中	21112	3.80	15.94	21.95	19.73	−8.35	−11.39	−10.68
横梁悬挑端	22586	3.27	18.70	26.46	24.03	−13.41	−18.14	−15.50
中间拱拱顶	22695	−0.09	1.41	3.80	2.81	−2.05	−4.66	−3.13

表 3-29　Y 主方向输入时各参考节点在大震下的位移结果（Y 向）　　（单位：mm）

位　置	节点号	重力下	最大值			最小值		
			L740	US031	US232	L740	US031	US232
边榀拱跨中	1697	23.70	85.60	132.89	136.42	−33.99	−78.31	−76.42
中间拱跨中	2293	1.58	52.88	102.05	83.82	−45.90	−103.58	−80.14
边榀拱拱顶	5277	−0.94	61.67	144.18	129.07	−63.95	−145.85	−109.27
屋面悬挑端	11266	−6.94	52.14	106.77	101.96	−63.72	−116.05	−97.69
横梁跨中	21112	−4.12	32.05	75.41	66.17	−47.14	−84.24	−71.36
横梁悬挑端	22586	−8.04	16.56	45.26	44.43	−34.44	−66.68	−61.12
中间拱拱顶	22695	−1.15	57.55	137.70	123.34	−63.11	−142.64	−109.17

表 3-30　Y 主方向输入时各参考节点在大震下的位移结果（Z 向）　　（单位：mm）

位　置	节点号	重力下	最大值			最小值		
			L740	US031	US232	L740	US031	US232
边榀拱跨中	1697	−72.60	−59.58	−57.33	−63.88	−81.53	−91.27	−82.90
中间拱跨中	2293	−22.35	−10.84	0.30	−10.37	−32.96	−41.64	−38.82
边榀拱拱顶	5277	−55.38	−47.60	−39.61	−47.95	−62.37	−71.74	−62.15
屋面悬挑端	11266	−177.12	−92.15	−16.19	−73.52	−247.71	−281.50	−274.63
横梁跨中	21112	−78.61	−55.11	−41.72	−51.27	−96.02	−112.58	−108.57
横梁悬挑端	22586	−55.01	−8.01	0.88	2.61	−93.37	−119.78	−103.63
中间拱拱顶	22695	−11.40	−9.92	−8.94	−9.92	−12.96	−13.33	−12.64

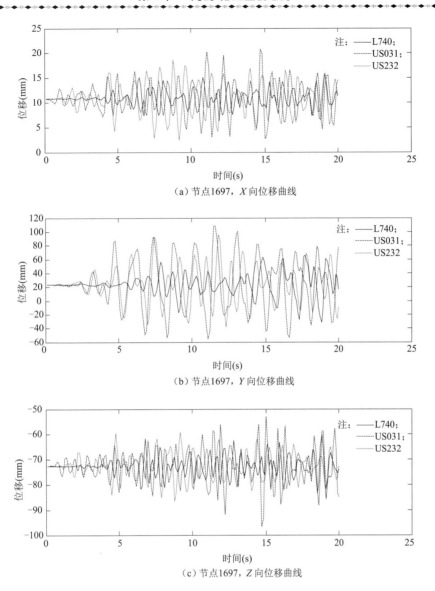

（a）节点1697，*X* 向位移曲线

（b）节点1697，*Y* 向位移曲线

（c）节点1697，*Z* 向位移曲线

图 3-96　边拱跨中节点（1697）的位移时程曲线

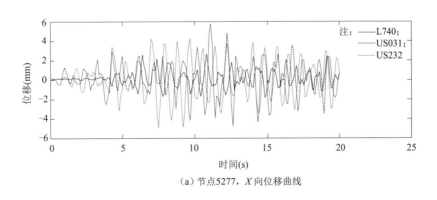

（a）节点5277，*X* 向位移曲线

图　3-97

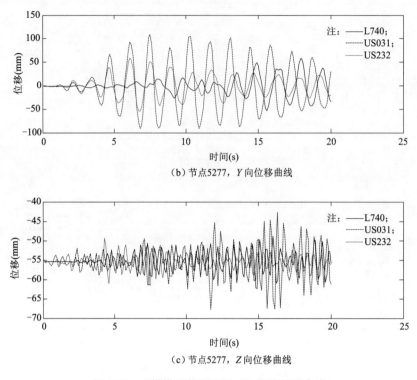

（b）节点5277，Y向位移曲线

（c）节点5277，Z向位移曲线

图 3-97　边拱拱顶节点（5277）的位移时程曲线

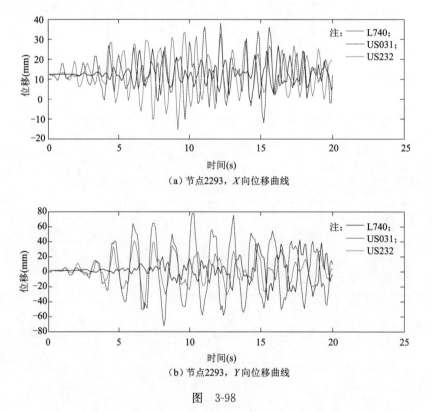

（a）节点2293，X向位移曲线

（b）节点2293，Y向位移曲线

图　3-98

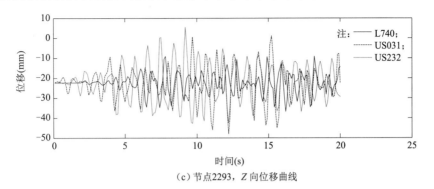

（c）节点2293，*Z* 向位移曲线

图 3-98　中间拱跨中节点（2293）的位移时程曲线

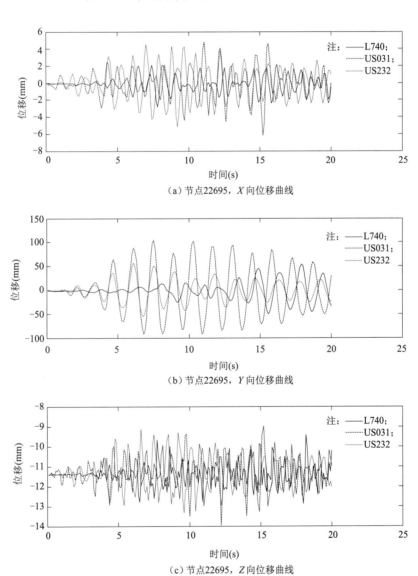

（a）节点22695，*X* 向位移曲线

（b）节点22695，*Y* 向位移曲线

（c）节点22695，*Z* 向位移曲线

图 3-99　中间拱拱顶节点（22695）的位移时程曲线

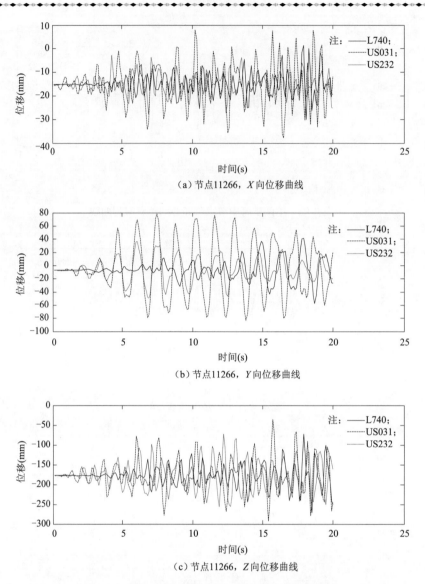

（a）节点11266，X 向位移曲线

（b）节点11266，Y 向位移曲线

（c）节点11266，Z 向位移曲线

图 3-100　屋面悬挑端节点（11266）的位移时程曲线

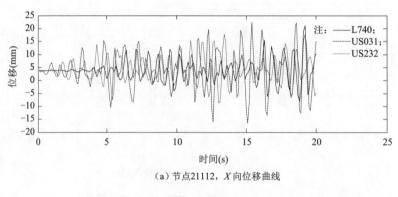

（a）节点21112，X 向位移曲线

图　3-101

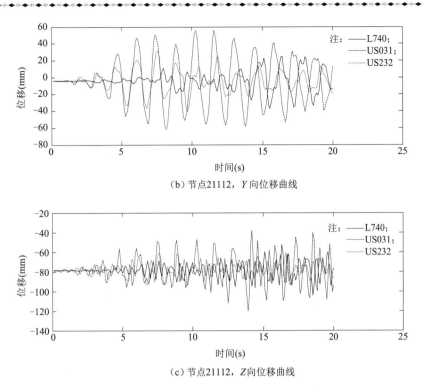

（b）节点21112，Y向位移曲线

（c）节点21112，Z向位移曲线

图 3-101　横梁跨中节点（21112）的位移时程曲线

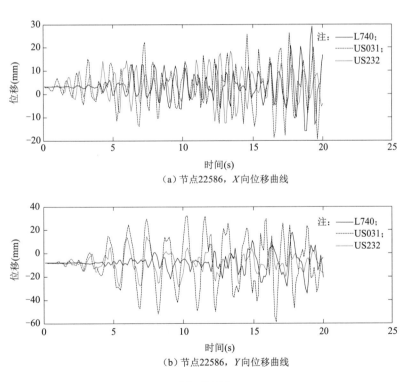

（a）节点22586，X向位移曲线

（b）节点22586，Y向位移曲线

图　3-102

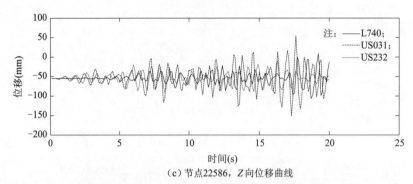

（c）节点22586，Z向位移曲线

图 3-102　横梁悬挑端节点（22586）的位移时程曲线

4. 关键构件在大震下的反应

大震弹塑性分析的结果表明，拱、横梁、V型撑、交叉索等关键构件在大震作用下的应力均未超出屈服应力。各类构件的典型单元位置分布如图 3-103 所示，下面给出指定典型单元的详细结果。

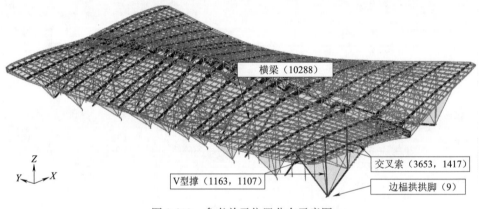

图 3-103　参考单元位置分布示意图

（1）拱

拱单元在罕遇地震下的应力分布如图 3-104 所示，该图为 US232 地震波 X 主方向输入时在 7.5 s 拱单元应力达到峰值时的结果。从图 3-104 可以看出，两侧的三榀拱应力比中间四榀拱内力大很多，东侧的边拱比西侧边拱应力大。单榀拱中，一般情况下拱脚的应力最大。

参考单元在罕遇地震下的应力时程曲线如图 3-105 所示。

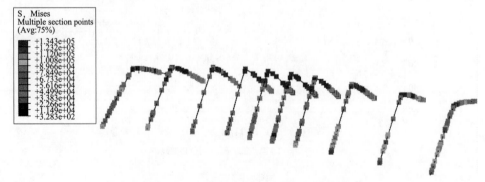

图 3-104　拱单元在大震下的应力分布图

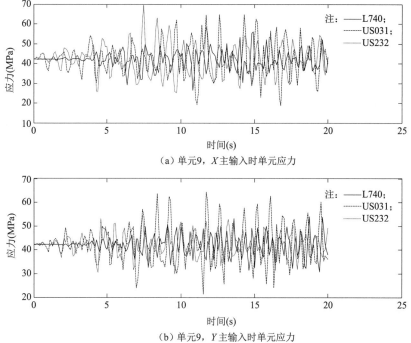

（a）单元9，*X* 主输入时单元应力

（b）单元9，*Y* 主输入时单元应力

图 3-105　边拱拱脚大震下应力时程曲线

（2）横梁

横梁单元在大震下的应力分布如图 3-106 所示，该图是参考单元应力达到峰值时模型中横梁应力的分布情况。从结果可以看出，除了边跨横梁与屋脊相交处应力突出外，其他地方各跨横梁的应力分布比较均匀。

参考单元的应力时程曲线如图 3-107 所示。

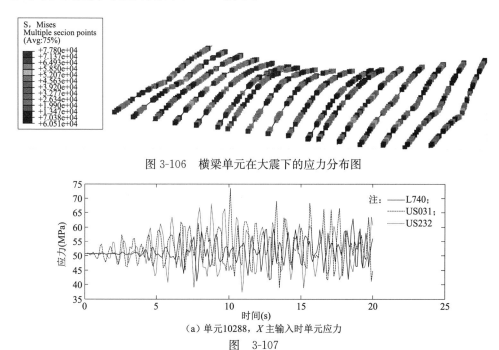

图 3-106　横梁单元在大震下的应力分布图

（a）单元10288，*X* 主输入时单元应力

图　3-107

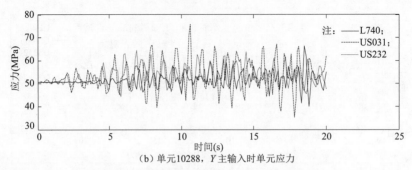

（b）单元10288，Y主输入时单元应力

图 3-107　横梁单元在大震下的应力时程曲线

（3）V型撑

　　V型撑在大震下的应力分布如图 3-108 所示，该图是参考单元应力达到峰值时模型中 V 型撑应力的分布情况，最大应力约 125 MPa。从结果可以看出，V型撑的应力分布从边跨向模型中间逐渐递减，边跨 V 型撑的应力最大。

　　参考单元的应力时程曲线如图 3-109、图 3-110 所示。

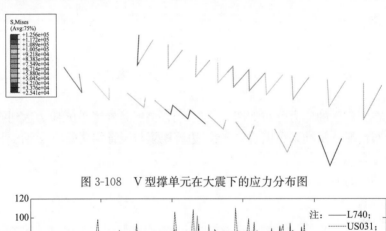

图 3-108　V 型撑单元在大震下的应力分布图

（a）单元1107，X主输入时单元应力

（b）单元1107，Y主输入时单元应力

图 3-109　V 型撑单元（1107）在大震下的应力时程曲线

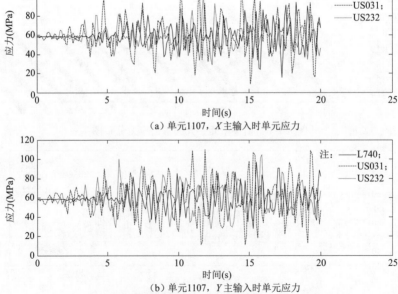

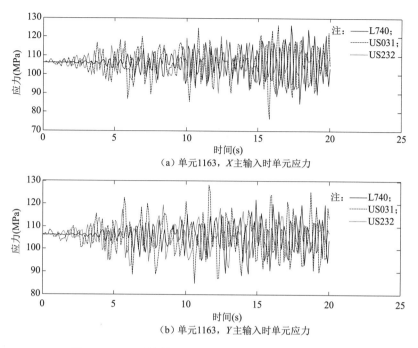

（a）单元1163，*X*主输入时单元应力

（b）单元1163，*Y*主输入时单元应力

图 3-110　V 型撑单元(1163)在大震下的应力时程曲线

（4）交叉索

交叉索在大震下的应力分布如图 3-111 所示，该图是参考单元应力达到峰值时模型中交叉索应力的分布情况，最大应力约 457 MPa。从结果可以看出，交叉索的应力分布，边跨应力最大，模型中部的交叉索应力较小。

参考单元的应力时程曲线如图 3-112、图 3-113 所示。

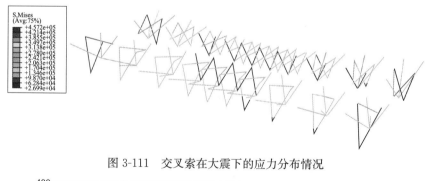

图 3-111　交叉索在大震下的应力分布情况

（a）单元1417，*X*主输入时单元应力

图　3-112

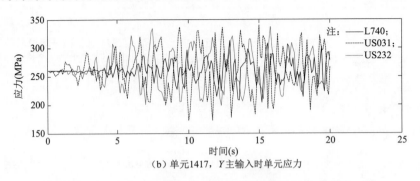

（b）单元1417，Y主输入时单元应力

图 3-112　交叉索单元（1417）在大震下的应力时程曲线

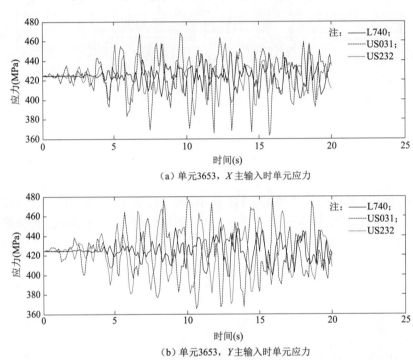

（a）单元3653，X主输入时单元应力

（b）单元3653，Y主输入时单元应力

图 3-113　交叉索单元（3653）在大震下的应力时程曲线

5. 小结

根据大震的分析结果，本结构在罕遇地震下，三组地震波、各两个主方向输入下的抗震性能评价如下：

（1）结构的剪重比在 8%～20% 之间。

（2）结构悬挑端位移反应较大。

（3）结构关键构件（拱、横梁、V 型撑和交叉索等）均满足"大震不屈服"的预定目标。

综上，通过对结构进行的罕遇地震、三组地震波、三向作用、两个主方向输入的动力弹塑性计算及分析，本结构能够满足"大震不倒"的要求，重要构件均处于弹性状态。

3.2.9　防连续倒塌研究

1. 研究背景与目的

结构的连续倒塌是由于意外荷载造成结构的局部破坏，并引发连锁反应，导致破坏向结构的其他部分扩散,最终使结构主体丧失承载力,造成结构的大范围坍塌。美国土木工程学会《建筑及其他结构的最小设计荷载》(ASCE 7-05)将连续性倒塌定义为:初始的局部单元破坏向其他单元扩展,最终导致结构整体性的或大范围区域的倒塌。

造成连续倒塌的原因有很多,包括设计和建造过程中的人为失误,以及在设计考虑范围之外的意外事件引起的荷载作用,如煤气爆炸、炸弹袭击、车辆撞击、火灾等。连续倒塌一旦发生,一般会造成严重的生命财产损失,并产生恶劣的社会影响。

自从 1968 年英国 Ronan Point 公寓倒塌事件发生以来,国外对连续倒塌问题已经进行了三十余年的研究,期间经历了 1995 年美国 Alfred P Murrah 联邦政府办公楼倒塌、2001 年世贸双塔倒塌等多起重大事故。随着这些事故的频繁发生,结构的连续倒塌已经成为严重威胁公共安全的重要问题。

大跨空间结构的支承构件数量少,其冗余程度相对较低,抵抗连续倒塌的能力较为薄弱,而且青岛北站地位特殊,研究其屋盖结构防连续倒塌的性能是完全必要的。研究的主要目的在于:

(1)针对青岛北站这种大型火车站,研究屋盖结构在防连续倒塌方面的薄弱环节,为运营期间的维护和类似建筑的设计提供指导与参考。

(2)探索大型公建防连续倒塌的计算方法。

2. 研究方法

目前结构防连续倒塌的分析与设计方法主要分为三种:第一种是概念设计与采取必要的构造措施,比如拉结强度法等;第二种是拆除构件法;第三种是关键构件法。

本研究着重采用拆除构件法和关键构件法。拆除构件法能较真实地模拟结构的倒塌过程,较好地评价结构的抗连续倒塌能力,而且设计过程不依赖于意外荷载,适用于任何意外事件下的结构破坏分析。

在深入研究屋盖结构及其受力性质的基础上,确定的研究方法为:

(1)首先确定结构最不利的受损部位。

(2)将相关的受损构件从模型中拆除,结构的原有受力状态发生突变,从静力变为动力状态。

(3)采用 ABAQUS 有限元计算软件进行结构的非线性动力计算。

(4)分析结构在指定受损状态下的一系列反应,包括位移、应力(应变)等。

根据分析结果,确定结构在指定受损状态下的防连续倒塌性能,并确定该构件是否为关键构件。

3. 计算条件

(1)确定结构的损伤部位

确定结构损伤部位必须以结构的受力分析及建筑布置特点为基础。屋面结构的主体是立体拱架,且跨度达 148.7 m,作为一种类桁架结构,承担竖腹杆作用的落地 V 型撑具有重要意义——同时还是结构的斜柱。

此 V 型撑不但受力较大,而且其稳定性依靠外设的拉索保证。在特殊情况下,即使 V 型撑本身保持完好,但如果外设拉索遭到破坏,此 V 型撑也将失效。与拱脚相比,V 型撑的截面要小很多,也较易被破坏。

从建筑布置上看,落地 V 型撑,特别是对应边拱(A、K 轴)的落地 V 型撑,处于建筑室外,

易于受到损坏。基于此,结合结构的静力特性,本次计算主要考虑以下三种破坏情形:

1)A 轴(边拱)落地 V 型撑破坏。

2)E 轴(结构纵向中部)落地 V 型撑破坏。

3)A 轴(边拱)第二 V 型撑破坏。

(2)计算荷载和材料本构

美国 GSA 规范建议在采用拆除法进行计算分析时,对动力分析采用荷载组合为:恒荷载+0.25活荷载;DOD 规范中的荷载组合为:0.9恒荷载+0.5活荷载+0.2风荷载或1.2恒荷载+0.2雪荷载+0.2风荷载。参考以上规定的荷载组合,在本文的拆除计算分析中的荷载效应组合为:1.0恒荷载+0.5雪(活)荷载。

在倒塌过程的弹塑性分析中阻尼比取 0.02,计算时长取为 20 s。

材料本构同前文。

4. 边拱(A 轴)落地 V 型撑取消

(1)特征点分布

在这种情况下,假设 A 轴拱脚处的落地 V 型撑遭到破坏,横梁端部失去了支座。根据受力分析及计算结果,重点研究的节点与单元如图 3-114 所示。其中,节点 A 为对应 B 轴拱架横梁上的一点,节点 B 为 A 轴拱架外侧横梁上的一点,节点 C 为结构悬挑的端点。单元 A 为节点 A 附近桁架上弦杆,单元 B、C 分别为节点 B 附近横梁的上弦杆与下弦杆,单元 D 为 A 轴边拱的拱脚单元。

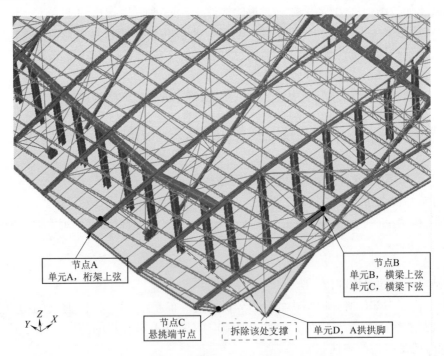

图 3-114 A 轴(边拱)落地 V 型撑失效时的特征点

(2)典型时间点的变形图

自边拱落地 V 型撑被拆除开始,结构就进入动力反应过程,结构在 1.4 s、3.0 s、6.0 s、20 s 等时间点上的变形图如图 3-115 所示。

由图 3-115 可见,结构的变形集中在边拱附近的悬挑端,最大位移出现在拆除支撑附近的悬挑端,最大位移达 19.6 m。

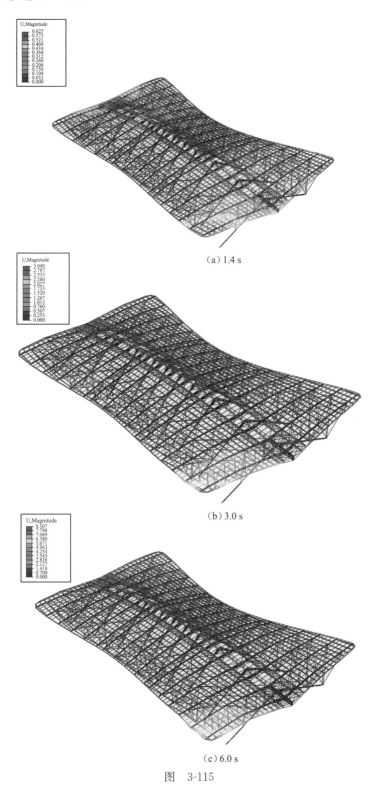

(a)1.4 s

(b)3.0 s

(c)6.0 s

图 3-115

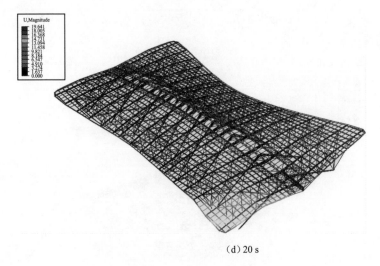

(d) 20 s

图 3-115 典型时间点的变形图(一)

(3)典型时间点的位移

部分典型节点的位移时程曲线如图 3-116 所示。从图 3-116 中可以看出,结构反应的特点是:

1)结构刚开始时处于振荡状态,随后位移不断发展,到 20 s 时,尚未完全稳定。

2)越靠近拆掉支撑附近的悬挑端,结构的位移反应越大;A 轴落地 V 型撑破坏后,结构局部发生较大的破坏。

3)B 轴拱架处的位移反应很小,这说明发生在 A 轴落地 V 型撑的破坏并没有波及相邻的拱架,结构未发生连续倒塌。

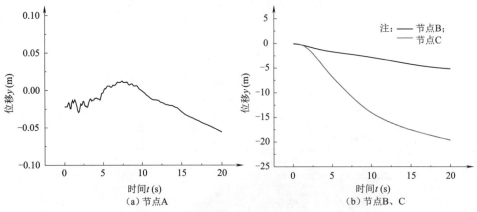

(a) 节点A

(b) 节点B、C

图 3-116 典型节点的位移时程曲线(一)

(4)典型时间点的应力

边拱(A 轴)的落地 V 型撑被破坏后,结构在振动过程中产生较大的内力反应。结构在 1.4 s、3.0 s、6.0 s、20 s 等时间点上的 Von Mises 应力分布图如图 3-117 所示。单元 A~D 的应力时程曲线如图 3-118 所示。

单元 A~D 均处于破坏构件附近,塑性应变发展较快。在 A 轴落地 V 型撑去除后,悬挑端下沉,悬挑端与附近有支撑结构的相连部位应力集中,单元很快进入屈服阶段,随着时间的发展,塑性应变不断发展,最终不能支撑悬挑端的自重及荷载,悬挑端坍塌。

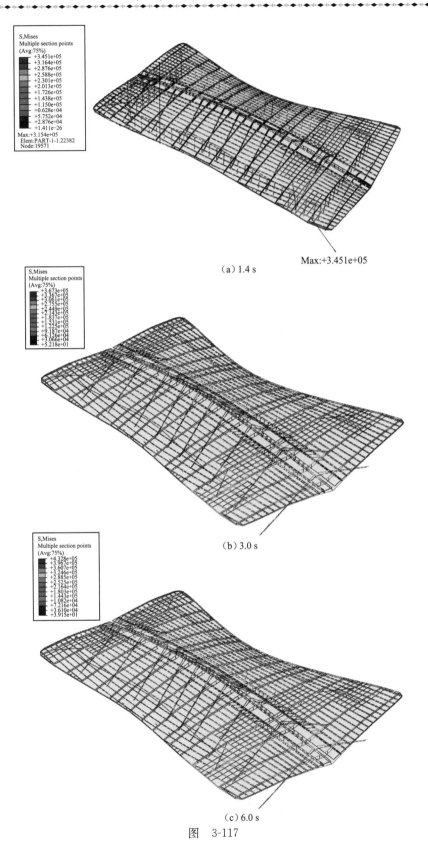

（a）1.4 s

（b）3.0 s

（c）6.0 s

图 3-117

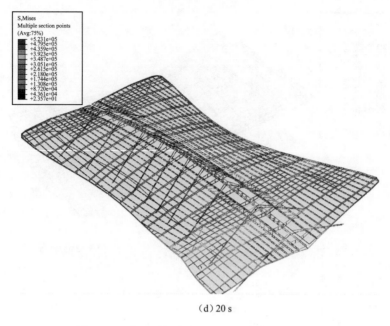

（d）20 s

图 3-117　典型时间点的 Von Mises 应力分布图

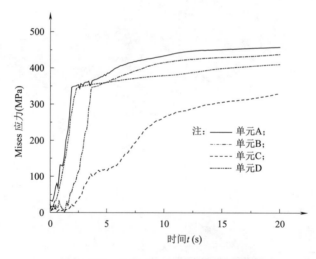

注：—— 单元A；
—·— 单元B；
----- 单元C；
—··— 单元D

图 3-118　单元 A～D 的应力时程曲线

（5）典型时间点的塑性应变

结构在 1.4 s、3.0 s、6.0 s、20 s 等时间点上的塑性应变分布图如图 3-119 所示。由图 3-119 可以看出，结构的塑性应变从 1.4 s 开始出现，基本集中在单元 A 上，其后快速进入塑性，并以极快的速度发展。图 3-120 是单元 A～D 的塑性应变发展过程——随时间增长而增长，横梁下弦（单元 C）未出现塑性应变。

图 3-121 给出了 A 拱与 B 拱拱脚的轴力时程曲线，从图 3-121 中可以看出，拆除 A 轴落地 V 型撑后，A 拱拱脚轴力迅速上升，同时 B 轴拱拱脚轴力缓慢增加，直至达到内力重分配的平衡状态。

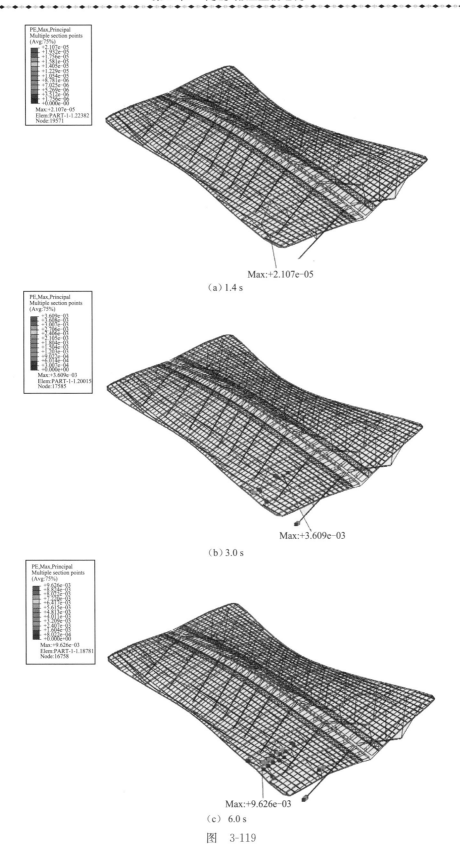

(a) 1.4 s

(b) 3.0 s

(c) 6.0 s

图 3-119

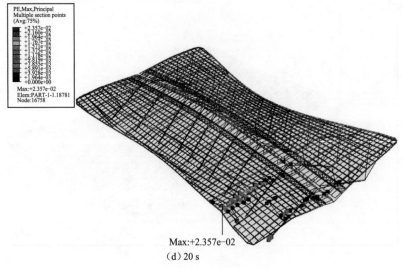

Max:+2.357e−02

（d）20 s

图 3-119　典型时间点的塑性应变分布图

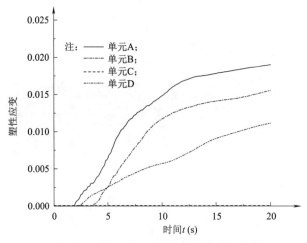

图 3-120　单元 A～D 的塑性应变时程曲线

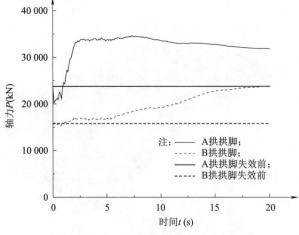

图 3-121　相邻拱拱脚轴力时程曲线

5. 中间拱(E 轴)落地 V 型撑取消

(1)特征点分布

在这种情况下,假设 E 轴落地 V 型撑遭到破坏。根据受力分析及计算结果,重点研究的节点与单元如图 3-122 所示。其中,节点 A 是 V 型撑的顶点,节点 B 是失效 V 型撑上方桁架的中间节点。单元 A 是 F 轴的落地 V 型撑。

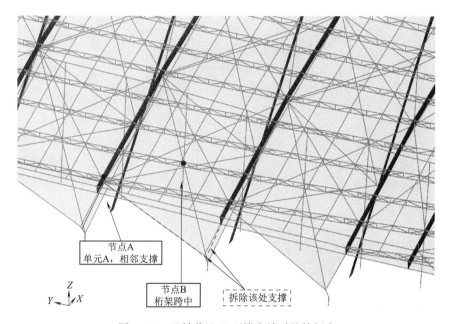

图 3-122 E 轴落地 V 型撑失效时的特征点

(2)典型时间点的变形图

从指定构件被拆除开始,结构就进入动力反应过程,结构在 0 s(未拆除)、3 s、20 s 等时间点上的变形图如图 3-123 所示。

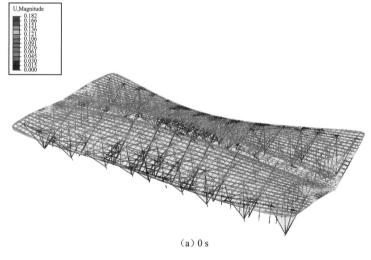

(a)0 s

图 3-123

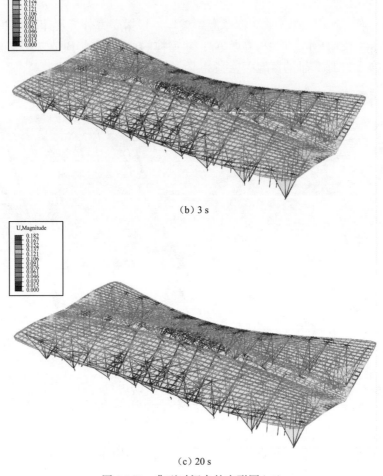

（b）3 s

（c）20 s

图 3-123　典型时间点的变形图（二）

　　与 A 拱落地 V 型撑被拆除相比，中间拱支座处支撑拆除产生的位移效应很小，结构的最
大位移没有发生变化，只是支撑拆除部位变
形略微增大。原因在于，与 E 轴相邻的 D、F
轴落地 V 型撑发挥了作用。

　　（3）典型时间点的位移

　　典型节点的位移时程曲线如图 3-124 所
示。失去 E 轴落地 V 型撑后，由于横梁尚
有另一侧的支撑存在，支撑顶点位移在短时
振荡之后略微增大，在第 5 s 左右进入平稳
状态。桁架跨中节点的位移变化稍大，振荡
时间略长，在第 15 s 左右也进入稳定状态。

　　（4）模型的应力应变分布

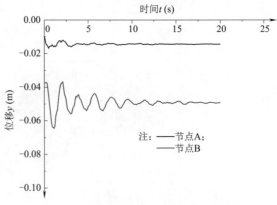

图 3-124　典型节点的位移时程曲线（二）

　　20 s 时结构的应力分布图如图 3-125 所示，由图 3-125 可以看出，拆除指定构件后，结构
仍全部处于弹性状态。相应的塑性应变分布图如图 3-126 所示，整体模型的塑性应变为 0。

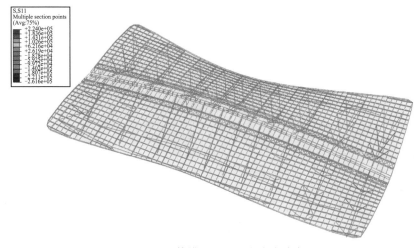

图 3-125　整体模型的 S11 主应力分布图

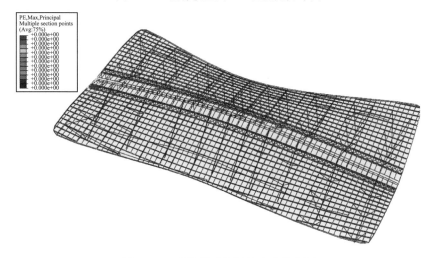

图 3-126　整体模型的塑性应变分布图

(5)典型单元的应力

所有单元均保持弹性。图 3-127 给出了 F 轴落地 V 型撑(单元 A)应力时程曲线,由图 3-127 可以看出,拆除 E 轴的落地 V 型撑后,其支撑力传递到相邻支撑,由于支撑的应力比较低,结构仍处于弹性状态。

6.边拱(A 轴)第二组 V 型撑的外侧斜撑取消

(1)特征点分布

假设 A 轴第二组 V 型撑的外侧斜撑遭到破坏,A 轴拱受到单侧的不均匀荷载,考察其是否会发生面外失稳,从而导致连续倒塌。

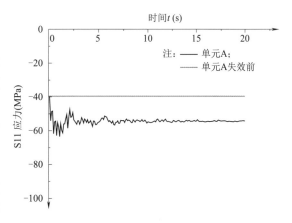

图 3-127　部分单元的应力时程曲线

根据受力分析及计算结果,重点研究的节点与单元如图 3-128 所示。其中,节点 A、B 为对应

A 轴拱面外位移最大的一点,节点 C 为结构悬挑端竖向位移最大的一点。单元 A、B 为节点 A、B 附近拱上的单元。

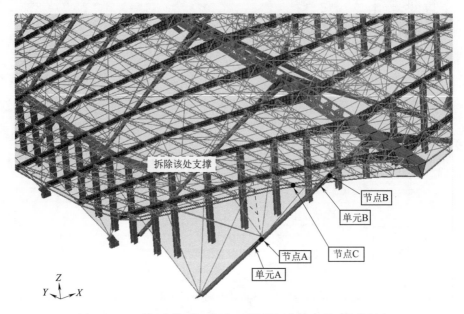

图 3-128   A 轴(边拱)第二组 V 型撑单侧失效工况下的特征点

(2)典型时间点的变形图

首先进行结构自重下的施工模拟计算,然后拆除边拱第二组 V 型撑的外侧一根 V 型撑,进行动力反应分析。结构在 0 s、2 s、20 s 等时间点上主拱的变形图如图 3-129 所示。

由图 3-129 可见,边拱附近的悬挑端竖向位移最大,达到 0.27 m;由于拆除第二组 V 型撑中的一根,造成主拱的偏心荷载,主拱面外位移增大,最大约 0.14 m。

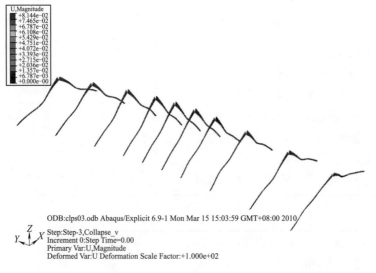

(a)0 s

图   3-129

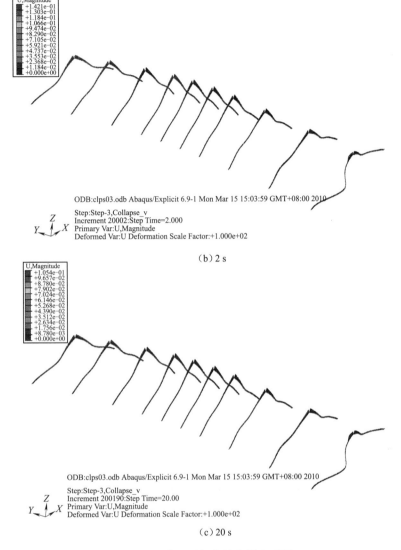

ODB:clps03.odb Abaqus/Explicit 6.9-1 Mon Mar 15 15:03:59 GMT+08:00 2010

Step:Step-3,Collapse_v
Increment 20002:Step Time=2.000
Primary Var:U,Magnitude
Deformed Var:U Deformation Scale Factor:+1.000e+02

（b）2 s

ODB:clps03.odb Abaqus/Explicit 6.9-1 Mon Mar 15 15:03:59 GMT+08:00 2010

Step:Step-3,Collapse_v
Increment 200190:Step Time=20.00
Primary Var:U,Magnitude
Deformed Var:U Deformation Scale Factor:+1.000e+02

（c）20 s

图 3-129　典型时间点的主拱变形图

（3）典型时间点的位移

典型节点的位移时程曲线如图 3-130 所示。从图 3-130 中可以看出,结构反应的特点为:

1）结构刚开始时处于振荡状态,随后位移不断发展,到 15 s 时已经基本稳定。

2）越靠近拆掉支撑附近的悬挑端,结构的位移反应越大;拆除支撑附近,拱的面外位移最大。

3）拱的面外位移约为拱跨度的 1/1 000,拱仍处于弹性状态,未发生连续倒塌。

（4）典型时间点的应力、应变

第二组 V 型撑外侧被破坏后,结构在振动过程中产生较大内力波动的范围较小。结构在 0 s、20 s 等时间点上的 S11 正应力分布图如图 3-131 所示。单元 A、B 的应力时程曲线如图 3-132 所示。

图 3-133 给出了最后一刻整体结构的塑性应变分布,由图 3-133 可以看出,结构没有塑性应变产生,整体结构均处于弹性状态。

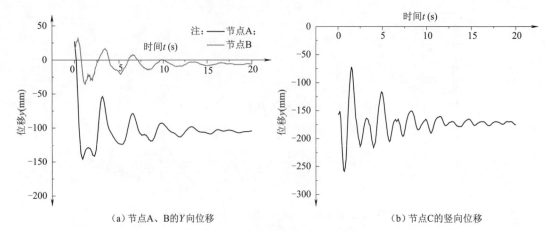

（a）节点A、B的Y向位移　　　　　　　　　　　　（b）节点C的竖向位移

图 3-130　考察点的位移时程曲线

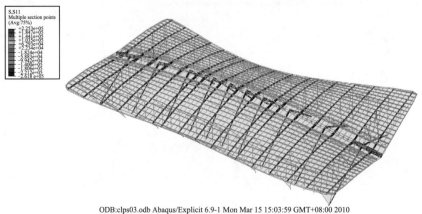

ODB:clps03.odb Abaqus/Explicit 6.9-1 Mon Mar 15 15:03:59 GMT+08:00 2010

Step:Step-3,Collapse_v
Increment　　　 0:Step Time=0.0
Primary Var:S,S11
Deformed Var:U Deformation Scale Factor:+1.000e+00

（a）0 s

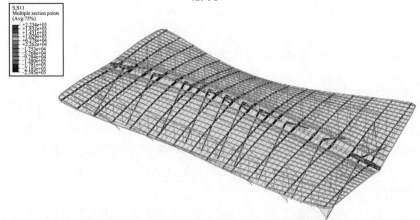

ODB:clps03.odb Abaqus/Explicit 6.9-1 Mon Mar 15 15:03:59 GMT+08:00 2010

Step:Step-3,Collapse_v
Increment　　　 200190:Step Time=20.00
Primary Var:S,S11
Deformed Var:U Deformation Scale Factor:+1.000e+00

（b）20 s

图 3-131　典型时间点的 S11 主应力分布图

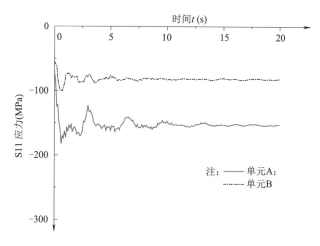

图 3-132 单元 A、B 的应力时程曲线

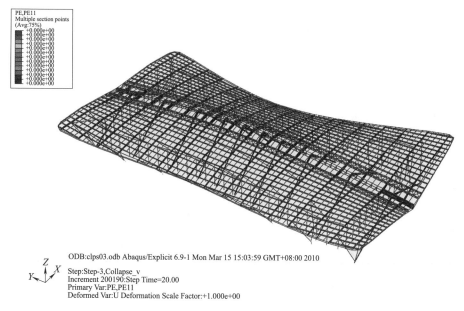

图 3-133 整体模型的塑性应变分布(20 s 时)

7. 小结

(1)A 轴落地 V 型撑被破坏后,A 轴外侧悬挑端局部区域发生破坏,发生很大的位移,塑性发展显著。在这种情况下,构件内力重分布,但结构的损坏集中在悬挑端附近的区域,没有大面积扩散。

(2)中间拱的落地 V 型撑被破坏后,该跨荷载传到相邻两榀拱,结构仍保持弹性,对周边拱影响不大。

(3)边拱第二组 V 型撑的一侧拆除后,产生的偏心荷载对结构的影响较小,结构未发生连续倒塌,整体结构处于弹性状态。

(4)结构的边拱及其落地 V 型撑需重点防护。

(5)本结构具有很好的冗余度及防连续倒塌的能力。

3.2.10　多点多维输入下地震响应分析

青岛北站主站房屋盖属于大跨空间结构，由 10 榀立体拱架组成，拱架的跨度为 101.2～148.7 m，屋面结构平面尺寸约为 213 m×350 m。除了结构的跨度、长度较大外，该结构的另一个显著特点是主要构件采用异形组合截面。主站房屋盖的结构尺度在两个方向都很大，因此对结构进行多维多点分析十分必要。

1. 理论分析

多点输入研究是地震工程学中一个比较艰深的研究课题，其涉及的范围很广，主要包括强震观测及地震动空间相干特性的描述、结构在多点输入作用下的响应计算方法研究等。

对于建筑结构非一致输入地震反应的研究，主要方法有工程实用反应谱法、时程分析法和随机振动分析法，其中时程分析法在工程实际中较为常用。时程分析法假定地基条件一致，地震波沿地表面以一定速度传播，结构各支承点处地震波波形不变，只存在时间滞后和振幅衰减。时程分析法虽然存在一定局限性，但是它却能在一定程度上反映地震波传播的基本特征。

将结构的自由度分为两类，即结构内部自由度 u_s 和支座自由度 u_b，于是平衡方程如式(3-1)所示：

$$\begin{bmatrix} K_{ss} & K_{sb} \\ K_{bs} & K_{bb} \end{bmatrix} \begin{Bmatrix} u_d \\ u_b \end{Bmatrix} = \begin{Bmatrix} R_s \\ R_b \end{Bmatrix} \tag{3-1}$$

下标 ss、bb、sb 分别表示上部结构内部自由度、支座自由度及其耦合项。一般情况下，支座位移 u_b 和外荷载 R_s 为已知量，而结构内部自由度位移 u_s 和支反力 R_b 为未知量，将式(3-1)展开可得式(3-2)、式(3-3)：

$$K_{ss}u_s + K_{sb}u_b = R_s \tag{3-2}$$

$$K_{bs}u_s + K_{bb}u_b = R_b \tag{3-3}$$

式(3-2)又可写成式(3-4)：

$$K_{ss}u_s = R_s - K_{sb}u_b \tag{3-4}$$

解之可得 u_s，代入式(3-3)即可得到支反力 R_b。当结构仅受到外荷载作用而无支座移动时，式(3-4)为 $K_{ss}u_s = R_s$，即考虑边界条件后的一般静力平衡方程；若结构仅产生支座移动而无外荷载作用时，式(3-4)又可写成 $K_{ss}u_s = -K_{sb}u_b$，即：

$$u_s = -K_{ss}^{-1}K_{sb}u_b = -r_{sb}u_b \tag{3-5}$$

称 $r_{sb} = -K_{ss}^{-1}K_{sb}$ 为影响矩阵，它表示支承节点发生单位位移时在非支承节点产生的位移。

地震动作用下的结构反应就是随时间变化的支座移动导致的结构反应。此时设随时间变化的支座移动具有一阶、二阶导数，即具有一定的速度和加速度，那么结构的非支座部分同样会产生相应的位移、速度和加速度，此时，将结构的自由度分成支座自由度和非支座自由度两类，由式(3-1)可知此时的动力平衡方程为式(3-6)：

$$\begin{bmatrix} M_{ss} & M_{sb} \\ M_{sb} & M_{bb} \end{bmatrix} \begin{Bmatrix} \ddot{u}_s \\ \ddot{u}_b \end{Bmatrix} + \begin{bmatrix} C_{ss} & C_{sb} \\ C_{bs} & C_{bb} \end{bmatrix} \begin{Bmatrix} \dot{u}_s \\ \dot{u}_b \end{Bmatrix} + \begin{bmatrix} K_{ss} & K_{sb} \\ K_{bs} & K_{bb} \end{bmatrix} \begin{Bmatrix} u_s \\ u_b \end{Bmatrix} = \begin{Bmatrix} R_s \\ R_b \end{Bmatrix} \tag{3-6}$$

式中，$\ddot{u}_s, \dot{u}_s, u_s$ 是绝对坐标系下上部结构非支座节点运动向量；$\ddot{u}_b, \dot{u}_b, u_b$ 是绝对坐标系下已知地面运动向量；M、C 为质量、阻尼矩阵。

通常情况下，$\ddot{u}_b, \dot{u}_b, u_b$ 和 R_s 为已知量，而 $\ddot{u}_s, \dot{u}_s, u_s$ 和 R_b 为未知量。如果结构的反应

$\ddot{u}_s$，$\dot{u}_s$，u_s 能够得到，即可通过式(3-6)的第二式得到 R_b。

将式(3-6)中的第一式展开就可以得到关于上部结构未知运动向量 $\ddot{u}_s$，$\dot{u}_s$，u_s 的动力平衡方程式，如式(3-7)：

$$M_{ss}\ddot{u}_s + C_{ss}\dot{u}_s + K_{ss}u_s = -(M_{sb}\ddot{u}_b + C_{sb}\dot{u}_b + K_{sb}u_b) \tag{3-7}$$

如果采用集中质量模型，则有 $M_{sb}=0$；另外，一般情况下阻尼矩阵 C_{sb} 很难确定，因此阻尼力 $-C_{sb}\dot{u}_b$ 常常被忽略，那么可将式(3-7)改写为式(3-8)：

$$M_{ss}\ddot{u}_s + C_{ss}\dot{u}_s + K_{ss}u_s = -K_{sb}u_b \tag{3-8}$$

式中，u_b 是地面运动位移向量；$-K_{sb}u_b$ 是绝对坐标系下由于支座随地面运动而产生的作用在上部结构上的力。

式(3-8)就是多点激励的动力平衡方程。由推导可以看出，拟静力反应和动力反应均与结构刚度有关。对于线性结构，拟静力反应和动力反应可以分别单独求解；对于非线性结构，结构刚度与结构绝对反应有关，拟静力反应和动力反应不能分别单独求解，叠加原理不再适用，此时只能直接求解以支座位移为激励、结构绝对位移为基本参量的动力平衡方程。对于式(3-8)的求解，通常采用在时域内逐步积分的方法，如 Newmark-β、Wilson-θ 法。

2. 有限元分析

(1)有限元建模

利用 MIDAS/Gen 对青岛北站主站房屋盖进行时程分析，采取了考虑行波效应的水平双向多点多维输入地震反应分析。青岛北站的 MIDAS 有限元模型如图 3-134 所示。

模型建立时，钢材选用 Q345C，材料的弹性模量为 2.06×10^5 N/mm²，泊松比为 0.3。拱、横梁、屋脊和檩条的弦杆均采用梁单元，预应力拉索采用桁架单元。为了考虑节点和肋板做法，在计算模型构件自重时乘以 1.2 的系数，屋面恒载取 0.8 kN/m²，屋面活荷载取 0.5 kN/m²。

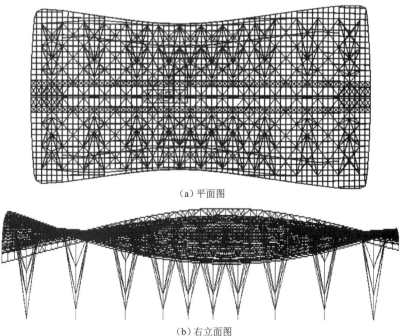

(a)平面图

(b)右立面图

图　3-134

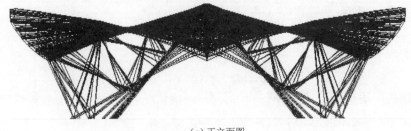

（c）正立面图

图 3-134　MIDAS 有限元模型

（2）多维多点输入和分析

本文利用 MIDAS/Gen 对青岛北站进行时程分析，采取了考虑行波效应的水平双向多点输入地震反应分析。虽然对建筑物场地未来地震动难以准确的定量确定，但只要正确选择地震动主要参数，以及所选用的地震波基本符合这些主要参数，则时程分析结果可以较真实地体现未来地震作用下的结构反应。因此地震波的选取直接决定了计算结果的准确性。综合考虑受到多种因素影响，如震中距、波传递途径的地质条件、场地土构造和类别等，在多点多维分析时，选择了如图 3-135～图 3-137 所示的地震波，其中两组天然波，一组人工波。

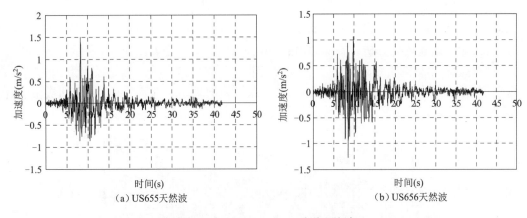

（a）US655天然波　　　　　　　　　　（b）US656天然波

图 3-135　US655～656 系列天然波

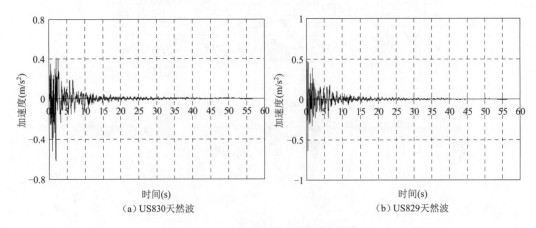

（a）US830天然波　　　　　　　　　　（b）US829天然波

图 3-136　US829～830 系列天然波

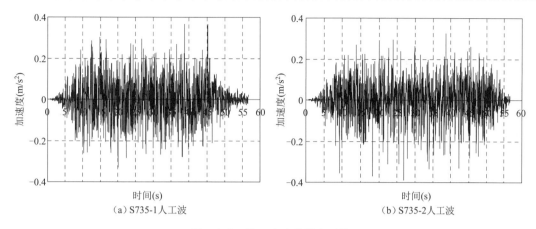

（a）S735-1人工波　　　　　（b）S735-2人工波

图 3-137　S735-1,2 系列人工波

3. 结构扭转效应分析

由于结构的跨度比较大,所以扭转效应比较明显。本文利用特征点的相对位移来反映扭转效应。在结构顶处,选 A 和 B 两点,A 和 B 点的连线在初始模型中平行于总体坐标系的 Y 方向,计算 A、B 点在 X 轴向的相对位移,即以 $dx_B - dx_A$ 来分析结构在多点输入下的扭转效应。这里就以 US655～656 系列天然波为例,分析主要计算结果如下:

当地震动为 0°输入时,结构的扭转效应时程图如图 3-138 所示。由图 3-138 可知,在刚开始的一段时间内,如 0～2 s 内,多点激励对结构扭转效应不是很明显,随着时间的推移,多点激励引起的扭转效应越来越明显,最大的达到 4.1 mm,结构的扭转位移相对一致输入时的1.9 mm 增大到多点时的 4.1 mm。

当地震动为 45°输入时,结构的扭转效应时程图如图 3-139 所示。由图 3-139 可知,45°输入时,结构在多点输入下的扭转效应较一致输入下增大了很多;对于 US655～656 系列天然波,在刚开始的一段时间内,如 0～2 s 内,多点激励对结构扭转效应不是很明显,随着时间的推移,多点激励引起的扭转效应越来越明显,最大的达到 17.6 mm,结构的扭转位移相对一致输入时的 1.7 mm 增大到多点时的 17.6 mm,变化的倍数非常大。

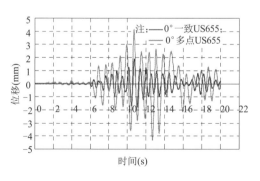

图 3-138　0°输入扭转效应比较

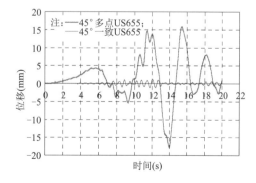

图 3-139　45°输入扭转效应比较

当地震动为 90°输入时,结构的扭转效应时程图如图 3-140 所示。由图 3-140 可知,90°输入时,结构在多点输入下的扭转效应较一致输入下增大了很多;在刚开始的一段时间内,如

0~6 s内,多点激励对结构扭转效应不是很明显,随着时间的推移,多点激励引起的扭转效应越来越明显,最大的达到 20.2 mm,结构的扭转位移相对一致输入时的 1.9 mm增大到多点时的 20.2 mm,变化的倍数也是非常大。

当地震动为 135°输入时,结构的扭转效应时程图如图 3-141 所示。由图 3-141 可知,135°输入时,结构在多点输入下的扭转效应较一致输入下增大的也很多,但是相对 45°和 90°而言,要稍微小了点;在刚开始的一段时间内,如 0~2 s内,多点激励对结构扭转效应不是很明显,随着时间的推移,多点激励引起的扭转效应越来越明显,最大的达到 17.5 mm,结构的扭转位移相对一致输入时的 1.6 mm增大到多点时的 17.5 mm,变化的倍数也是非常大。

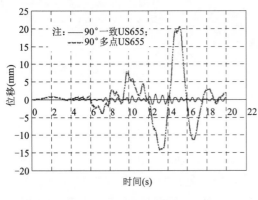

图 3-140 90°输入扭转效应比较

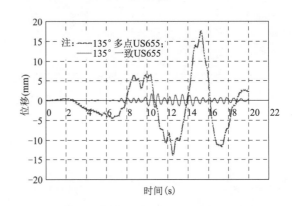

图 3-141 135°输入扭转效应比较

4. 结构内力影响因子分析

由于拱对结构整体的作用非常大,下面重点比较结构拱的轴力影响因子的变化,但是拱单元比较多,只选取每榀拱单元中内力较大的单元进行多点和一致下的轴力对比。

图 3-142 和图 3-143 为选取的拱单元在三条波作用下轴力影响因子的平均值。由图 3-142 可以看出:0°输入时,内力因子都小于 1,说明在多点输入下拱的轴力都比一致输入下的轴力小,最大的内力影响因子为 0.70;而在 45°方向输入下,拱的轴力因子有的大于 1,有的小于 1,即在多点输入下,拱的轴力有的超过了在一致输入下的轴力,最大的轴力因子为 1.24,发生在中间的那一榀拱上。

由图 3-143 可知:90°输入时,内力因子都小于 1,说明在多点输入下拱的轴力都比一致输入下的轴力小,最大的内力影响因子为 0.71;而在 135°方向输入下,拱的轴力因子依然都在 1以下,最大的为 0.87。

由上述分析可知,多点输入对不同部位的拱单元的轴力影响不同,同一致输入相比,有的构件轴力减小,有的构件轴力增加。由拱单元的轴力影响因子结果可知,45°方向输入时多点激励影响最大,轴力影响因子最大达到 1.24,高出一致输入下 24%;0°、90°和 135°输入下,拱的轴力影响因子均小于 1,说明在这 0°、90°和 135°输入下,拱轴力较一致输入下要小。由于最大的拱的轴力影响因子为 1.24,不是特别大,所以在设计时只需要按照反应谱来设计,将该构件的设计值乘以 1.24 即可。

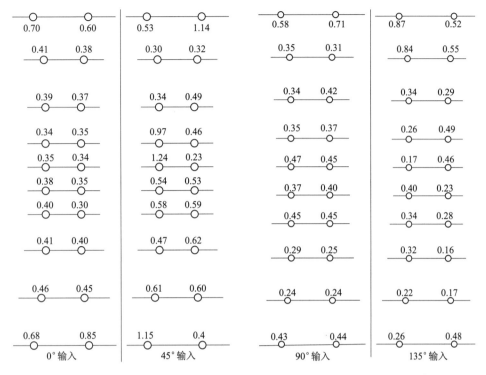

图 3-142　0°、45°输入时平均轴力因子　　　　图 3-143　90°、135°输入时平均轴力因子

5. 小结

通过对比分析结构在不同方向输入下的结果,得出主站房屋盖在多维多点地震动下的响应特征:

(1)多点输入下结构的扭转效应较一致输入下有明显的增大趋势,该趋势对结构的安全性产生一定的影响,但是相对扭转角没有增大多少。

(2)不同角度的输入条件下,结构的扭转效应也不一样。45°方向输入时响应最大,0°方向输入时响应最小。

(3)拱构件在多点激励和一致激励作用下响应各不相同,有的响应增大,有的响应减小。

由于分析结果具有很好的规律性,因此结构设计时首先进行反应谱分析,再将计算结果乘以一定的地震作用效应调整系数,以考虑多点输入分析的影响。这种分析方法在设计中是可行的。

3.3　屋盖钢结构设计

3.3.1　结构设计标准

主站房屋盖钢结构的设计基准期为 50 年,设计使用年限(耐久性)为 100 年;结构安全等级为一级,结构重要性系数为 1.1;抗震设防类别为重点设防(乙类);钢结构耐火等级为一级。

结构刚度控制标准为：立体拱架整体挠度$\leqslant L/250$（L为拱架跨度），拱架横梁及屋脊纵梁悬挑端挠度$\leqslant l/125$（l为悬挑长度）；多遇地震作用和风荷载下立体拱架顶端侧移$\leqslant h/300$（h为拱架高度）。主要构件在非地震组合和多遇地震组合下的应力比按表 3-31 控制。

表 3-31 主要构件强度控制标准

构件类型	主拱下弦	主拱上弦	横梁	交叉索	V 型撑	屋脊纵梁	其他构件
应力比控制值	0.85	0.9	0.9	40%破断力	0.9	0.9	1.0

3.3.2 主要静力、动力性能

表 3-32 列出了主要构件一些关键节点在标准组合下的最大变形值，由表 3-30 可以看出，均满足本文预设的刚度控制指标。其中，拱顶挠跨比按主拱水平投影跨度计算；拱 1/4 跨中的挠跨比按半跨水平投影长度计算；横梁和屋面主檩条的位移均为观察位移点相对于构件支座的相对变形，挠跨比按支座间距计算；悬挑端挠跨比按悬挑长度计算。

表 3-32 主要构件竖向变形统计

构 件	节点位置	节点号	竖向位移(mm)	挠跨比
A 轴拱	拱顶	77	−126.1	1/1 135
	1/4 跨中	16402	−102.0	1/702
F 轴拱	拱顶	356	−44.3	1/2 103
	1/4 跨中	17031	−42.5	1/1 096
K 轴拱	拱顶	340	−79.1	1/1 532
	1/4 跨中	15383	−67.7	1/895
A″轴横梁	跨中	23002	−10.4	1/3 232
	悬挑端	14962	−36.6	1/433
F′轴横梁	跨中	20110	−4.8	1/6 450
	悬挑端	14899	−0.9	1/62 726
K′轴横梁	跨中	17581	−16.6	1/1 560
	悬挑端	14988	−56.8	1/283
主檩条	跨中	2278	−24.8	1/888
屋脊纵梁	跨中	4778	−42.9	1/1 025
	悬挑端	4867	−94.7	1/232

由里兹向量法求得主站房结构的前 4 阶振型如图 3-144 所示。其中第 1 阶振型以东西向平动为主，周期为 1.487 s；第 2 阶振型开始表现为扭转，周期为 0.926 s；第 3、4 阶振型为南北横向振动，但从振动模态上看立体拱架拱顶的振动幅度较小，以屋面主檩条的上下振动为主。

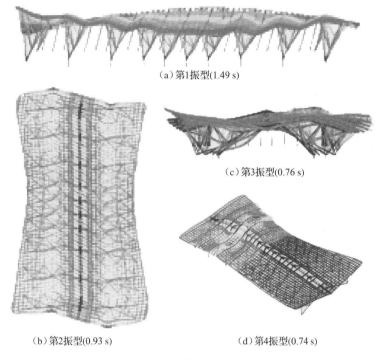

(a) 第1振型(1.49 s)

(b) 第2振型(0.93 s)

(c) 第3振型(0.76 s)

(d) 第4振型(0.74 s)

图 3-144 主站房主要振型图

本节列出的分析结果系最终施工图设计阶段分析的结果,与前文分析结果略有差异,主要原因是:随着结构设计的不断深入,设计条件不断变化。

3.3.3 预应力设计

立体拱架中交叉索根据其受力特性的不同,分为承重索和抗风索。承重索在向下的竖向荷载作用下索内力增大;抗风索在向上的风荷载作用下索内力增大。分析发现:施加承重索的预应力可以减小拱架主拱位移和平面内弯矩;而施加抗风索的预应力会增大拱架主拱的平面内弯矩。因此,对于抗风索不宜施加过大的预应力。设计时,选取恒载+预应力标准组合的索拉力为各索的目标索力;并选择荷载效应基本组合的包络值进行索截面和直径的选取依据。

目标索力的确定原则为:(1)使拱架主拱主平面内弯矩尽量均匀、无突变;(2)无地震参与组合作用下索不退出工作(索内拉应力不小于 50 MPa)。优化后各索的目标索力如图 3-145 所示。钢索截面的有效面积最小为 4 259 mm², 最大为 11 788 mm², 钢丝材料均为 1670 级。

另外,考虑到本工程交叉索在使用过程中的耐火要求较高,拉索采用了锌铝合金高钒镀层系统(Galfan System),并应具有 50 年的耐久性。

3.3.4 抗震性能化设计

根据《地震安评报告》和超限审查专家的意见,本工程选定抗震规范中对应于 7 度(0.1g)设防的多遇地震、设防地震和罕遇地震作为地震作用,并按 7 度的要求采取抗震措施。安评谱与规范谱的地震影响系数对比如图 3-146 所示,因而小震作用下取安评谱分析的结果。

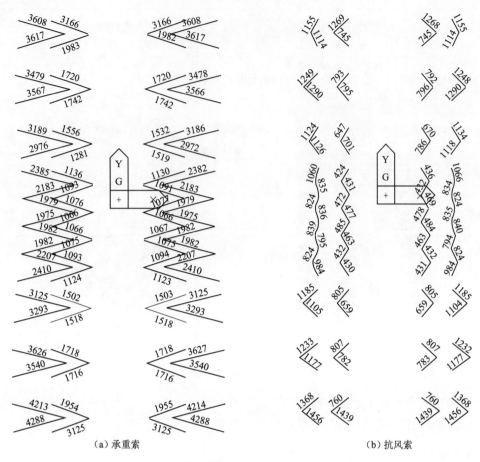

（a）承重索   （b）抗风索

图 3-145　交叉索目标索力分布图（单位：kN）

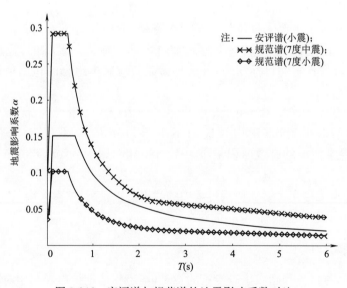

图 3-146　安评谱与规范谱的地震影响系数对比

设定本工程的整体性能目标如下：(1)小震作用下，结构完好、无损伤，一般不需修理即可继续使用；(2)中震作用下，结构关键部位的构件完好、无损伤，其他部位的构件可以出现损坏，但经一般修理后可继续使用；(3)大震作用下，结构的薄弱部位和重要构件不屈服。

为实现上述性能目标，针对不同构件制定了不同的性能设计指标，见表3-33。采用振型分解反应谱法对结构进行小震和中震作用计算，同时选择三条地震波(两条天然波和一条人工波)用弹性时程分析方法对结构中震作用下的响应进行验证。采用动力弹塑性分析法对结构在大震作用下位移响应、塑性发展过程进行了研究，结果表明：主站房屋盖悬挑端位移反应相对较大；拱架主拱、横梁、V型撑和交叉索均满足"大震不屈服"的预定目标，满足"大震不倒"的要求。

表 3-33　主站房屋盖构件性能设计指标

部　位	地震作用水准		
	小震	中震	大震
拱架主拱	弹性设计	弹性设计	不屈服
拱架横梁	弹性设计	弹性设计	不屈服
交叉索	弹性设计	弹性设计	不屈服
V型撑	弹性设计	弹性设计	不屈服
屋脊纵梁	弹性设计	弹性设计	不屈服
重要节点	弹性设计	弹性设计	弹性设计

3.3.5　屋盖稳定性设计

分别选取三个标准组合进行了弹性屈曲分析，滤去腹板和屋面檩条的局部屈曲模态，可得到主体结构的各阶屈曲模态。由于A轴立体拱架跨度和荷载较大，其主拱最先发生面外屈曲(立体拱架的空间作用使得主拱的面内刚度大于面外刚度)，三个组合的最小屈曲特性值$\lambda=4.6$；主拱和横梁相比受有较大的轴向力，因而先发生屈曲，横梁以受弯为主且面外有主檩条桁架提供支撑，最先发生面内屈曲。

为了更精确地了解屋盖钢结构的整体稳定性能，还针对三个标准组合分别进行了考虑双重非线性的全过程分析。初始缺陷取每个组合对应的弹性屈曲第1阶模态，幅度按拱架跨度的1/300；钢材的塑性模型采用双线性随动硬化模型，Q345钢材强屈比取1.4，极限应变为0.025。计算结果表明：结构的安全系数K(极限承载力与荷载标准值之比)最小值为2.4，满足《空间网格结构技术规程》(JGJ 7—2010)的相关规定。

薄壁异形截面的局部稳定性也是一个不可忽视的问题。本工程主要存在以下两个方面问题：(1)立体拱架主拱、横梁和屋脊纵梁的上下弦截面应满足规范规定的宽厚比、径厚比要求；(2)立体拱架主拱和横梁的上下弦连接腹板应满足规范规定的高厚比要求。一般情况下，局部稳定问题可通过增加壁厚或截面内设置纵肋解决，而立体拱架主拱与屋脊纵梁连接处腹板最高处为 1.5 m,立体拱架横梁与屋脊纵梁连接处腹板最高处达 3.5 m,综合考虑建筑美观的要求且不过多增加用钢量的情况下,采取了在腹板两侧贴焊半圆形钢管加劲肋措施,如图 3-147 所示。

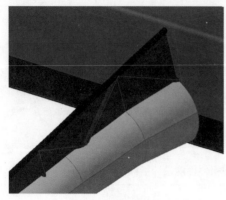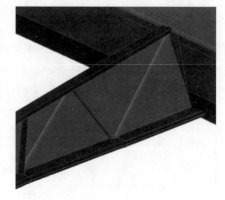

(a)主拱与屋脊纵梁连接处   (b)横梁与屋脊纵梁连接处

图 3-147　腹板局部稳定问题的加劲措施

3.3.6　异形截面承载力验算

本工程受力构件大部分为异形截面,现行的《钢结构设计规范》(GB 50017—2003)(简称《钢规》)未有与之完全适应的验算公式。在目前系统研究和理论推导欠缺的情况下,可行的作法是在研究规范相应公式背景的基础上,偏安全地选取相关参数,套用《钢结构设计规范》公式进行近似验算。具体参数如下:

(1)强度验算公式按《钢规》式 5.2.1,构件整体稳定验算公式按《钢规》式 5.2.5;

(2)净毛面积比取 0.9;

(3)截面塑性发展系数(γ_x,γ_y):圆管截面取 1.15,矩形管截面取 1.05,其他异形截面取 1.0;

(4)等效弯矩系数(β_{mx})均取 1.0;

(5)受弯稳定系数(φ_b)均取 1.0;

(6)截面类别:矩形管取 c 类,其他均取 b 类;

(7)截面影响系数(η):闭口截面均取 0.7;

(8)抗震承载力调整系数(γ_{RE})均取 0.8。

根据以上参数,编制了专门的截面验算程序,读取 MIDAS/Gen 的内力结果进行组合和承载力验算。验算时,考虑到异形截面在轴力和双向弯矩作用下应力最大点不易判定,增加了验算点的数量,并取截面中所有验算点的应力比最大值作为当前截面的控制应力比。各主要异形截面的验算点示意如图 3-148 所示。在确定截面轴心受压稳定系数时,异形截面构件的计算长度近似由 Euler 公式反算求得,公式中的构件极限承载力偏安全地取弹性屈曲分析得到的第 1 阶整体失稳模态对应的构件内力。具体计算过程参见第 3 篇第 13 章。

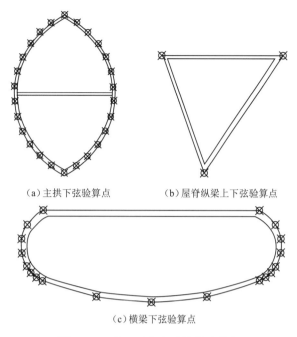

（a）主拱下弦验算点　　（b）屋脊纵梁上下弦验算点

（c）横梁下弦验算点

图 3-148　截面承载力验算的验算点

3.3.7　V 型撑设计

对于立体拱架来说，V 型撑的作用类似于桁架的腹杆，承受着较大的轴向力（以压力为主），是竖向力传递的关键构件，因此应对其承载能力进行适当加强。V 型撑采用预应力压杆，通过压杆中部的三个撑杆形成不同弹性系数的中间弹性支座，以达到减小压杆计算长度、提高稳定承载能力的目的。

预应力压杆的承载力采用陆赐麟教授推导的能量法公式（见文献[54]）进行计算，然后与整体计算模型中求得的控制压力进行比较可得出每个 V 型撑的安全系数，控制安全系数在0.75 以下（部分结果见表 3-34）。V 型撑索内预应力以保证失稳时不退出工作为原则，尽量减小初始预张力值。

表 3-34　V 型撑承载力验算表（部分）

名　　称	总长 L(m)	中心管	极限承载力 P_{cr}(kN)	控制压力 P(kN)	安全系数 P/P_{cr}
V 型撑 CA''	44.5	P600×25	9 806	−5 433	0.55
V 型撑 CA'	42.5	P600×25	9 806	−5 686	0.58
V 型撑 CD''	31.6	P500×20	5 624	−3 385	0.6
V 型撑 CD'	28.9	P500×20	5 624	−2 733	0.49

注：V 型撑 CA''、CA' 位于 A 轴最外侧；V 型撑 CD''、CD' 位于 D 轴最外侧。

为了验证能量法公式的可靠性，还使用 ANSYS 软件进行了双非线性稳定性分析，按弹性屈曲模态施加初始缺陷，结果表明能量法公式基本可以满足工程设计的需求，最高的 V 型撑的荷载-位移曲线及控制荷载下的杆件应力如图 3-149 所示。施工时，还在 V 型撑中心钢管内浇灌了混凝土，以进一步提高其安全度。

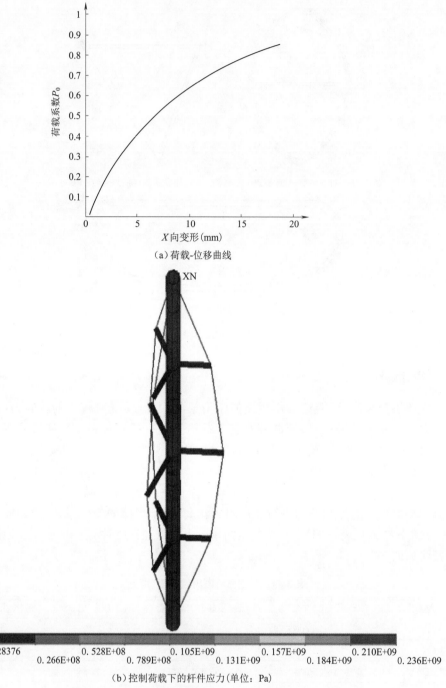

（a）荷载-位移曲线

（b）控制荷载下的杆件应力（单位：Pa）

图 3-149　V 型撑荷载-位移曲线及控制荷载下杆件应力

3.3.8　关键节点设计

主站房屋盖钢结构的节点种类繁多且复杂，下面仅对其中一些关键节点进行归纳介绍。

1. 主拱、横梁与屋脊纵梁连接节点

由于屋脊纵梁尺寸较大、板厚较薄，不宜采用铸钢节点。为了保证连接的可靠性，通过有限元分析和试验研究,采用了全焊接节点。屋脊纵梁内部适当位置设置横向加劲肋,与主拱连接的位置设置 3 道,其他位置设置 1 道,加劲肋与主拱或横梁壁板位置相对应;屋脊纵梁侧面腹板在与主拱、横梁连接处加厚至 20 mm,以保证焊接质量,降低施工难度(图 3-150)。考虑到施工可行性,在距屋脊纵梁 4 m 左右的位置设置现场拼接口,吊装就位后先拼接主拱或横梁的腹板和肋板,再补焊其上、下弦的异形壁板,焊接质量等级要求一级(图 3-151)。

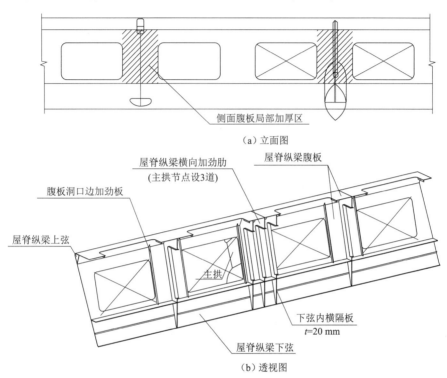

图 3-150 屋脊纵梁内部构造示意图

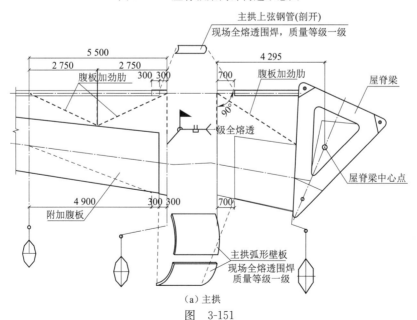

(a)主拱

图 3-151

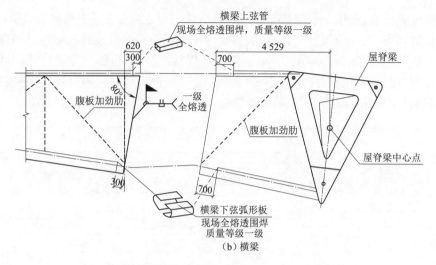

图 3-151　主拱、横梁现场拼接节点(1∶50)(单位:mm)

2. V 型撑与主拱、横梁连接节点

V 型撑与立体拱架主拱、横梁均采用销轴连接,以尽可能保证 V 型撑轴向受力,由于立体拱架抗风索和承重索亦交于此点,连接耳板的受力较为复杂。V 型撑与主拱、横梁连接节点示意如图 3-152 和图 3-153 所示。由图 3-152、图 3-153 可以看出,V 型撑连接点均不通过主拱、横梁的截面形心,在索力作用下主拱、横梁内将产生一定的弯矩,此方面影响在整体计算模型中设置附加刚臂加以考虑。节点构造上,在主拱下弦截面内部设置 3 道 40 mm 厚横向加劲肋,加劲肋与连接耳板对应;横梁下弦壁厚相对连接耳板较薄,为了保证施工质量,使连接耳板插入横梁下弦截面,之后进行坡口全熔透焊接;横梁腹板中也设置 3 道 20 mm 厚横向加劲肋,加劲肋与连接耳板对应。

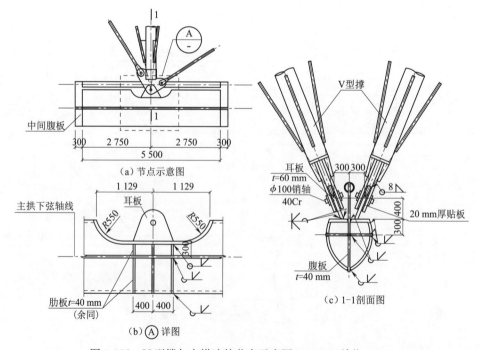

图 3-152　V 型撑与主拱连接节点示意图(1∶50)(单位:mm)

销轴材质采用高硬度、耐磨性能好的 40Cr,耳板根据计算采用 Q390GJC 或 Q420GJC。销轴连接经验算,节点承载力多为耳板局部承压和耳板抗剪控制。为了减小母板厚度,连接耳板采用局部加强垫板,垫板和母板采用角焊缝焊接,垫板和母板与销轴的连接孔进行镗孔处理,以保证其共同受力。

本工程销轴连接节点中,钢索和 V 型撑的轴向力先通过连接耳板合并后再传递给主拱或横梁,因此验算与主拱、横梁直接连接的销轴时,控制内力取各组合工况下钢索与 V 型撑轴向力的空间合力。

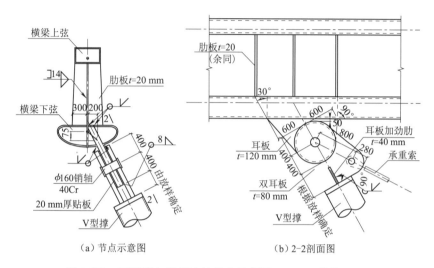

（a）节点示意图　　　（b）2-2剖面图

图 3-153　V 型撑与横梁连接节点示意图(1：50)(单位:mm)

3. 拱脚节点

主站房屋盖钢结构立体拱架的拱脚节点根据不同的支座条件采用了不同的形式。A、K 轴拱脚节点采用铸钢节点,铸钢材质选用 G20Mn5(调质),A 轴拱脚节点直接与地下一层混凝土墙内的钢骨相连,K 轴拱脚节点部分埋入 3 m 高的混凝土墩台中,将上部作用力直接传递至桩基承台;B~J 轴拱脚采用全焊接节点,部分埋入 3 m 高的混凝土墩台中,由于 B 轴拱脚与 V 型撑钢骨柱部分重合,在 B 轴混凝土墩台中设置了工字形钢骨将拱脚与 V 型撑钢骨连为一体;所有拱脚在混凝土施工缝处设置 H 型钢抗剪件。采用壳单元模型进行各拱脚节点有限元分析,等效应力均小于材料的屈服强度。

4. 支撑 V 型撑异形钢骨混凝土构造

B~J 轴立体拱架最外侧 V 型撑在基础处未能与主拱相交,V 型撑上的作用力通过 8 组异形钢骨混凝土传递给混凝土墩台和桩基承台,每组钢骨混凝土的倾角各不相同,其中 C~H 轴钢骨混凝土与候车层 Y 型斜柱干涉,受力较为复杂。设计时不考虑混凝土及钢筋受力,使用 MIDAS/Gen 建立了十字形钢骨(包括候车层 Y 型斜柱内钢骨)的板单元精细化模型,并将 16 个钢骨柱脚板单元模型与屋盖整体模型合并,形成多尺度有限元模型,单元数共计 78 869 个。计算得到异形钢骨柱各组合工况下的应力包络云图如图 3-154 所示,最大等效应力均小于 Q345GJC 的屈服强度标准值。

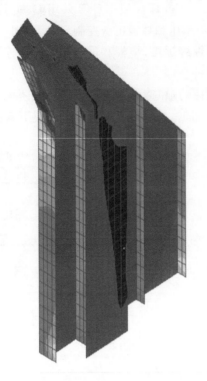

midas Gen
POST-PROCESSOR
PLN STS/PLT STRS

SIG-EFF 上端

259
237
215
192
170
148
126
103
81
59
37
14

CBm ax: gBaoLuoAll

MAX: 41802
MIN: 42830
文件:主站房-含拱脚～
单位:N/mm²
日期:03/08/2011
表示-方向
X:-0.571
Y:-0.551
Z:0.609

（a）B轴异形钢骨柱包络应力

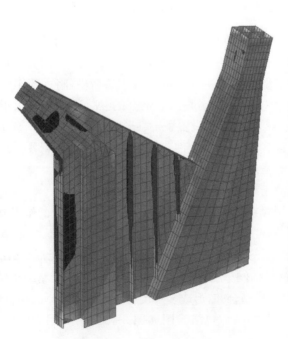

midas Gen
POST-PROCESSOR
PLN STS/PLT STRS

SIG-EFF 上端

182
166
150
134
118
102
86
70
54
39
23
7

CBm ax: gBaoLuoAll

MAX: 51305
MIN: 51214
文件:主站房-含拱脚～
单位:N/mm^2
日期:03/09/2011
表示-方向
X:-0.510
Y:-0.716
Z:0.477

（b）F轴异形钢骨柱包络应力

图 3-154　异形钢骨柱包络应力云图(部分)(单位:MPa)

3.3.9　"海鸥"形屋盖钢结构设计特点

青岛北站主站房屋盖结构形式新颖,通过标准几何单元简单旋转形成了整体性能良好的立体拱架结构。通过本工程的设计实践研究,总结出如下几个特点:

(1)青岛北站主站房屋盖体系新颖,空间受力性能好,传力路径清晰,体现了结构美与建筑美的精妙结合。

(2)本工程大胆使用了异形组合截面作为主受力构件,在目前系统研究和理论推导欠缺的情况下,对现行规范公式偏安全地选取相关参数进行构件验算是一种简便可行的方法。

(3)采用梁单元和壳单元的组合模型来模拟异形截面构件具有足够的工程精度;节点设计过程中,采用多尺度的局部精细化模型可以快速地考察节点在各组合工况下的应力状态。

(4)本工程大量使用了预应力索,通过承重索、抗风索的索截面和预应力值优化设计,有效降低了立体拱架主拱内的弯矩峰值;拉索采用了锌铝合金高钒镀层系统(Galfan System),满足了建筑的耐火极限要求。

(5)V 型撑采用预应力压杆,通过体外索的预应力作用大大减小了中心杆件的截面尺寸,充分实现了建筑的意图。

(6)结合异形组合截面形式的节点设计合理,能够满足结构受力和建筑美观的要求。

第4章　高架候车层结构

4.1　结构体系

高架候车层楼盖总建筑面积约 24 000 m²，结构体系由实腹工字钢梁和 Y 型钢柱组成，东西两端楼板由钢管柱支承。楼板采用闭口型压型钢板组合楼板，楼板总厚度为150 mm。高架候车层结构体系与屋面体系无连接联系，故在设计时将此部分体系独自建模分析。

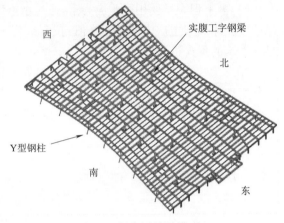

图 4-1　候车层楼盖模型

高架候车层楼盖主要受到的荷载包括：楼面自重荷载、楼面活荷载、幕墙传来的侧向水平风荷载、水平地震荷载以及温度荷载。由于人群的行进走动，还要注意防止结构与人群步行频率的共振。采用 MIDAS V730 进行整体建模分析，候车层楼盖模型如图 4-1 所示。

高架候车层沿股道方向最短处总长约为 195.2 m，垂直股道方向整体分析时温度荷载产生的变形较大，所以在沿垂直股道方向接近楼板中部设一道温度伸缩缝，温度伸缩缝位置如图 2-8 所示。

候车平台通过 Y 型柱支撑，计算时不考虑外包混凝土对钢柱的作用，按构造配筋设计。完成后的 Y 型柱工程照片如图 4-2 所示。

图 4-2　Y 型柱工程照片

4.2　技术条件

4.2.1　设计基本条件

(1)结构抗震设防烈度为 6 度,抗震设防类别为乙类,按 6 度进行地震作用计算,7 度采取抗震措施。

(2)设计基本加速度为 0.05g,设计地震分组为第三组,场地特征周期为 0.45 s,建筑场地类别为Ⅱ类,钢结构阻尼比为 0.05。

(3)结构安全等级为一级,结构重要性系数取 1.1。

(4)嵌固部位为标高±0.000 m 的候车站台以及−1.5 m 高的承轨层。

(5)另按本工程场地《地震安评报告》(《新建青岛北站及相关工程场地地震安全性评价报告》,青岛市工程地震研究所,2011.5.5)所提供的参数进行校核。

4.2.2　材　　料

本工程除特别注明外,钢框架梁、柱、次梁采用 Q345C 钢,对于不大于 35 mm 厚的钢板,采用低合金刚强度结构钢;对于大于 35 mm 的钢板,采用 GJ 高层结构用钢,应符合《建筑结构用钢板》(GB/T 19879—2005)的要求;对于大于 60 mm 的钢板,断面收缩率不得小于 Z25 级规定的容许值;对于等于或大于 40 mm、小于或等于 60 mm 的钢板,断面收缩率不得小于 Z15 级规定的容许值,应遵守国家标准《厚度方向性能钢板》(GB/T 5313—2010)中的规定。

4.2.3　荷载及组合

1. 楼面荷载计算

(1)候车大厅楼面荷载

建筑做法(150 mm 厚花岗岩及垫层):21.6×0.15=3.24(kN/m²)

楼板自重(150 mm 厚混凝土楼板):25×0.15=3.75(kN/m²)

吊顶和管线估算:1.0 kN/m²

其他荷载:0.5 kN/m²

静载标准值总计:8.5 kN/m²

活载标准值:3.5 kN/m²

(2)设备用房及降板区域楼面荷载

与普通候车大厅楼板相比,设备用房降板区域由于降板恒荷载增加 150 mm 厚 LC7.5 轻骨料混凝土垫层:

建筑做法(150 mm 厚花岗岩及垫层):21.6×0.15=3.24(kN/m²)

建筑做法(150 mm 厚轻骨料混凝土垫层):14×0.15=2.1(kN/m²)

楼板自重(150 mm 厚混凝土楼板):25×0.15＝3.75(kN/m²)

设备用房附属构件自重与设备自重:5.0 kN/m²

吊顶和管线估算:1.0 kN/m²

其他荷载:0.5 kN/m²

静载标准值总计:15.6 kN/m²

活载标准值:3.5 kN/m²

2. 幕墙产生的线荷载计算

幕墙自重产生的线荷载(按照 1 kN/m² 计算):

幕墙自重线荷载:1.0×30＝30(kN/m)。

幕墙风荷载产生的线荷载:

风压按照 100 年重现期取基本风压 $w_0＝0.7$ kN/m²。风洞试验报告由西南交大提供,由于风洞试验测得体型系数小于 CFD 数值风洞报告中的体型系数,故保守取 CFD 数值风洞报告中的体型系数,CFD 数值风洞报告中体型系数 μ_s 取值如图 4-3 所示。

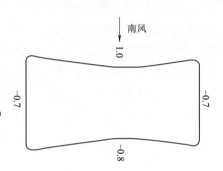

图 4-3 CFD 数值风洞报告
中体型系数取值

根据荷载规范,按照 A 类地面粗糙度,查得 46.44 m 高度处风压高度系数 $\mu_z＝1.99$;

风振系数取 $\beta_z＝1.7$;

风压计算(正风压):$w_k＝\beta_z×\mu_s×\mu_z×w_0＝1.7×1.0×1.99×0.7＝2.37(kN/m²)$

风压计算(负风压):$w_k＝\beta_z×\mu_s×\mu_z×w_0＝1.7×0.8×1.99×0.7＝1.89(kN/m²)$

候车层处幕墙高度为 30 m,幕墙传来的水平线荷载如下:

正风压水平荷载:$\dfrac{2.37×30}{2}＝35.6(kN/m)$

负风压水平荷载:$\dfrac{1.89×30}{2}＝28.4(kN/m)$

故幕墙水平正风压为 35.6 kN/m,幕墙水平负风压为 28.4 kN/m。

3. 楼梯及电扶梯荷载计算

作用在楼板上的楼梯恒载为 150 kN,查相关厂家资料得电扶梯对楼板的荷载为 96 kN(包含电梯自重及电梯活荷载),故取楼梯及电扶梯对楼板的恒荷载合力:150＋96＝246(kN),取 300 kN。

楼梯活荷载:3.5×26.5×3.2/2＝148.4(kN),取 160 kN,则楼梯及电扶梯恒载为 300 kN,楼梯活荷载 160 kN。

4. 温度作用

温度作用,考虑合龙温度 10 ℃～15 ℃,结构升温 20 ℃,降温－30 ℃。

5. 接触网荷载

接触网单点荷载:水平垂直线路方向 6 kN,水平平行线路方向 15 kN,自重方向 10 kN;垂直线路方向弯矩 15 kN·m,平行线路方向弯矩 30 kN·m。

6. 显示屏荷载

显示屏自重最大为 67 kN,宽度 24 m,换算成线荷载为 2.8 kN/m,,取 3 kN/m。

7. 计算所采用的荷载组合

(1)承载力极限状态组合,见表 4-1。

(2)正常使用极限状态组合,见表 4-2。

表 4-1　承载力极限状态组合

序号	组合类型	恒荷载	活荷载	风荷载	温度	水平地震
1	恒+活+风(恒载为主)	1.35	0.7×1.4	0.6×1.4	0.7×1.4(降温)	
2	恒+活+风(恒载为主)	1.35	0.7×1.4	0.6×1.4	0.7×1.4(升温)	
3	恒+活+风(活载为主)	1.2	1.4	0.6×1.4	0.7×1.4(降温)	
4	恒+活+风(活载为主)	1.2	1.4	0.6×1.4	0.7×1.4(升温)	
5	恒+活+风(风载为主)	1.2	0.7×1.4	1.4	0.7×1.4(降温)	
6	恒+活+风(风载为主)	1.2	0.7×1.4	1.4	0.7×1.4(升温)	
7	恒+活+地震	1.2	0.5×1.2		0.7×1.4(降温)	1.3
8	恒+活+地震	1.2	0.5×1.2		0.7×1.4(升温)	1.3

表 4-2　正常使用极限状态组合

序号	组合类型	恒荷载	活荷载	风荷载	温度	水平地震
1	恒+活+风(活载为主)	1.0	1.0	0.6×1.0	0.7×1.0(降温)	
2	恒+活+风(活载为主)	1.0	1.0	0.6×1.0	0.7×1.0(升温)	
3	恒+活+风(风载为主)	1.0	0.7×1.0	1.0	0.7×1.0(降温)	
4	恒+活+风(风载为主)	1.0	0.7×1.0	1.0	0.7×1.0(升温)	

4.2.4　计算荷载简图

1. 恒荷载分布图

恒荷载包括:楼面楼板荷载自重、装饰面层自重、幕墙自重、楼梯扶梯自重,对于设备间区域还考虑了降板区域荷载的增加、设备荷载自重,具体分布情况如下:

(1)楼梯、扶梯传来的点荷载如图 4-4 所示。

(2)楼面自重、幕墙自重、接触网产生的荷载如图 4-5 所示。

(3)设备间区域自重荷载如图 4-6 所示。

2. 楼面及楼梯活荷载分布图

活荷载包括:楼面活荷载、楼梯及扶梯传来的活荷载、雨篷传来的活荷载,具体分布情况如下:

(1)楼梯、扶梯传来的点荷载如图 4-7 所示。

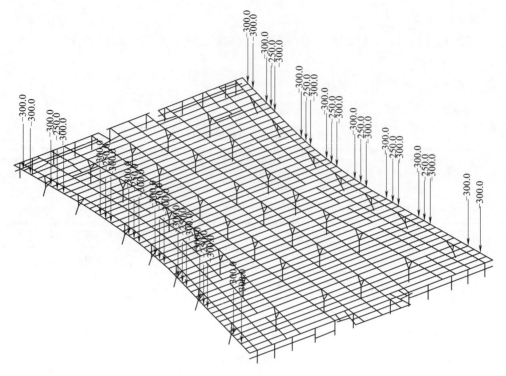

图 4-4　楼梯、扶梯传来的点荷载分布图(一)(单位:kN)

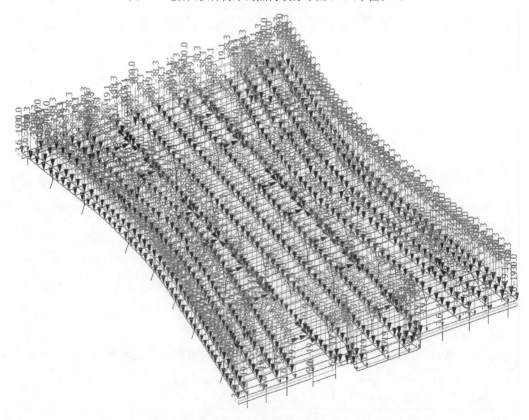

图 4-5　楼面自重、幕墙自重、接触网产生的荷载分布图(单位:kN)

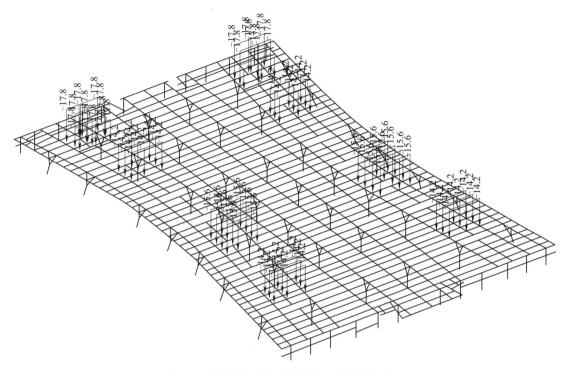

图 4-6 设备间区域自重荷载分布图(单位:kN)

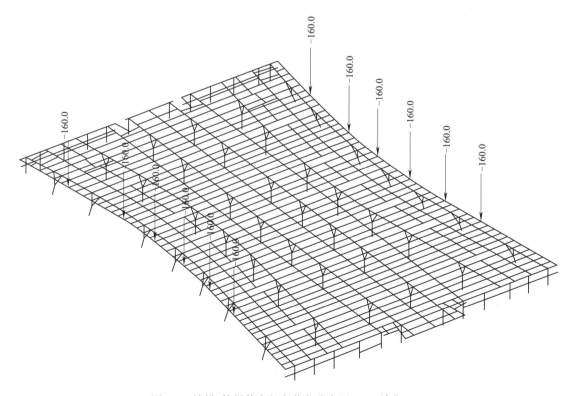

图 4-7 楼梯、扶梯传来的点荷载分布图(二)(单位:kN)

（2）楼面活载如图 4-8 所示。

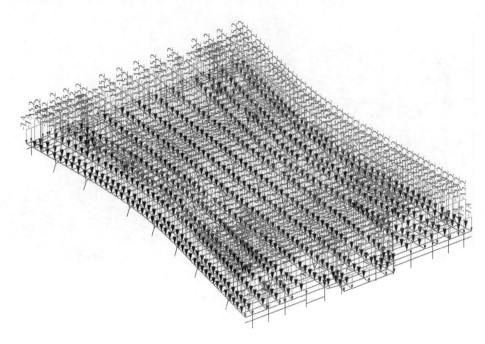

图 4-8　楼面活载分布图（单位：kN）

3. 风荷载分布图

由幕墙传来的水平风荷载如图 4-9 所示。

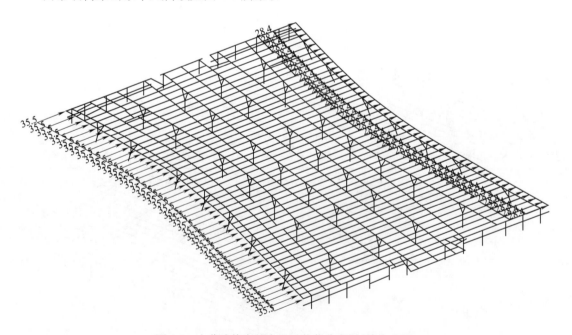

图 4-9　由幕墙传来的水平风荷载分布图（单位：kN）

4.3　验算控制标准

1. 总体控制参数

总体控制参数标准见表 4-3。

表 4-3　总体控制参数标准

参　　数	控制标准	参　　数	控制标准
结构设计使用年限(耐久性)	50 年	建筑抗震设防类别	乙类
建筑结构安全等级	一级(γ_0=1.1)	—	—

2. 钢结构设计控制参数

钢结构设计控制参数标准见表 4-4。

表 4-4　钢结构设计控制参数标准

参　　数	控制标准	参　　数	控制标准
竖向挠度(恒+活)	$L/400$	杆件应力比	<1.0
柱顶侧移(地震作用)	$H/300$	压杆长细比	≤150
柱顶侧移(风荷载)	$H/400$	拉杆长细比	≤200

4.4　9.000 m 标高候车层整体计算

4.4.1　周期、振型、质量参与系数

振动周期与 X、Y 方向的平动因子及 Z 向扭转因子见表 4-5，振型质量参与系数见表 4-6。

表 4-5　X、Y 方向的平动因子及 Z 向扭转因子

振型号	周期(s)	X 向平动因子	Y 向平动因子	Z 向扭转因子
1	1.001 2	99.21	0.79	0.00
2	0.742 2	99.46	0.54	0.00
3	0.738 8	89.47	10.53	0.00
4	0.716 1	95.28	4.72	0.00
5	0.678 7	29.84	70.16	0.00
6	0.678 5	0.32	99.68	0.00
7	0.671 9	94.10	5.90	0.00
8	0.660 0	78.11	21.89	0.00
9	0.654 9	12.05	87.95	0.00
10	0.653 0	0.29	99.71	0.00
11	0.643 2	0.09	99.91	0.00

续上表

振型号	周期(s)	X向平动因子	Y向平动因子	Z向扭转因子
12	0.616 9	11.26	88.74	0.00
13	0.614 1	95.47	4.53	0.00
14	0.611 8	88.85	11.15	0.00
15	0.599 0	0.01	99.99	0.00
16	0.577 3	0.05	99.95	0.00
17	0.514 5	0.39	99.61	0.00
18	0.507 8	0.16	99.84	0.00
19	0.427 3	3.56	96.44	0.00
20	0.427 2	0.41	99.59	0.00
21	0.403 6	25.90	74.10	0.00
22	0.397 0	1.42	98.58	0.00
23	0.397 0	76.06	23.94	0.00
24	0.389 8	46.79	53.21	0.00
25	0.389 4	5.43	94.57	0.00
26	0.387 8	49.67	50.33	0.00
27	0.378 1	95.98	4.02	0.00
28	0.372 3	96.11	3.89	0.00
29	0.360 4	94.46	5.54	0.00
30	0.350 2	91.98	8.02	0.00
31	0.344 6	4.11	95.89	0.00
32	0.343 1	0.11	99.89	0.00
33	0.340 0	37.25	62.75	0.00
34	0.334 3	0.81	99.19	0.00
35	0.330 4	20.34	79.66	0.00
36	0.322 0	2.65	97.35	0.00
37	0.317 3	57.97	42.03	0.00
38	0.310 2	51.71	48.29	0.00
39	0.306 4	3.89	96.11	0.00
40	0.304 3	1.04	98.96	0.00
41	0.298 4	26.92	73.08	0.00
42	0.294 8	1.86	98.14	0.00
43	0.293 2	0.62	99.38	0.00
44	0.290 2	0.19	99.81	0.00
45	0.288 2	1.04	98.96	0.00
46	0.285 3	0.93	99.07	0.00
47	0.283 3	0.10	99.90	0.00

续上表

振型号	周期(s)	X向平动因子	Y向平动因子	Z向扭转因子
48	0.276 5	0.03	99.97	0.00
49	0.275 9	0.52	99.48	0.00
50	0.272 5	76.73	23.27	0.00

表 4-6 振型质量参与系数

振型号	X向平动质量系数	Y向平动质量系数	Z向扭转质量系数
1	8.22%	0.00%	0.00%
2	17.88%	0.00%	0.00%
3	30.85%	0.00%	0.00%
4	10.64%	0.00%	0.00%
5	1.62%	0.41%	0.00%
6	0.07%	31.01%	0.00%
7	0.38%	0.00%	0.00%
8	2.39%	0.03%	0.00%
9	0.37%	0.43%	0.00%
10	0.00%	28.43%	0.00%
11	0.01%	8.01%	0.00%
12	0.02%	0.14%	0.00%
13	4.59%	0.00%	0.00%
14	5.72%	0.01%	0.00%
15	0.00%	6.93%	0.00%
16	0.00%	0.18%	0.00%
17	0.00%	0.00%	0.00%
18	0.00%	3.34%	0.00%
19	0.22%	0.27%	0.00%
20	0.02%	3.84%	0.00%
21	0.09%	0.00%	0.00%
22	0.00%	5.94%	0.00%
23	0.07%	0.07%	0.00%
24	0.00%	0.00%	0.00%
25	0.00%	0.00%	0.00%
26	0.00%	0.00%	0.00%
27	1.09%	0.00%	0.00%

续上表

振型号	X 向平动质量系数	Y 向平动质量系数	Z 向扭转质量系数
28	0.13%	0.00%	0.00%
29	0.00%	0.00%	0.00%
30	0.33%	0.00%	0.00%
31	0.05%	0.00%	0.00%
32	0.00%	2.44%	0.00%
33	0.14%	0.00%	0.00%
34	0.00%	0.07%	0.00%
35	0.01%	0.00%	0.00%
36	0.00%	0.61%	0.00%
37	0.18%	0.00%	0.00%
38	0.05%	0.00%	0.00%
39	0.02%	0.00%	0.00%
40	0.00%	0.09%	0.00%
41	0.04%	0.00%	0.00%
42	0.07%	0.00%	0.00%
43	0.01%	0.05%	0.00%
44	0.00%	0.02%	0.00%
45	0.00%	0.00%	0.00%
46	0.03%	0.00%	0.00%
47	0.00%	2.62%	0.00%
48	0.00%	0.09%	0.00%
49	0.00%	0.01%	0.00%
50	1.96%	0.00%	0.00%

由表 4-6 可得，X 向平动振型质量参与系数总计 90.26%；Y 向平动振型质量参与系数总计 95.06%；Z 向扭转振型质量参与系数总计 0.00%。

4.4.2　位　移

风荷载作用下柱顶位移分布如图 4-10 所示。风荷载作用下柱顶最大水平变形为 3.86 mm，即 1/2 202＜1/400，满足要求。

X 向地震作用下柱顶位移分布如图 4-11 所示。X 向地震作用下柱顶最大水平变形为 2 mm，即 1/4 250＜1/300，满足要求。

Y 向地震作用下柱顶位移分布如图 4-12 所示。Y 向地震作用下柱顶最大水平变形为 1.67 mm，即 1/5 089＜1/300，满足要求。

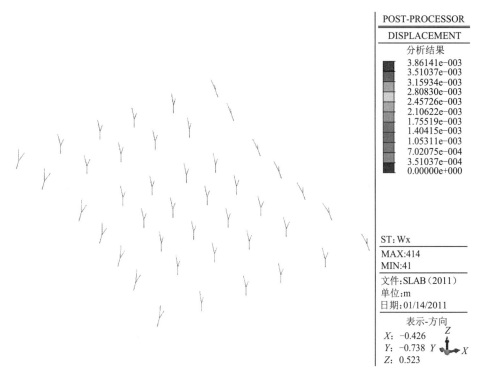

POST-PROCESSOR

DISPLACEMENT

分析结果

3.86141e-003
3.51037e-003
3.15934e-003
2.80830e-003
2.45726e-003
2.10622e-003
1.75519e-003
1.40415e-003
1.05311e-003
7.02075e-004
3.51037e-004
0.00000e+000

ST:Wx

MAX:414

MIN:41

文件:SLAB（2011）

单位:m

日期:01/14/2011

表示-方向

X: −0.426
Y: −0.738
Z: 0.523

图 4-10　风荷载作用下柱顶位移分布

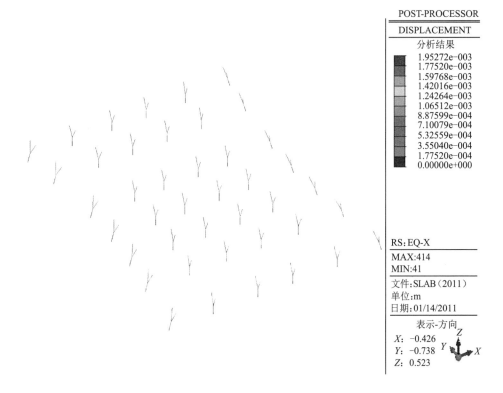

POST-PROCESSOR

DISPLACEMENT

分析结果

1.95272e-003
1.77520e-003
1.59768e-003
1.42016e-003
1.24264e-003
1.06512e-003
8.87599e-004
7.10079e-004
5.32559e-004
3.55040e-004
1.77520e-004
0.00000e+000

RS:EQ-X

MAX:414

MIN:41

文件:SLAB（2011）

单位:m

日期:01/14/2011

表示-方向

X: −0.426
Y: −0.738
Z: 0.523

图 4-11　X 向地震作用下柱顶位移分布

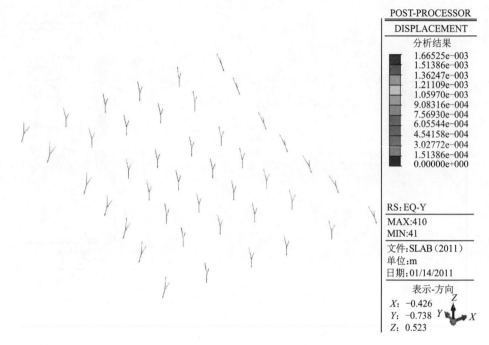

POST-PROCESSOR
DISPLACEMENT
分析结果
1.66525e-003
1.51386e-003
1.36247e-003
1.21109e-003
1.05970e-003
9.08316e-004
7.56930e-004
6.05544e-004
4.54158e-004
3.02772e-004
1.51386e-004
0.00000e+000

RS:EQ-Y
MAX:410
MIN:41
文件:SLAB(2011)
单位:m
日期:01/14/2011
表示-方向
X: −0.426
Y: −0.738
Z: 0.523

图 4-12　Y 向地震作用下柱顶位移分布

4.4.3　截面信息

1. 截面宽厚比限值

为满足局部稳定性要求,结构所选用的构件截面需满足以下几个条件:

(1)腹板高厚比限值

《钢结构设计规范》(GB 50017—2003)规定:腹板高厚比满足 $h_0/t_w \leqslant 80\sqrt{235/f_y}$ 时横梁可不配置加劲肋;《建筑抗震设计规范》(GB 50011—2010)规定:7 度设防时腹板高厚比应满足 $h_0/t_w \leqslant 85\sqrt{235/f_y}$。综合考虑以上两点,采用 $h_0/t_w \leqslant 80\sqrt{235/f_y}$ 作为横梁腹板高厚比限值。

(2)翼缘外伸部分宽厚比限值

《建筑抗震设计规范》(GB 50011—2010)规定:7 度设防时工字型截面翼缘外伸部分宽厚比限值为 $11\sqrt{235/f_y}$。

2. 钢梁截面列表

综上所述,选取钢梁截面见表 4-7。

表 4-7　钢梁截面列表

截面形式	编　号	规格 $H \times B \times t_w \times t_f$	材　质
	KGL1　GL1	H 1 700×800×25×50	Q345C
	KGL2　GL2	H 1 700×500×25×30	Q345C
	KGL3	H 1 700×400×25×30	Q345C
	KGL4	H 1 700×800×36×95	Q345C
	KGL5　GL7	H (1 080~1 700)×800×25×50	Q345C

续上表

截面形式	编　号	规格 $H \times B \times t_w \times t_f$	材　质
	KGL6	H（1 080～1 700）×400×25×30	Q345C
	KGL7　GL8	H 1 000×400×25×30	Q345C
	GL3	H 1 080×700×20×40	Q345C
	GL4	HM 588×300×12×20	Q345C
	GL5	H 600×350×10×25	Q345C
	GL6	H 800×400×12×25	Q345C
	KGL9	H 800×550×12×25	Q345C
	KGL10	H 800×650×12×25	Q345C

注：所选用的刚梁截面均符合宽厚比限值。

3. 钢柱截面列表

钢柱截面列表见表 4-8。

表 4-8　钢柱截面列表

截面形式	编　号	规　格	材　质
	Z1	$D \times t$　○ 800×70	Q345C
	Z2	○ 800×50	Q345C
	Z3	$H \times B \times t_1 \times t_2$　□ 550×700×30×30	Q345C
	Z4	□ 650×1 000×30×30	Q345C
	Z5	$H \times B_1 \times B_2 \times t$　550×770×694×30	Q345C
	Z9	650×841×751×50	Q345C
	Z6	$H \times B_1 \times B_2 \times t$　550×770×694×30	Q345C
	Z8	650×712×622×50	Q345C

截面形式	编号	规 格		材 质
B_1 H B_2 t	Z7	$H \times B_1 \times$ $B_2 \times t$	$650 \times 731 \times 821 \times 30$	Q345C
B_1 H B_2 t	Z10	$H \times B_1 \times$ $B_2 \times t$	$650 \times 756 \times 846 \times 30$	Q345C

4.5　计算结果检验

4.5.1　构件强度校核检验图

候车层钢结构强度校核检验图如图 4-13 所示。

钢构件应力比验算简图如图 4-14 所示,验算结果如图 4-15 所示。

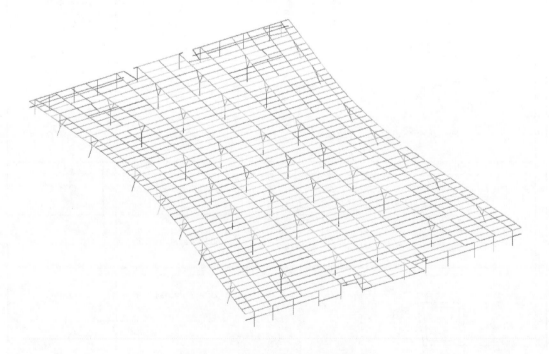

图 4-13　候车层钢结构强度校核检验图

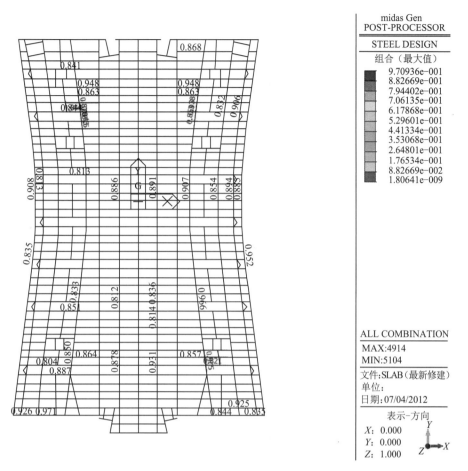

图 4-14 钢构件应力比验算简图

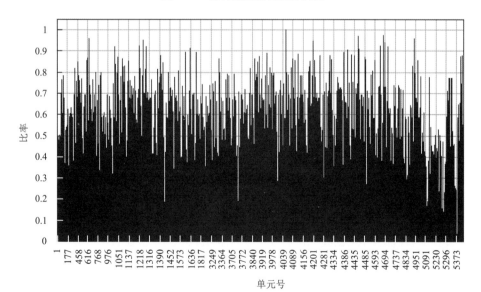

图 4-15 钢构件应力比验算结果

由图 4-15 可以看出,构件的最大应力比均小于 1.0,满足强度要求。

4.5.2　Y 型柱底部箱型变截面柱验算

由于 Y 型柱底部箱型变截面立柱截面不规则,故未采用 MIDAS 软件进行校核,提取立柱最不利工况截面处内力,采用手算对其进行校核。Y 型柱底部采用变截面箱型截面,柱计算长度取 3 050 mm,上部截面尺寸为 800 mm×800 mm×70 mm,下部截面尺寸为 1 960 mm×800 mm×70 mm,内有 70 mm 厚十字肋板。斜 Y 型柱的构造及计算方法与 Y 型柱类似。

1. 上部截面验算

该截面最大内力如下:$N=10\ 772$ kN;$M_y=1\ 205$ kN·m;$M_x=4\ 586$ kN·m;$V_x=609$ kN;$V_y=2\ 054$ kN。

(1)截面参数

截面面积:$A=291\ 900$ mm^2;

X 轴抗弯模量:$W_x=50\ 037\ 443$ mm^3;

Y 轴抗弯模量:$W_y=50\ 037\ 443$ mm^3;

X 轴回转半径:$i_x=261.9$ mm;

Y 轴回转半径:$i_y=261.9$ mm。

(2)设计依据

《钢结构设计规范》(GB 50017—2003)。

(3)轴压稳定系数 φ 计算

$f=345$ N/mm^2

$L_x=3\ 050$ mm(X 方向柱计算长度)

$L_y=3\ 050$ mm(Y 方向柱计算长度)

$$\lambda_x=\frac{L_x}{i_x}=\frac{3\ 050}{261.9}=11.65 \qquad \lambda_x\times\sqrt{\frac{f_y}{235}}=11.65\times\sqrt{\frac{345}{235}}=14.11$$

$$\lambda_y=\frac{L_y}{i_y}=\frac{3\ 050}{261.9}=11.65 \qquad \lambda_y\times\sqrt{\frac{f_y}{235}}=11.65\times\sqrt{\frac{345}{235}}=14.11$$

查《钢结构设计规范》附录 C 表 C-3 得:$\varphi_x=0.983$,$\varphi_y=0.983$。

(4)均匀受弯构件整体稳定系数 φ_b 计算

依据《钢结构设计规范》第 5.2.5 条,由于是闭口截面,故 $\varphi_{bx}=1$,$\varphi_{by}=1$。

(5)等效弯矩系数 β 取值

依据《钢结构设计规范》第 5.2.2 条对 β 进行取值,由于本立柱有端弯矩和横向荷载同时作用,且使构件产生反向曲率,故取 β 如下:

$\beta_{mx}=0.85$,$\beta_{my}=0.85$,$\beta_{tx}=0.85$,$\beta_{ty}=0.85$。

(6)其他参数取值

$E_s=206\ 000$ N/mm^2(钢材弹性模量)

$$N_{Ex} = \frac{\pi^2 E_s A}{1.1\lambda_x^2} = \frac{3.14^2 \times 206\,000 \times 291\,900}{1.1 \times 11.65^2} \times 10^{-3} = 3.978 \times 10^6 (\text{kN})$$

$$N_{Ey} = \frac{\pi^2 E_s A}{1.1\lambda_y^2} = \frac{3.14^2 \times 206\,000 \times 291\,900}{1.1 \times 11.65^2} \times 10^{-3} = 3.978 \times 10^6 (\text{kN})$$

依据《钢结构设计规范》第 5.2.2 条规定,对于闭口截面 $\eta = 0.7$;

依据《钢结构设计规范》第 5.2.1 条查得截面塑性发展系数:$\gamma_x = 1.05$,$\gamma_y = 1.05$。

(7) 截面抗弯验算

稳定验算依据《钢结构设计规范》第 5.2.5 条:

$$\frac{N}{\varphi_x A} + \frac{\beta_{mx} M_x}{\gamma_x\left(1 - 0.8\dfrac{N}{N_{Ex}}\right)W_x} + \frac{\eta\beta_{ty} M_y}{\varphi_{by} W_y}$$

$$= \frac{10\,772 \times 10^3}{0.983 \times 291\,900} + \frac{0.85 \times 4\,586 \times 10^6}{1.05 \times \left(1 - 0.8\dfrac{10\,772 \times 10^3}{3.978 \times 10^9}\right) \times 50\,037\,443} + \frac{0.7 \times 0.85 \times 1\,205 \times 10^6}{50\,037\,443}$$

$$= 126.2 (\text{N/mm}^2)$$

$$\frac{N}{\varphi_y A} + \frac{\beta_{my} M_y}{\gamma_y\left(1 - 0.8\dfrac{N}{N_{Ey}}\right)W_y} + \frac{\eta\beta_{tx} M_x}{\varphi_{bx} W_x}$$

$$= \frac{10\,772 \times 10^3}{0.983 \times 291\,900} + \frac{0.85 \times 1\,205 \times 10^6}{1.05 \times \left(1 - 0.8\dfrac{10\,772 \times 10^3}{3.978 \times 10^9}\right) \times 50\,037\,443} + \frac{0.7 \times 0.85 \times 4\,586 \times 10^6}{50\,037\,443}$$

$$= 111.5 (\text{N/mm}^2)$$

强度验算依据《钢结构设计规范》第 5.2.1 条:

$$\frac{N}{A} + \frac{M_y}{\gamma_y W_y} + \frac{M_x}{\gamma_x W_x} = \frac{10\,772 \times 10^3}{291\,900} + \frac{1\,205 \times 10^6}{1.05 \times 50\,037\,443} + \frac{4\,586 \times 10^6}{1.05 \times 50\,037\,443} = 147 (\text{N/mm}^2)$$

以上结果均小于钢柱强度设计值 250 N/mm²,满足强度要求。

(8) 截面抗剪验算

$t_w = 70$ mm(腹板厚度)

$h_w = 800$ mm(腹板高度)

$S_x = 116\,760\,000$ mm³

$$\frac{V_x S_x}{I t_w} = \frac{609 \times 10^3 \times 116\,760\,000}{50\,037\,443 \times 400 \times 70} = 5.07 (\text{N/mm}^2)$$

$$\frac{V_y S_x}{I t_w} = \frac{2\,054 \times 10^3 \times 116\,760\,000}{50\,037\,443 \times 400 \times 70} = 17.1 (\text{N/mm}^2)$$

剪应力均小于钢柱抗剪强度设计值 145 N/mm²,满足强度要求。

2. 下部截面验算

该截面最大内力如下:$N = 10\,771$ kN;$M_y = 3\,825$ kN · m;$M_x = 4\,249$ kN · m;$V_x = 609$ kN;$V_y = 2\,055$ kN。

(1)截面参数

截面面积：$A=535\ 500\ \text{mm}^2$；

X 轴抗弯模量：$W_x=104\ 375\ 468\ \text{mm}^3$；

Y 轴抗弯模量：$W_y=209\ 776\ 875\ \text{mm}^3$；

X 轴回转半径：$i_x=279.2\ \text{mm}$；

Y 轴回转半径：$i_y=619.6\ \text{mm}$。

(2)设计依据

《钢结构设计规范》(GB 50017—2003)。

(3)轴压稳定系数 φ 计算

$f=345\ \text{N/mm}^2$

$L_x=3\ 050\ \text{mm}(X$ 方向柱计算长度$)$

$L_y=3\ 050\ \text{mm}(Y$ 方向柱计算长度$)$

$$\lambda_x=\frac{L_x}{i_x}=\frac{3\ 050}{279.2}=10.9 \qquad \lambda_x\times\sqrt{\frac{f_y}{235}}=10.9\times\sqrt{\frac{345}{235}}=13.2$$

$$\lambda_y=\frac{L_y}{i_y}=\frac{3\ 050}{619.6}=4.92 \qquad \lambda_y\times\sqrt{\frac{f_y}{235}}=4.92\times\sqrt{\frac{345}{235}}=5.96$$

查《钢结构设计规范》附录 C 表 C-3 得：$\varphi_x=0.985,\varphi_y=0.997$。

(4)均匀受弯构件整体稳定系数 φ_b 计算

依据《钢结构设计规范》第 5.2.5 条，由于是闭口截面，故 $\varphi_{bx}=1,\varphi_{by}=1$。

(5)等效弯矩系数 β 取值

依据《钢结构设计规范》第 5.2.2 条对 β 进行取值，由于本立柱有端弯矩和横向荷载同时作用，且使构件产生反向曲率，故取 β 如下：

$\beta_{mx}=0.85,\beta_{my}=0.85,\beta_{tx}=0.85,\beta_{ty}=0.85$。

(6)其他参数取值

$E_s=206\ 000\ \text{N/mm}^2$（钢材弹性模量）

$$N_{Ex}=\frac{\pi^2 E_s A}{1.1\lambda_x^2}=\frac{3.14^2\times206\ 000\times291\ 900}{1.1\times10.92^2}\times10^{-3}=8.294\times10^6\ \text{kN}$$

$$N_{Ey}=\frac{\pi^2 E_s A}{1.1\lambda_y^2}=\frac{3.14^2\times206\ 000\times291\ 900}{1.1\times4.92^2}\times10^{-3}=4.085\times10^6\ \text{kN}$$

依据《钢结构设计规范》第 5.2.2 条规定，对于闭口截面 $\eta=0.7$；

依据《钢结构设计规范》第 5.2.1 条查得截面塑性发展系数：$\gamma_x=1.05,\gamma_y=1.05$。

(7)截面抗弯验算

稳定验算依据《钢结构设计规范》第 5.2.5 条：

$$\frac{N}{\varphi_x A}+\frac{\beta_{mx}M_x}{\gamma_x\left(1-0.8\frac{N}{N_{Ex}}\right)W_x}+\frac{\eta\beta_{ty}M_y}{\varphi_{by}W_y}$$

$$= \frac{10\ 772 \times 10^3}{0.985 \times 535\ 500} + \frac{0.85 \times 4\ 249 \times 10^6}{1.05 \times \left(1 - 0.8 \times \frac{10\ 772 \times 10^3}{8.294 \times 10^9}\right) \times 104\ 375\ 468} + \frac{0.7 \times 0.85 \times 3\ 825 \times 10^6}{209\ 776\ 875}$$

$$= 63.4(\text{N/mm}^2)$$

$$\frac{N}{\varphi_y A} + \frac{\beta_{my} M_y}{\gamma_y \left(1 - 0.8 \frac{N}{N_{Ey}}\right) W_y} + \frac{\eta \beta_{tx} M_x}{\varphi_{bx} W_x}$$

$$= \frac{10\ 772 \times 10^3}{0.997 \times 535\ 500} + \frac{0.85 \times 3\ 825 \times 10^6}{1.05 \times \left(1 - 0.8 \times \frac{10\ 772 \times 10^3}{4.085 \times 10^9}\right) \times 209\ 776\ 875} + \frac{0.7 \times 0.85 \times 4\ 249 \times 10^6}{104\ 375\ 468}$$

$$= 59.3(\text{N/mm}^2)$$

强度验算依据《钢结构设计规范》第 5.2.1 条：

$$\frac{N}{A} + \frac{M_y}{\gamma_y W_y} + \frac{M_x}{\gamma_x W_x} = \frac{10\ 772 \times 10^3}{535\ 500} + \frac{3\ 825 \times 10^6}{1.05 \times 209\ 776\ 875} + \frac{4\ 249 \times 10^6}{1.05 \times 104\ 375\ 468}$$

$$= 76.2(\text{N/mm}^2)$$

以上结果均小于钢柱强度设计值 250 N/mm²，满足强度要求。

（8）截面抗剪验算

$t_w = 70$ mm（腹板厚度）

$h_{wx} = 1\ 960$ mm（腹板高度）

$h_{wy} = 800$ mm（腹板高度）

$S_x = 214\ 200\ 000$ mm³

$S_y = 550\ 226\ 250$ mm³

$$\frac{V_x S_x}{I t_w} = \frac{609 \times 10^3 \times 214\ 200\ 000}{104\ 375\ 468 \times 400 \times 70} = 44.6(\text{N/mm}^2)$$

$$\frac{V_y S_y}{I t_w} = \frac{2\ 055 \times 10^3 \times 550\ 226\ 250}{209\ 776\ 875 \times 2\ 055/2 \times 70} = 74.9(\text{N/mm}^2)$$

剪应力均小于钢柱抗剪强度设计值 145 N/mm²，满足强度要求。

4.5.3 构件变形验算

候车层在恒荷载与活荷载标准值作用下竖直方向的位移分布如图 4-16 所示。

根据杆件的位移图对构件的挠度进行校核，所有构件的挠度变形均小于 $L/400$，满足变形要求。

4.5.4 与服务单元整体计算

将服务单元与高架候车层整体建模进行计算，应力比验算结果如图 4-17 所示，绝大部分构件应力比均在 1.0 以下，仅个别竖向构件应力比超过 1.0（设计时另行验算），可见服务单元对整体计算影响不大。

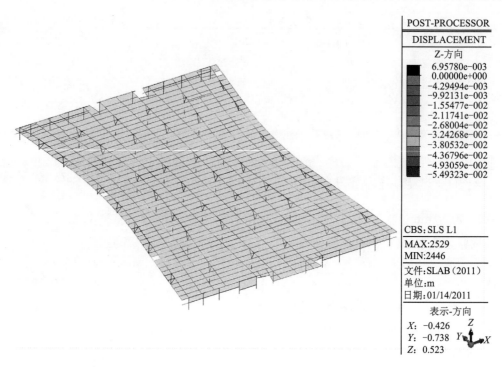

图 4-16　恒荷载与活荷载标准值作用下竖直方向的位移分布

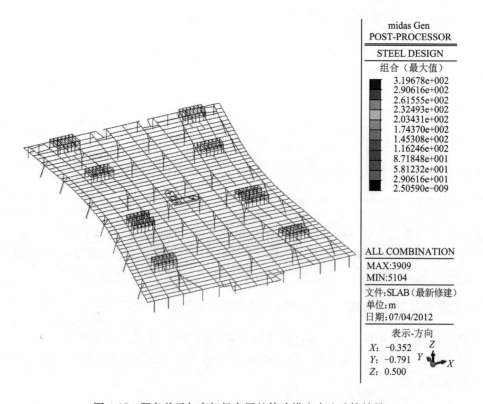

图 4-17　服务单元与高架候车层整体建模应力比验算结果

4.5.5　与楼梯整体计算

　　将楼梯与高架候车层整体建模进行计算,应力比验算结果如图 4-18 所示,绝大部分构件应力比均在 1.0 以下,仅个别竖向构件应力比超过 1.0(设计时另行验算),可见楼梯对整体计算影响不大。

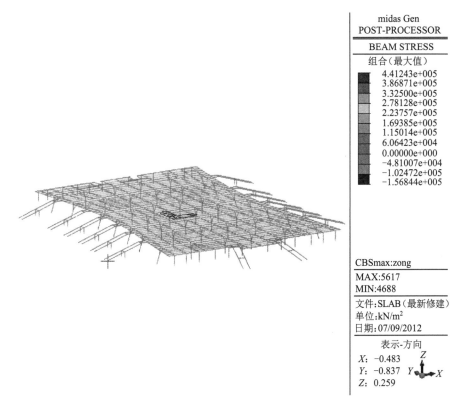

图 4-18　楼梯与高架候车层整体建模应力比验算结果

4.6　其他计算

4.6.1　候车层共振验算

　　高架候车层经模态分析,结构的前 2 阶局部竖向振动频率在 2.5～3.2 Hz 之间,而人的一般步行频率为 1.5～3.2 Hz,因此大量人群在结构上活动时,容易造成共振。尽管结构的强度满足要求,不会发生强度引起的破坏,但是因为结构共振引起的加速度的振幅过大超过人体舒适度耐受极限,极易在人的心理上造成恐慌。如果依靠增大截面和改变结构型式的办法,从技术、经济和空间利用的角度看是不合理和不现实的,因此必须寻找新的技术来解决上述问题。

　　本工程采用粘滞流体阻尼器-调频质量阻尼器(TMD)减振技术,对结构的人行活动的共振响应进行减振。高架候车层 C～D 轴及 G～H 轴钢梁跨度为 33 m,对这两跨采用减振措施。TMD 布置如图 4-19 所示,具体分析及减震效果将在第 14 章详细介绍。

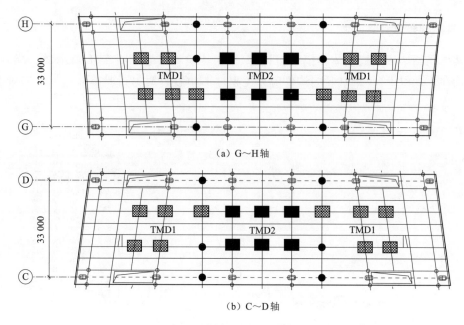

(a) G~H轴

(b) C~D轴

图 4-19　高架候车层的 TMD 布置(单位:mm)

4.6.2　节点计算

高架候车层节点计算种类繁多,在此对于不同种类的节点计算分别列举一个典型例子进行详细分析计算。

1. KGL1 和 GL4 主次梁铰接节点计算

主梁、次梁采用高强度螺栓摩擦型连接进行铰接连接时的节点计算。

(1)节点基本资料

采用设计方法:常用设计;

节点类型:梁梁腹板铰接搭接;

梁截面:H450×250×10×20,材料:Q345;

被搭接梁截面:H1 700×800×25×50,材料:Q345;

腹板螺栓群:10.9 级-M27;

排列:3 行,行间距 100 mm;3 列,列间距 110 mm;

梁腹板角焊缝:焊脚高度为 10 mm;

腹板连接板:340 mm×320 mm,厚:10 mm;

间距:$a=10$ mm。

节点示意图如图 4-20 所示。

(2)验算结果

验算结果见表 4-9。

(3)节点详细验算

1)节点内力

剪力:$V=363$ kN。

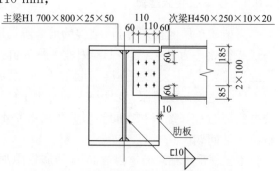

图 4-20　KGL1、GL1 和 GL4 主次梁铰接
节点示意图(单位:mm)

表 4-9　KGL1、GL1 和 GL4 主次梁铰接节点验算结果

验算项目	数　值	限　值	结　果
连接板高度(mm)	320	最大 382	满足
应力比	0.105	1	满足
焊脚高度(mm)	10	最大 12	满足
焊脚高度(mm)	10	最小 5	满足
拉剪应力比	0.938	1	满足
列边距(mm)	60	最小 44	满足
列边距(mm)	60	最大 80	满足
外排列间距(mm)	110	最大 120	满足
中间排列间距(mm)	110	最大 240	满足
列间距(mm)	110	最小 87	满足
行边距(mm)	60	最小 58	满足
行边距(mm)	60	最大 80	满足
外排行间距(mm)	100	最大 120	满足
中间排行间距(mm)	100	最大 240	满足
行间距(mm)	100	最小 87	满足
净截面剪应力比	0.866	1	满足
净截面正应力比	0.000	1	满足

2)腹板螺栓群受力计算

腹板螺栓群承受竖向剪力:$V=363$ kN;

腹板螺栓群偏心:$e=800/2-10-340/2=220$(mm);

腹板螺栓群承受附加弯矩:$M=363\times220/1\,000=79.86$(kN·m)。

3)加劲肋角焊缝验算

剪力:$V_y=363$ kN;

弯矩:$M_x=79.86$ kN·m;

焊脚高度:10 mm;

强度设计值:$f=200$ N/mm^2;

轴力为零,$\sigma_N=0$ N/mm^2;

$W_x=[7\times1\,520^3/12\times10^{-4}+7\times1\,520^3/12\times10^{-4}]/770\times10=5\,320.921$(cm^3)

$\sigma_{Mx}=M_x/W_x=79.86/5\,320.921\times10^3=15.009$(N/mm^2)

Y 向弯矩为零,$\sigma_{My}=0$ N/mm^2;

X 向剪力为零,$\tau_x=0$ N/mm^2;

$A_y=7\times1\,520/100+7\times1\,520/100=212.8$(cm^2)

$\tau_y = V_y/A_y = 363/212.8 \times 10 = 17.058(\text{N/mm}^2)$

$\tau = \max(|\tau_x|, |\tau_y|) = 17.058(\text{N/mm}^2)$

焊缝组合应力：

$\sigma = [(\sigma_N + \sigma_{Mx} + \sigma_{My})^2/1.22^2 + \tau^2]^{0.5}$

$\quad = [(0 + 15.009 + 0)^2/1.22^2 + (17.058)^2]^{0.5}$

$\quad = 21.032(\text{N/mm}^2)$

21.032＜200，满足！

最大焊脚高度：$10 \times 1.2 = 12$ mm(取整)

10＜12，满足！

最小焊脚高度：$10^{0.5} \times 1.5 = 5$ mm(取整)

10＞5，满足！

4)腹板螺栓群验算

竖向剪力：$V = 363$ kN；

弯矩：$M = 79.86$ kN·m；

螺栓：10.9级-M27；

排列：3行，行间距100 mm；3列，列间距110 mm；

螺栓受剪面个数：1个；

连接板材料类型：Q345；

螺栓抗剪承载力：$N_{vt} = N_v = 0.9n_f\mu P = 0.9 \times 1 \times 0.5 \times 290 = 130.5(\text{kN})$

计算右上角边缘螺栓承受的力：

$N_v = 363/3/3 = 40.333(\text{kN})$

$N_h = 0$ kN

螺栓群对中心的坐标平方和：$S = \sum x^2 + \sum y^2 = 132\,600(\text{mm}^2)$

$N_{mx} = 79.86 \times 100 \times (3-1)/2/132\,600 \times 10^3 = 60.226(\text{kN})$

$N_{my} = 79.86 \times 110 \times (3-1)/2/132\,600 \times 10^3 = 66.249(\text{kN})$

$N = [(N_{mx} + N_h)^2 + (N_{my} + N_v)^2]^{0.5} = [(60.226+0)^2 + (66.249+40.333)^2]^{0.5}$

$\quad = 122.421(\text{kN})$

122.421＜130.5，满足！

列边距为60 mm，最小限值为43.5 mm，满足！

列边距为60 mm，最大限值为80 mm，满足！

外排列间距为110 mm，最大限值为120 mm，满足！

中间排列间距为110 mm，最大限值为240 mm，满足！

列间距为110 mm，最小限值为87 mm，满足！

行边距为60 mm，最小限值为58 mm，满足！

行边距为60 mm，最大限值为80 mm，满足！

外排行间距为100 mm，最大限值为120 mm，满足！

中间排行间距为100 mm，最大限值为240 mm，满足！

行间距为 100 mm,最小限值为 87 mm,满足!

5)腹板连接板验算

连接板剪力:$V_1 = 363$ kN;

仅采用一块连接板;

连接板截面宽度为:$B_1 = 320$ mm;

连接板截面厚度为:$T_1 = 10$ mm;

连接板材料抗剪强度为:$f_v = 180$ N/mm²;

连接板材料抗拉强度为:$f = 310$ N/mm²;

连接板全面积:$A = B_1 \times T_1 = 320 \times 10 \times 10^{-2} = 32$(cm²);

开洞总面积:$A_0 = 3 \times 29 \times 10 \times 10^{-2} = 8.7$(cm²);

连接板净面积:$A_n = A - A_0 = 32 - 8.7 = 23.3$(cm²);

连接板净截面剪应力计算:

$\tau = V_1 \times 10^3 / A_n = 363/23.3 \times 10 = 155.794$(N/mm²)$< 180$,满足!

连接板净截面正应力:$\sigma = 0$ N/mm² < 310,满足!

2. KGL1 和 GL2 主次梁刚接节点计算

主次梁刚接采用栓焊连接,翼缘为坡口全熔透等强焊缝,腹板采用高强度螺栓摩擦型连接。节点处弯矩全部由翼缘焊缝承受,剪力由腹板处螺栓承受。

选择最大剪力设计值 $V_y = 1\,590$ kN 进行验算:18M27,2 列,9 行,列距 90 mm,行距 160 mm。

(1)示意图

KGL1 和 GL2 主次梁刚接节点示意图如图 4-21 所示。

(2)依据规范

《钢结构设计规范》(GB 50017—2003)。

(3)计算信息

1)荷载信息

剪力:$V_y = 1\,590$ kN。

2)计算参数

排列方式:均匀并列;

螺栓列数:$n_c = 2$;螺栓列距:$e_c = 90$ mm;

螺栓行数:$n_r = 9$;螺栓行距:$e_r = 160$ mm;

螺栓列边距:$e_1 = 60$ mm;螺栓行边距:$e_2 = 60$ mm;

螺栓数:$n = 18$;螺栓直径:$d = 27$ mm;

螺栓孔直径:$d_0 = 28.5$ mm;

摩擦面数:$n_f = 2$。

3)材料信息

钢材等级:Q345;钢材强度:$f_v = 170$ N/mm²;

螺栓等级:10.9 级;

预拉应力:$P = 290$ kN;

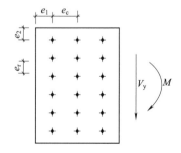

图 4-21 KGL1 和 GL2 主次梁
刚接节点示意图

接触面处理方法:喷砂(丸);

抗滑移系数:$\mu=0.45$。

(4)螺栓强度校核

根据《钢结构设计规范》(GB 50017—2003),验算公式为:$N_v/N_v^b+N_t/N_t^b\leqslant1$。

1)单个螺栓受剪承载力设计值

由 $N_v^b=0.9n_f\mu P$ 得:

$N_v^b=0.9n_f\mu P=0.9\times2\times0.45\times290=234.9(kN)$

根据《钢结构设计规范》(GB 50017—2003)第7.2.4条,对螺栓强度进行折减:

螺栓沿受力方向连接长度:$L=1\,280$ mm;

螺栓强度折减系数为:β_s;

当 $15d<L\leqslant60d$ 时,$\beta_s=1.1-L/150d$;

当 $L>60d$ 时,$\beta_s=0.7$;

此处 $\beta_s=0.784$。

此时单个螺栓承载力为:$\beta_s\times N_v^b=0.784\times234.9=184.15(kN)$。

2)计算螺栓单个受力

计算单个螺栓最大剪力:$N_v=V_y/n=1\,590/18=88.3(kN)$。

3)单个螺栓承载力验算

$N_v/(\beta_s N_v^b)=88.3/(0.784\times234.9)=0.48\leqslant1$,满足要求。

3. 梁柱刚接节点计算(柱节点处 KGL1 与 KGL1 的刚接计算)

梁柱刚接采用栓焊连接,翼缘为坡口全熔透等强焊缝,腹板采用高强度螺栓摩擦型连接。节点处弯矩全部由翼缘焊缝承受,剪力由腹板处螺栓承受。

选择最大剪力设计值 $V_y=2\,974$ kN 进行验算:30M27,2 列,15 行,列距 90 mm,行距 95 mm。

(1)示意图

柱节点处 KGL1 与 KGL1 的刚接示意图如图 4-22 所示。

(2)依据规范

1)《钢结构设计规范》(GB 50017—2003)。

2)《钢结构连接节点设计手册》。

(3)计算信息

1)荷载信息

剪力:$V_y=2\,974$ kN。

2)计算参数

排列方式:均匀并列;

螺栓列数:$n_c=2$;螺栓列距:$e_c=90$ mm;

螺栓行数:$n_r=15$;螺栓行距:$e_r=95$ mm;

螺栓列边距:$e_1=60$ mm;螺栓行边距:$e_2=60$ mm;

螺栓数:$n=30$;螺栓直径:$d=27$ mm;

螺栓孔直径:$d_0=28.5$ mm;

摩擦面数:$n_f=2$。

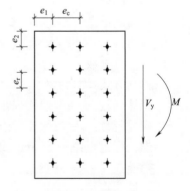

图 4-22 柱节点处 KGL1 与 KGL1 的刚接示意图

3)材料信息

钢材等级:Q345;钢材强度:f_v＝170 N/mm²;

螺栓等级:10.9 级;

预拉应力:P＝290 kN;

接触面处理方法:喷砂(丸);

抗滑移系数:μ＝0.45。

(4)螺栓强度校核

根据《钢结构设计规范》(GB 50017—2003),验算公式为:$N_v/N_v^b+N_t/N_t^b\leqslant1$。

1)单个螺栓受剪承载力设计值

由 $N_v^b=0.9n_f\mu P$ 得:

$N_v^b=0.9n_f\mu P=0.9\times2\times0.45\times290=234.9(kN)$

根据《钢结构设计规范》(GB 50017—2003)第 7.2.4 条,对螺栓强度进行折减:

螺栓沿受力方向连接长度:L＝1 330 mm;

螺栓强度折减系数为:β_s;

当 $15d<L\leqslant60d$ 时,$\beta_s=1.1-L/150d$;

当 $L>60d$ 时,$\beta_s=0.7$;

此处 $\beta_s=0.772$。

此时单个螺栓承载力为:$\beta_s\times N_v^b=0.772\times234.9=181.25(kN)$。

2)计算螺栓单个受力

计算单个螺栓最大剪力:$N_{v1}=V_y/n=2\ 974/30=99.1(kN)$。

3)单个螺栓承载力验算

$N_{v1}/(\beta_s N_v^b)=99.1/(0.772\times234.9)=0.55<1$,满足要求。

根据《钢结构连接节点设计手册》公式(8-8b),考虑螺栓群强度与腹板等强。

4)腹板净截面积计算

梁高度:h＝1 700 mm;

翼缘厚度:t_f＝50 mm;

腹板厚度:t_w＝25 mm;

腹板净截面积:

$A_{nw}=(h-2t_f-d_0\times n_r)\times t_w=(1\ 700-2\times50-28.5\times15)\times25=29\ 310(mm^2)$。

5)与腹板等强时单个螺栓所需承受的最大剪力

$N_{v2}=A_{nw}\times f_v/n=29\ 310\times170/30=166.1(kN)$。

6)单个螺栓承载力验算

$N_{v2}/(\beta_s N_v^b)=166.1/(0.772\times234.9)=0.92<1$,满足要求。

4. 伸缩缝处长圆孔连接节点计算(KGL1 和 GL2 连接计算)

温度伸缩缝处设置长圆孔,释放由于温度作用对结构产生的效应。连接端一侧采用高强度螺栓摩擦型连接进行连接,另一端设置长圆孔,采用高强度螺栓承压型连接。伸缩缝处的连接构造如图 4-23 所示。

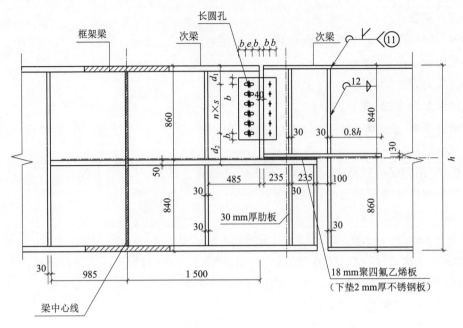

图 4-23　温度伸缩缝处长圆孔节点连接作法(单位:mm)

选择最大剪力设计值 V_y＝1 131.3 kN 进行验算:

高强度螺栓摩擦型连接一端采用 18M27,2 列,9 行,列距 90 mm,行距 150 mm。

长圆孔连接一端采用 9M27,1 列,9 行,列距 0 mm,行距 150 mm。

(1)示意图

KGL1 和 GL2 连接处示意图如图 4-24 所示。

(2)设计依据

1)《钢结构设计规范》(GB 50017—2003)。

2)《钢结构连接节点设计手册》。

(3)计算信息

1)荷载信息

剪力:V_y＝1 131.3 kN;

螺栓群距主梁中心距离:e＝251 mm;

由于偏心产生的弯矩:$M＝V_y \times e$＝284 kN·m。

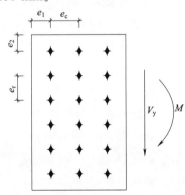

图 4-24　KGL1 和 GL2 连接处示意图

2)计算参数

排列方式:均匀并列;

螺栓列数:n_c＝2;螺栓列距:e_c＝90 mm;

螺栓行数:n_r＝9;螺栓行距:e_r＝150 mm;

螺栓列边距:e_1＝60 mm;螺栓行边距:e_2＝60 mm;

螺栓数:n＝18;螺栓直径:d＝27 mm;

螺栓孔直径:d_0＝28.5 mm;

摩擦面数:n_f＝2。

3)材料信息

钢材等级:Q345;钢材强度:f_v=170 N/mm²;

螺栓等级:10.9级;

预拉应力:P=290 kN;

接触面处理方法:喷砂(丸);

抗滑移系数:μ=0.45。

(4)螺栓强度校核

根据《钢结构设计规范》(GB 50017—2003),验算公式为:$N_v/N_v^b+N_t/N_t^b\leqslant1$。

1)单个螺栓受剪承载力设计值

由 $N_v^b=0.9n_f\mu P$ 得:

$N_v^b=0.9n_f\mu P=0.9\times2\times0.45\times290=234.9(kN)$

根据《钢结构设计规范》(GB 50017—2003)第7.2.4条,对螺栓强度进行折减:

螺栓沿受力方向连接长度:L=1 200 mm;

螺栓强度折减系数为:β_s;

当 $15d<L\leqslant60d$ 时,$\beta_s=1.1-L/150d$;

当 $L>60d$ 时,$\beta_s=0.7$;

此处 β_s=0.804。

此时单个螺栓承载力为:$\beta_s\times N_v^b=0.804\times234.9=188.8(kN)$。

2)计算螺栓单个受力

根据《钢结构连接节点设计手册》公式(8-30)计算单个螺栓最大剪力。

$$N_v^x=\frac{M\times y_i}{\sum(x_i^2+y_i^2)}=\frac{284\times10^6\times600}{(150^2+300^2+450^2+600^2)\times4+45^2\times18}\times10^{-3}$$

$$=62.3(kN)$$

$$N_v^y=\frac{V_y}{n}+\frac{M\times x_i}{\sum(x_i^2+y_i^2)}$$

$$=\frac{1\,131.3}{18}+\frac{284\times10^3\times45}{(150^2+300^2+450^2+600^2)\times4+45^2\times18}$$

$$=67.5(kN)$$

$$N_v=\sqrt{(N_v^x)^2+(N_v^y)^2}=\sqrt{(62.3)^2+(67.5)^2}=91.8(kN)$$

3)单个螺栓承载力验算

$N_v/(\beta_s N_v^b)=91.8/(0.804\times234.9)=0.49<1$,满足要求。

(5)焊缝强度校核

主梁加劲肋与主梁通过角焊缝连接,采用E50型焊条,焊缝计算长度仅考虑与主梁腹板连接部分有效。

剪力到焊缝的偏心距:e=532 mm;

焊脚尺寸:h_f=18 mm;

焊脚有效高度:$h_e=0.7h_f=12.6$ mm;

根据《钢结构设计规范》(GB 50017—2003)式(8.2.7):

焊缝计算长度 I_w 需要满足 $\geq 8h_f$ 且 ≥ 40 mm,同时 $\leq 60h_f$,此处取 $I_w = 60h_f = 1\,080$ mm;

根据《钢结构设计规范》(GB 50017—2003)第7.1.3条:

焊缝剪应力: $\tau_v = \dfrac{V_y}{2h_e l_w} = \dfrac{1\,131.3 \times 10^3}{2 \times 12.6 \times 1\,080} = 41.6(\text{N/mm}^2)$;

焊缝正应力: $\sigma_M = \dfrac{V_y \times e'}{2 \times \dfrac{h_e l_w^2}{6}} = \dfrac{1\,131.3 \times 10^3 \times 532}{2 \times 12.6 \times 1\,080^2/6} = 122.9(\text{N/mm}^2)$;

$\sigma_{fs} = \sqrt{\tau_v^2 + \sigma_M^2} = \sqrt{41.6^2 + 122.9^2} = 129.7(\text{N/mm}^2)$, < 200 N/mm²,满足要求!

(6)长圆孔处高强度螺栓承压型连接校核

根据《钢结构设计规范》(GB 50017—2003)第7.2.1条:

1)设计信息

受剪面数目: $n_v = 2$;

螺栓抗剪强度设计值: $f_v^b = 140$ N/mm²;

螺栓承压强度设计值: $f_c^b = 385$ N/mm²;

螺栓杆直径: $d = 27$ mm;

螺栓数目: $n = 9$;

在不同受力方向中一个受力方向承压构件总厚度的较小值: $\sum t = 25$ mm。

2)单个螺栓抗剪承载力设计值

由 $N_v^b = n_v \pi d^2 f_v^b / 4$ 得:

$N_v^b = n_v \pi d^2 f_v^b / 4 = 2\pi \times 27^2 \times 140/4 = 160.2(\text{kN})$

根据《钢结构设计规范》(GB 50017—2003)第7.2.4条,对螺栓强度进行折减:

螺栓沿受力方向连接长度: $L = 1\,200$ mm;

螺栓强度折减系数为: β_s;

当 $15d < L \leq 60d$ 时, $\beta_s = 1.1 - L/150d$;

当 $L > 60d$ 时, $\beta_s = 0.7$;

此处 $\beta_s = 0.804$。

此时单个螺栓抗剪承载力为: $\beta_s \times N_v^b = 0.804 \times 160.2 = 128.8(\text{kN})$。

3)计算螺栓承压强度承载力

由 $N_c^b = d \cdot \sum t \cdot f_c^b$ 得:

$N_c^b = d \cdot \sum t \cdot f_c^b = 27 \times 25 \times 385 = 259.9(\text{kN})$

考虑连接长度对螺栓承载力的折减,此时单个螺栓承压强度承载力为: $\beta_s \times N_c^b = 0.804 \times 259.9 = 209(\text{kN})$。

4)计算螺栓单个受力

计算单个螺栓最大剪力: $N_v = \dfrac{V_y}{n} = \dfrac{1\,131.3}{9} = 125.7(\text{kN})$。

5)单个螺栓承载力验算

$N_v/(\beta_s N_v^b) = 125.7/(0.804 \times 160.2) = 0.97 < 1$,满足要求;

$N_v/(\beta_s N_c^b) = 125.7/(0.804 \times 259.9) = 0.6 < 1$,满足要求。

（7）长圆孔尺寸选取

根据 MIDAS 软件的分析计算，结构在温度作用下在温度伸缩缝两侧的相对位移为 ±36 mm，故设置长圆孔可伸缩范围为 ±40 mm，满足结构温度变形要求。

5. 铸钢节点有限元分析计算

（1）分析对象

本工程高架候车层下共有 Y 型柱 42 个，从所有 Y 型柱中挑选一个使 Y 型柱产生最大应力的组合工况，最终选取的节点如图 4-25 所示。

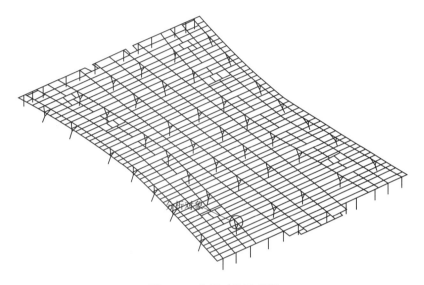

图 4-25 分析对象示意图

（2）计算条件

1）控制工况和内力

节点计算模型如图 4-26 所示。

经过分析，选取节点在组合工况 4(1.2 恒＋1.4 活＋0.84 风－0.98 温度)作用下的各个杆件内力，见表 4-10。

表 4-10 工况 4 杆件内力

位置	F_x(kN)	F_y(kN)	F_z(kN)	M_y(kN·m)	M_z(kN·m)
杆端 1	－5 088	－507	898	－1 671	2 590
杆端 2	－12 259	452	162	－1 252	2 213

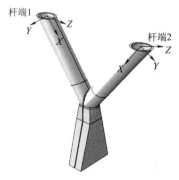

图 4-26 节点计算模型

材料选用 Q345，弹性模量为 206E6，泊松比 0.3，不考虑材料非线性的影响。铸钢节点处铸钢材质选用《铸钢节点应用技术规程》(CECS 235：2008)中的 G20Mn5QT，此牌号铸钢强度设计值为 235 MPa，屈服强度为 300 MPa。

分析软件采用 ABAQUS 来分析，用 C3D4 单元对其进行网格自由划分，铸钢节点部分最终的网格如图 4-27 所示。

2)边界条件

约束支座的三向自由度,其他杆件按照实际受力施加,如图 4-28 所示。

(3)分析结果

本工程关心铸钢节点处的应力和变形,图 4-29 为铸钢节点处的模型和网格划分。

1)等效应力

分析得到的铸钢节点处的等效应力云图如图 4-30 所示。由图 4-30 可以看出,节点处最大应力为 223.4 MPa<300 MPa,材料未发生屈服。

图 4-27　铸钢节点部分最终的网格

图 4-28　三向自由度示意图

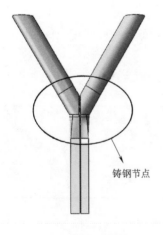

(a)铸钢节点位置

(b)模型透视图1

(c)模型透视图2

图　4-29

（d）网络划分1　　　　　　　（e）网络划分2　　　　　　　（f）网络划分3

图 4-29　铸钢节点处的模型和网格划分示意图

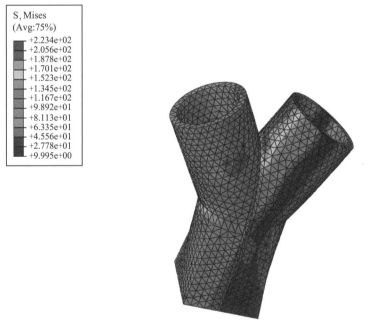

ODB:YtertaE.odb Abaqus/Standard 6.10-1 Tue Oct 19 16:17:39 GMT+08:00 2010

Step:Step-1

Increment　　　1:Step Time=1.000

Primary Var:S,Mises

Deformed Var:U Deformation Scale Factor:+3.368e+01

（a）视角1

图　　4-30

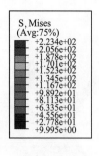

ODB:YtertaE.odb Abaqus/Standard 6.10-1 Tue Oct 19 16:17:39 GMT+08:00 2010
Step:Step-1
Increment   1:Step Time=1.000
Primary Var:S,Mises
Deformed Var:U Deformation Scale Factor:+3.368e+01

（b）视角2

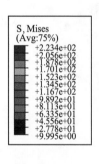

ODB:YtertaE.odb Abaqus/Standard 6.10-1 Tue Oct 19 16:17:39 GMT+08:00 2010
Step:Step-1
Increment   1:Step Time=1.000
Primary Var:S,Mises
Deformed Var:U Deformation Scale Factor:+3.368e+01

（c）视角3

图 4-30　铸钢节点处的等效应力云图（单位：MPa）

2）变形结果

铸钢节点处的变形图如图 4-31 所示。由图 4-31 可以看出，变形最大为 3.17 mm。

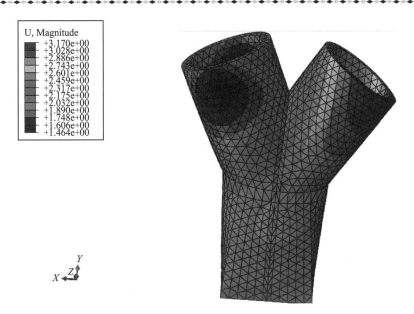

ODB:YtertaE.odb　Abaqus/Standard 6.10-1　Tue Oct 19 16:17:39 GMT+08:00 2010

Step:Step-1

Increment　　　 1:Step Time=1.000

Primary Var:U, Magnitude

Deformed Var:U　Deformation Scale Factor:+3.368e+01

图 4-31　铸钢节点处的变形图（单位：mm）

4.7　高架候车层部分施工图

本节选取了部分高架候车层施工图展示，如图 4-32～图 4-35 所示。

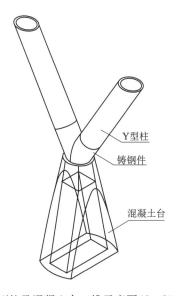

图 4-32　Y 型柱及混凝土台三维示意图（S4、S7、S8、S5 轴处）

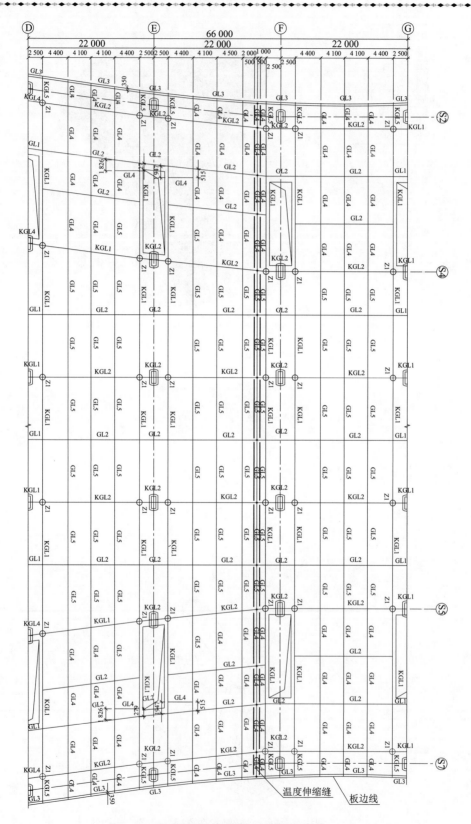

图 4-33 候车层Ⅱ区结构平面布置图(单位:mm)

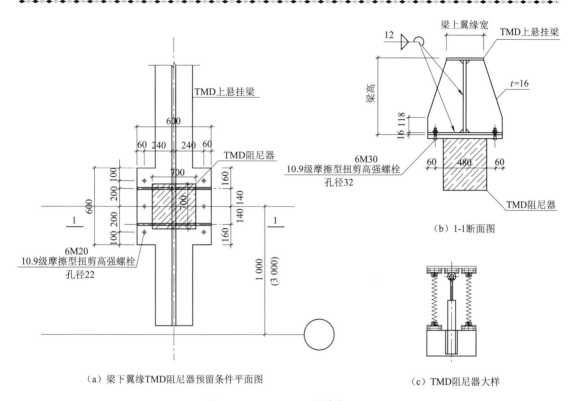

（a）梁下翼缘TMD阻尼器预留条件平面图

（b）1-1断面图

（c）TMD阻尼器大样

图 4-34 TMD 阻尼器（单位：mm）

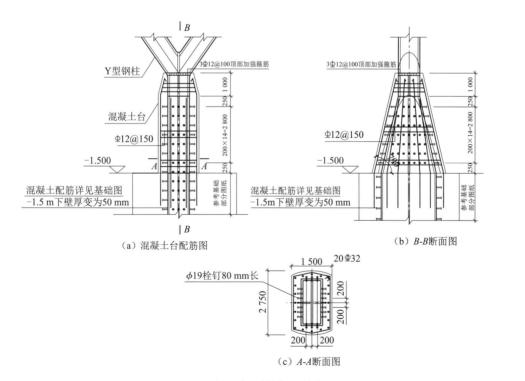

（a）混凝土台配筋图

（b）B-B断面图

（c）A-A断面图

图 4-35 混凝土台配筋详图（单位：mm）

第5章　东西广厅与观景平台

5.1　工程概况

　　青岛北站主站房的东西广厅分别位于主站房幕墙范围内的东端与西端,平面布置如图 5-1 所示。西广厅工程建筑总层数为三层,结构形式为框架结构,第一、二层为混凝土结构,顶层采用钢结构观景平台;东广厅为两层建筑,混凝土框架结构,其设计较为常规,在此不进行详细介绍。

　　西广厅三层的钢结构观景平台跨度大,竖向刚度较小。经计算,结构的前几阶竖向振动频率与人的一般步行频率相近,因此大量人群在结构上活动时,容易造成共振。尽管结构的强度满足要求,不会发生强度引起的破坏,但是因为结构共振引起的加速度的振幅过大,超过人体舒适度耐受极限,极易在人的心理上造成恐慌,因此需对观景平台的结构舒适性进行分析,同时采取相应的消能减振措施。

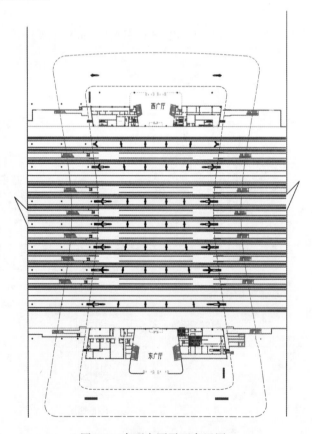

图 5-1　东西广厅平面布置图

5.2 观景平台结构舒适性分析

对观景平台进行模态分析得到结构的自振频率及其竖向质量参与系数见表 5-1。

表 5-1 结构前 10 阶振型频率与竖向质量参与系数

模态号	1	2	3	4	5
频率(Hz)	1.155	1.210	1.340	1.992	2.530
竖向质量参与系数(%)	0.0005	0.0009	0.0001	1.5400	0.0810
模态号	6	7	8	9	10
频率(Hz)	2.785	2.920	3.073	3.143	3.219
竖向质量参与系数(%)	0.0000	0.0003	0.5120	0.0311	0.0166

经模态分析计算得第 4 模态时结构为第一阶竖直方向振动,其振动图如图 5-2 所示。

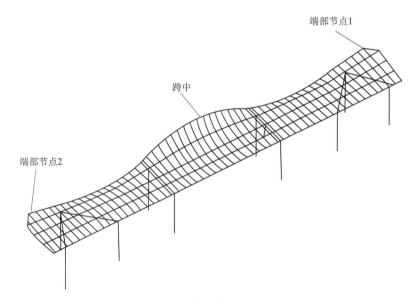

端部节点1

跨中

端部节点2

图 5-2 第 4 模态振动图

该模态自振频率为 2.0 Hz,不满足《城市人行天桥与人行地道技术规范》(CJJ 69—1995)中第 2.5.4 条规定的不小于 3 Hz 的舒适度要求,因此需要采取消能减振措施。

5.3 消能减振分析设计

5.3.1 观景平台减振分析设计

根据表 5-1 所给出的结构前 10 阶振型频率及其竖向质量参与系数可以看出,结构的第 4、第 8 阶振型的竖向质量参与系数较大,为竖向振型,且其竖向自振频率与人的一般步行频率(1.5~3.2 Hz)很接近,容易造成共振,需进行消能减振设计。

本工程采用 MIDAS/Gen 有限元程序建立西广厅有限元模型,TMD1 按 1.8 Hz 调频, TMD2 按 2.2 Hz 调频,布置在第三层观景平台的左、中、右三个区域。减振装置参数见表 5-2,图 5-3 给出了在有限元模型基础上 MTMD 减振体系三维图,图 5-4 为 TMD 布置平面图。

表 5-2　MTMD 体系参数

减振系统编号	弹簧刚度(N/m)(单根弹簧)	质量块质量(kg)	调频频率(Hz)	阻尼器参数		
				阻尼指数	阻尼系数 C（N·s/m）	最大出力(kN)
TMD1	15 973(1±15%)	500	1.8	1	3 000	1.7
TMD2	23 860(1±15%)	500	2.2	1	3 000	2.1

注:考虑到计算模型与实际模型的误差,表中弹簧刚度在计算值的基础上乘以±15%,阻尼系数根据吸振器参数优化公式(Warburton,1982)计算得到。

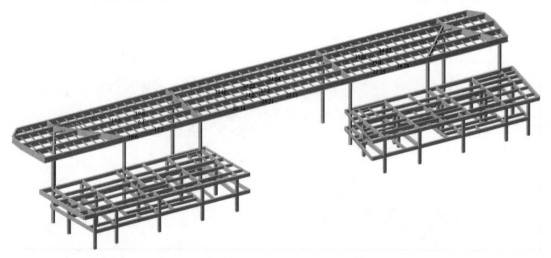

图 5-3　MTMD 减振体系三维图

根据定义的分析工况,应用模拟的荷载曲线,进行结构荷载作用下动力响应分析,并分别取结构在不同工况下的三个最大响应点进行减振后加速度最大响应的对比。从分析的结果来看,设置 MTMD 减振系统使得结构在人行荷载激励下的竖向振动得到了有效抑制。在 2.0 Hz 的人行频率激励下,减振前结构的共振响应较为明显,而减振后最大加速度减振率达到了 50.56%。具体分析详见本书第 3 篇第 14 章"消能减振设计"。

5.3.2　屈曲约束支撑的应用

屈曲约束支撑(BRB)源于美国,二十世纪七八十年代成熟于日本,目前在日本、美国已得到广泛应用。近些年,随着我国建筑结构消能减振研究的不断深入,屈曲约束支撑在我国的工程应用也越来越广泛。

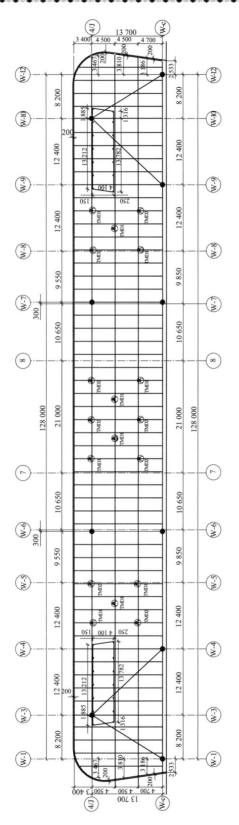

图 5-4 TMD布置平面图（单位：mm）

普通支撑受压会产生屈曲现象,当支撑受压屈曲后,刚度和承载力急剧降低,而且在反复荷载作用下滞回性能和耗能能力差。而同样是轴心受力构件,屈曲约束支撑通过特殊构造来避免支撑在压力作用下出现屈曲,从而大大提高支撑的承载力,进而解决支撑受压屈曲导致滞回耗能差等问题。屈曲约束支撑在中震和大震作用下,通过自身屈服耗能可以有效减小结构的地震反应。

西广厅结构在初步设计阶段,已确定构件截面;但在施工图设计阶段,根据新提拱的《地震安评报告》中的参数资料,计算发现结构的最大层间位移角为 1/490,难以满足规范所规定的 1/550 要求,如图 5-5 及表 5-3 所示。此时建筑专业不希望加大柱截面,经协商研究,考虑到屈曲约束支撑布置的灵活性,决定采用屈曲约束支撑以改善结构的抗震性能。屈曲约束支撑在本工程中的空间三维图如图 5-6 所示。

```
══ 工况  2 ══ Y 方向地震作用下的楼层最大位移

Floor  Tower   Jmax    Max-(Y)   Ave-(Y)   Ratio-(Y)     h        DyR/Dy   Ratio_AY
               JmaxD   Max-Dy    Ave-Dy    Ratio-Dy    Max-Dy/h
3      1       320     19.87     18.95     1.05        8100.
               320     16.51     15.26     1.08        1/ 490.   67.2%    1.00
2      1       224     5.03      4.60      1.09        4500.
               224     3.06      2.80      1.09        1/1470.   31.4%    0.25
       2       240     4.58      4.04      1.13        4500.
               240     3.30      2.72      1.21        1/1362.   48.0%    0.24
1      1       88      2.08      1.90      1.09        4500.
               88      2.08      1.90      1.09        1/2168.   99.1%    0.52
       2       158     1.41      1.37      1.02        4500.
               158     1.41      1.37      1.02        1/3197.   99.4%    0.39

Y 方向最大层间位移角:            1/ 490.(第 3 层第 1 塔)
Y 方向最大位移与层平均位移的比值:    1.13(第 2 层第 2 塔)
Y 方向最大层间位移与平均层间位移的比值: 1.21(第 2 层第 2 塔)
```

图 5-5　结构的最大层间位移角(截图)

表 5-3　结构抗震性能目标

性能指标	多遇	设防烈度	罕遇
位移角限值	$h/550$	$3h/550$	$h/50$

根据 BRB 的耗能原理,结合结构振动特点,本工程分别在结构的两个主轴方向设置屈曲约束支撑,其数量、型号、位置通过多轮时程分析进行优化调整后确定,参数取值见表 5-4。具体布置位置如图 5-6、图 5-7 所示,立面布置图如图 5-8 所示。

表 5-4　屈曲约束支撑布置参数

支撑类型	弹性刚度(kN/m)	屈服点(MPa)	屈服力(kN)	极限力(kN)	刚度比	屈服指数	数量
A(X)	1.5×10^5	160	270	468	0.02	2	8
B(Y)	3.0×10^5	160	540	960	0.02	2	7
C(Y)	1.7×10^5	160	320	492	0.02	2	3

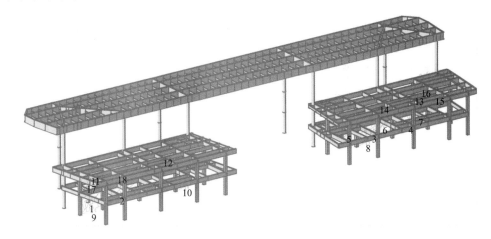

图 5-6　BRB 减振体系三维图

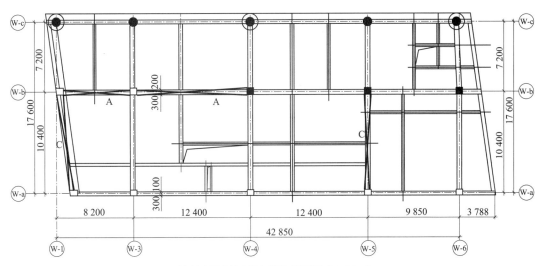

（a）西广厅南区首层支撑布置图（梁顶标高 4.450 m）

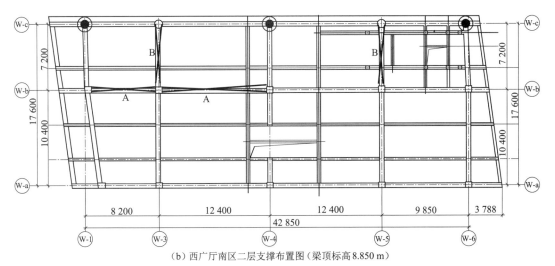

（b）西广厅南区二层支撑布置图（梁顶标高 8.850 m）

图　　5-7

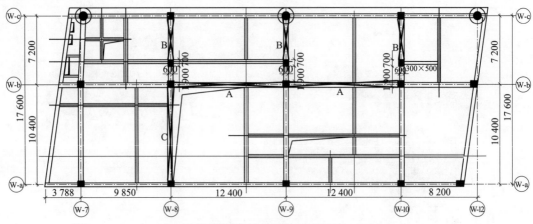

（c）西广厅北区首层支撑布置图（梁顶标高4.450 m）

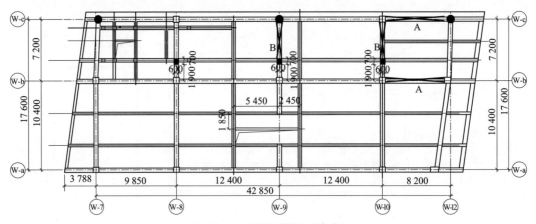

（d）西广厅北区二层支撑布置图（梁顶标高8.850 m）

图 5-7 BRB 减振体系平面布置图（单位：mm）

注：✕ 屈曲约束支撑

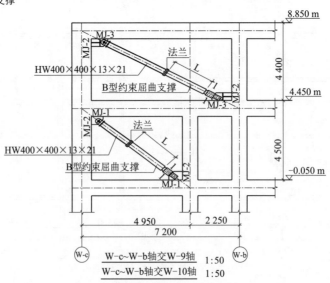

图 5-8 B型屈曲约束支撑立面布置图（单位：mm）

屈曲约束支撑对结构在多遇地震作用下的减振效果较为明显，保证了结构的安全。在多遇地震作用下，X 向和 Y 向的层间位移角均满足规范 1/550 的要求；罕遇地震作用下，结构楼层的层间位移角 $\Delta u/h < [\theta] = 1/50$。表 5-5 列出了结构在罕遇地震 Parkfield_00 波作用下减振前后的层间位移。通过给出的减振数据可以看出，虽然 X 向的层间位移减振率较 Y 向的减振率存在一定的差距，但减振后的层间位移数值较为接近，且均满足规范的要求。

消能减振具体分析参见第 3 篇第 14 章"消能减振设计"。

表 5-5　Parkfield 波作用下层间位移减振效果（罕遇地震）

方向	楼层	层高（m）	层间位移（m）		减振率
			减振前	减振后	
X 向	3F	8.1	0.096 8	0.093	3.93%
	2F	4.5	0.034 5	0.032 8	4.93%
	1F	4.5	0.022 5	0.021 5	4.44%
Y 向	3F	8.1	0.104 5	0.095 4	8.71%
	2F	4.5	0.037 3	0.032 5	12.87%
	1F	4.5	0.024	0.021 1	12.08%

5.4　节点设计

钢管混凝土结构是由混凝土填入钢管内而形成的一种新型组合结构，改变了各自本身的材料性质，共同成为一种新的复合材料。由于钢管混凝土结构能够更有效地发挥钢材和混凝土两种材料各自的优点，同时克服了钢管结构容易发生局部屈曲的缺点，使得混凝土强度和延伸性大大提高，形成了卓越的承载能力和变形能力。近年来，随着理论研究的深入和新施工工艺的产生，其工程应用日益广泛。钢管混凝土结构按照截面形式的不同可以分为矩形钢管混凝土结构、圆钢管混凝土结构和多边形钢管混凝土结构等，其中矩形钢管混凝土结构和圆钢管混凝土结构应用较广。

西广厅工程中，顶层钢结构观景平台竖向由圆钢管混凝土柱支承。在一、二层处，钢管混凝土柱作为混凝土框架结构的一部分，需与钢筋混凝土框架梁相连接，而两者的连接节点成为本工程中的难点之一。西广万南区结构模板图如图 5-9 所示。

目前常用的连接节点有钢管开小孔法、钢管开大孔后补强法、型钢梁连接法、钢牛腿法等。钢管开孔法由于钢柱开孔后使得钢管在节点区域内不连续性，难以保证节点原有的刚度；钢牛腿法由于存在现场钢筋仰焊等复杂工艺，且质量不易保证的情况，在钢筋含量大的情况下实用性较差，故此方法推广较少；型钢梁连接法不但增加用钢量，在现场施工还增加了施工工序。

本工程采用环梁-环形牛腿柱连接做法，环形牛腿用于抵抗剪力，钢筋混凝土环梁用于抵抗弯矩。相对于环梁-抗剪环节点连接，环梁-环形牛腿柱连接做法的抗剪能力更强，其施工图如图 5-10 所示。

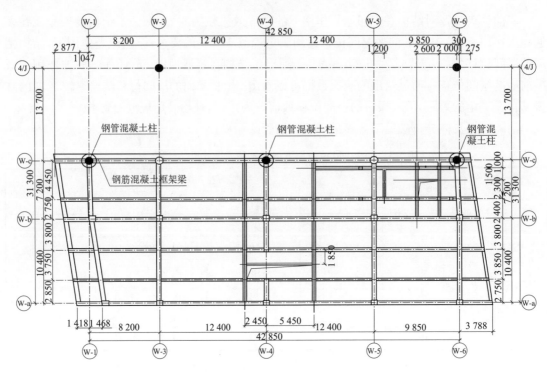

图 5-9　西广厅南区结构模板图(标高 8.850 m)(单位:mm)

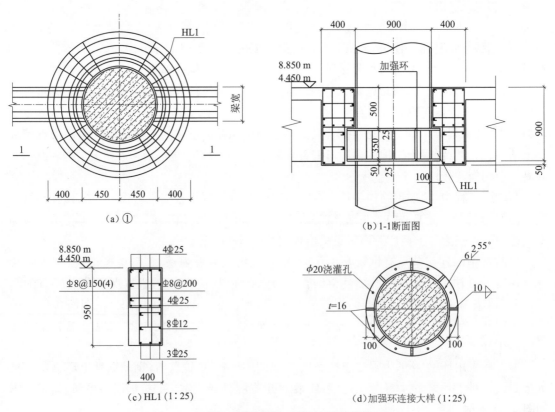

图 5-10　环梁-环形牛腿柱连接施工图(单位:mm)

第6章　幕墙钢结构

6.1　结构体系说明

　　本工程幕墙结构分为两级受力体系:第一级为主支承钢结构,由桁架柱、各标高桁架梁、柱顶桁架梁、稳定拉索等构成;第二级为幕墙框架单元,由转接连接件、锯齿型立柱、横梁、幕墙面板板块构成。本节主要介绍第一级受力结构,即幕墙主支承钢结构。

　　第一级受力结构的幕墙钢结构系统主要由三角形立体钢桁架以及水平预应力索梁结构体系组成,分为4个区域进行分析设计,分区示意图如图6-1所示。

　　幕墙顶部均与屋面系统连接,如图6-2所示,其中,幕墙区域1底部与高架候车层楼板连接,如图6-3所示;幕墙区域2~4底部与±0.000 m地坪连接,如图6-4所示。

　　幕墙作为围护结构,其支承结构在水平方向与屋盖结构相联系,在竖直方向完全独立,仅向屋盖结构传递风荷载。连接竖向三角形立体桁架的水平预应力索梁结构体系为自平衡体系,如图6-5所示。

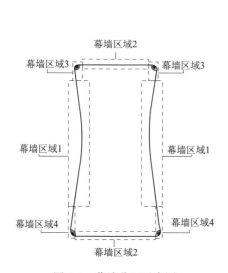

图6-1　幕墙分区示意图

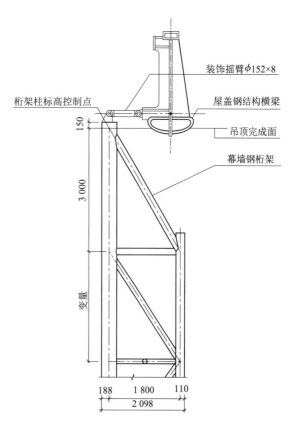

图6-2　幕墙顶部与屋面系统连接示意图(单位:mm)

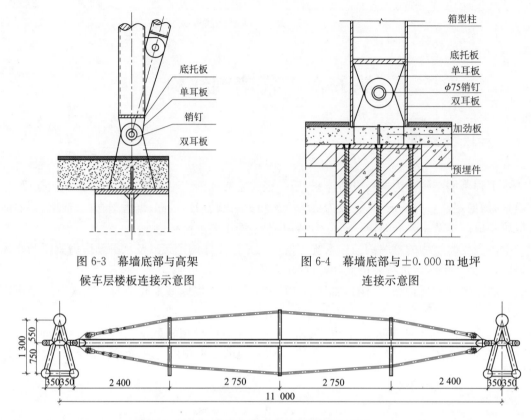

图 6-3　幕墙底部与高架
候车层楼板连接示意图

图 6-4　幕墙底部与±0.000 m 地坪
连接示意图

图 6-5　幕墙自平衡水平预应力索梁体系(单位:mm)

6.2　幕墙钢结构设计依据及引用技术文件

1. 幕墙设计规范
(1)《铝合金结构设计规范》(GB 50429—2007);
(2)《玻璃幕墙工程技术规范》(JGJ 102—2003);
(3)《建筑幕墙工程技术规范》(DGJ 08—56—2012)(上海市工程建设规范)。
2. 建筑设计规范
(1)《钢结构设计规范》(GB 50017—2003);
(2)《高层建筑混凝土结构技术规程》(JGJ 3—2010);
(3)《高层民用建筑设计防火规范》(GB 50045—1995)(2005 年版);
(4)《混凝土结构后锚固技术规程》(JGJ 145—2004);
(5)《混凝土结构设计规范》(GB 50010—2010);
(6)《混凝土用膨胀型、扩孔型建筑锚栓》(JG 160—2004);
(7)《建筑工程抗震设防分类标准》(GB 50223—2008);
(8)《建筑结构荷载规范》(GB 50009—2012);
(9)《建筑结构可靠度设计统一标准》(GB 50068—2001);
(10)《建筑抗震设计规范》(GB 50011—2010);

(11)《建筑设计防火规范》(GB 50016—2006);

(12)《冷弯薄壁型钢结构技术规范》(GB 50018—2002);

(13)《钢结构焊接规范》(GB 50661—2011);

(14)《钢结构工程施工规范》(GB 50755—2012);

(15)《建筑结构静力计算手册》(第二版)。

6.3　基本参数

基本参数如下:

设计使用年限:50 年;

建筑结构类型:钢结构;

抗震设计:青岛地区抗震设防烈度为 6 度(0.05g),本工程主站房为重点抗震设防类建筑,幕墙计算的抗震设防烈度设为 7 度(0.10g),$\alpha_{max}=0.11$;

基本风压:0.70 kN/m^2(100 年重现期);

地面粗糙度:A 类。

由于结构体系较为新颖复杂,故参数的选取将直接影响结构的设计分析。

1. 结构分析方法和校核内容

采用 SAP2000 V15.1.1 软件建立整体结构模型,设立载荷工况及载荷施加,然后对钢结构的强度、挠度进行校核。结构分析的控制指标包含以下几个方面:

(1)桁架柱、桁架梁等结构挠度变形率控制指标小于 $L/250$;

(2)悬臂结构变形率控制指标小于 $L/125$;

(3)杆件应力比小于 0.95;

(4)长细比、宽厚比满足相关规范。

2. 风载荷标准值计算

幕墙大面风载荷标准值计算:

幕墙属于外围护构件,按《建筑结构荷载规范》(GB 50009—2012)计算,计算公式如式(6-1):

$$w_k=\beta_{gz}\mu_{sl}\mu_z w_0 \tag{6-1}$$

计算支撑结构时的风荷载标准值为:

$$\begin{aligned}w_k&=\beta_{gz}\,\mu_z\mu_{sl}w_0\\&=1.514\,5\times1.746\,1\times1.032\times0.000\,7\\&=0.001\,91(MPa)\end{aligned}$$

计算面板材料时的风荷载标准值为:

$$\begin{aligned}w_k&=\beta_{gz}\,\mu_z\mu_{sl}w_0\\&=1.514\,5\times1.746\,1\times1.2\times0.000\,7\\&=0.002\,22(MPa)\end{aligned}$$

6.4　南(北)区幕墙钢结构

下面选取幕墙区域 1 即南(北)区幕墙钢结构为例,详细介绍幕墙钢结构的分析设计过程。

6.4.1 结构分析模型

1. 结构组成

第一级结构体系由以下结构组成：(1)门斗钢结构；(2)幕墙桁架柱(分坐立在门斗上方的桁架柱和坐立在 9 m 钢梁上的全高度桁架柱两种类型)；(3)桁架柱顶部的水平三角桁架；(4)＋13.800 m 标高平面钢桁架；(5)＋18.600 m、＋23.400 m 标高水平预应力索梁体系；(6)竖向稳定拉杆。幕墙桁架柱通过连接铰坐立在＋9.000 m 结构梁或门斗横梁上，桁架柱顶和屋盖钢结构铰接。

第二级结构为幕墙立柱和横梁，幕墙立柱通过连接耳板悬挂在第一级结构上，幕墙框架和面板的自重由柱顶三角桁架承受，幕墙的水平荷载由柱顶三角桁架和各标高平面桁架吸收。

2. 分析模型

分析模型如图 6-6 所示。

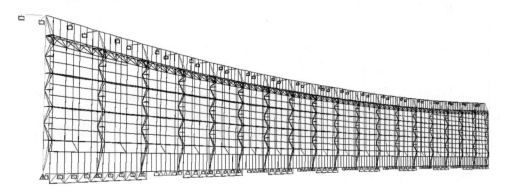

(a) 整体模型

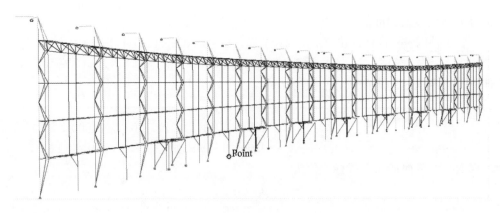

(b) 一级结构模型

图 6-6　分析模型

3. 荷载定义及取值

各种荷载的符号意义见表 6-1。

表 6-1 荷载的符号意义

TABLE：Load Pattern Definitions				
LoadPat	DesignType	SelfWtMult	AutoLoad	Notes
Text	Text	Unitless	Text	Text
F_DEAD	DEAD	1		框架结构自重
PRE	OTHER	0		拉索、拉杆预应力
G_DEAD	DEAD	0		幕墙面板及配件自重
WIND+	WIND	0	None	正风压
WIND−	WIND	0	None	负风压
QUAKE	QUAKE	0	CHINESE2010	地震作用
TEMP+25	OTHER	0		正负温差 25 ℃的温度作用

载荷取值：

(1)框架自重由程序自动计算赋值；

(2)拉索预应力 PRE＝0.3 fptk，其中 fptk 为拉索破断力；

(3)幕墙面板自重 G_DEAD＝0.6 kN/m²；

(4)校核支承结构时，风载荷 WIND 大面取值 1.91 kN/m²；

(5)温度作用 TEMP＋25：正负温差 25 ℃。

4. 非线性载荷工况定义及刚度继承

非线性载荷工况定义及刚度继承如图 6-7 所示。

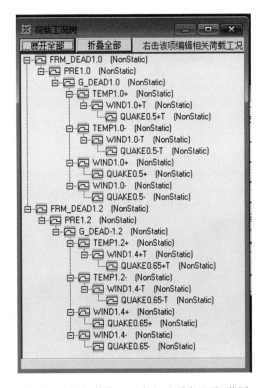

图 6-7 非线性载荷工况定义及刚度继承(截图)

5. 校核挠度及强度的工况组合定义

校核挠度及强度的工况组合定义见表 6-2。

表 6-2 工况组合定义

		TABLE：Combination Definitions	
组合名称	工况类型	非线性终点工况	校核类型
COMB1＋	NonLin Static	QUAKE0.5＋	挠度
COMB1－	NonLin Static	QUAKE0.5－	挠度
COMB1＋T	NonLin Static	QUAKE0.5＋T	挠度
COMB1－T	NonLin Static	QUAKE0.5－T	挠度
COMB2＋	NonLin Static	QUAKE0.65＋	强度
COMB2－	NonLin Static	QUAKE0.65－	强度
COMB2＋T	NonLin Static	QUAKE0.65＋T	强度
COMB2－T	NonLin Static	QUAKE0.65－T	强度

6.4.2 结果分析

1. 结构变形分析

（1）自重工况下整体体系变形：最大变形量 $\Delta_{max}=9.1$ mm，如图 6-8 所示。

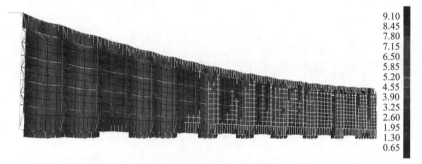

图 6-8 自重工况下整体体系变形云图

（2）正风压时整体体系变形：最大变形量 $\Delta_{max}=70$ mm，如图 6-9 所示。

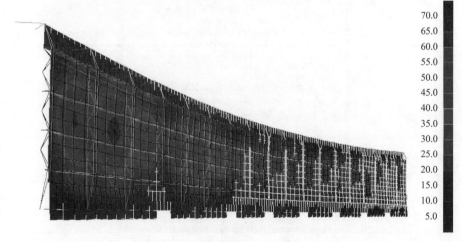

图 6-9 正风压下整体体系变形云图

（3）负风压时整体体系变形：最大变形量 $\Delta_{max}=77$ mm，如图 6-10 所示。

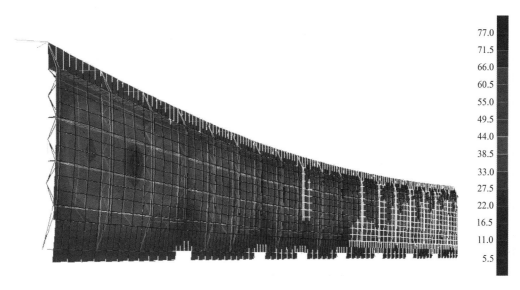

图 6-10 负风压时整体体系变形云图

（4）门斗框架挠度：计算结果如图 6-11 所示，最大变形出现在节点 188 处，门斗悬臂柱高度 4 400 mm，最大相对挠度＝20.88/4 400＝1/210＜1/125，挠度校核通过。

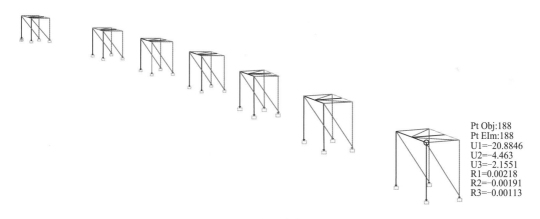

图 6-11 门斗框架挠度

（5）幕墙桁架柱跨中挠度：计算结果显示，变形最大值－49.32 mm 出现在节点 221 处，对应 ZHJ-N18 跨中（如图 6-12 所示），桁架柱高 23.775 m，节点相对挠度＝49.32/237 75＝1/545＜1/125，挠度校核通过。

（6）＋18.600 m、23.400 m 标高水平预应力索梁体系的跨中挠度：计算表明，变形最大值 71.01 mm 出现在节点 3829 处，对应 SHJ-N2 跨中（如图 6-13 所示），桁架梁两端的节点变形分别为 48.4 mm、43.1 mm，跨中相对变形＝71.01－0.5×（48.4＋43.1）＝25.26（mm），桁架梁跨度＝11 000－350＝10 650（mm），跨中相对挠度＝25.26/10 650＝1/422＜1/125，挠度校核通过。

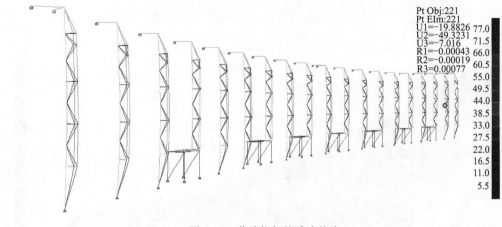

图 6-12 幕墙桁架柱跨中挠度

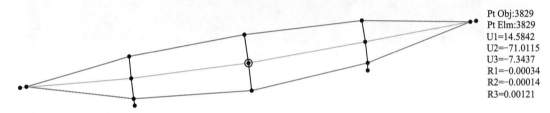

图 6-13 ＋18.600 m、23.400 m 标高平面预应力索梁体系的跨中挠度

(7)＋13.800 m 标高平面钢桁架的跨中挠度：计算表明，变形最大值－41.41 mm 出现在节点 2251 处，对应 PHJ-N2 跨中(如图 6-14 所示)，桁架梁两端的节点变形分别为 36.2 mm、31.8 mm，跨中相对变形＝41.41－0.5×(36.2＋31.8)＝7.36(mm)，桁架梁跨度 11 000 mm，跨中相对挠度＝7.36/11 000＝1/1 495＜1/125，挠度校核通过。

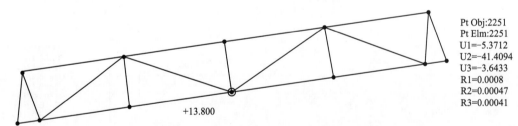

图 6-14 ＋13.800 m 标高平面钢桁架的跨中挠度

(8)柱顶三角桁架在各校核工况作用下的跨中挠度：计算表明，变形最大值－28.91 mm 出现在节点 757 处，对应 SHJ-N17 跨中(如图 6-15 所示)，桁架梁两端的节点变形分别为 28.3 mm、25.5 mm，跨中相对变形＝28.91－0.5×(28.3＋25.5)＝2.01(mm)，桁架梁跨度＝11 000－700＝10 300(mm)，跨中相对挠度＝2.01/10 300＝1/5 117＜1/125，挠度校核通过。

综合上述分析，结构体系的桁架柱、各标高水平桁架及柱顶三角桁架均未出现变形超标现象。

2. 结构杆件承载力校核

(1)全高度桁架柱后弦杆 P219×12/Q345B：其应力比柱形图如图 6-16 所示。由图 6-16 可知，该类杆件的最大应力比为 0.495，设计校核细节如图 6-17 所示，强度及稳定性校核通过。

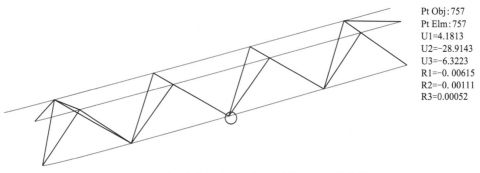

Pt Obj：757
Pt Elm：757
U1=4.1813
U2=−28.9143
U3=−6.3223
R1=−0. 00615
R2=−0. 00111
R3=0.00052

图 6-15　柱顶三角桁架在各校核工况作用下的跨中挠度

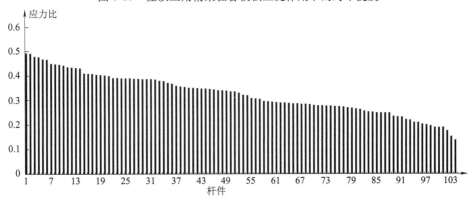

图 6-16　全高度桁架柱后弦杆 P219×12/Q345B 应力比柱形图

注：该类杆件按照应力比从大到小顺序排列。下同

Units kN,m,C ▾

----应力检查 - 设计内力----		M33	M22	U2	U3
组合 COMB2-	−1 436.28	0.000	0.000	0.00	0.00

----拉弯构件和压弯构件设计

强度	控制 方程 (5.1.1)	总	轴力	弯矩主	弯矩次	限值	状态 校核
		0.495 =	0.495 +	0.000	0.000	0.950	通过
稳定	控制 方程 (5.1.2)	总	轴力	弯矩主	弯矩次	限值	状态 校核
		0.690=	0.690 +	0.000	0.000	0.950	通过

稳定系数（GB 50017—附录C）

	截面 类别	λ_n 比	α_1 系数	α_2 系数	α_3 系数	Φ 系数
主	B	0.421	0.650	0.965	0.300	0.902
次	B	0.859	0.650	0.965	0.300	0.689

稳定系数（GB 50017—5.2.5）

	计算长度 系数 μ	有效长度 系数	长细比 λ	长细比 限值	弯矩
主抗弯	0.973	1.000	31.858	247.597	1.091
次抗弯	0.992	2.000	64.949	247.597	1.529

塑性发展系数 γ、截面影响系数 η、整体稳定系数 Φ_b（GB 50017—5.2.1、附录B）

	塑性系数 γ	影响系数 η	Φb
主抗弯	1.000	0.700	1.000
次抗弯	1.000	0.700	1.000

----剪力设计----控制方程（主4.1.2，次4.1.2）

	力 U	应力 τ	允许 fu	应力 比	假想 剪力
主剪力	0.00	0.000	180 000.000	0.000	否
次剪力	0.00	0.000	180 000.000	0.000	否

图 6-17　最大应力比杆件强度及稳定性校核（一）

（2）门斗上部桁架柱后弦杆 P219×12/Q345B：其应力比柱形图如图 6-18 所示。由图 6-18 可知，该类杆件的最大应力比为 0.37，设计校核细节如图 6-19 所示，强度及稳定性校核通过。

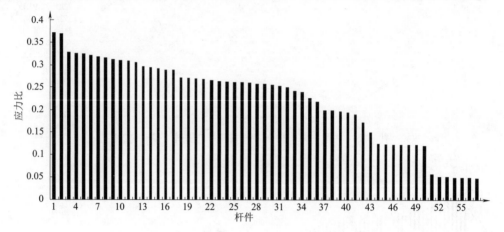

图 6-18　门斗上部桁架柱后弦杆 P219×12/Q345B 应力比柱形图

– – –应力检查 – 设计内力 – – –						Units $\boxed{N,mm,C}$ ▼
组合	N	M33	M22	U2	U3	
COMB2-	−1082163.8	0.0	0.0	0.0	0.0	

– – –拉弯构件和压弯构件设计– – –

强度	控制 方程 (5.1.1)	总 0.373 =	轴力 0.373 +	弯矩主 0.000 +	弯矩次 0.000	限值 0.950	状态 校核 通过
稳定	控制 方程 (5.1.2)	总 0.519 =	轴力 0.519 +	弯矩主 0.000 +	弯矩次 0.000	限值 0.950	状态 校核 通过

稳定系数（GB 50017—附录C）

	截面 类别	λ_n 比	α_1 系数	α_2 系数	α_3 系数	Φ 系数
主	B	0.421	0.650	0.965	0.300	0.902
次	B	0.858	0.650	0.965	0.300	0.689

稳定系数（GB 50017—5.2.5）

	计算长度 系数μ	有效长度 系数	长细比 λ	长细比 限值	弯矩 系数
主抗弯	0.973	1.000	31.861	247.597	1.067
次抗弯	0.991	1.000	64.907	247.597	1.352

塑性发展系数γ、截面影响系数η、整体稳定系数φ_b（GB 50017—5.2.1、附录B）

	塑性系数γ	影响系数η	φb
主抗弯	1.000	0.700	1.000
次抗弯	1.000	0.700	1.000

– – –剪力设计– – –控制方程（主4.1.2，次4.1.2）

	U 力	τ 应力	fu 允许	应力 比	假想 剪力
主剪力	0.0	0.00	180.00	0.000	否
次剪力	0.0	0.00	180.00	0.000	否

图 6-19　最大应力比杆件强度及稳定性校核(二)

（3）全高度桁架柱前弦杆 P180×8/Q345B：其应力比柱形图如图 6-20 所示。由图 6-20 可知，该类杆件的最大应力比为 0.24，设计校核细节如图 6-21 所示，强度及稳定性校核通过。

（4）+18.600 m、+23.400 m 标高自平衡预应力索梁体系中心杆 P168×8/Q345B：其应力比柱形图如图 6-22 所示。由图 6-22 可知，该类杆件的最大应力比为 0.43，校核细节如图 6-23 所示，强度及稳定性校核通过。

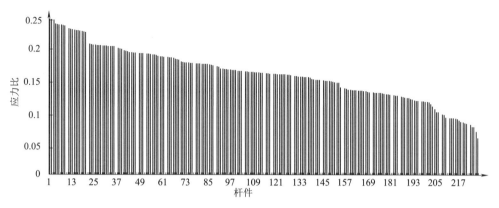

图 6-20 全高度桁架柱前弦杆 P180×8/Q345B 应力比柱形图

---应力检查 - 设计内力---						Units N,mm,C ▼
组合	N	M33	M22	U2	U3	
COMB2-T	379665.0	0.0	0.0	0.0	0.0	

---拉弯构件和压弯构件设计---

强度	控制方程 (5.1.1)	总	轴力	弯矩主	弯矩次	限值	状态校核
		0.236 =	0.236 +	0.000 +	0.000	0.950	通过
稳定	控制方程 (5.1.2)	总	轴力	弯矩主	弯矩次	限值	状态校核
		0.227 =	0.227 +	0.000 +	0.000	0.950	通过

稳定系数 (GB 50017—附录C)

	截面类别	λ_n 比	α_1 系数	α_2 系数	α_3 系数	φ 系数
主	B	0.549	0.650	0.965	0.300	0.851
次	B	0.815	0.650	0.965	0.300	0.715

稳定系数 (GB 50017—5.2.5)

	计算长度系数μ	有效长度系数	长细比 λ	长细比 限值	弯矩系数
主抗弯	0.527	3.000	41.557	148.558	1.000
次抗弯	0.781	3.000	61.613	148.558	1.000

塑性发展系数γ、截面影响系数η、整体稳定系数Φ_b (GB 50017—5.2.1、附录B)

	塑性系数γ	影响系数	Φb
主抗弯	1.000	0.700	1.000
次抗弯	1.000	0.700	1.000

---剪力设计---控制方程 (主4.1.2，次4.1.2)

	U	τ	fu 允许	应力 比	假想剪力
主剪力	0.0	0.00	180.00	0.000	否
次剪力	0.0	0.00	180.00	0.000	否

图 6-21 最大应力比杆件强度及稳定性校核(三)

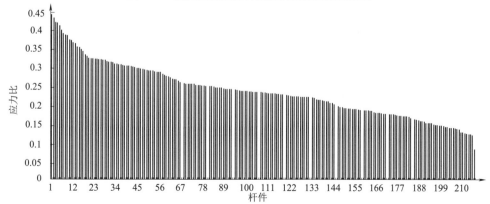

图 6-22 +18.600 m、+23.400 m标高自平衡预应力索梁体系中心支撑杆 P168×8/Q345B 应力比柱形图

---应力检查 - 设计内力---			M33	M22	U2	U3	Units N,mm,C
组合		N					
COMB2-T		-306 458.8	14 324 819.5	1 452 347.9	6 749.6	2 067.6	

---拉弯构件和压弯构件设计---							
强度	控制 方程 (5.2.1)	总	轴力	弯矩主	弯矩次	限值	状态 校核 通过
		0.432 =	0.205 +	0.226 +	0.023	0.950	
稳定	控制 方程 (5.2.5-1)	总	轴力	弯矩主	弯矩次	限值	状态 校核 通过
		0.484 =	0.305 +	0.178 +	0.018	0.950	

稳定系数（GB 50017—附录C）		截面 类别	λ_n 比	α_1 系数	α_2 系数	α_3 系数	Φ 系数
	主	B	0.648	0.650	0.965	0.300	0.806
	次	D	0.648	0.650	0.965	0.300	0.806

稳定系数（GB 50017—5.2.5）		计算长度 系数 μ	有效长度 系数	长细比 λ	长细比 限值	弯矩 系数	
	主抗弯	1.000	1.000	49.019	0.000	1.089	
	次抗弯	1.000	1.000	49.019	0.000	1.089	

塑性发展系数 γ、截面影响系数 η、整体稳定系数 Φ_b（GB 50017—5.2.1,附录B）		塑性系数 γ	影响系数 η	Φb			
	主抗弯	1.000	0.700	1.000			
	次抗弯	1.000	0.700	1.000			

---剪力设计---控制方程（主4.1.2,次4.1.2）		U 力	τ 应力	fu 允许	应力 比	假想 剪力 否否	
	主剪力	6479.6	3.51	180.00	0.015	否	
	次剪力	2067.6	0.00	180.00	0.000	否	

图 6-23　最大应力比杆件强度及稳定性校核（四）

（5）自平衡预应力索梁体系张拉索：选用直径 M32 的不锈钢拉索，各节间拉索在极限工况的轴力柱形图如图 6-24 所示，拉索最大轴力 249 kN，最小轴力 44.7 kN，未超标也未出现松弛，验算通过。

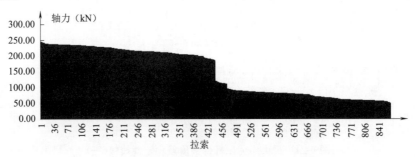

图 6-24　节间拉索在极限工况的轴力柱形图

注：节间拉索按照极限工况下轴力从大到小顺序排列

拉索 LS_32 的力学性能见表 6-3。

表 6-3　拉索 LS_32 的力学性能

索直径(mm)	拉索承载力 设计值(kN)	破断力(kN)	拉索 断面积 A(mm²)	弹性模量 E	热膨胀系数 a
M32	251.59	628.98	604.85	1.35E+05	1.80E-05

6.5　幕墙钢结构部分施工图

本节节选了部分幕墙钢结构的施工图进行展示，分别为：南 1 区钢结构立面布置图（局部）

(图 6-25),桁架柱头大样(图 6-26),自平衡桁架和主桁架柱连接节点(图 6-27)和预应力索梁
体系大样(图 6-28)。

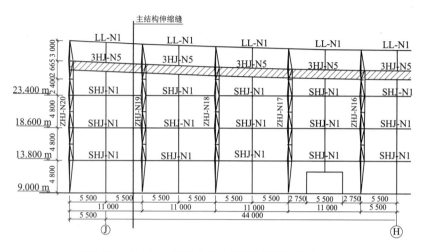

图 6-25 南 1 区钢结构立面布置图(局部)(单位:mm)

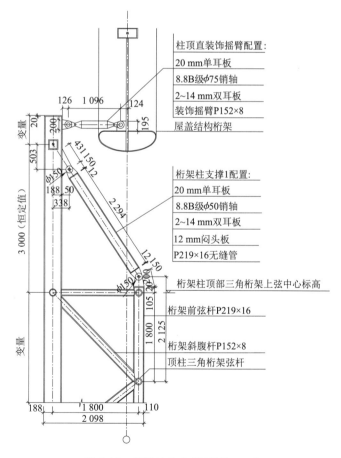

图 6-26 桁架柱头大样(单位:mm)

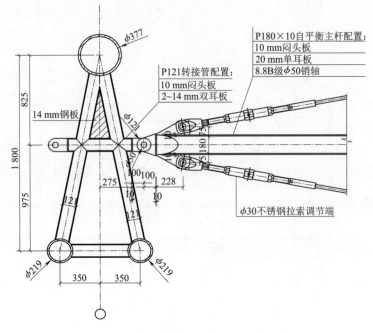

图 6-27　自平衡桁架和主桁架柱连接节点(单位:mm)

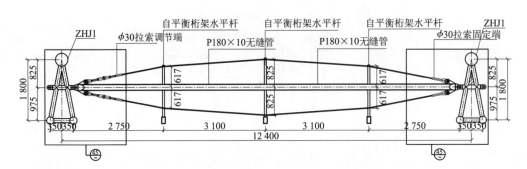

图 6-28　预应力索梁体系大样(单位:mm)

第7章 站台无柱雨棚

青岛北站无柱雨棚按8台18线对称布置在主站房南北两侧,每侧南北方向长192 m,东西方向长227 m,投影面积约58 000 m²。无柱雨棚建筑效果如图7-1所示。

图7-1 青岛北站雨棚建筑效果图

7.1 结构形式及特点

1. 结构形式

雨棚钢结构为钢管柱、平面管桁架、落地斜拉索及钢拉杆组成的受力体系,最大跨度38.5 m。钢管柱为变截面锥形柱,在横向间隔柱列纵向布置落地斜拉索(φ90 高矾索),以增强结构的侧向稳定性。屋盖结构由横向主桁架、纵向桁架及横向次桁架组成,桁架高度2.67 m,沿横向主桁架两侧在桁架上、下弦双层布置水平钢拉杆,增加雨棚屋面平面内刚度及水平抗扭刚度。水平钢拉杆采用φ60 和φ30 两种规格,分别布置在钢柱两侧区域和横向主桁架中间区域。雨棚结构布置图如图7-2所示。

2. 结构特点

本工程结构传力直接、受力合理、形式新颖,落地斜拉索在钢管柱两侧对称布置,与地锚和钢柱顶斜拉,增加钢柱侧向刚度,两侧斜拉索的水平预应力自平衡。

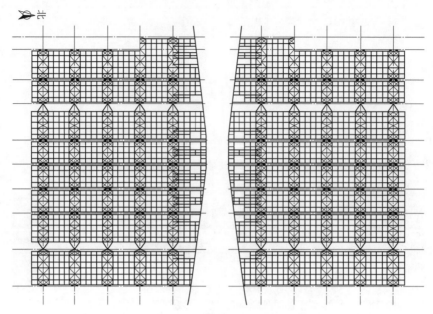

（a）雨棚结构布置图（沿主站房南北对称）

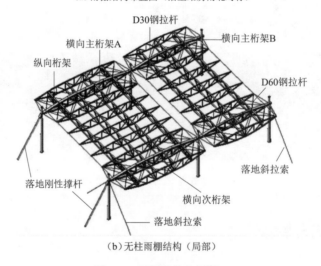

（b）无柱雨棚结构（局部）

图 7-2　雨棚结构布置图

7.2　结构计算分析

1. 结构设计标准

（1）结构安全等级为一级，结构重要性系数取 1.1。

（2）设计使用年限：50 年。

2. 抗震设防有关参数

（1）本工程抗震设防烈度为 6 度，设计基本地震加速度值为 0.05g。

（2）建筑抗震设防类别为乙类。

（3）建筑场地类别为 II 类。

（4）设计地震分组：第三组，特征周期 0.45 s。

（5）结构阻尼比：0.02。

3. 荷载及作用

（1）恒荷载

1）屋面板自重（D_L）0.5 kN/m²，包括屋面板以及檩条：$0.5×5=2.5$(kN/m)。（横向主、次桁架上弦）

2）吊顶荷载（$D_{L\text{-ceiling}}$）0.4 kN/m²：$0.4×5=2.0$(kN/m)。（横向主、次桁架下弦）

3）构件自重：由程序自动计算。

4）信息屏及其他吊挂荷载按实际情况考虑。

（2）活荷载

活荷载标准值 0.50 kN/m²（设计基准期 50 年）。因为活荷载大于雪荷载，因此在雨棚屋面结构和构件结算时，活荷载起控制作用，不考虑雪荷载组合。

（3）风荷载

1）风压按照 100 年重现期，取基本风压 $w_0=0.7$ kN/m²。

2）高度变化系数取 $\mu_z=1.586$（插值 15 m：1.52；20 m：1.63）。

3）风振系数 β_z 取 1.9。

4）向上风载：$W_{up}=1.9×1.3×1.586×0.7=2.75$(kN/m²)（体型系数为 1.3，按风洞试验报告和荷载规范取较大值）；$5×2.75=13.75$(kN/m)。（横向主、次桁架上弦）

5）向下风载：$W_{down}=1.9×0.6×1.586×0.7=1.27$(kN/m²)（体型系数为 0.6）；$5×1.27=6.35$(kN/m)。（横向主、次桁架上弦）

6）侧向风载（W_{east}，W_{north}）：根据荷载规范取 10% 的屋面风吸，则每个节点荷载为：$0.10×2.75×27\ 344/3\ 227=2.33$(kN)。（横向主、次桁架上弦节点）

（4）温度作用

结构最低、最高基本气温分别取 −20 ℃ 与 40 ℃，合龙温度取 15 ℃~20 ℃，升温荷载 T_+ 取 +25 ℃，降温荷载 T_- 取 −40 ℃。

另外附加考虑施工期间太阳辐射影响，结构整体升温加大为 +45 ℃（施工过程极值升温）。

（5）地震作用

鉴于《地震安评报告》提供的地震动参数要高于规范的谱参数，在地震作用计算时，取大者即安评谱输入，数据输入如图 7-3 所示。

（6）荷载效应组合

对本工程钢结构雨棚进行了多种荷载组合工况的计算分析，主要考虑以下几种荷载和作用：恒载（G—结构自重荷载、檩条、屋面板等），预应力（P_S），活载（L_L），风荷载（W_{up}—向上风荷载、W_{down}—向下风荷载、W_{east}—东向风荷载、W_{north}—北向风荷载），温度作用（T_+—升温、T_-—降温）和地震作用（E_X—X 方向、E_Y—Y 方向）。地震作用计算时，考虑了双向地震作用的扭转效应。

结合工程结构及其受力特点，计算主要考虑以下荷载组合，非抗震组合时，结构重要性系数取 1.1。

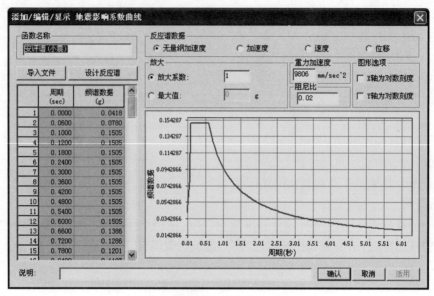

图 7-3　地震作用数据录入（截图）

1)承载能力极限状态基本组合，见表 7-1。

表 7-1　承载能力极限状态基本组合

名　称	组　合　项
LCB1	$1.35G + 1.0P_S + 0.98L_L$
LCB2	$1.2G + 1.0P_S + 1.4L_L$
LCB3	$1.35G + 1.0P_S + 1.4(0.6)T_+$
LCB4	$1.35G + 1.0P_S + 1.4(0.6)T_-$
LCB5	$1.2G + 1.0P_S + 0.98L_L + 1.4W_{down} + 1.4W_{north}$（北风压）
LCB6	$1.2G + 1.0P_S + 0.98L_L + 1.4W_{up} + 1.4W_{north}$（北风吸）
LCB7	$1.2G + 1.0P_S + 0.98L_L + 1.4W_{down} + 1.4W_{east}$（东风压）
LCB8	$1.2G + 1.0P_S + 0.98L_L + 1.4W_{up} + 1.4W_{east}$（东风吸）
LCB9	$0.9G + 1.0P_S + 0.98L_L + 1.4W_{up} + 1.4W_{north}$（北风吸）
LCB10	$0.9G + 1.0P_S + 0.98L_L + 1.4W_{up} + 1.4W_{east}$（东风吸）
LCB11	$1.2G + 1.0P_S + 1.4L_L + 0.84W_{down} + 0.84W_{north}$（北风压）
LCB12	$1.2G + 1.0P_S + 1.4L_L + 0.84W_{up} + 0.84W_{north}$（北风吸）
LCB13	$1.2G + 1.0P_S + 1.4L_L + 0.84W_{down} + 0.84W_{east}$（东风压）
LCB14	$1.2G + 1.0P_S + 1.4L_L + 0.84W_{up} + 0.84W_{east}$（东风吸）
LCB15	$1.2G + 1.0P_S + 1.4L_L + 0.84W_{down} + 0.84W_{north} + 1.4(0.6)T_+$（北风压、升温）
LCB16	$1.2G + 1.0P_S + 1.4L_L + 0.84W_{down} + 0.84W_{north} + 1.4(0.6)T_-$（北风压、降温）
LCB17	$1.2G + 1.0P_S + 1.4L_L + 0.84W_{down} + 0.84W_{east} + 1.4(0.6)T_+$（东风压、升温）
LCB18	$1.2G + 1.0P_S + 1.4L_L + 0.84W_{down} + 0.84W_{east} + 1.4(0.6)T_-$（东风压、降温）
LCB19	$1.2G + 1.0P_S + 1.4L_L + 0.84W_{up} + 0.84W_{north} + 1.4(0.6)T_+$（北风吸、升温）
LCB20	$1.2G + 1.0P_S + 1.4L_L + 0.84W_{up} + 0.84W_{north} + 1.4(0.6)T_-$（北风吸、降温）
LCB21	$1.2G + 1.0P_S + 1.4L_L + 0.84W_{up} + 0.84W_{east} + 1.4(0.6)T_+$（东风吸、升温）

续上表

名　称	组　合　项
LCB22	$1.2G+1.0P_S+1.4L_L+0.84W_{up}+0.84W_{east}+1.4(0.6)T_-$（东风吸、降温）
LCB23	$1.2G+1.0P_S+0.98L_L+1.4W_{down}+1.4W_{north}+1.4(0.6)T_+$（北风压、升温）
LCB24	$1.2G+1.0P_S+0.98L_L+1.4W_{down}+1.4W_{north}+1.4(0.6)T_-$（北风压、降温）
LCB25	$1.2G+1.0P_S+0.98L_L+1.4W_{down}+1.4W_{east}+1.4(0.6)T_+$（东风压、升温）
LCB26	$1.2G+1.0P_S+0.98L_L+1.4W_{down}+1.4W_{east}+1.4(0.6)T_-$（东风压、降温）
LCB27	$1.2G+1.0P_S+0.98L_L+1.4W_{up}+1.4W_{north}+1.4(0.6)T_+$（北风吸、升温）
LCB28	$1.2G+1.0P_S+0.98L_L+1.4W_{up}+1.4W_{north}+1.4(0.6)T_-$（北风吸、降温）
LCB29	$1.2G+1.0P_S+0.98L_L+1.4W_{up}+1.4W_{east}+1.4(0.6)T_+$（东风吸、升温）
LCB30	$1.2G+1.0P_S+0.98L_L+1.4W_{up}+1.4W_{east}+1.4(0.6)T_-$（东风吸、降温）
LCB31	$0.9G+1.0P_S+0.98L_L+1.4W_{up}+1.4W_{north}+1.4(0.6)T_+$（北风吸、升温）
LCB32	$0.9G+1.0P_S+0.98L_L+1.4W_{up}+1.4W_{north}+1.4(0.6)T_-$（北风吸、降温）
LCB33	$0.9G+1.0P_S+0.98L_L+1.4W_{up}+1.4W_{east}+1.4(0.6)T_+$（东风吸、升温）
LCB34	$0.9G+1.0P_S+0.98L_L+1.4W_{up}+1.4W_{east}+1.4(0.6)T_-$（东风吸、降温）
LCB35	$1.2G+1.0P_S+0.98L_L+0.84W_{down}+0.84W_{north}+1.4T_+$（北风压、升温）
LCB36	$1.2G+1.0P_S+0.98L_L+0.84W_{down}+0.84W_{north}+1.4T_-$（北风压、降温）
LCB37	$1.2G+1.0P_S+0.98L_L+0.84W_{down}+0.84W_{east}+1.4T_+$（东风压、升温）
LCB38	$1.2G+1.0P_S+0.98L_L+0.84W_{down}+0.84W_{east}+1.4T_-$（东风压、降温）
LCB39	$1.2G+1.0P_S+0.98L_L+0.84W_{up}+0.84W_{north}+1.4T_+$（北风吸、升温）
LCB40	$1.2G+1.0P_S+0.98L_L+0.84W_{up}+0.84W_{north}+1.4T_-$（北风吸、降温）
LCB41	$1.2G+1.0P_S+0.98L_L+0.84W_{up}+0.84W_{east}+1.4T_+$（东风吸、升温）
LCB42	$1.2G+1.0P_S+0.98L_L+0.84W_{up}+0.84W_{east}+1.4T_-$（东风吸、降温）
LCB43	$1.2(G+0.5L_L)+1.0P_S+1.3E_X$（仅水平地震作用）
LCB44	$1.2(G+0.5L_L)+1.0P_S-1.3E_X$（仅水平地震作用）
LCB45	$1.2(G+0.5L_L)+1.0P_S+1.3E_Y$（仅水平地震作用）
LCB46	$1.2(G+0.5L_L)+1.0P_S-1.3E_Y$（仅水平地震作用）
LCB47	$1.2(G+0.5L_L)+1.0P_S+1.3E_V$（仅竖向地震作用）
LCB48	$1.2(G+0.5L_L)+1.0P_S-1.3E_V$（仅竖向地震作用）
LCB49	$1.2(G+0.5L_L)+1.0P_S+1.3E_X+0.5E_V$（水平地震作用为主）
LCB50	$1.2(G+0.5L_L)+1.0P_S-1.3E_X+0.5E_V$（水平地震作用为主）
LCB51	$1.2(G+0.5L_L)+1.0P_S+1.3E_X-0.5E_V$（水平地震作用为主）
LCB52	$1.2(G+0.5L_L)+1.0P_S-1.3E_X-0.5E_V$（水平地震作用为主）
LCB53	$1.2(G+0.5L_L)+1.0P_S+1.3E_Y+0.5E_V$（水平地震作用为主）
LCB54	$1.2(G+0.5L_L)+1.0P_S-1.3E_Y+0.5E_V$（水平地震作用为主）
LCB55	$1.2(G+0.5L_L)+1.0P_S+1.3E_Y-0.5E_V$（水平地震作用为主）
LCB56	$1.2(G+0.5L_L)+1.0P_S-1.3E_Y-0.5E_V$（水平地震作用为主）
LCB57	$1.2(G+0.5L_L)+1.0P_S+0.5E_X+1.3E_V$（竖向地震作用为主）
LCB58	$1.2(G+0.5L_L)+1.0P_S-0.5E_X+1.3E_V$（竖向地震作用为主）

名　　称	组　合　项
LCB59	$1.2(G+0.5L_L)+1.0P_S+0.5E_X-1.3E_V$（竖向地震作用为主）
LCB60	$1.2(G+0.5L_L)+1.0P_S-0.5E_X-1.3E_V$（竖向地震作用为主）
LCB61	$1.2(G+0.5L_L)+1.0P_S+0.5E_Y+1.3E_V$（竖向地震作用为主）
LCB62	$1.2(G+0.5L_L)+1.0P_S-0.5E_Y+1.3E_V$（竖向地震作用为主）
LCB63	$1.2(G+0.5L_L)+1.0P_S+0.5E_Y-1.3E_V$（竖向地震作用为主）
LCB64	$1.2(G+0.5L_L)+1.0P_S-0.5E_Y-1.3EV$（竖向地震作用为主）
LCB65	$1.2(G+0.5L_L)+1.0P_S+1.3E_X+1.4(0.6)T_+$（仅水平地震作用、升温）
LCB66	$1.2(G+0.5L_L)+1.0P_S-1.3E_X+1.4(0.6)T_+$（仅水平地震作用、升温）
LCB67	$1.2(G+0.5L_L)+1.0P_S+1.3E_Y+1.4(0.6)T_+$（仅水平地震作用、升温）
LCB68	$1.2(G+0.5L_L)+1.0P_S-1.3E_Y+1.4(0.6)T_+$（仅水平地震作用、升温）
LCB69	$1.2(G+0.5L_L)+1.0P_S+1.3E_V+1.4(0.6)T_+$（仅竖向地震作用、升温）
LCB70	$1.2(G+0.5L_L)+1.0P_S-1.3E_V+1.4(0.6)T_+$（仅竖向地震作用、升温）
LCB71	$1.2(G+0.5L_L)+1.0P_S+1.3E_X+1.4(0.6)T_-$（仅水平地震作用、降温）
LCB72	$1.2(G+0.5L_L)+1.0P_S-1.3E_X+1.4(0.6)T_-$（仅水平地震作用、降温）
LCB73	$1.2(G+0.5L_L)+1.0P_S+1.3E_Y+1.4(0.6)T_-$（仅水平地震作用、降温）
LCB74	$1.2(G+0.5L_L)+1.0P_S-1.3E_Y+1.4(0.6)T_-$（仅水平地震作用、降温）
LCB75	$1.2(G+0.5L_L)+1.0P_S+1.3E_V+1.4(0.6)T_-$（仅竖向地震作用、降温）
LCB76	$1.2(G+0.5L_L)+1.0P_S-1.3E_V+1.4(0.6)T_-$（仅竖向地震作用、降温）
LCB77	$1.2(G+0.5L_L)+1.0P_S+1.3E_X+0.5E_V+1.4(0.6)T_+$（水平地震作用为主、升温）
LCB78	$1.2(G+0.5L_L)+1.0P_S-1.3E_X+0.5E_V+1.4(0.6)T_+$（水平地震作用为主、升温）
LCB79	$1.2(G+0.5L_L)+1.0P_S+1.3E_X-0.5E_V+1.4(0.6)T_+$（水平地震作用为主、升温）
LCB80	$1.2(G+0.5L_L)+1.0P_S-1.3E_X-0.5E_V+1.4(0.6)T_+$（水平地震作用为主、升温）
LCB81	$1.2(G+0.5L_L)+1.0P_S+1.3E_Y+0.5E_V+1.4(0.6)T_+$（水平地震作用为主、升温）
LCB82	$1.2(G+0.5L_L)+1.0P_S-1.3E_Y+0.5E_V+1.4(0.6)T_+$（水平地震作用为主、升温）
LCB83	$1.2(G+0.5L_L)+1.0P_S+1.3E_Y-0.5E_V+1.4(0.6)T_+$（水平地震作用为主、升温）
LCB84	$1.2(G+0.5L_L)+1.0P_S-1.3E_Y-0.5E_V+1.4(0.6)T_+$（水平地震作用为主、升温）
LCB85	$1.2(G+0.5L_L)+1.0P_S+1.3E_X+0.5E_V+1.4(0.6)T_-$（水平地震作用为主、降温）
LCB86	$1.2(G+0.5L_L)+1.0P_S-1.3E_X+0.5E_V+1.4(0.6)T_-$（水平地震作用为主、降温）
LCB87	$1.2(G+0.5L_L)+1.0P_S+1.3E_X-0.5E_V+1.4(0.6)T_-$（水平地震作用为主、降温）
LCB88	$1.2(G+0.5L_L)+1.0P_S-1.3E_X-0.5E_V+1.4(0.6)T_-$（水平地震作用为主、降温）
LCB89	$1.2(G+0.5L_L)+1.0P_S+1.3E_Y+0.5E_V+1.4(0.6)T_-$（水平地震作用为主、降温）
LCB90	$1.2(G+0.5L_L)+1.0P_S-1.3E_Y+0.5E_V+1.4(0.6)T_-$（水平地震作用为主、降温）
LCB91	$1.2(G+0.5L_L)+1.0P_S+1.3E_Y-0.5E_V+1.4(0.6)T_-$（水平地震作用为主、降温）
LCB92	$1.2(G+0.5L_L)+1.0P_S-1.3E_Y-0.5E_V+1.4(0.6)T_-$（水平地震作用为主、降温）
LCB93	$1.2(G+0.5L_L)+1.0P_S+0.5E_X+1.3E_V+1.4(0.6)T_+$（竖向地震作用为主、升温）
LCB94	$1.2(G+0.5L_L)+1.0P_S-0.5E_X+1.3E_V+1.4(0.6)T_+$（竖向地震作用为主、升温）
LCB95	$1.2(G+0.5L_L)+1.0P_S+0.5E_X-1.3E_V+1.4(0.6)T_+$（竖向地震作用为主、升温）

名　称	组 合 项
LCB96	$1.2(G+0.5L_L)+1.0P_S-0.5E_X-1.3E_V+1.4(0.6)T_+$（竖向地震作用为主、升温）
LCB97	$1.2(G+0.5L_L)+1.0P_S+0.5E_Y+1.3E_V+1.4(0.6)T_+$（竖向地震作用为主、升温）
LCB98	$1.2(G+0.5L_L)+1.0P_S-0.5E_Y+1.3E_V+1.4(0.6)T_+$（竖向地震作用为主、升温）
LCB99	$1.2(G+0.5L_L)+1.0P_S+0.5E_Y-1.3E_V+1.4(0.6)T_+$（竖向地震作用为主、升温）
LCB100	$1.2(G+0.5L_L)+1.0P_S-0.5E_Y-1.3E_V+1.4(0.6)T_+$（竖向地震作用为主、升温）
LCB101	$1.2(G+0.5L_L)+1.0P_S+0.5E_X+1.3E_V+1.4(0.6)T_-$（竖向地震作用为主、降温）
LCB102	$1.2(G+0.5L_L)+1.0P_S-0.5E_X+1.3E_V+1.4(0.6)T_-$（竖向地震作用为主、降温）
LCB103	$1.2(G+0.5L_L)+1.0P_S+0.5E_X-1.3E_V+1.4(0.6)T_-$（竖向地震作用为主、降温）
LCB104	$1.2(G+0.5L_L)+1.0P_S-0.5E_X-1.3E_V+1.4(0.6)T_-$（竖向地震作用为主、降温）
LCB105	$1.2(G+0.5L_L)+1.0P_S+0.5E_Y+1.3E_V+1.4(0.6)T_-$（竖向地震作用为主、降温）
LCB106	$1.2(G+0.5L_L)+1.0P_S-0.5E_Y+1.3E_V+1.4(0.6)T_-$（竖向地震作用为主、降温）
LCB107	$1.2(G+0.5L_L)+1.0P_S+0.5E_Y-1.3E_V+1.4(0.6)T_-$（竖向地震作用为主、降温）
LCB108	$1.2(G+0.5L_L)+1.0P_S-0.5E_Y-1.3E_V+1.4(0.6)T_-$（竖向地震作用为主、降温）

2）正常使用极限状态标准组合，见表 7-2。

表 7-2　正常使用极限状态标准组合

名　称	组 合 项
Str1	$G+P_S+L_L$
Str2	$G+P_S+T_+$
Str3	$G+P_S+T_-$
Str4	$G+P_S+0.7L_L+W_{down}+W_{north}$（北风压）
Str5	$G+P_S+0.7L_L+W_{down}+W_{east}$（东风压）
Str6	$G+P_S+0.7L_L+W_{up}+W_{north}$（北风吸）
Str7	$G+P_S+0.7L_L+W_{up}+W_{east}$（东风吸）
Str8	$G+P_S+L_L+0.6W_{down}+0.6W_{north}$（北风压）
Str9	$G+P_S+L_L+0.6W_{down}+0.6W_{east}$（东风压）
Str10	$G+P_S+L_L+0.6W_{up}+0.6W_{north}$（北风吸）
Str11	$G+P_S+L_L+0.6W_{up}+0.6W_{east}$（东风吸）
Str12	$G+P_S+L_L+0.6W_{down}+0.6W_{north}+0.6T_+$（北风压、升温）
Str13	$G+P_S+L_L+0.6W_{down}+0.6W_{east}+0.6T_+$（东风压、升温）
Str14	$G+P_S+L_L+0.6W_{down}+0.6W_{north}+0.6T_-$（北风压、降温）
Str15	$G+P_S+L_L+0.6W_{down}+0.6W_{east}+0.6T_-$（东风压、降温）
Str16	$G+P_S+L_L+0.6W_{up}+0.6W_{north}+0.6T_+$（北风吸、升温）
Str17	$G+P_S+L_L+0.6W_{up}+0.6W_{east}+0.6T_+$（东风吸、升温）
Str18	$G+P_S+L_L+0.6W_{up}+0.6W_{north}+0.6T_-$（北风吸、降温）
Str19	$G+P_S+L_L+0.6W_{up}+0.6W_{east}+0.6T_-$（东风吸、降温）
Str20	$G+P_S+0.7L_L+W_{down}+W_{north}+0.6T_+$（北风压、升温）
Str21	$G+P_S+0.7L_L+W_{down}+W_{east}+0.6T_+$（东风压、升温）

名　　称	组　合　项
Str22	$G+P_S+0.7L_L+W_{down}+W_{north}+0.6T_-$（北风压、降温）
Str23	$G+P_S+0.7L_L+W_{down}+W_{east}+0.6T_-$（东风压、降温）
Str24	$G+P_S+0.7L_L+W_{up}+W_{north}+0.6T_+$（北风吸、升温）
Str25	$G+P_S+0.7L_L+W_{up}+W_{east}+0.6T_+$（东风吸、升温）
Str26	$G+P_S+0.7L_L+W_{up}+W_{north}+0.6T_-$（北风吸、降温）
Str27	$G+P_S+0.7L_L+W_{up}+W_{east}+0.6T_-$（东风吸、降温）
Str28	$G+P_S+0.7L_L+0.6W_{down}+0.6W_{north}+T_+$（北风压、升温）
Str29	$G+P_S+0.7L_L+0.6W_{down}+0.6W_{east}+T_+$（东风压、升温）
Str30	$G+P_S+0.7L_L+0.6W_{down}+0.6W_{north}+T_-$（北风压、降温）
Str31	$G+P_S+0.7L_L+0.6W_{down}+0.6W_{east}+T_-$（东风压、降温）
Str32	$G+P_S+0.7L_L+0.6W_{up}+0.6W_{north}+T_+$（北风吸、升温）
Str33	$G+P_S+0.7L_L+0.6W_{up}+0.6W_{east}+T_+$（东风吸、升温）
Str34	$G+P_S+0.7L_L+0.6W_{up}+0.6W_{north}+T_-$（北风吸、降温）
Str35	$G+P_S+0.7L_L+0.6W_{up}+0.6W_{east}+T_-$（东风吸、降温）

（7）结构模型

采用 MIDAS/Gen Ver.800 进行整体分析和截面验算，特征值屈曲分析使用 ANSYS 12.0进行了校核比较。

MIDAS 模型中，桁架弦杆使用梁单元模拟，中间腹杆和预应力拉索使用桁架单元模拟。三维模型如图 7-4 所示。

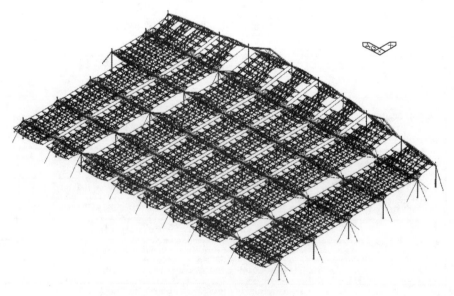

图 7-4　MIDAS 计算模型

结构 Y 向长度较长，通过释放单元轴向位移（整体坐标系 Y 向），以释放结构温度变化产生的 Y 向位移。构造上采用滑动连接，如图 7-5 所示。

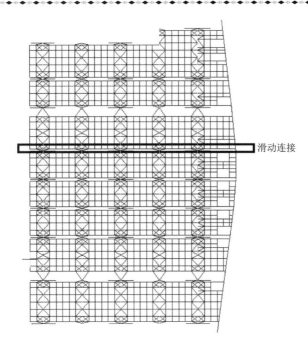

滑动连接

图 7-5　释放温度应力连接位置

7.3　结构分析情况

7.3.1　周期与振型

结构的前 30 阶自振周期和振型质量参与系数见表 7-3。

表 7-3　周期和振型质量参与系数

模态号	周期(s)	振型参与质量					
		TRAN-X		TRAN-Y		TRAN-Z	
		质量(%)	合计(%)	质量(%)	合计(%)	质量(%)	合计(%)
1	0.669 2	0.004 7	0.004 7	26.979 7	26.979 7	0.001 7	0.001 7
2	0.667 1	0.000 2	0.004 9	30.091 6	57.071 3	0.000 3	0.001 9
3	0.646 5	0.507 5	0.512 4	0.008 4	57.079 6	0	0.001 9
4	0.644 2	0.000 1	0.512 5	0.560 6	57.640 3	0	0.002
5	0.626 3	20.619 6	21.132 1	0.002 8	57.643	0.000 7	0.002 6
6	0.619 2	0.000 7	21.132 7	4.391 6	62.034 6	0.000 3	0.002 9
7	0.616 2	0.002 2	21.134 9	3.023 7	65.058 3	0.000 7	0.003 6
8	0.576 9	1.805 7	22.940 6	0.025 6	65.083 9	0.001 9	0.005 5
9	0.567 8	10.820 2	33.760 8	0.008 8	65.092 8	0.000 1	0.005 6
10	0.560 7	0.088 5	33.849 3	2.535 4	67.628 2	0	0.005 6
11	0.546 2	46.394 6	80.243 8	0.002 2	67.630 5	0.002 4	0.008
12	0.512 8	0.108 1	80.352	4.179 5	71.81	0.000 7	0.008 7
13	0.508 5	11.005 3	91.357 3	0.085 4	71.895 4	0.000 3	0.009

续上表

模态号	周期(s)	振型参与质量					
		TRAN-X		TRAN-Y		TRAN-Z	
		质量(%)	合计(%)	质量(%)	合计(%)	质量(%)	合计(%)
14	0.490 2	0.123 4	91.480 7	0.017 5	71.912 9	0.007 1	0.016 2
15	0.455 6	1.260 6	92.741 3	1.920 2	73.833 1	0	0.016 2
16	0.451 1	0.559 2	93.300 6	1.719 1	75.552 2	0.001	0.017 1
17	0.419	0.001 5	93.302	0.000 3	75.552 5	4.715 4	4.732 5
18	0.368 5	3.436 6	96.738 6	0.042 3	75.594 8	0.017 3	4.749 8
19	0.359 7	0.000 4	96.739	8.127	83.721 9	0.530 1	5.279 9
20	0.353 5	0.012 1	96.751 1	0.328 4	84.050 3	10.252 3	15.532 2
21	0.312 2	0.011 7	96.762 7	13.981 6	98.031 9	1.416 8	16.948 9
22	0.304 2	0.030 8	96.793 5	0.342 9	98.374 8	39.968 6	56.917 5
23	0.292	1.828 3	98.621 6	0.017 5	98.392 3	0.781 8	57.699 3
24	0.270 8	0.030 9	98.652 6	0.019 4	98.411 7	24.97	82.669 4
25	0.246 4	0.000 6	98.653 2	0.940 0	99.352 1	0.012 5	82.681 8
26	0.215 3	0.708 2	99.361 4	0.000 6	99.352 7	0.004 5	82.686 3
27	0.148	0.000 2	99.361 6	0	99.352 7	2.954 5	85.640 8
28	0.123 4	0.555	99.916 6	0	99.352 7	0.000 4	85.641 2
29	0.106 5	0	99.916 6	0.516 9	99.869 6	0.013 1	85.654 3
30	0.082 4	0	99.916 6	0.000 3	99.869 9	5.758 7	91.413 1

　　由表 7-3 可见,结构的第 1、2 阶振型以横轨方向的平动为主,其周期为 0.669 2 s、0.667 1 s;结构的第 3 阶振型略有扭转效应,周期为 0.646 5 s。结构前 6 阶振型如图 7-6 所示。

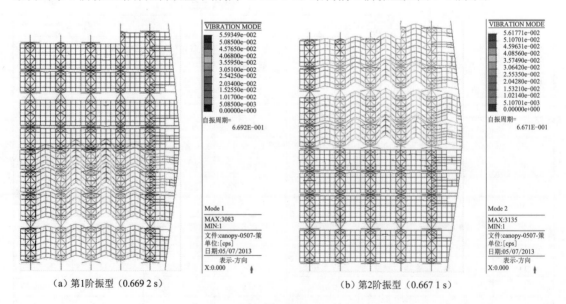

　　(a)第1阶振型（0.669 2 s）　　　　　　　　　(b)第2阶振型（0.667 1 s）

图　7-6

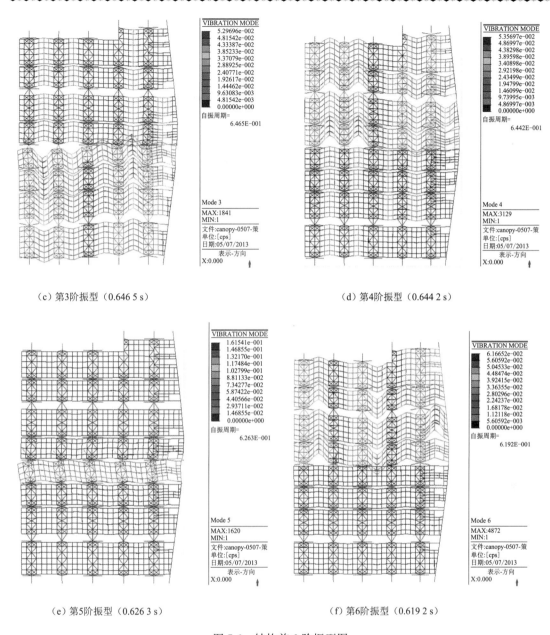

（c）第3阶振型（0.646 5 s）　　　　　　　　　　　（d）第4阶振型（0.644 2 s）

（e）第5阶振型（0.626 3 s）　　　　　　　　　　　（f）第6阶振型（0.619 2 s）

图 7-6　结构前 6 阶振型图

7.3.2　结构变形

1. 整体变形控制

Str1（$G+P_S+L_L$）组合结构的整体变形云图如图 7-7 所示。由图 7-7 可知，最大位移为 72.38 mm，挠跨比为 72.38/38 500=1/532，满足规范挠跨比限值 1/250 的要求。

2. 温度缝处相对变形

结构在升温工况下温度缝处的变形云图如图 7-8 所示。

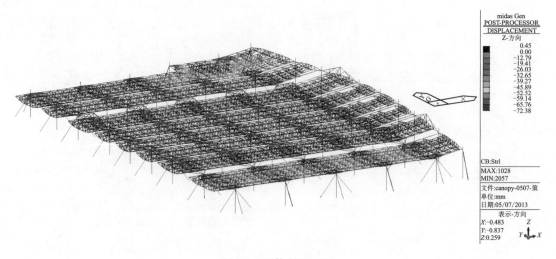

图 7-7　整体变形云图

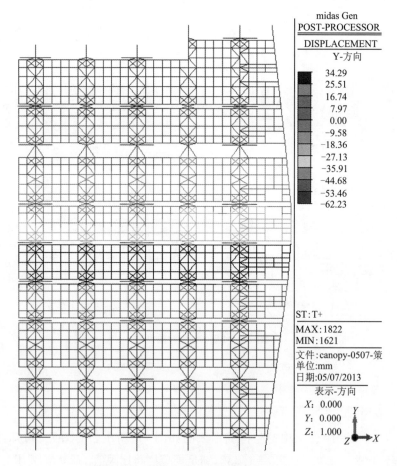

图 7-8　升温工况下温度缝处变形云图

结构在降温工况下温度缝处的变形云图如图 7-9 所示。

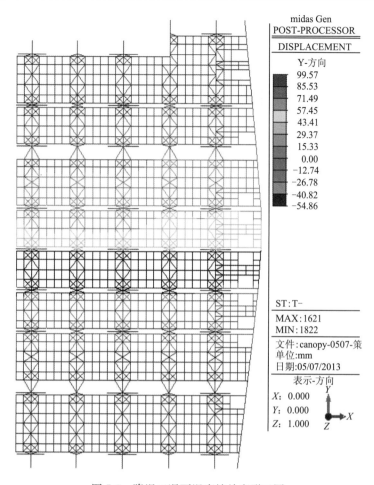

图 7-9　降温工况下温度缝处变形云图

由图 7-8、图 7-9 可以看出,温度缝左右两侧的最大相对变形量在±120 mm 以内,节点长圆孔设计按此进行。

7.4　构件截面验算

7.4.1　计算长度的取值

计算长度的取值对截面验算结果影响较大,考虑到雨棚结构的特殊性,为了使构件设计更加经济合理,针对柱子的计算长度取值进行了专门研究。使用 MIDAS/Gen 和 ANSYS 两个软件分别进行了特性值屈曲分析,取第 1 阶屈曲模态时的特性值系数按欧拉公式 $P_{cr}=\pi^2 EI/l^2$ 反算构件计算长度。

由于柱子主要承受竖向轴力作用,此次屈曲分析选择恒载作为初始荷载,计算时,对雨棚桁架分区进行刚性平面假定,这样就滤去了雨棚桁架杆件的失稳模态。计算得到的第 1 阶屈曲模态如图 7-10、图 7-11 所示。

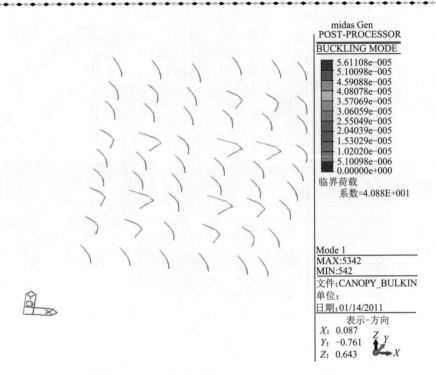

图 7-10　第 1 阶模态（特征值 $\lambda=40.8$）（MIDAS/Gen）

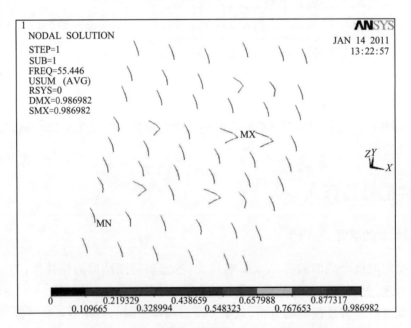

图 7-11　第 1 阶模态（特征值 $\lambda=55.4$）（ANSYS）

通过对比发现，两个软件计算得到的模态基本一致，现分别取两个软件计算得到的恒载作用下柱子失稳时的轴力作为初始轴力进行反算，由于第 1 阶模态有所有柱子整体失稳的特征，为安全计，取所有柱子中轴力最小值进行计算，结果见表 7-4、表 7-5。

表 7-4　MIDAS 计算长度反算

$E(N/mm^2)$	$I(mm^4)$	初始轴力 P(kN)	稳定系数 λ	极限承载力 P_{cr}(kN)	两端简支受压极限承载力 P_{cr0}(kN)	几何长度 L_0(m)	计算长度 l(m)	计算长度系数 μ
2.06E+05	4.40E+09	591	40.8	24 112.8	30 954	17	19.3	1.13

注:1. 截面名称:P750×30。

　　2. $\mu=l/L_0$。

表 7-5　ANSYS 计算长度反算

$E(N/mm^2)$	$I(mm^4)$	初始轴力 P(kN)	稳定系数 λ	极限承载力 P_{cr}(kN)	两端简支受压极限承载力 P_{cr0}(kN)	几何长度 L_0(m)	计算长度 l(m)	计算长度系数 μ
2.06E+05	4.40E+09	453	55.4	25 096.2	30 954	17	18.9	1.11

注:同表 7-4。

因此,柱子截面验算时,统一取计算长度系数为 1.1。桁架弦杆的计算长度面内取节间长度,面外取无支撑长度。

7.4.2　柱截面验算

本工程雨棚柱均为变截面圆管,上小下大。从屈曲模态看,失稳时变形最大点在柱子半高截面处,因此在对这种变截面柱子进行截面验算时,回转半径可近似按半高处截面取。在 MIDAS 软件中的计算长度系数按 $1.1\times600/750=0.88$ 输入,柱截面验算结果如图 7-12 所示。

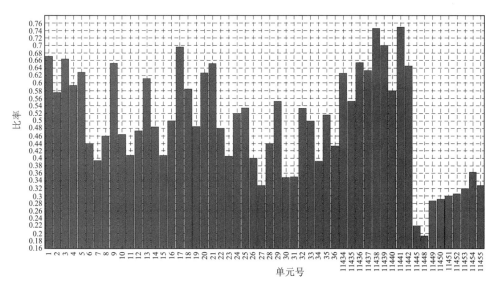

图 7-12　柱子截面验算比

7.4.3　桁架杆件截面验算

经 MIDAS 软件计算分析,总体截面应力比验算结果如图 7-13 所示。由图 7-13 可知,截面应力比均小于 1,满足要求。

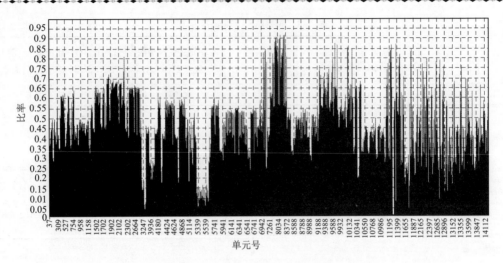

图 7-13　截面应力比验算柱状图

7.5　钢柱落地斜拉索设计

中间一排钢柱沿顺轨向设置斜拉索以增加其抗侧刚度,拉索选用 D90 Galfan 钢拉索(1670 级)。拉索目标索力确定原则是在所有组合下均不失效且拉力最小,拉索应力值按抗拉强度的 40% 控制。经过试算,得到拉索的目标张拉力如图 7-14 所示,索应力包络值如图 7-15所示,索应力包络值均小于抗拉强度的 40%,即 668 MPa,满足要求。

图 7-14　拉索的目标张拉力(单位:kN)

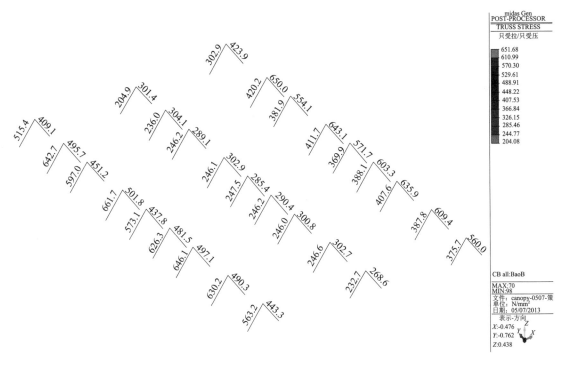

图 7-15　索应力包络值（单位：N/mm²）

7.6　关键节点计算

　　本项目复杂的钢结构设计使得在主桁架与钢柱连接处、刚性支撑与钢柱连接处、主桁架相贯处、纵向桁架弦杆与腹杆连接处等出现较多复杂节点，而这些关键节点的设计对于加工制作、工程安全都十分重要。部分节点三维模型如图 7-16～图 7-19 所示。

　　设计中应对关键节点进行分类，分别进行计算分析。限于篇幅，下面简要列出个别节点的计算，读者可参照现行规范进行核算。

图 7-16　温度缝处节点

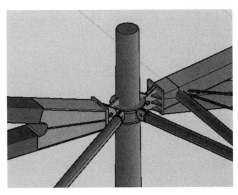

图 7-17　固定铰节点

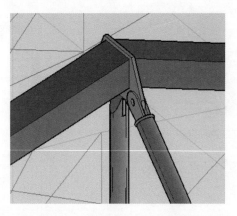 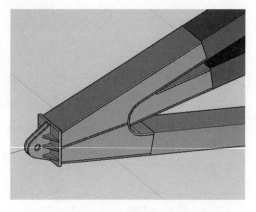

图 7-18 横向主桁架 A 面外支撑节点　　　　图 7-19 横向主桁架 A 端节点

7.6.1 相贯节点验算

选取某横向主桁架弦杆与腹杆相贯节点进行承载力验算,节点类型为矩形管 K-N 形搭接节点,如图 7-20 所示。

1. 输入条件

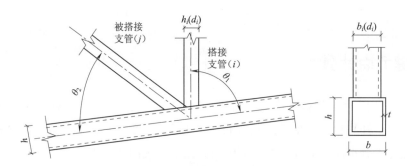

图 7-20 矩形管 K-N 形搭接节点

主管:$b=600$ mm;$h=400$ mm;$t=20$ mm;$f_y=345$ MPa。

搭接支管:$b_i=250$ mm;$h_i=250$ mm;$t_i=8$ mm;$f_{yi}=345$ MPa;$f_i=310$ MPa。

$$A_i=b_i \cdot h_i-(b_i-2t_i) \cdot (h_i-2t_i)=7\ 744(\text{mm}^2)$$

被搭接支管:$b_j=250$ mm;$h_j=250$ mm;$t_j=8$ mm;$f_{yj}=345$ MPa。

$$A_j=b_j \cdot h_j-(b_j-2t_j) \cdot (h_j-2t_j)=8\ 676\ (\text{mm}^2)$$

几何关系:$\theta_1=82°$;$\theta_2=43°$。

搭接率:$O_v=30\%$($O_v=q/p$,q 为两支管搭接部分延伸至主管表面时的长度,p 为搭接支管与主管的相贯长度)。

注:b_i、h_i、t_i 分别为第 i 个矩形支管的截面宽度、高度和壁厚;

　　b、h、t 分别为矩形主管的截面宽度、高度和壁厚;

　　f_{yi} 为第 i 个支管钢材的屈服强度。

2. 适用范围判断

(1)支管宽度验算

支管与主管宽度比($\frac{b_i}{b}$或$\frac{h_i}{b}$)应不小于 0.25,验算结果满足要求。

(2)支管径厚比验算

支管径厚比($\frac{h_i}{t_i}$或$\frac{b_i}{t_i}$)应不大于 35(受拉),验算结果满足要求。

(3)搭接管与被搭接管宽度验算

搭接管宽度比($\frac{h_j}{b_i}$或$\frac{h_i}{b_i}$)应在 0.5~2.0 之间,验算结果满足要求。

(4)主管径厚比验算

主管径厚($\frac{b}{t}$或$\frac{h}{t}$)应不大于 40,验算结果满足要求。

(5)搭接率验算

搭接率 O_v 应在 25%~100% 之间,被搭接管厚度比 $\frac{t_i}{t_j}$ 应不大于 1,搭接管宽度比 $\frac{b_i}{b_j}$ 应在 0.75~1.00 之间,验算结果满足要求。

3. 搭接支管承载力设计值

$$b_e = \min\left\{\frac{10}{b/t} \cdot \frac{f_y \cdot t}{f_{yi} \cdot t_i} \cdot b_i, b_i\right\} \qquad b_{ej} = \min\left\{\frac{10}{b_j/t_j} \cdot \frac{f_{yj} \cdot t_j}{f_{yi} \cdot t_i} \cdot b_i, b_i\right\}$$

如果 $25\% \leqslant O_v < 50\%$,那么 $N_{i\_pj} = 2\left[(h_i - 2t_i) \cdot \frac{O_v}{0.5} + \frac{b_e + b_{ej}}{2}\right] \cdot t_i \cdot f_i$;

如果 $50\% \leqslant O_v < 80\%$,那么 $N_{i\_pj} = 2\left(h_i - 2t_i + \frac{b_e + b_{ej}}{2}\right) \cdot t_i \cdot f_i$;

如果 $80\% \leqslant O_v \leqslant 100\%$,那么 $N_{i\_pj} = 2\left(h_i - 2t_i + \frac{b_i + b_{ej}}{2}\right) \cdot t_i \cdot f_i$。

本次计算的节点 $O_v = 30\%$,所以选取第一个公式计算,得 $N_{i\_pj} = 1\ 411.5\ \text{kN}$。

4. 被搭接支管承载力设计值

$$N_{j\_pj} = \frac{N_{j\_pj}}{A_i \cdot f_{yi}} \cdot A_j \cdot f_{yj} = 1\ 411.5(\text{kN})$$

特别说明:计算查得主桁架腹杆的包络压应力不超过 100 MPa,远小于 Q235 材质的强度设计值,因此支管径厚比验算时可按 Q235 钢材控制(局部稳定问题),以此原则计算支管径厚比可满足要求。

7.6.2　其他节点

面外撑杆与纵桁架弦杆连接节点形式如图 7-21 所示,查得撑杆的轴力包络值为 811 kN(拉)/-406 kN(压)。

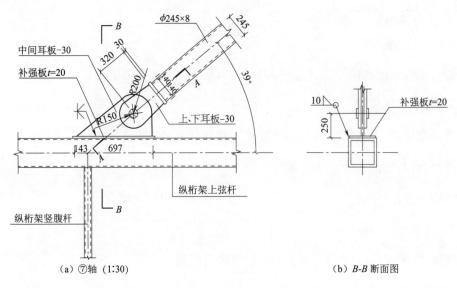

（a）⑦轴（1:30）   （b）B-B 断面图

图 7-21   面外撑杆与纵桁架弦杆连接节点（单位：mm）

下面参考《钢管结构技术规程》（CECS 280—2010）中有关节点板与圆管连接计算的相关公式对此方管节点进行校核。计算时，纵向桁架上弦杆上面贴焊一块 20 mm 厚的补强板，计算公式中圆管壁厚近似取为 20 mm。过程如下：

1. 计算依据

依据《钢管结构技术规程》（CECS 280—2010），本计算适用于纵向板与圆管连接，如图7-22所示。

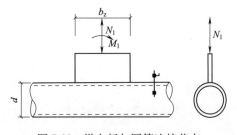

图 7-22   纵向板与圆管连接节点

2. 输入参数

材料参数：$f=310$ MPa。

几何参数：$d=300$ mm；$t=20$ mm；$b_z=840$ mm。

3. 承载力验算

$$\beta_1=\frac{b_z}{d}=2.8 \qquad \gamma=\frac{d}{2t}=7.5$$

（1）纵向板受压时节点轴向承载力：

$$N_{cTP}=1.7(\gamma^{0.2}+1.5\beta_1 \cdot \gamma^{-0.1}) \cdot t^2 \cdot f=1\,039.2(kN)$$

（2）纵向板受拉时节点轴向承载力：

$$N_{tTP}=0.23\gamma^{0.6}N_{cTP}=800.694(kN)$$

（3）节点抗弯承载力设计值：

$$M_{TP}=2.49 \cdot b_z(\gamma^{0.2}+1.5 \cdot \frac{\beta_1}{2} \cdot \gamma^{-0.1}) \cdot t^2 \cdot f=833.3(\text{kN} \cdot \text{m})$$

可以看出，无论是受力还是受压节点，承载力均大于斜撑杆轴力的竖向分量。

7.7　雨棚部分施工图

本节中选取了雨棚部分构件的施工图进行展示，如图 7-23～图 7-28 所示。

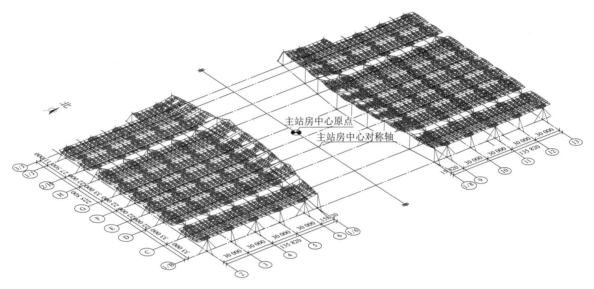

图 7-23　雨棚结构三维轴测图（单位：mm）

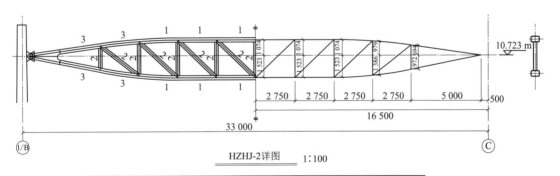

HZHJ-2详图　　1:100

构件截面表					
构件号	截面代号	截面类型	截面规格（$H\times B\times T$）（$\phi d\times t$）	材质	备注
HZHJ-2	1	矩形管	B400×600×20	Q345C	弦杆
	2	方管	B250×250×8		腹杆
	3	矩形管	B400×600×30		弦杆

图 7-24　构件详图（单位：mm）

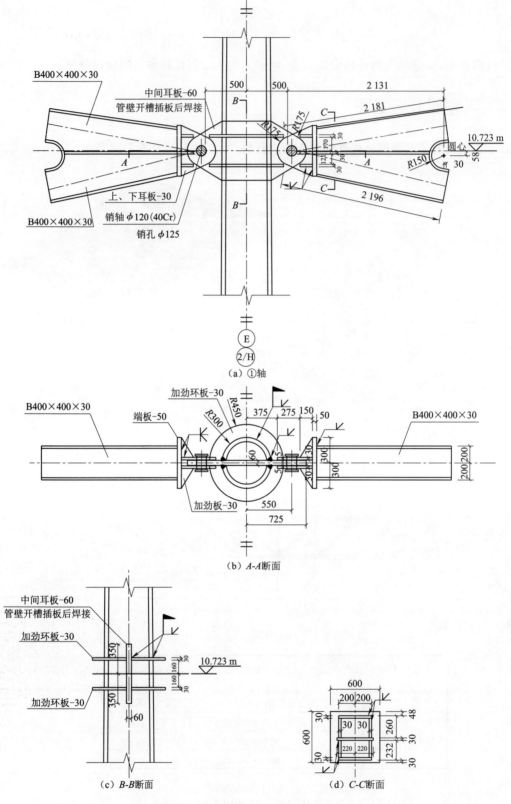

图 7-25　节点详图 1(1∶30)(单位∶mm)

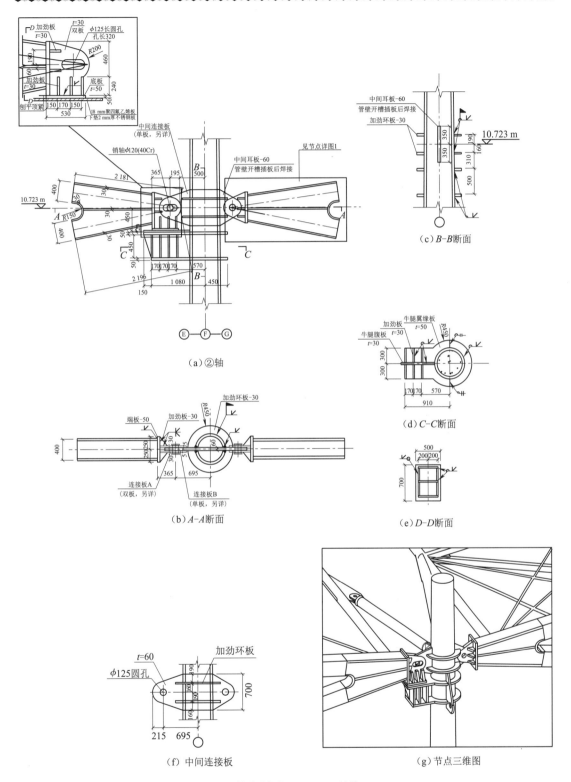

图 7-26　节点详图 2(1∶30)(单位:mm)

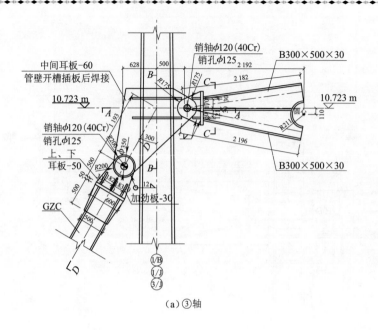

（a）③轴

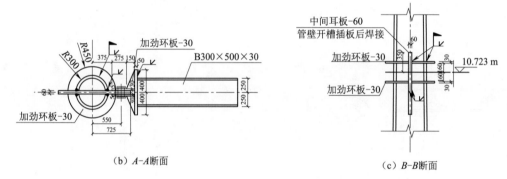

（b）A-A断面

（c）B-B断面

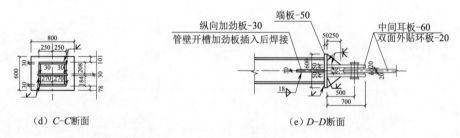

（d）C-C断面

（e）D-D断面

图 7-27　节点详图 3(1∶30)(单位:mm)

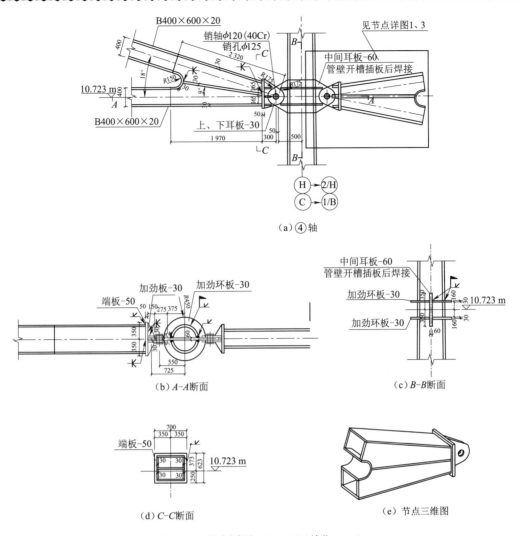

图 7-28 节点详图 4(1:30)(单位:mm)

第8章　地下结构

根据前述,青岛北站地下结构纵向分成三段,长度为 32.5 m＋192.5 m＋60.65 m,其中中部 192.5 m 为布置铁路站台范围,采用"桥建合一"结构体系,此部分结构需满足铁路列车运行要求;东西两侧分别通过设缝与东西设备用房结构体系脱开,采用矩形框架结构体系。上述结构基础类型采用桩基。

8.1　"桥建合一"地下结构

站台层主要承受两大方面的荷载:列车荷载、列车运行(仅为正线)、制动、启动引起的水平荷载和站台面上下列车的人群荷载。站台层结构荷载的特性决定了站台层存在两种设计使用年限,并且应按两种结构规范进行设计。针对其受荷特点,采用了横向框架梁板结构与桥结构相结合,形成站台承轨结构和站台面结构。

8.1.1　站台层设计

1. 结构体系概述

站台层为列车通过层,采用了新型站台结构体系,针对站台层下两个方向的不同柱距,设计时将主受力构件设计在小柱距方向,形成了横向框架梁结构体系,与弱连接的纵向框架梁形成双向框架。承轨结构通过盆式橡胶支座作用在横向框架梁上,在框架梁上可以产生水平方向的滑动;站台板结构为小框架结构,通过小框架结构的小柱作用在纵向框架梁上。

主要技术标准如下:

(1)设计使用年限:铁路站台层以下主要构件的合理使用年限为 100 年,站台层以上为 50年。在设计使用年限内,结构和构件在正常维护条件下应能保持其使用功能,而不需要进行大修加固。应用结构可靠度理论的设计基准期可采用 50 年。

(2)结构主要构件的安全等级为一级,按荷载效应基本组合进行承载能力计算时,重要性系数取 $\gamma_0=1.1$。

(3)根据《建筑抗震设计规范》(GB 50011—2010),本工程场地抗震设防烈度为 6 度,设计基本地震加速度值为 0.05g,设计地震分组为第三组,本工程抗震等级为三级。

(4)露天和迎土面混凝土构件的环境类别为Ⅲ类,内部混凝土构件的环境类别为Ⅰ类。

(5)铁路站台层以下构件应满足桥梁技术要求,其余非预应力钢筋混凝土构件(不包括临时支护构件)正截面的裂缝控制等级一般为三级,即允许出现裂缝。防水混凝土构件的裂缝宽度均应不大于 0.2 mm,非防水混凝土构件的裂缝宽度均应不大于 0.3 mm。

(6)主要构件的耐火等级为一级。

2. 建立计算模型

结构分析的模型应符合下列要求:

(1)结构分析采用的计算简图、几何尺寸、计算参数、边界条件、结构材料性能指标以及构造措施等应符合实际工作状况。

(2)结构上可能的作用及其组合、初始应力和变形情况等应符合结构的实际情况。

(3)结构分析中所采用的各种近似假定和简化,应有理论试验依据或经工作实践验证;计算结果的精度应符合工程设计的要求。

(4)列车荷载应按动荷载的最不利布置,采用最大影响线的概念进行加载分析。

站台层为钢筋混凝土框架结构,位于−3.800 m 标高以下,位于边缘的构件为柱加挡土墙,利用变形缝双柱的设置将其分为五部分。采用 MIDAS 计算软件建模计算,建立了站台层结构及以下部分的空间模型,将上部结构(屋盖、站厅层、承轨梁体系和站台板体系)作用力和地下室侧壁所受的水土压力及地面超载,加至站台层结构模型中进行计算分析,如图 8-1 所示。

建立空间模型时,梁、柱采用梁单元模拟,侧墙、板采用板单元模拟。

图 8-1　站台层计算模型

3. 站台层模型荷载

(1)恒荷载

结构构件自重由程序自动计算,侧向水、土压力作为外恒载。

(2)活荷载

1)楼面活荷载

候车厅及进出站楼梯:4.0 kN/m²;

一般办公房屋:2.0 kN/m²;

通风机房、电梯机房:7.0 kN/m²;

厕所:2.5 kN/m²;

楼梯:3.5 kN/m²;

中间站台:5.0 kN/m²;

基本站台考虑消防车:35.0 kN/m²;

工艺房屋活荷载:按设备专业要求取值。

2)列车活载

列车活载=ZK 活载,按《新建时速 200~250 公里客运专线铁路设计暂行规定》(铁建设〔2005〕140 号)的规定取值。

3)地面车辆荷载及其引起的侧向土压力

轨行区按 60 kN/m² 均布荷载计,除轨行区以外按 20 kN/m² 均布荷载计。

(3)地震作用

抗震设防烈度为 6 度,设计基本地震加速度 0.05g,地震分组为第三组。

(4)温度荷载

合龙温度按 10 ℃~15 ℃,考虑整体升温 10 ℃,整体降温 10 ℃。

(5)收缩徐变作用

对混凝土构件均考虑了 1 500 d 的收缩徐变作用影响,并将其作为恒载与其他荷载进行组合。

4. 上部结构荷载

所有上部结构荷载在分析模型中全部作为节点荷载输入:

(1)上部钢结构荷载(来自钢结构的柱底反力)输入考虑了以下 10 种荷载:静荷载、屋面活荷载、楼面活荷载、风荷载 1、风荷载 2、风荷载 3、温度荷载 1(+15 ℃)、温度荷载 2(−15 ℃)、地震作用 $E_X(R_S)$、$E_Y(R_S)$。

(2)站台板体系荷载(来自支承站台板结构的纵向梁的支座反力)输入:支承站台板结构的纵向梁作为次梁,下部嵌在横向框架梁中,其梁顶标高比横向框架梁高,在分析模型中只考虑了横向框架梁梁顶以下的那部分梁高,因此,站台板结构体系的荷载输入时还加上了纵向梁高出横向框架梁那部分结构自重。

(3)承轨梁体系荷载(来自承轨结构的支座反力)输入考虑了以下 7 种荷载:轨道梁恒载、轨道梁不均匀沉降最大、轨道梁不均匀沉降最小、火车活荷载、制动力、横向摇摆力、支座摩阻力。其中轨道梁恒载包括预应力、徐变收缩、轨道自重、二期恒载。轨道梁恒载、轨道梁不均匀沉降最大、轨道梁不均匀沉降最小归为列车恒荷载;火车活荷载、制动力、横向摇摆力、支座摩阻力归为列车活荷载。

5. 荷载组合及内力计算

由于火车活荷载有多种不同工况,在分析模型中按照火车各种工况分别输入,根据每种不同的工况分别进行荷载组合,最后按组合包络值输出内力结果。建筑结构和桥梁结构专业各自进行荷载组合及内力计算。

(1)建筑结构专业荷载组合

由于火车活荷载、制动力、横向摇摆力、支座摩阻力等动荷载或疲劳荷载的加入,荷载工况及荷载组合的考虑尤为复杂。计算时,将轨道梁恒载、轨道梁不均匀沉降最大、轨道梁不均匀沉降最小归为火车恒载;将火车活荷载、制动力、横向摇摆力、支座摩阻力归为火车活载。由于火车活载按照火车各种工况加在同一模型中,故需要在不同工况下进行荷载组合。此时,荷载组合系数如何考虑就显得尤为关键,因为在以往的房建结构中,没有出现过诸如火车活载这样的荷载,故荷载规范中没有关于此类荷载的组合系数;而在以往的桥梁结构中,也没有房屋建筑纵横向框架上的荷载需要考虑,因此荷载规范中也不可能存在关于此类荷载的组合系数。考虑到"桥建合一"结构的特殊性,本次设计计算综合了房建规范和桥梁规范中分别关于各自

荷载组合系数的规定,提出了一组新的荷载组合,力求满足结构设计的安全性要求。分为两种组合,具体如下:

1)组合一:承载能力极限状态荷载组合

①1.35 恒载+1.4×0.7 活载。

②1.2 恒载+1.4 活载+1.4×0.7 列车荷载。

③1.2 恒载+1.4 风荷载+1.4×0.7(活载+列车荷载)。

④1.2 恒载+1.4 活载+1.4×(0.7 列车荷载+0.6 风荷载)。

⑤1.2 恒载+1.4 风荷载+1.4×0.7(活载+列车荷载+温度荷载)。

⑥1.2 重力荷载代表值+1.3X 向水平地震作用+1.4×0.2 风荷载+0.3(温度荷载+收缩徐变)。

⑦1.2 重力荷载代表值+1.3Y 向水平地震作用+1.4×0.2 风荷载+0.3(温度荷载+收缩徐变)。

⑧1.2 重力荷载代表值−1.3X 向水平地震作用+1.4×0.2 风荷载+0.3(温度荷载+收缩徐变)。

⑨1.2 重力荷载代表值−1.3Y 向水平地震作用+1.4×0.2 风荷载+0.3(温度荷载+收缩徐变)。

⑩1.2 恒载+1.4 活载。

⑪1.2 恒载+1.4 列车荷载+1.4×0.7 活载。

⑫1.2 恒载+1.4 列车荷载+1.4×(0.7 活载+0.6 风荷载)。

⑬1.2 恒载+1.4 活载+1.4×0.7(列车荷载+温度荷载)。

⑭1.2 恒载+1.4 列车荷载+1.4×(0.7 活载+0.7 温度荷载+0.6 风荷载)。

⑮1.35 恒载+1.4×0.7(活载+列车荷载)。

⑯1.35 恒载+1.4×(0.7 活载+0.7 列车荷载+0.6 风荷载)。

⑰1.35 恒载+1.4×0.7(活载+列车荷载+温度荷载)。

⑱1.35 恒载+1.4×(0.7 活载+0.7 列车荷载+0.7 温度荷载+0.6 风荷载)。

⑲1.2 恒载+1.0 温度荷载+1.4×0.7(活载+列车荷载)。

由计算模型导出的各构件的内力,需要根据规范规定的放大系数放大之后,才能进行下一步的配筋及设计计算。

非地震作用组合下的内力,根据《混凝土结构设计规范》(GB 50010—2010)乘以结构重要性系数 1.1;地震作用组合下的内力,根据《建筑抗震设计规范》(GB 50011—2010)乘以相应增大系数,得到内力设计值。

另外,框架梁配筋设计时,考虑到支座(框架柱)宽度的影响,梁端负弯矩应进行削峰,即乘以 0.9 的折减系数。

2)组合二:正常使用极限状态荷载组合

①恒载+活载+0.7 温度荷载。

②恒载+温度荷载+0.7(活载+风荷载)。

（2）桥梁结构专业荷载组合

计算时，将结构自重、上部结构恒荷载、收缩徐变、水土压力、轨道梁恒载、轨道梁不均匀沉降最大、轨道梁不均匀沉降最小归为恒载；将火车活荷载、横向摇摆力、支座摩阻力、上部结构活荷载归为活载；将风荷载、制动力、温度作用归为附加力。由于火车活荷载按照火车各种工况加在同一模型中，故需要在不同工况下进行荷载组合：

1）主力（恒载+活载）。

2）主力（恒载+活载）+附加力（风荷载+制动力+温度作用）。

3）主力（恒载+活载）+ X 向水平地震作用。

4）主力（恒载+活载）+ Y 向水平地震作用。

6. 计算结果

（1）建筑结构专业计算结果

站台层横向框架梁弯矩、剪力以及站台层框架柱轴力、剪力、弯矩计算结果如图 8-2～图 8-6 所示。

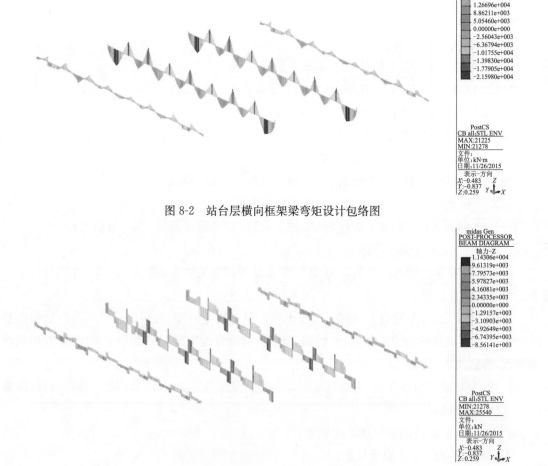

图 8-2　站台层横向框架梁弯矩设计包络图

图 8-3　站台层横向框架梁剪力设计包络图

图 8-4 站台层框架柱轴力设计包络图

图 8-5 站台层框架柱剪力设计包络图

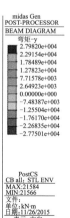

图 8-6 站台层框架柱弯矩设计包络图

（2）桥梁结构专业计算结果

站台层横向框架梁弯矩、剪力以及站台层框架柱轴力、剪力、弯矩计算结果（主力及主力附加力综合）如图 8-7～图 8-16 所示。

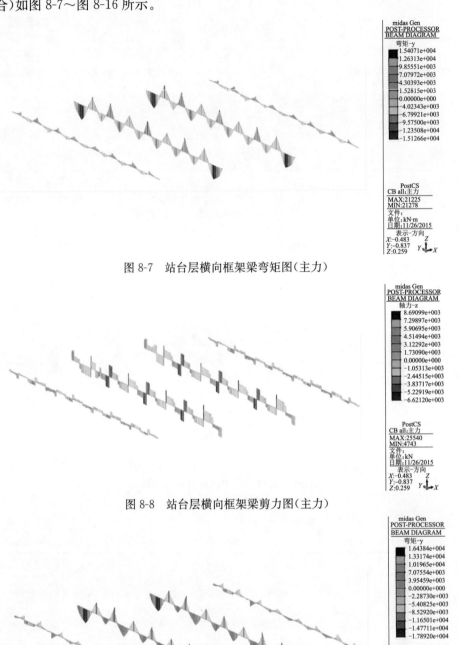

图 8-7　站台层横向框架梁弯矩图（主力）

图 8-8　站台层横向框架梁剪力图（主力）

图 8-9　站台层横向框架梁弯矩图（主＋附）

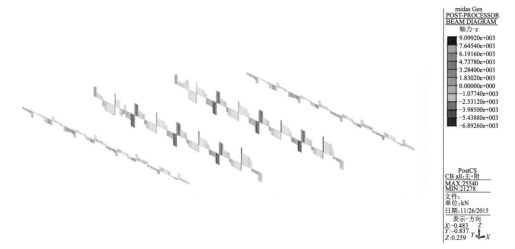

图 8-10　站台层横向框架梁剪力图（主＋附）

图 8-11　站台层框架柱轴力图（主力）

图 8-12　站台层框架柱剪力图（主力）

图 8-13 站台层框架柱弯矩图（主力）

图 8-14 站台层框架柱轴力图（主＋附）

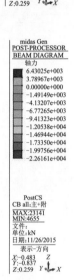

图 8-15 站台层框架柱剪力图（主＋附）

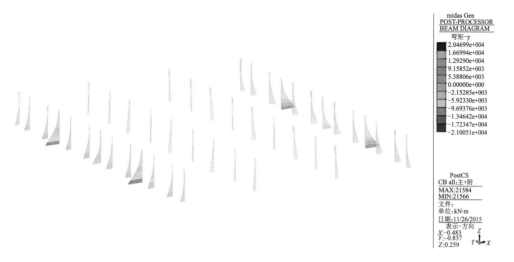

图 8-16　站台层框架柱弯矩图（主＋附）

7. 结构配筋设计

根据计算的各工况内力,分别按建筑结构专业规范和桥梁结构专业规范进行荷载组合,然后分别配筋计算。不同规范配筋设计结果有差异,取两者的包络值作为结构构件配筋设计的最终结果。

8.1.2　站台面结构

和承轨结构体系一样,站台板自成结构体系支承于横向框架梁上。中间站台主要承受结构和装修自重、人群荷载,因此纵向采用轻巧的桁架梁连接相邻横向框架,利用桁架的竖杆将站台面分设成跨度为 3 m 的梁板结构。基本站台考虑消防车的通过,采用实腹纵梁代替桁架梁,梁中可按规范要求开设孔洞,以减少梁体自重。站台面结构示意图如图 8-17 所示。

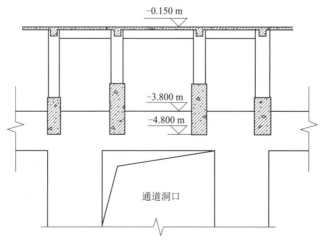

图 8-17　站台面结构示意图

8.2　东西广厅地下结构

东西广厅位于站房东西侧,主要建筑功能是作为旅客到达及出发广厅,广厅南北两侧为设备用房,位于地下一层,此部分采用框架结构体系,东广厅顶板结构布置图如图 8-18 所示。由于建筑功能的需要,局部区域梁跨度达 24 m,在不影响建筑功能的前提下,局部主梁截面取得较大,达 1 000 mm×2 550 mm。

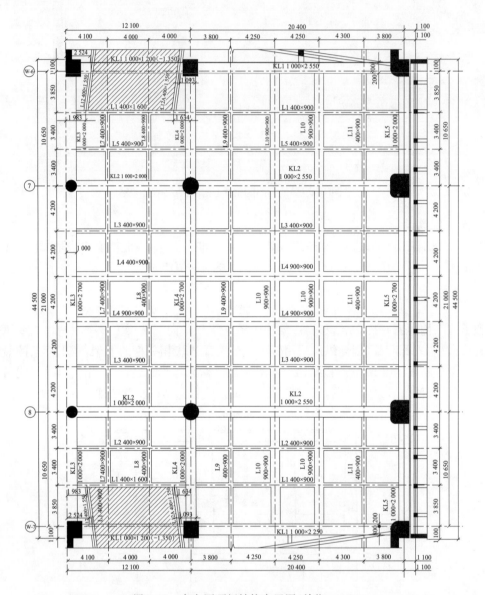

图 8-18　东广厅顶板结构布置图(单位:mm)

8.3　基础设计

8.3.1　斜拱基础设计

本工程钢屋盖结构支承采用了造型独特的拱,在荷载作用下,基础所受水平作用力巨大,同时由于场地地质条件(在地面以下 10 m 左右主要为生活垃圾,呈流塑~软塑状态),因而增加了基础设计的难度,本工程对拱脚基础的水平位移控制量为 4 mm,基础设计是本工程的一个控制性条件。

为了解决此问题,拱基础设计方案使用地下钢拉索＋竖向桩基,斜拱基础如图 8-19 所示。地下钢拉索连接斜拱两侧基础,在恒载作用下拱及拉索达到自平衡状态,即通过拉索抵消在恒载作用下的基础水平力,而桩基础承担活荷载产生的水平力。为保证恒载产生的水平力由拉索承担,施工过程中,索力的施加结合屋盖结构恒载的逐步叠加,分5 次张拉,后文会详细介绍,本节重点讨论竖向桩基解决活荷载产生的水平推力。

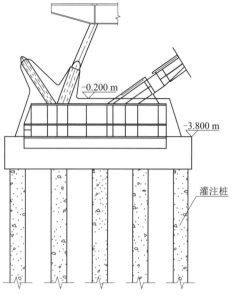

图 8-19　斜拱基础图

1. 承台计算分析

承台顶部作用有斜拱传来的荷载,此部分荷载包括竖向荷载和水平荷载,计算采用MIDAS软件建立承台的板单元模型(如图 8-20 所示),上部结构荷载通过刚性杆传递到承台上,在桩的位置设置铰接支座。Y 向弯矩包络值计算结果如图 8-21、图 8-22所示。

2. 基桩计算分析

根据承台计算结果,应用 MIDAS 软件建立计算模型(如图 8-23 所示),计算出作用在桩顶的水平力和基桩需承受的竖向力,进行基桩的设计。基桩布置图及现场施工照片如图 8-24～图 8-26 所示。

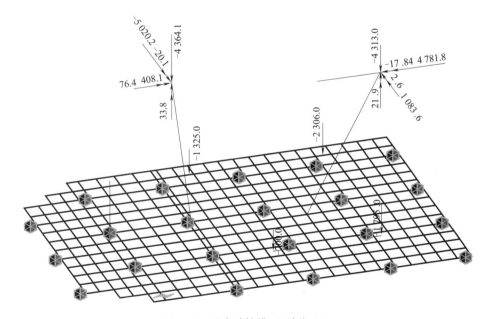

图 8-20　承台计算模型(单位:kN)

		285	764	1437	2000	2456	2707	3101	3798	3863	3622	3294	3105	3070	2915	2722	2582	2808	2072	1485	961	360
	287	676	744	1015	1514	2028	2515	2798	3172	3815	3847	3696	3427	3229	3150	2974	2728	2440	2765	1978	1343	803	298
113	424	527	654	870	1157	1594	2099	2610	2979	3285	3693	3913	3855	3692	3503	3316	3066	2789	2552	2088	1665	1149	614	160
80	259	472	685	835	1160	1621	2144	2742	3018	3442	3820	4051	4090	3955	3783	3510	3214	2763	2295	1852	1436	1014	551	144
47	203	450	541	862	1004	1533	2263	2735	3589	3540	4092	4416	4462	4288	3991	3923	3274	2820	2013	1517	1256	942	621	249
2	15	147	968	260	1126	1313	1557	3714	1861	4020	5050	5081	5010	4965	4906	3727	4257	2325	1554	1247	1078	837	575	239
-63	-335	-951	-2121	4357	2506	1118	-336	-3191	6358	8614	7580	5882	5524	5862	7289	10662	1224	1302	1293	1137	962	729	420	118
-67	-336	-951	-2119	4376	2534	1148	-312	-3238	6230	11543	7539	5919	5535	5867	7287	10634	1228	1292	1304	1167	973	720	407	112
2	13	147	994	291	1196	1382	1626	3728	1855	4120	5163	5147	5046	5024	4878	3667	4184	2300	1705	1346	1100	815	537	219
40	190	458	573	938	1097	1614	2323	2776	3657	3567	4122	4483	4651	4256	3925	3809	3137	2681	1964	1943	1342	911	571	226
58	229	475	746	930	1270	1719	2215	2780	3021	3423	3780	4065	4279	3948	3720	3402	3052	2567	2215	2239	1453	933	486	127
87	433	596	759	1018	1317	1723	2183	2643	2970	3203	3536	3756	3794	3729	3513	3254	2931	2597	2236	1773	1400	938	490	126
	367	902	997	1250	1667	2125	2555	2800	3042	3364	3551	3596	3466	3306	3137	2864	2512	2051	1657	1345	978	598	222
		424	938	1560	2080	2501	2730	2961	3281	3463	3491	3350	3201	3077	2822	2458	1978	1592	1349	1042	691	256

图 8-21　Y 向弯矩包络值图（M_{Ymax}）（截图）

		-21	7	-14	81	280	456	674	954	997	947	908	939	932	908	896	933	1163	836	587	369	106
	-123	-169	-107	-49	-63	35	238	408	652	928	971	964	937	973	953	926	889	846	1137	789	521	292	63
-79	-296	-246	-207	-173	-185	-171	-68	143	364	520	784	961	1021	1037	1016	991	952	917	916	777	643	447	239	69
-41	-148	-215	-220	-262	-293	-324	-266	6	108	457	745	985	1116	1137	1100	1041	975	894	795	685	556	400	218	63
-42	-118	-157	-317	-232	-428	-590	-462	-415	435	279	809	1206	1306	1263	1213	1117	975	859	687	615	514	382	235	51
-93	-317	-447	29	-832	-428	-1017	-1669	31	-2538	331	1705	1801	1649	1480	1381	1088	1050	789	614	560	475	358	224	48
-184	-834	-1883	-3685	2371	494	-1442	-4323	-10237	5396	470	3841	2580	1984	1689	1429	1242	-1777	-79	472	502	442	328	185	56
-182	-833	-1881	-3679	2370	485	-1477	-4258	-10046	2976	334	3768	2545	1971	1699	1438	1249	-1806	-72	476	519	449	324	178	53
-92	-314	-442	27	-803	-443	-1082	-1724	11	-2580	192	1569	1726	1618	1480	1335	1051	1013	747	686	616	491	348	204	38
-45	-130	-168	-323	-229	-442	-650	-537	-511	335	193	700	1143	1346	1212	1158	1045	894	784	664	846	567	370	209	38
-56	-176	-234	-222	-258	-300	-359	-336	-88	-1	333	626	911	1156	1097	1046	973	888	797	768	898	579	366	187	54
-99	-310	-242	-189	-143	-165	-186	-123	55	251	376	611	806	934	1019	999	948	882	830	780	642	529	350	179	51
	-101	-92	-15	15	-63	-8	163	318	492	612	747	858	924	990	934	870	792	678	625	495	347	189	25
		37	54	-24	34	213	383	516	610	723	827	906	969	923	860	775	661	598	492	365	222	48

图 8-22　Y 向弯矩包络值图（M_{Ymin}）（截图）

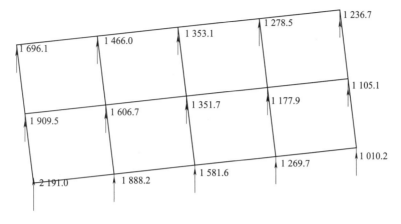

图 8-23 基桩计算模型(单位:kN)

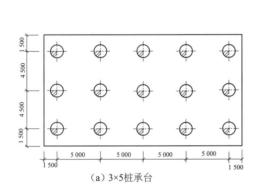

(a) 3×5桩承台

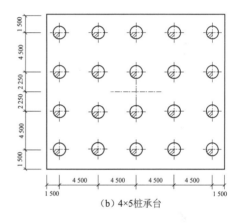

(b) 4×5桩承台

图 8-24 基桩布置图(单位:mm)

图 8-25 基桩露头

图 8-26 承台及柱脚

3. 拉索设计

每个主拱的拱脚设置有 4 根拉索以抵消拱架对拱脚的部分推力,减小基础对侧向刚度的要求。整个结构布置有 36 根拱脚拉索(不含 A 轴斜拱),长度 110~140 m 不等,单根拉索重量 9.5~11.5 t 不等。拉索的位置和布置形式如图 8-27 所示。

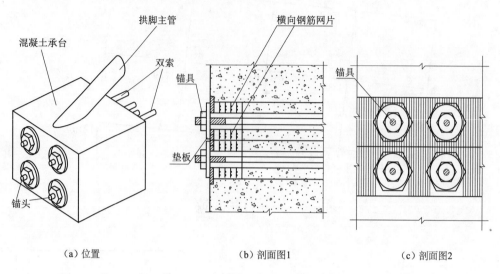

（a）位置 （b）剖面图1 （c）剖面图2

图 8-27 拱脚拉索位置及锚固做法

　　施工过程拱脚拉索的张拉分为五个阶段：第一阶段为钢结构主梁安装完毕的预紧；第二阶段为钢结构卸载前对部分轴线上的拱脚拉索进行补张拉；第三阶段在钢结构卸载 10 mm 以后进行；第四阶段在卸载完毕以后进行；第五阶段为上部结构以及屋面施工完毕以后的终张拉。各阶段的张拉力（4 根拉索的合力）最终满足表 8-1 所示要求。

表 8-1　预应力索规格及最终预应力值

轴号	预应力索规格（单束）	预应力目标值（4 束预应力索合计）（kN）
B	7×91	4 000
C	7×109	5 500
D	7×91	5 000
E	7×91	3 500
F	7×91	3 500
G	7×91	5 000
H	7×109	5 500
J	7×91	4 000
K	7×121	6 500

　　4. 与轨道交通地下车库结合的 A 轴斜拱基础设计

　　A 轴拱脚位于站房东端，其具体处于轨道交通地下车库位置，因此为解决该榀拱架的基础问题，采取了类似前述基础的设计思路，采用桩基础承担活荷载产生的水平力，通过轨道交通地下车库顶板结构取代拉索，解决拱架静荷载作用下的水平推力问题。A 轴斜拱基础计算模型及 A 轴斜拱基础设计图如图 8-28、图 8-29 所示。

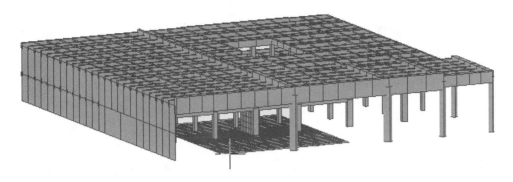

图 8-28　A 轴斜拱基础计算模型

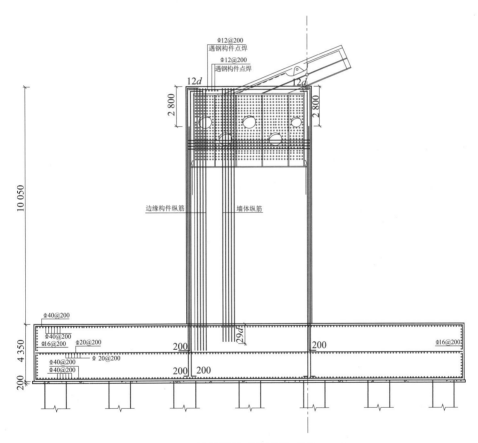

图 8-29　A 轴斜拱基础设计图（单位：mm）

（1）A 轴承台

计算选取了承台各方向的弯矩和剪力结果，如图 8-30～图 8-35 所示。其中 M_x 为绕 X 轴最大弯矩（为便于显示结果，单位为 kN·m/m），M_y 为绕 Y 轴最大弯矩，剪力为两个方向上的最大值（单位为 kN/m）。A 轴承台桩基的工程照片如图 8-36 所示。

X 轴的弯矩如图 8-30 所示。

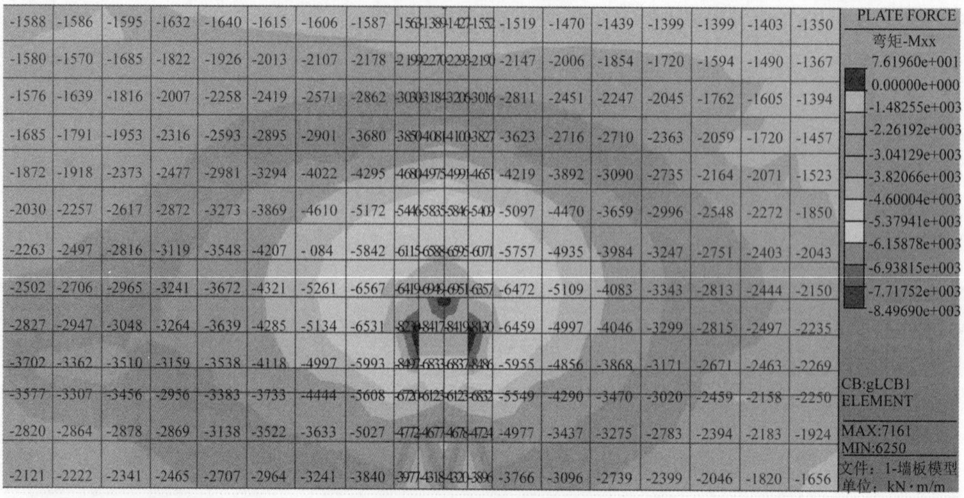

-1588	-1586	-1595	-1632	-1640	-1615	-1606	-1587	-1563	-1389	-1427	-1552	-1519	-1470	-1439	-1399	-1399	-1403	-1350
-1580	-1570	-1685	-1822	-1926	-2013	-2107	-2178	-2199	-2270	-2239	-2190	-2147	-2006	-1854	-1720	-1594	-1490	-1367
-1576	-1639	-1816	-2007	-2258	-2419	-2571	-2862	-3030	-3184	-3016	-2811	-2451	-2247	-2045	-1762	-1605	-1394	
-1685	-1791	-1953	-2316	-2593	-2895	-2901	-3680	-3850	-4084	-4103	-3827	-3623	-2716	-2710	-2363	-2059	-1720	-1457
-1872	-1918	-2373	-2477	-2981	-3294	-4022	-4295	-4680	-4975	-4991	-4651	-4219	-3892	-3090	-2735	-2164	-2071	-1523
-2030	-2257	-2617	-2872	-3273	-3869	-4610	-5172	-5446	-5835	-5846	-5409	-5097	-4470	-3659	-2996	-2548	-2272	-1850
-2263	-2497	-2816	-3119	-3548	-4207	-5084	-5842	-6115	-6588	-6595	-6071	-5757	-4935	-3984	-3247	-2751	-2403	-2043
-2502	-2706	-2965	-3241	-3672	-4321	-5261	-6567	-6419	-6949	-6951	-6357	-6472	-5109	-4083	-3343	-2813	-2444	-2150
-2827	-2947	-3048	-3264	-3639	-4285	-5134	-6531	-8230	-8417	-8419	-8130	-6459	-4997	-4046	-3299	-2815	-2497	-2235
-3702	-3362	-3510	-3159	-3538	-4118	-4997	-5993	-8497	-6833	-6837	-8486	-5955	-4856	-3868	-3171	-2671	-2463	-2269
-3577	-3307	-3456	-2956	-3383	-3733	-4444	-5608	-6720	-6123	-6123	-6832	-5549	-4290	-3470	-3020	-2459	-2158	-2250
-2820	-2864	-2878	-2869	-3138	-3522	-3633	-5027	-4772	-4674	-4684	-4724	-4977	-3437	-3275	-2783	-2394	-2183	-1924
-2121	-2222	-2341	-2465	-2707	-2964	-3241	-3840	-3977	-4318	-4320	-3866	-3766	-3096	-2739	-2399	-2046	-1820	-1656

PLATE FORCE
弯矩-Mxx
7.61960e+001
0.00000e+000
-1.48255e+003
-2.26192e+003
-3.04129e+003
-3.82066e+003
-4.60004e+003
-5.37941e+003
-6.15878e+003
-6.93815e+003
-7.71752e+003
-8.49690e+003
CB:gLCB1
ELEMENT
MAX:7161
MIN:6250
文件: 1-墙板模型
单位: kN·m/m

图 8-30　弯矩包络值 M_x

选取 M_x 的局部放大结果，如图 8-31 所示。

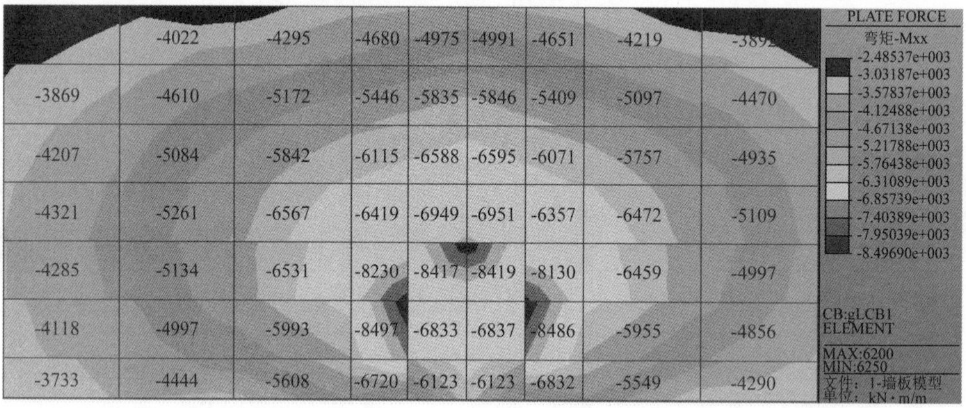

	-4022	-4295	-4680	-4975	-4991	-4651	-4219	-3892
-3869	-4610	-5172	-5446	-5835	-5846	-5409	-5097	-4470
-4207	-5084	-5842	-6115	-6588	-6595	-6071	-5757	-4935
-4321	-5261	-6567	-6419	-6949	-6951	-6357	-6472	-5109
-4285	-5134	-6531	-8230	-8417	-8419	-8130	-6459	-4997
-4118	-4997	-5993	-8497	-6833	-6837	-8486	-5955	-4856
-3733	-4444	-5608	-6720	-6123	-6123	-6832	-5549	-4290

PLATE FORCE
弯矩-Mxx
-2.48537e+003
-3.03187e+003
-3.57837e+003
-4.12488e+003
-4.67138e+003
-5.21788e+003
-5.76438e+003
-6.31089e+003
-6.85739e+003
-7.40389e+003
-7.95039e+003
-8.49690e+003
CB:gLCB1
ELEMENT
MAX:6200
MIN:6250
文件: 1-墙板模型
单位: kN·m/m

图 8-31　弯矩包络值 M_x 局部放大

Y 轴的弯矩如图 8-32 所示。

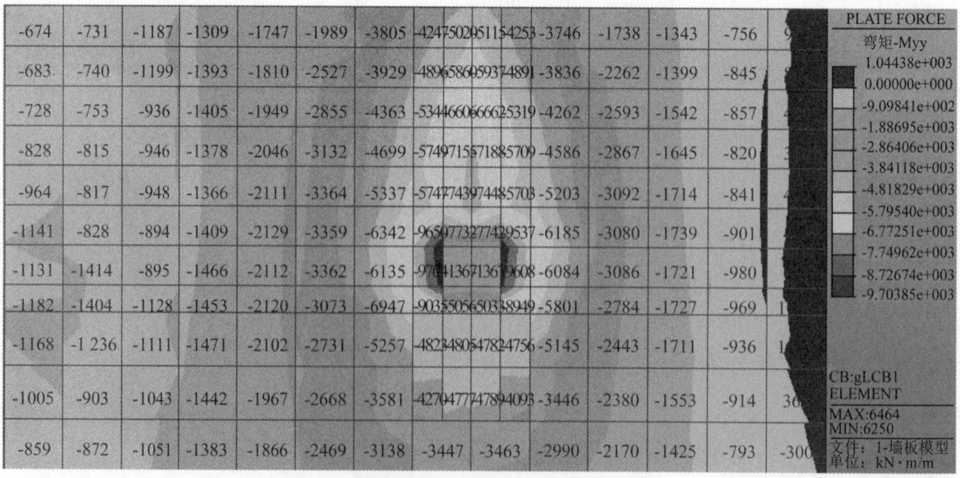

-674	-731	-1187	-1309	-1747	-1989	-3805	-4247	-5029	-5115	-4253	-3746	-1738	-1343	-756	
-683	-740	-1199	-1393	-1810	-2527	-3929	-4896	-5860	-5937	-4891	-3836	-2262	-1399	-845	
-728	-753	-936	-1405	-1949	-2855	-4363	-5344	-6606	-6625	-5319	-4262	-2593	-1542	-857	
-828	-815	-946	-1378	-2046	-3132	-4699	-5749	-7155	-7188	-5709	-4586	-2867	-1645	-820	
-964	-817	-948	-1366	-2111	-3364	-5337	-5747	-7439	-7448	-5703	-5203	-3092	-1714	-841	
-1141	-828	-894	-1409	-2129	-3359	-6342	-9659	-7732	-7429	-5537	-6185	-3080	-1739	-901	
-1131	-1414	-895	-1466	-2112	-3362	-6135	-9784	-13671	-36908	-6084	-3086	-1721	-980		
-1182	-1404	-1128	-1453	-2120	-3073	-6947	-9035	-5065	-50338	-9495	-5801	-2784	-1727	-969	
-1168	-1236	-1111	-1471	-2102	-2731	-5257	-4823	-4805	-4782	-4756	-5145	-2443	-1711	-936	
-1005	-903	-1043	-1442	-1967	-2668	-3581	-4270	-4777	-4789	-4093	-3446	-2380	-1553	-914	
-859	-872	-1051	-1383	-1866	-2469	-3138	-3447	-3463	-2990	-2170	-1425	-793			

PLATE FORCE
弯矩-Myy
1.04438e+003
0.00000e+000
-9.09841e+002
-1.88695e+003
-2.86406e+003
-3.84118e+003
-4.81829e+003
-5.79540e+003
-6.77251e+003
-7.74962e+003
-8.72674e+003
-9.70385e+003
CB:gLCB1
ELEMENT
MAX:6464
MIN:6250
文件: 1-墙板模型
单位: kN·m/m

图 8-32　弯矩包络值 M_y

选取 M_y 的局部放大结果，如图 8-33 所示。

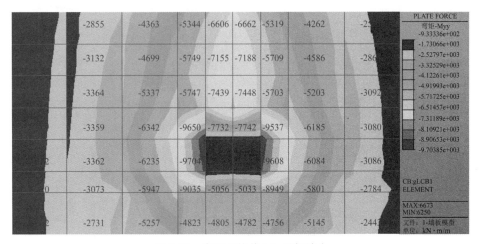

图 8-33　弯矩包络值 M_y 局部放大

剪力如图 8-34 所示。

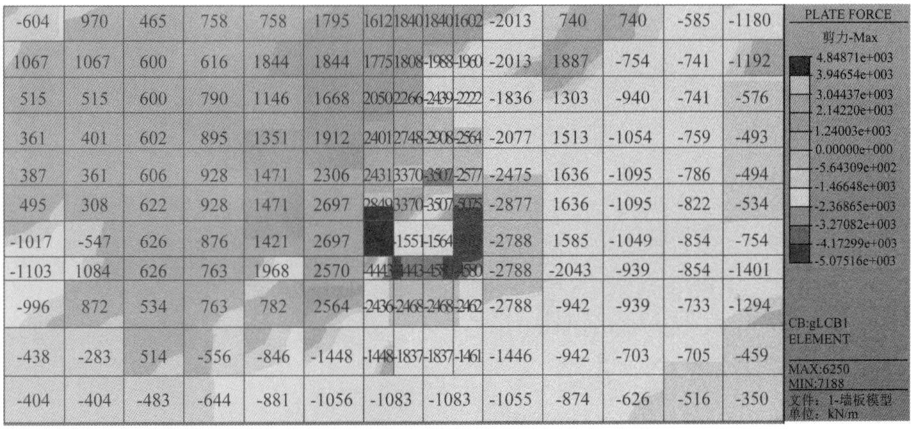

图 8-34　剪力包络值

选取剪力包络值的局部放大结果，如图 8-35 所示。

图 8-35　剪力包络值局部放大

图 8-36　A 轴承台桩基

（2）A 轴墙体

计算选取了墙体弯矩和剪力的部分结果，如图 8-37～图 8-39 所示。

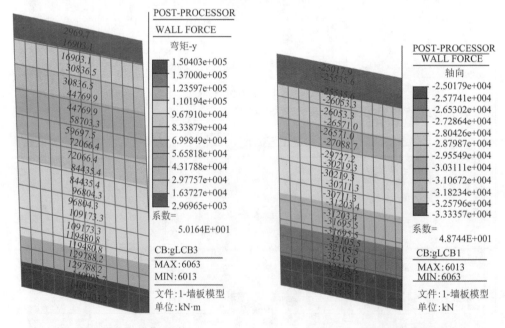

图 8-37　弯矩包络值（墙体）　　　　图 8-38　剪力包络值（墙体）

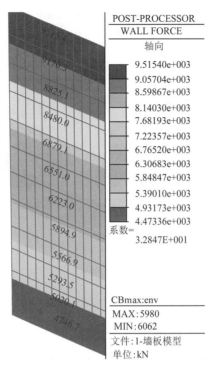

图 8-39　墙拉力最大值

8.3.2　出站通道基础设计

所包括的建筑范围主要为出站通道(地铁 3、8 号线地下车站)和东、西广厅部分。基于承载力和沉降变形控制要求,需采用桩基础。该地区典型地层纵剖面如图 8-40 所示。现场施工图如图 8-41、图 8-42 所示。

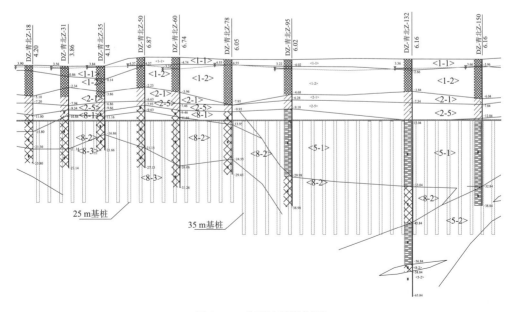

图 8-40　典型地层纵剖面

图 8-41　出站通道基桩施工　　　　图 8-42　出站通道基桩露头

单桩承载力特征值计算公式：

灌注桩单桩竖向承载力特征值按式(8-1)确定：

$$R_a = \frac{1}{K}Q_{uk} \tag{8-1}$$

式中　Q_{uk}——单桩竖向极限承载力标准值(kN)；

　　　　K——安全系数，取 $K=2$。

大直径桩单桩极限抗压承载力标准值可按式(8-2)计算：

$$Q_{uk} = Q_{sk} + Q_{pk} = u\sum\psi_{si}q_{sik}l_i + \psi_p q_{pk}A_p \tag{8-2}$$

式中　u——桩身周长(m)；

　　ψ_{si}、ψ_p——大直径桩侧阻、端阻尺寸效应系数；

　　q_{sik}——桩侧第 i 层土极限侧阻力标准值(kPa)；

　　l_i——第 i 层土的厚度(m)；

　　q_{pk}——桩径为 800 mm 的极限端阻力标准值(kPa)，本工程取 0 kPa(考虑实际地质不均匀情况保守取值)；

　　A_p——桩的截面积(m^2)。

高架候车层桩基础、站台无柱雨棚桩基础设计方法同出站通道桩基础，不再赘述。所有桩基础基桩约 2 300 根(含出站通道下桩基础、斜拱桩基础、无柱雨棚桩基础)。

第 3 篇

关键技术

GUANJIAN JISHU

第9章　大型基坑设计与施工

本工程的基坑工程具有"规模大,开挖深,坑中坑"等特点。其中,国铁站房出站通道基坑,东西长近 300 m,南北宽 45 mm,开挖深度 19 m;地铁 1 号线基坑南北长 300 m,东西宽 21 m,开挖深度 26 m;地下车库基坑分为南北两部分,地铁 3,8 号线基坑沿东西向纵向贯穿其中,南北两部分基坑南北长约 110 m,东西宽约 100 m,开挖深度 10 m。基坑工程平面面积约 7 万 m³,总土方开挖量约 105 万 m³,其中表层建筑垃圾开挖量约 20 万 m³,浅层生活垃圾开挖量约 45 万 m³。

9.1　前期设计

基坑工程的前期设计主要包含施工方法的比选及施工组织的前期论证两部分,根据本工程的特点,主要进行了如下详细论述:

1. 根据周边条件选取合理的施工方法

结合车站所处场地的实际情况(如图 9-1 所示),站址周围场地相对空旷开阔,交通条件良好,现状场地下无重要管线需要保护等条件,本车站具备明挖顺作法施工的条件,采用明挖顺作施工可扩大施工作业面,缩短工期,降低工程造价,且更易保证工程质量,因此本站采用明挖顺作法施工。

图 9-1　场地现状

2. 根据施工筹划,通过设置临时封堵墙等措施对基坑工程进行合理分区

本工程存在一个特点,那就是国铁站房要求先建成,而地铁车站的通车时间在后,二者

投入使用的时间点相差近 2 年。根据施工筹划,通过设置临时封堵墙等措施对基坑工程进行合理分区(如图 9-2 所示),地铁车站和国铁站房结合施工,工程施工可分为以下几个部分:

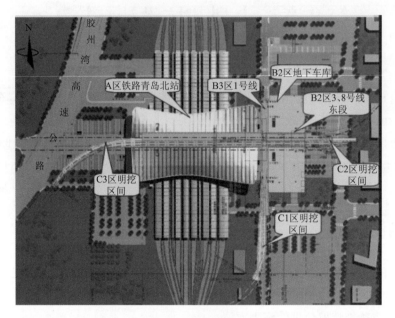

图 9-2 场区分区图

A 区:国铁站房出站通道基坑(地铁 3、8 号线车站西段),该部分基坑最大开挖深度约 19 m,开挖宽度约 45 m,开挖长度约 285 m。

B 区:分为 B1、B2、B3 三个部分。B1 区:地下车库,该部分最大开挖深度约 10 m,开挖宽度约 170 m,开挖长度约 260 m;B2 区:地铁 3、8 号线车站东段,该部分基坑最大开挖深度约 8 m(从 B1 区坑底起算),开挖宽度约 43 m,开挖长度约 200 m;B3 区:地铁 1 号线车站,该部分基坑最大开挖深度约 16 m(从 B1 区坑底起算),开挖宽度约 24 m,开挖长度约 300 m。

C 区:分为 C1、C2、C3 三个部分。C1 区:地铁 1 号线出入段线明挖区间(部分),开挖长度约 300 m,最大开挖深度约 31 m;C2 区:地铁 3 号线出入段线明挖区间(部分),开挖长度约 350 m,最大开挖深度约 24 m;C3 区:地铁 8 号线折返线明挖区间(部分),开挖长度约 90 m,最大开挖深度约 17 m。

3. 结合车站建筑功能布置和地质条件特点,选取合理的支护结构形式

(1)A 区:国铁站房出站通道基坑

该部分基坑最大开挖深度约 19 m,开挖宽度约 45 m,开挖长度约 285 m,属于典型的长条形基坑,具备采用内支撑的条件,设计采用了围护结构双排 ϕ1 200@1 500 钻孔灌注桩 + ϕ1 000@750 高压旋喷桩止水帷幕 + ϕ600 桩间高压旋喷桩 + 内支撑体系。A 区围护结构典型横剖面图及现场实景照片如图 9-3、图 9-4 所示。

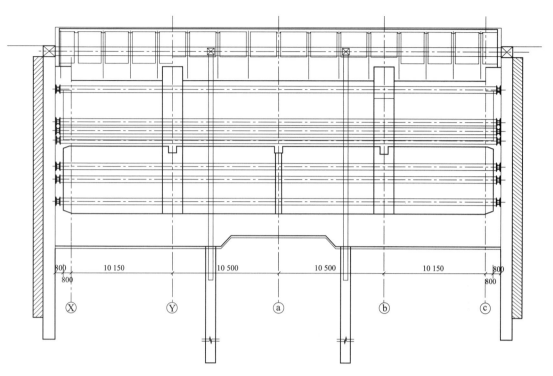

图 9-3 A 区围护结构典型横剖面图(单位:mm)

图 9-4 A 区现场实景照片

(2)B 区

B1 区:围护结构采用无需内支撑的双排悬臂钻孔灌注桩+桩后高压旋喷桩止水帷幕方案,双排桩排距 3 m。由于其底板位于软塑~流塑状淤泥质土层,为提高被动区土层抗力,坑底采用了搅拌桩加固,加固深度≥3 m。B1 区围护结构典型横剖面如图 9-5 所示。

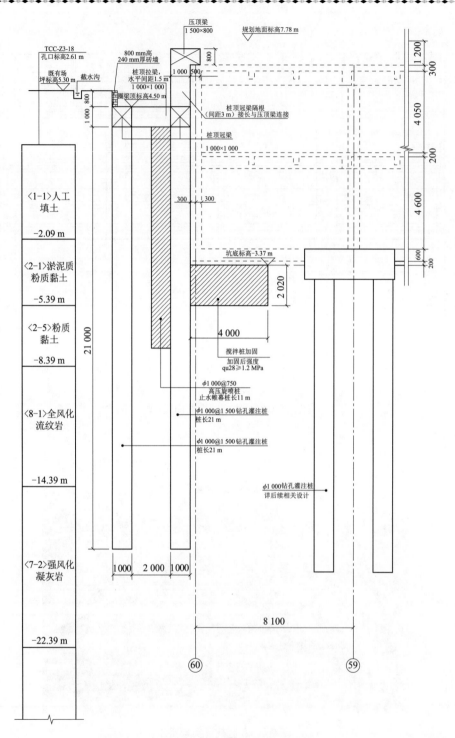

图 9-5　B1 区围护结构典型横剖面图(单位:mm)

B2 区:围护结构采用双排 $\phi1\,000@1\,500$ 钻孔灌注桩＋$\phi1\,000@750$ 高压旋喷桩止水帷幕＋$\phi600$ 桩间高压旋喷桩＋预应力锚索方案。B2 区围护结构典型横剖面如图 9-6 所示。

B3 区:围护结构采用双排 $\phi1\,200@1\,500$ 钻孔灌注桩＋$\phi1\,000@750$ 高压旋喷桩止水帷幕

＋ϕ600桩间高压旋喷桩＋内支撑体系。B3区围护结构典型横剖面如图9-7所示。

（3）C区

C区为典型的长条形基坑，但其具有开挖深度较深的特点，在设计过程中充分考虑基坑的特点，选用了钻孔灌注桩＋内支撑体系的支撑体系。C区围护结构典型横剖面如图9-8所示。

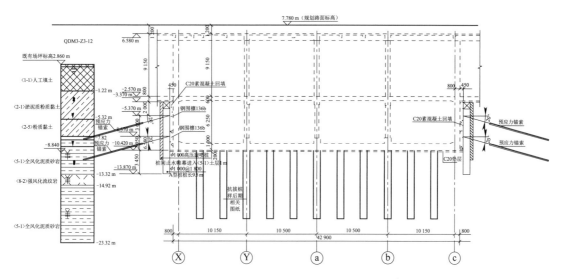

图9-6　B2区围护结构典型横剖面图(单位:mm)

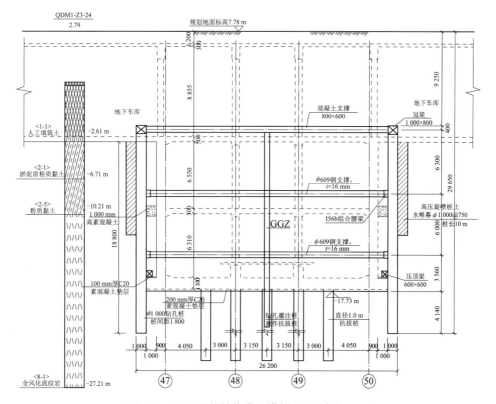

图9-7　B3区围护结构典型横剖面图(单位:mm)

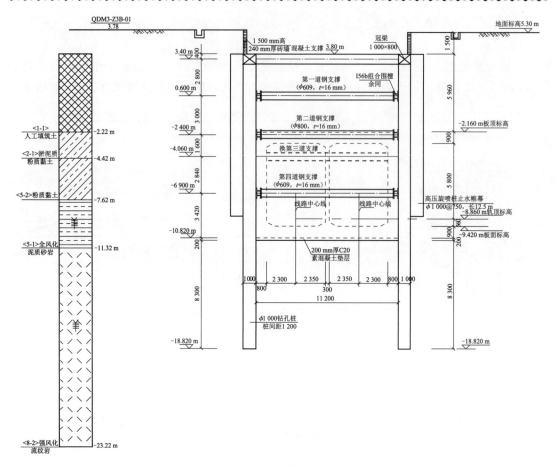

图 9-8　C 区围护结构典型横剖面图(单位:mm)

9.2　基坑工程设计

基坑工程设计计算主要分为围护结构内力、变形计算和基坑稳定性计算。

9.2.1　围护结构内力及变形计算原则

(1)围护结构内力计算,可沿区间纵向取单位长度按弹性地基梁或按弹性地基板进行计算。地层对墙体的作用采用一系列弹簧进行模拟。围护结构应进行稳定、强度、变形验算。当兼作上部建筑物的基础时,尚应进行承载力计算。

(2)围护结构计算应完全模拟施工过程,遵循"先变形、后支撑"的原则,按"增量法"进行结构内力计算分析。

(3)围护结构采用朗肯主动土压力计算方法,开挖过程每一个阶段的荷载为土体开挖后土压力的增量,计算中应考虑支撑预加力的作用。

(4)土体开挖卸载引起的土弹簧的取消以及支撑的拆除均在相对应位置以一个反向集中荷载予以模拟。

（5）围护结构插入土层中，在确定其入土深度时，必须进行墙体的抗滑动、抗倾覆和整体稳定性验算，以及墙前基底土体的抗隆起和抗管涌稳定性验算。

（6）围护结构插入岩层中，在确定其嵌入深度时，应根据基坑开挖深度、支撑体系及岩层风化程度进行稳定和变形计算，并参照类似工程予以确定。

（7）区间基坑保护等级为一级，变形控制保护等级为一级。地面最大沉降 $<0.15\%H$；围护结构最大水平位移 $<0.2\%H$，且不大于 30 mm。结构重要性系数 γ_0 为 1.1。

以 A 区为示例，围护结构内力位移包络图如图 9-9 所示。

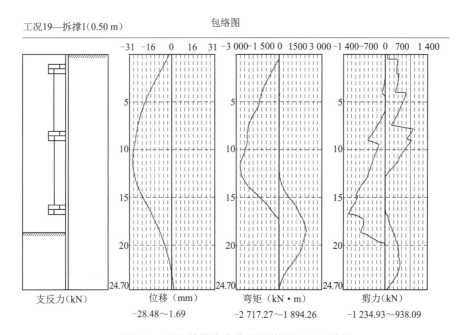

图 9-9 围护结构内力位移包络图（A 区示例）

9.2.2 稳定性计算

钻孔灌注桩的入土深度根据基坑开挖深度，结合地质条件，按坑底抗隆起、抗管涌和整体稳定性等要求进行验算，并结合青岛深基坑的工程经验确定。基坑整体稳定性计算如表 9-1 及图 9-10 所示。

表 9-1 基坑稳定性计算表

稳定性系数	允许值	备 注
K_{RS}	1.3	整体稳定性
K_L	1.6	基坑底土体抗隆起稳定性
K_g	1.5	止水帷幕抗管涌稳定性
K_Q	1.2	围护墙结构的抗倾覆稳定性

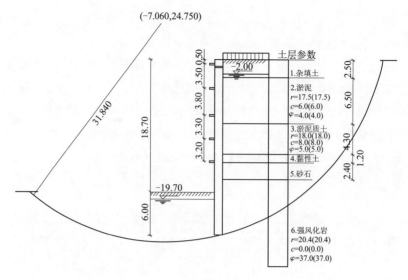

图 9-10　基坑整体稳定性验算简图（A 区示例）（尺寸单位：m）

9.3　基坑工程的重点设计

9.3.1　B1 区双排悬臂钻孔灌注桩设计

针对 B1 区开挖深度较浅、基坑平面尺寸大、基坑坑底土体呈软塑～流塑状态的特点，该区采用了双排桩围护结构。双排桩支护结构指的是由两排平行的钢筋混凝土桩以及桩顶冠梁形成的深基坑支护结构，通过前后排桩桩体呈矩形或梅花形布置，在两排桩桩顶用刚性冠梁将两排桩连接，沿坑壁平行方向形成门字形空间结构，这种结构具有较大的侧向刚度，可以有效地限制基坑的变形。双排桩围护结构开挖阶段计算工况简图如图 9-11 所示。

双排桩之所以能够有很大的侧向刚度，其关键因素是通过前后排桩之间的桩顶连梁形成门式钢架，前后排桩桩的排距是影响双排桩内力与变形性状的重要因素。在设计过程中，通过试算得到 $1d$、$2d$、$3d$、$4d$、$5d$、$6d$、$7d$ 等各种不同排距的受力情况，图 9-12、图 9-13 所示为排距为 $3d$ 时的结果。

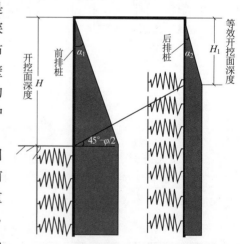

图 9-11　双排桩围护结构开挖
阶段计算工况简图

通过试算可以发现：

(1)双排桩的排距过小时，双排桩通过连梁形成的门式钢架结构，其空间性能不能充分的发挥。

(2)双排桩的排距过大时，连梁对前后排桩的作用就不能看作是一个整体刚架体系，对前排桩而言，更像在桩顶对前排桩施加的线弹簧和转角弹簧约束。

(3)双排桩的排距确定具体与场地地质条件、桩径、桩距等综合因素有关，特别是地质条件。

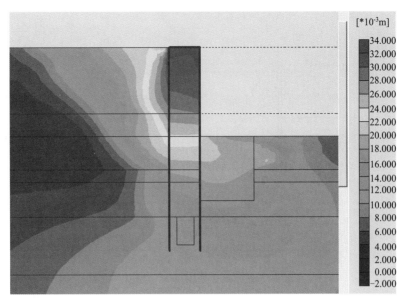

图 9-12　水平位移云图

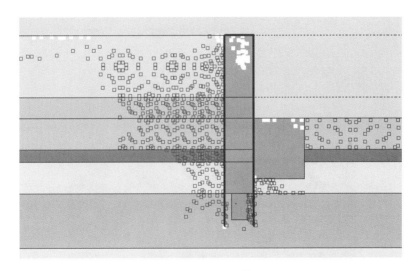

图 9-13　塑性区简图

　　(4)双排桩两桩顶与连梁的连接处理对其受力性能和变形有相当大的影响,在计算中视为刚性节点,桩梁之间不能互相转动,可以抵抗弯矩。连梁设计简图如图 9-14 所示。

9.3.2　止水帷幕设计

　　由于场地紧邻胶州湾(直线距离最近处 500 m),地下水位高,在基坑降排水方案设计中,采用了止水帷幕+坑内降水的方案,其中止水帷幕的设计将是这一方案中的关键点:ϕ1 000@750 高压旋喷桩止水帷幕+ϕ600 桩间高压旋喷桩。结合场地的具体工程地质特点,由于生活垃圾层呈流塑~软塑状态,在具体设计过程中增加 ϕ600 桩间高压旋喷桩,既加强了止水效果,又能防止桩间土流向坑内。通过具体工程实践,基坑坑壁无大面积的渗水,证明了这一方案的成功。止水帷幕设计简图及基坑侧壁实景如图 9-15、图 9-16 所示。

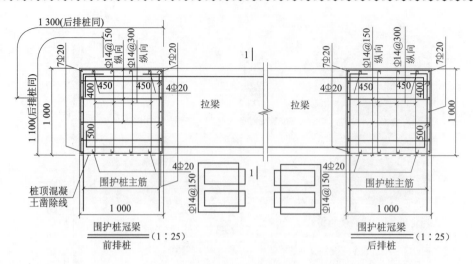

图 9-14　连梁设计简图(单位:mm)

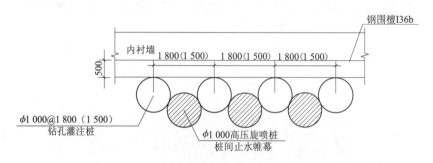

图 9-15　止水帷幕设计简图(单位:mm)

图 9-16　基坑侧壁实景图

9.3.3　坑中坑节点设计

本工程为一典型的坑中坑工程,地下车库基坑开挖深度约 10 m,采用前文所述双排桩支护方案,地铁 3、8 号线车站基坑开挖深度约 17 m,地铁 1 号线车站基坑开挖深度约 25 m,平面布置如前文所述,这样就出现了大坑套小坑的情况,特别是换乘节点处,因此这部分的设计是本工程的一个重点。坑中坑节点围护结构平面及剖面如图 9-17、图 9-18 所示。

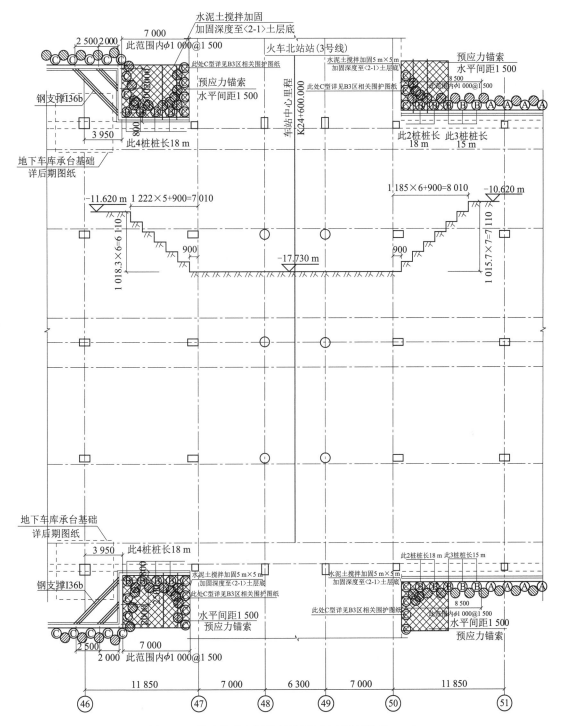

图 9-17 坑中坑节点围护结构平面布置图(单位:mm)

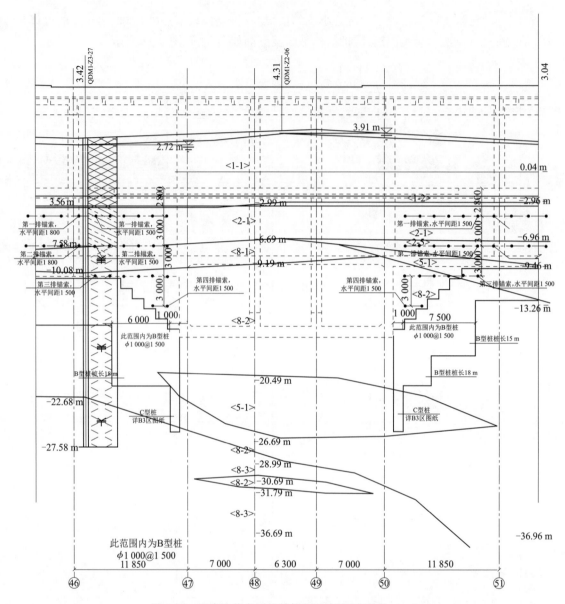

图 9-18　坑中坑节点围护结构剖面布置图(单位:mm)

9.4　本章小结

在城市垃圾填埋场建设如此大规模的建筑工程,在全国实属罕见。垃圾场的地质条件特点,决定了基础设计和基坑工程设计的难度较大。深基坑工程围护结构和支撑体系方案的确定,须综合考虑场地工程地质及水文条件、周边环境情况的约束及工程造价、建设工期等诸多因素,通过多方案反复论证优化,因地制宜,且要确保安全、合理、方便施工。本工程的主要特点总结为以下几点:

(1)通过结合施工场地和工期进行合理的施工筹划,对基坑进行合理分区是本工程的一个关键点。

（2）通过化大基坑为小基坑，从而减小了基坑开挖后暴露的时间，也有利于坑内降水。

（3）通过设置临时封堵墙及墙后止水帷幕，将不规则基坑分成形状规则基坑，便于支撑体系的布置，同时也解决了坑中坑的问题。

（4）双排桩围护结构体系的运用是本工程的一大特点，通过设计阶段对双排桩设计理论的摸索，特别是通过后期的工程实践，为完善双排桩的设计理论和施工方法积累了一定的经验。

第 10 章　大跨钢结构风荷载效应

青岛北站主站房屋盖为一空间跨度约 150 m、高度超过 20 m 的大跨空间结构,尤其其顶面的曲线弧面造型独特,空间构造复杂。因此,其风荷载的计算也相应变得复杂,在初步设计阶段委托同济大学进行了数值风洞研究,进行了青岛北站的三维流场模拟及风荷载参数的分析;施工图设计阶段委托西南交通大学进行了风洞试验研究。

10.1　数值风洞研究

10.1.1　风荷载参数数值模拟

利用大型计算流体动力学程序 FLUENT 软件及工作站硬件,数值模拟作用在主站房表面上的平均风荷载、局部体型系数,以提供结构荷载验算所需。

(1)模拟工况:数值风洞试验,针对主站房进行整体模型数值模拟。计算风向角范围为 0°、45°、90°、135°、180°,风向间隔 45°,共 5 个工况。

(2)数值模拟输出结果:

1)不同风向角下表面各分块体型系数分布;

2)不同风向角下表面压力系数分布图;

3)不同风向角下主站房三维绕流流场显示图。

10.1.2　风振分析

风振分析主要考虑主站房顶棚的随机风振响应。风振响应分析将在上述范围内的风向角下,针对前面的风荷载数值模拟结果进行随机风振响应数值模拟。

通过合成生成的随机脉动风速时程,基于有限元软件进行风荷载时程响应分析,确定重要部位的风振位移,以及用于结构风荷载计算的关键参数——风振系数,主要提供基于位移的等效风振系数。

1. 几何建模及网格划分

针对主站房计算区域采用多块结构化网格进行划分,网格数量为 400 万左右,同时在车站表面进行一定的局部加密。这样可以在关心的重要区域网格做到细密,非重要区域网格相对略粗,保证在总体网格数不变的情况下,提高计算的精度,节约有限的计算机资源。车站几何模型及网格划分如图 10-1 所示。

2. 流场数值模拟结果

(1)坐标轴定义

本项目主要研究结构在各个风向角下的的流场。为了结果处理的方便,坐标轴按风轴坐标系定义,不同角度下的流场计算采用旋转车站模型、边界不动的方法实现,如图 10-2～图 10-7 所示,即 X 轴一直为风的来流风向,Z 轴为垂直地面向上方向,Y 轴为水平侧向。体型系数的定义为分块体型系数,该体型系数垂直分块表面,正表示压力,负表示吸力。对于双面曲面的两面受风压,其合力的参考方向定为从上往下看为参照,即朝上曲面的风压减去朝下曲面的风压。

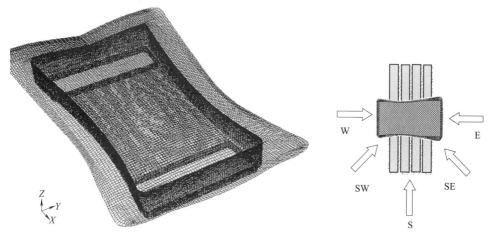

图 10-1　模型表面几何网格划分

图 10-2　风向角示意图

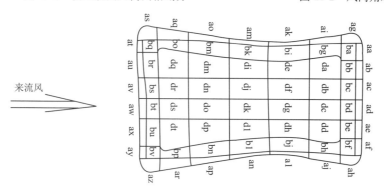

图 10-3　0°风向角示意图(East)

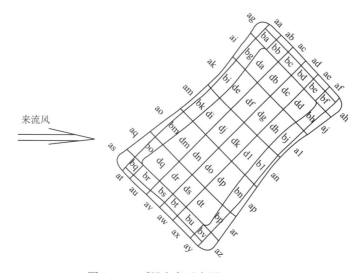

图 10-4　45°风向角示意图(Southeast)

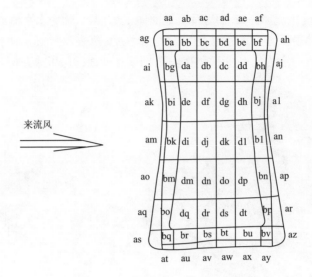

图 10-5　90°风向角示意图（South）

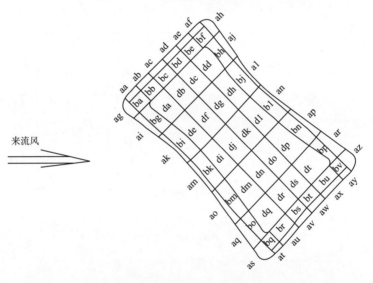

图 10-6　135°风向角示意图（Southwest）

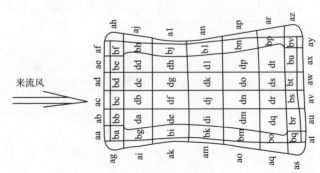

图 10-7　180°风向角示意图（West）

（2）分块定义

为方便进行风荷载的计算，将火车站不同部位分为一定的块数，分块是根据流场在车站表面的分布来区分,尽量保证在一个块内流场变化不大,该块内风压变化不大;而块与块之间有较明显的流场分别,体型系数变化相对较明显。把整个屋顶面分为三个大的区域:外围遮阳板区域为 a 类,外围的悬挑部分为 b 类,内侧的屋顶部分为 c 类。其中,b 类为上下两面都受风压,其结果处理为上表面风压减去下表面风压;c 类为一面受风压,其中结构表面受压为正,受吸为负。具体分块如图 10-8 所示。

(3)分块体型系数结果分析

通过数值模拟可以直接获得车站表面每个网格处的压力系数,但是大量的结果数据(各网格点的压力系数)不便于分析风荷载。为此,将顶棚表面划分为若干个分块,给出每个分块的分块体型系数 μ_s,如式(10-1):

$$\mu_s = F_n \Big/ \frac{1}{2}\rho U^2 \cdot S \qquad (10\text{-}1)$$

式中,μ_s 为体型系数;F_n 为垂直表面的风荷载,通常定义压力为正,吸力为负;ρ 为空气密度;U 为来流风速;S 为分块表面积。

体型系数方向为垂直分块表面,其中正值表示垂直曲面向内,即压力;负值表示垂直曲面向外,即吸力。各风向角下的分块体型系数如图 10-9～图 10-13 所示。

对于围护结构风压分布,给出了每个风向角下的风压系数分布图,可作为该部分结构风荷载计算的依据,其数值大小主要参考分布图左侧的标尺显示,每个面的显示方向都是正对该面的方向。

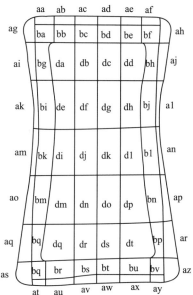

图 10-8　车站顶部弧面分块编号示意图

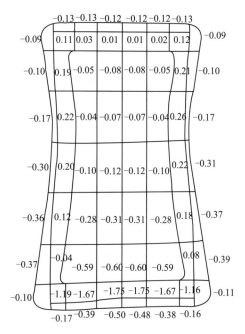

图 10-9　车站表面各分块体型
系数分布(0°风向角)

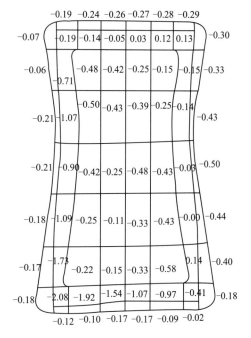

图 10-10　车站表面各分块体型
系数分布(45°风向角)

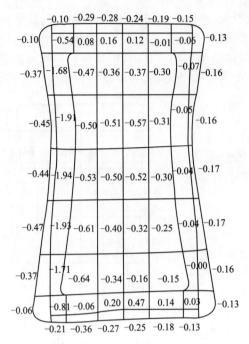

图 10-11　车站表面各分块体型
系数分布（90°风向角）

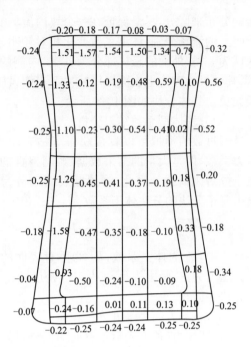

图 10-12　车站表面各分块体型
系数分布（135°风向角）

3. 风振分析

利用谐波合成的方法生成需要的随机脉动风速时程，采用大型有限元软件，数值模拟结构在脉动风荷载作用下的随机响应，通过统计分析获得了结构风荷载计算中的关键参数——风振系数 β_z。

（1）随机脉动风速生成

谐波合成法是通过三角级数的叠加来模拟随机过程样本的方法，将三角级数的叠加通过 fft 技术来计算，大大提高了模拟的效率，广泛应用于工程领域。

可用式(10-2)对多变量随机过程 $V_j^o(t)(j=1,2,\cdots,n)$ 进行仿真：

$$V_j(t) = 2\sum_{m=1}^{j}\sum_{l=1}^{N}|H_{jm}(\omega_{ml})|\sqrt{\Delta\omega}\cos$$
$$[\omega_{ml}t - \theta_{jm}(\omega_{ml}) + \phi_{ml}](j=1,2,\cdots,n) \quad (10-2)$$

式中，$H(\omega)$ 为目标双边功率谱密度矩阵 $S_v^o(\omega)$ 的 Cholesky 分解；$\Delta\omega = \omega_u/N$，$\omega_u$ 为截断频率；ω_{ml} 为双索引频率；ϕ_{ml} 为在区间 $[0, 2\pi]$ 上均匀分布的随机相位角。

脉动风速功率谱密度函数使用 Davenport 提出的与高度无关的水平脉动风速谱进行模拟，如式(10-3)：

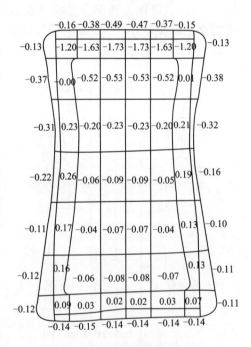

图 10-13　车站表面各分块体型
系数分布（180°风向角）

$$S(\omega) = \frac{\mu_*^2}{\omega} \cdot \frac{4f^2}{(1+4f^2)^{4/3}} \tag{10-3}$$

式中，$f = 1\,200\omega/\bar{V}(10)$，$\bar{V}(10)$ 表示 $z = 10$ m 处的平均风速，z 为离地面高度，单位为 m；ω 为频率，单位为 rad/s；μ_* 为剪切波速，单位为 m/s；$\bar{V}(z)$ 为高度 z 处的平均风速，单位为 m/s。

空间相关性如式（10-4）取为：

$$\sqrt{Coh}(n) = \frac{|S_{ij}|}{\sqrt{S_i}\sqrt{S_j}} = \exp\left\{\frac{-kn\Delta s}{U}\right\} \tag{10-4}$$

由青岛地区基本风压可换算得到 10 m 高度处基本风速，该地区 100 年一遇基本风压为 0.70 kN/m²，根据风速风压关系可得：

$$\bar{V}(10) = \sqrt{\frac{2w}{\rho}} = \sqrt{\frac{2 \times 700}{1.225}} = 33.8\,(\text{m/s})$$

设平均风速廓线满足指数律，按照 C 类地貌，地面粗糙度取为 $\alpha = 0.22$，可以由式（10-5）得到不同高度处的平均风速为：

$$\bar{V}(z_{g1}) = 33.8 \times \left(\frac{z_{g1}}{10}\right)^{0.22} \tag{10-5}$$

因此可通过以上方法拟合得到空间不同高度处的脉动风速时程，如图 10-14 所示。

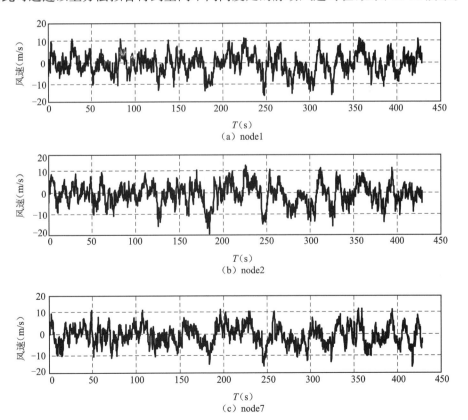

图 10-14　不同空间点脉动风速时程

（2）随机风振相应参数及工况

结构风振响应计算所取的参数如下：根据我国《建筑结构荷载规范》（GB 50009—2012）的规定，对一般钢结构（如构架钢结构）、有墙体材料填充的房屋钢结构和钢筋混凝土或砖石砌体结构，阻尼比分别取 1%、2% 和 5%。参照规范，本项目计算模态阻尼比取为 1%。

根据拟合的空间脉动随机风速时程，采用时域直接积分法对该结构风振响应进行分析。动力时程分析的总时长为 180 s，时间步长取为 0.03 s。在动力时程分析中采用了瑞利阻尼 $C=\alpha M+\beta K$，该参数的计算主要用到整体结构的前 2 阶模态 0.710 Hz、1.245 Hz。对应于 1% 的模态阻尼比，瑞利阻尼参数 $\alpha=0.056\,82$，$\beta=0.001\,628$。

结合分块体型系数数值模拟结果，对 5 个风向角进行结构的风致响应分析，结构风致响应分析按平均风响应和脉动风响应分别进行。

（3）风振系数定义

所谓风振系数，是指风荷载的总响应与平均风产生响应的比值，风荷载的总响应包括平均风产生的响应和脉动风产生的响应。因此，按照定义可以得出结构上任意点的风振系数如式（10-6）：

$$\beta_i=1+\frac{\widetilde{u}_i}{\bar{u}_i} \tag{10-6}$$

式中，β_i 为任意点的风振系数；$\bar{u}_i$ 为该点的平均风位移；$\widetilde{u}_i$ 为该点脉动风响应的最大位移。为了统计分析脉动响应，$\widetilde{u}_i$ 通常取为 $g\times\sigma_i$，σ_i 为该点响应的均方差，g 为对应的峰值因子，对于位移响应通常取为 2.5。因此，如果获得了某点的均方响应和脉动响应，就可得到风振系数，如式（10-7）：

$$\beta_i=1+\frac{g\times\sigma_i}{\bar{u}_i} \tag{10-7}$$

对于大跨空间结构，部位不同，其荷载风振系数会有较大的差异，随风向角的变化也比较大，但采用位移风振系数这些差异比较小，可以对整体或者分块区域采用一个风振系数值。因此，对于该类结构通常采用位移结果进行风振系数的分析。

按照上述方法定义的点风振系数在具体应用时可能会出现风振系数较大的点，甚至出现风振系数奇点，即这些点的平均风静力响应很小（可以接近 0），从而导致风振系数非常大。出现该种情况主要是风振系数定义方法本身的缺陷，并不能完全说明该处的风荷载就一定非常大。

为了更合理地评估结构的风振系数，本书采用分块合成风振系数的办法，为便于风荷载的计算，此处风振系数的分块与体型系数的分块相一致，采用式（10-8）来评估某块的风振系数：

$$\beta_i=1+\frac{\sum_{i=1}^{m}\bar{u}_i\times g\times\sigma_i}{\sum_{i=1}^{m}\bar{u}_i\times\bar{u}_i} \tag{10-8}$$

式中，$\sum_{i=1}^{m}$ 表示对某块内的 m 个节点进行求和处理。由式（10-8）可以看出，通过对平均位移的相乘并求和处理，平均位移小的节点在该块风振系数计算中的贡献也越小；而位移较大的节点对结果的贡献也越大,实际工程通常是由位移大的节点控制设计。因此该式是一种加权平均的处理,能够有效地避免出现局部风振系数过大的不合理性。

（4）风振分析结果

为便于结构风荷载的计算,把整体结构分为数个分块,对该块内的节点进行统计处理就可得到该块的风振系数,分块的方式与体型系数的分块完全一致,各分块不同风向角下的等效风振系数见表 10-1～表 10-5。

表 10-1　0°风向角各分块等效风振系数

分块编号	等效风振系数	分块编号	等效风振系数	分块编号	等效风振系数
a 区	1.53	b 区	1.56	d 区	1.65

表 10-2　45°风向角各分块等效风振系数

分块编号	等效风振系数	分块编号	等效风振系数	分块编号	等效风振系数
a 区	1.57	b 区	1.50	d 区	1.73

表 10-3　90°风向角各分块等效风振系数

分块编号	等效风振系数	分块编号	等效风振系数	分块编号	等效风振系数
a 区	1.59	b 区	1.52	d 区	1.56

表 10-4　135°风向角各分块等效风振系数

分块编号	等效风振系数	分块编号	等效风振系数	分块编号	等效风振系数
a 区	1.57	b 区	1.54	d 区	1.68

表 10-5　180°风向角各分块等效风振系数

分块编号	等效风振系数	分块编号	等效风振系数	分块编号	等效风振系数
a 区	1.51	b 区	1.52	d 区	1.68

10.2　风洞试验研究

10.2.1　基本风速及基本风压

根据《建筑结构荷载规范》(GB 50009—2012)查"全国基本风压分布图",当重现期为 100 年时,青岛市地区风压为 0.70 kN/m,由此推算得到基本风速为 33.8 m/s。

10.2.2　模型及设备

1. 模型设计及制作

综合考虑需要模拟的结构几何尺寸和风洞试验段尺寸,模型的几何缩尺比取为 1∶100。

模型在风洞中的阻塞比小于5%,满足风洞试验要求。模型根据建筑设计图纸,按几何外形相似要求制作。模型采用 ABS 塑料、金属管材、复合材料等制成,具体制作流程如下:

Step1:对于站房模型,根据主站房屋盖图纸取合适的截面,用纤维板按图纸做成隔板,以构建站房的整体外形;

Step2:根据坐标定位隔板位置,进行拼装,并打磨成型,形成站房主体外形;

Step3:外形表面按图纸尺寸缩尺后粘贴顺子午线的肋条,肋条材料为 ABS 塑料;

Step4:布置测压孔,为确保试验结果的精准度,在屋盖外表面布置 217 个测点,在挑檐下表面区域布置 94 个测点,在侧墙表面区域布置 47 个测点,在雨棚上、下表面区域布置 120 个测点;

Step5:建筑物附属设施采用金属管材、复合材料等制作。

图 10-15 为安装在风洞中的青岛北站主站房屋盖及雨棚测压模型照片。

图 10-15　安装在风洞内的测压模型

2. 试验设备

刚性模型测压试验在西南交通大学风工程试验研究中心 XNJD-3 风洞中进行。该风洞是一座回流式低速风洞,试验段尺寸为 36 m(长)×22.5 m(宽)×4.5 m(高),风速范围为 1.0～16.5 m/s。风洞配备了模拟大气边界层的装置,可以实现《建筑结构荷载规范》要求的各类风场特性的模拟。风洞底壁设有可转动 360° 的转盘,以变换试验的风向角。测量仪器包括:

(1)压力测量仪器:美国 Scanvalve 电子扫描阀;

(2)风速测量:Dantec 热线风速仪。

10.2.3　测点布置及试验安排

1. 测点布置

试验的重点是测量站房屋盖自身外表面、挑檐下表面、侧墙表面、雨棚的上下表面的风压系数。217 个测点布置在站房屋盖自身外表面,94 个测点布置在挑檐下表面区域,47 个测点布置在侧墙表面区域,120 个测点布置在雨棚上、下表面区域。限于篇幅,下面只介绍主站房屋盖自身外表面、挑檐下表面的测点情况。

屋盖各测压点的位置如图 10-16、图 10-17 所示。

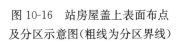

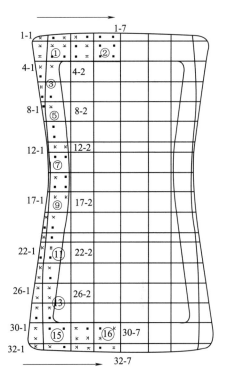

图 10-16 站房屋盖上表面布点
及分区示意图(粗线为分区界线)

图 10-17 站房屋盖下表面布点
及分区示意图(粗线为分区界线)

2. 试验工况

试验时,对每个测点,采样时间为 60 s,采样频率为 200 Hz。所有压力测点的脉动压力时程将同步获得。试验风向按 16 个罗盘方向设置,模型按图 10-18 的方向摆放,每间隔 22.5°设置一个试验风向。试验参考点(取模型屋盖面大约顶面高度:43 cm)风速为 8 m/s,每风向重复测量 2 次。

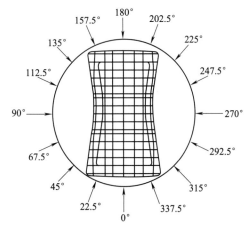

图 10-18 风向示意图

10.2.4　试验数据处理方法

将风洞试验中所获得的各测压点的压力值由计算机进行处理,获得各测压点的风压系数,计算公式如式(10-9):

$$风压系数\ C_{\bar{p}_i}=\frac{\bar{p}_i-p_{\mathrm{H}}}{\frac{1}{2}\rho V_{\mathrm{H}}^2}\qquad(10\text{-}9)$$

式中,V_{H} 为模型前方来流未扰动区、相当于站房最大高度处的平均风速;p_{H} 为该高度处参考静压;$\bar{p}_i$ 为模型各测压点处的压力;ρ 为空气密度。

根据上述公式可得到模型表面每个测压点的平均风压系数。由于风压系数为无量纲系数,故可将其直接用于计算结构表面的平均风压。

由于测点多,数据量大,风压系数不便于设计人员应用。为了给设计提供简单实用的数据,需要进行体型系数的计算。根据风压系数,按式(10-10)计算可得到建筑物表面各区域(分块)的体型系数:

$$\mu_{\mathrm{s}}=\frac{\sum C_{\bar{p}_i}A_i}{\sum A_i}\qquad(10\text{-}10)$$

式中,A_i 为各测压点所覆盖面积;$\sum A_i$ 为各测压点所属面积的总和;$C_{\bar{p}_i}$ 为各测压点的平均风压系数。

10.2.5　试验结果

试验结果见表 10-6。

10.3　本章小结

通过青岛北站的三维流场数值风洞模拟分析及刚性模型测压试验,得到结论和建议如下:

(1)初步设计阶段利用数值风洞技术,通过对车站的三维建模实现了其三维复杂流场的求解,并对各工况下的速度场、压力系数等流场特性进行了可视化处理。施工图设计阶段,进一步采用风洞试验进行验证。经过比较,数值风洞研究得出的体型系数比风洞试验得出的体型系数略大,因此施工图设计时按大者取值。

(2)对各个风向角下的结构在脉动随机风速作用下的风振分析进行了计算,通过相应的统计分析得到了各个分块在不同风向角下的风振系数,同样的统计分析也可得到整个结构的整体等效风振系数,风荷载的计算可根据需要选取。

表 10-6　屋盖各分区体型系数

角度／分区	0°	22.5°	45°	67.5°	90°	112.5°	135°	157.5°	180°	202.5°	225°	247.5°	270°	292.5°	315°	337.5°
1区	−0.154 5	−0.248 5	−0.331 8	−0.326 4	−0.282 1	−0.509 5	−0.848 5	−0.979 3	−1.058 0	−1.014 3	−0.910 8	−0.703 5	−0.363 1	−0.301 7	−0.302 1	−0.241 8
2区	−0.173 1	−0.265 4	−0.354 2	−0.349 2	−0.290 4	−0.533 9	−0.853 0	−1.048 1	−1.040 1	−1.022 6	−0.808 2	−0.537 0	−0.343 5	−0.280 6	−0.268 5	−0.216 2
3区	−0.034 6	−0.207 7	−0.376 2	−0.506 5	−0.550 5	−0.659 3	−0.579 0	−0.358 4	−0.354 7	−0.497 5	−0.483 6	−0.482 0	−0.323 4	−0.268 8	−0.221 5	−0.103 2
4区	−0.103 3	−0.244 0	−0.390 8	−0.430 4	−0.368 9	−0.234 3	−0.135 2	−0.181 6	−0.333 4	−0.415 7	−0.502 1	−0.539 9	−0.448 1	−0.368 8	−0.274 2	−0.060 9
5区	−0.040 6	−0.249 2	−0.542 6	−0.729 9	−0.795 2	−0.719 1	−0.524 3	−0.298 5	−0.265 7	−0.402 3	−0.492 8	−0.493 7	−0.349 3	−0.347 7	−0.312 2	−0.166 5
6区	−0.123 2	−0.298 0	−0.503 1	−0.587 3	−0.599 6	−0.491 5	−0.362 0	−0.241 0	−0.299 5	−0.473 7	−0.728 7	−0.840 2	−0.742 0	−0.707 6	−0.583 1	−0.174 5
7区	−0.064 8	−0.184 9	−0.352 7	−0.456 1	−0.530 8	−0.530 0	−0.389 9	−0.206 9	−0.120 5	−0.229 4	−0.324 9	−0.369 4	−0.308 4	−0.368 1	−0.352 0	−0.225 9
8区	−0.122 0	−0.214 3	−0.427 3	−0.524 1	−0.600 5	−0.581 9	−0.484 8	−0.297 3	−0.239 4	−0.352 8	−0.574 9	−0.735 6	−0.732 1	−0.756 1	−0.636 8	−0.282 2
9区	−0.138 5	−0.245 8	−0.492 3	−0.621 6	−0.793 2	−0.795 0	−0.559 8	−0.264 9	−0.071 9	−0.150 4	−0.235 1	−0.329 5	−0.311 0	−0.441 4	−0.472 9	−0.315 1
10区	−0.151 9	−0.144 5	−0.335 2	−0.459 2	−0.598 0	−0.643 0	−0.585 1	−0.400 3	−0.264 0	−0.299 6	−0.502 7	−0.702 9	−0.786 0	−0.895 9	−0.854 3	−0.332 4
11区	−0.199 0	−0.323 8	−0.624 1	−0.795 6	−0.946 1	−1.002 9	−0.738 6	−0.433 4	−0.245 7	−0.313 9	−0.423 8	−0.551 5	−0.546 2	−0.694 6	−0.738 3	−0.608 0
12区	−0.164 8	−0.101 3	−0.180 9	−0.334 7	−0.469 3	−0.552 6	−0.516 8	−0.367 8	−0.246 0	−0.228 8	−0.368 5	−0.540 6	−0.625 4	−0.748 3	−0.718 6	−0.382 5
13区	−0.243 0	−0.239 8	−0.340 3	−0.423 7	−0.404 8	−0.429 2	−0.377 0	−0.311 5	−0.237 0	−0.253 4	−0.226 4	−0.260 3	−0.244 4	−0.313 2	−0.397 0	−0.373 1
14区	−0.333 3	−0.309 5	−0.216 1	−0.214 1	−0.282 9	−0.358 5	−0.367 0	−0.293 6	−0.219 2	−0.197 0	−0.184 5	−0.244 1	−0.276 0	−0.393 5	−0.554 4	−0.449 0
15区	−0.806 8	−0.824 5	−0.885 8	−0.735 8	−0.412 4	−0.412 4	−0.362 0	−0.268 5	−0.220 0	−0.256 5	−0.238 6	−0.247 0	−0.209 9	−0.336 5	−0.702 9	−0.804 5
16区	−0.892 4	−0.847 7	−0.856 2	−0.431 3	−0.221 8	−0.271 5	−0.311 0	−0.302 5	−0.285 0	−0.276 7	−0.228 0	−0.203 0	−0.130 0	−0.288 6	−0.666 4	−0.961 1
1区下	−0.257 3	−0.249 1	−0.301 4	−0.231 3	−0.065 5	0.377 6	0.624 9	0.454 2	0.253 5	0.096 1	−0.040 5	−0.161 2	−0.185 4	−0.293 9	−0.335 5	−0.294 5
2区下	−0.246 5	−0.259 1	−0.272 1	−0.286 7	−0.166 5	0.206 3	0.525 0	0.522 8	0.390 0	0.229 3	0.010 1	−0.280 0	−0.370 0	−0.358 3	−0.387 3	−0.287 5
3区下	−0.269 7	−0.182 8	−0.103 6	0.024 0	0.253 5	0.574 6	0.326 7	−0.204 1	−0.475 1	−0.495 4	−0.500 6	−0.436 7	−0.346 1	−0.464 4	−0.537 7	−0.355 4
5区下	−0.186 2	−0.050 2	0.115 1	0.228 9	0.305 6	0.324 8	0.122 6	−0.184 4	−0.350 0	−0.419 0	−0.476 7	−0.441 0	−0.346 6	−0.450 9	−0.510 2	−0.289 8
7区下	−0.128 4	−0.015 3	0.169 8	0.254 4	0.381 6	0.282 5	0.188 4	−0.051 9	−0.195 2	−0.301 5	−0.357 1	−0.313 0	−0.228 7	−0.320 8	−0.372 5	−0.252 5
9区下	−0.151 2	−0.054 2	0.142 3	0.234 3	0.346 2	0.313 9	0.209 0	0.005 4	−0.186 3	−0.308 1	−0.323 5	−0.279 5	−0.189 0	−0.304 7	−0.370 3	−0.297 7
11区下	−0.299 6	−0.195 6	−0.041 2	0.047 3	−0.079 3	−0.180 1	−0.268 4	−0.361 6	0.532 1	−0.677 2	0.767 1	−0.779 2	−0.707 2	−0.895 0	−1.022 3	−0.436 1
13区下	−0.251 1	−0.109 1	0.024 5	0.139 5	0.070 0	−0.037 5	−0.080 7	−0.156 3	−0.217 6	−0.260 3	−0.178 3	−0.142 8	−0.059 4	−0.146 7	−0.226 9	−0.242 1
15区下	0.182 5	0.336 8	0.304 5	0.156 5	−0.111 1	−0.256 3	−0.290 0	−0.324 8	0.335 0	−0.373 2	−0.340 6	−0.296 0	−0.200 1	−0.136 1	−0.032 9	0.116 2
16区下	0.477 3	0.503 4	0.414 7	0.104 4	−0.218 0	−0.399 0	−0.388 9	−0.383 2	−0.410 2	−0.425 8	−0.435 2	−0.416 1	−0.605 7	−0.561 9	−0.087 9	0.396 3

第 11 章　大跨钢结构抗火性能化设计

传统的钢结构抗火设计一般采用 ISO 834 标准升温曲线作为环境温度,而实践证明不同火灾场景下环境升温曲线不一样,有时差别还很大。另外,目前国内的结构抗火设计仍采用基于试验构件的抗火设计方法,该方法虽然具有简单、直观、应用方便等优点,但也存在不合理的部分。

青岛北站主站房屋盖建筑结构体系复杂,超大空间的建筑布局超出了现有建筑防火设计的规定,现行规范方法难以满足抗火安全性与经济性的要求。

11.1　主站房 FDS 火灾模拟

11.1.1　火灾模拟模型

FDS(Fire Dynamics Simulator)软件采用数值方法求解受火灾浮力驱动的低马赫数流动的 NS 方程(黏性流体 Navis Stokes),重点计算火灾中的烟气和热传递过程。

物理模型的建立主要依据设计图,在本次模拟中主要建立了主站房的模型,包括站台层、高架层以及高架夹层。主站房及各层平面功能区 FDS 模拟物理模型如图 11-1～图 11-4 所示。高架夹层、高架层及站台层地面标高分别为 $z=17.10 \text{ m}$、$z=9.00 \text{ m}$、$z=\pm0.00 \text{ m}$。

图 11-1　FDS 模拟物理模型外部视图

图 11-2　FDS 模拟物理模型透视图

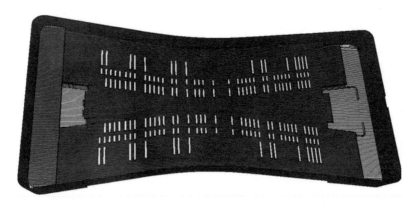

图 11-3　高架层及高架夹层物理模型

图 11-4　站台层物理模型

11.1.2　主站房 FDS 模拟基本参数及假设

（1）建筑尺寸：实际建筑尺寸。

（2）假设火源：采用 t2——稳定火源。

（3）初始条件：假设流场的初始状态为静止，模拟区域内温度与室外环境温度均为 20 ℃，压力为 1 个标准大气压。在火灾模拟过程中，除防火门关闭外，主站房内的所有疏散出口均处于开启状态。

（4）边界条件：为热厚（thermally-thick）边界条件，即围护结构传热按一维传热处理，并且假定外壁面温度与环境温度相同并保持不变。

11.1.3　主站房 FDS 模拟分析

1. 火灾场景 1——17.10 m 高架夹层餐饮区火灾

火灾场景 1：本场景设定高架夹层餐饮区火灾场景，根据"可信且最不利"原则设定火灾场景，考虑最接近顶棚的楼面（高架夹层）发生火灾时对屋盖钢结构的影响情况，且火灾时自动灭火系统与排烟系统均失效，火灾规模为 8.0 MW，火灾模拟时间为 1 200 s。为了测得火源中心上方的烟气温度，在火源上方设置了感温探测器，从 19～32 m 每隔 1 m 设置一个探测器，如图 11-5 所示。

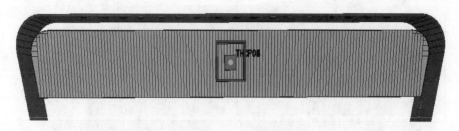

图 11-5 高架夹层火灾模拟火源示意图

将设定条件输入火灾模拟软件 FDS 中进行模拟计算,模拟结果如图 11-6~图 11-8 所示。

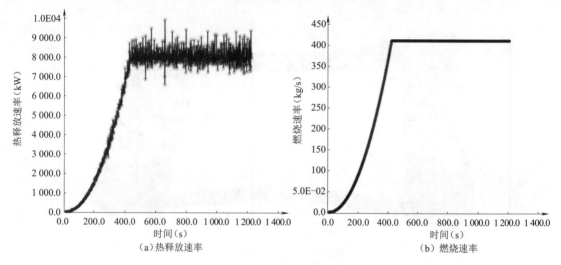

（a）热释放速率 （b）燃烧速率

图 11-6 火源功率（火灾场景 1）

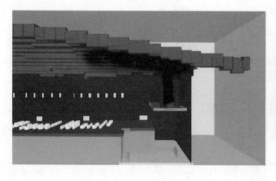

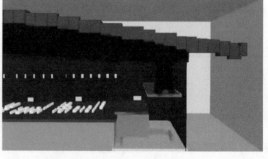

（a）T=200 s （b）T=400 s

图 11-7

Smokeview 5.6-Oct.29.2010

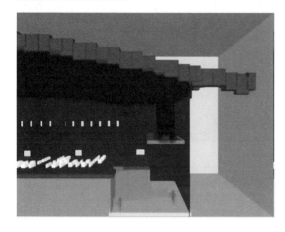

Time:600.0

（c）T=600 s

Smokeview 5.6-Oct.29.2010

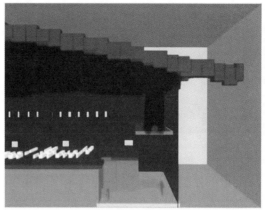

Time:800.4

（d）T=800 s

Smokeview 5.6-Oct.29.2010

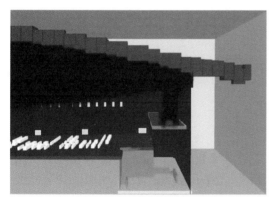

Time:999.6

（e）T=1 000 s

Smokeview 5.6-Oct.29.2010

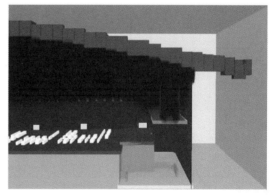

Time:1200.0

（f）T=1 200 s

图 11-7　火灾场景 1 时,烟气流动三维视图

　　研究表明,当高架夹层内发生餐饮火灾时,由于火灾规模较大(为 8.0 MW),在自动灭火系统及排烟系统均失效的情况下,火势发展迅速,烟气沿热烟羽流上升至高架层顶棚,由于高架层顶棚空间高大,具有较强的蓄烟功能,模拟时间内火灾产生的热烟未对着火空间内人员疏散造成较大不利影响。

　　由图 11-8 可知,1 200 s 内,距高架夹层地面 2.0 m 高度处(除火源上空外)CO 浓度小于 450 ppm;1 200 s 内,距高架夹层地面 2.0 m 高度处(除火源上空外)CO_2 浓度小于 1%。

　　由以上分析可得出,在模拟时间内,由于高架层顶棚空间高大,具有较强的蓄烟功能,火灾产生的热烟未对着火空间内人员疏散造成较大不利影响。

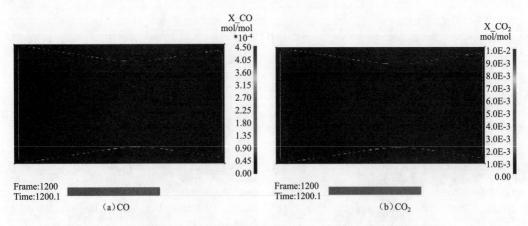

图 11-8　火灾场景 1 时,距高架夹层地面 2.0 m 处 CO、CO$_2$ 浓度分布图

火灾场景 1 中由温度传感器测得的火源中心上方的温度时间变化曲线如图 11-9 所示。由图 11-9 可以看出,火源中心上方 6.5 m 处温度基本上低于 120 ℃,而与高架夹层距离最低处的屋盖结构高度超过 6.5 m,故在火灾作用下的受力分析时保守的对火源上方屋盖钢结构施加160 ℃的温度作用。

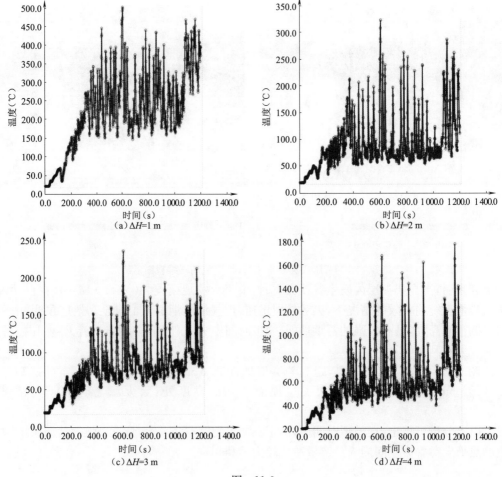

图　11-9

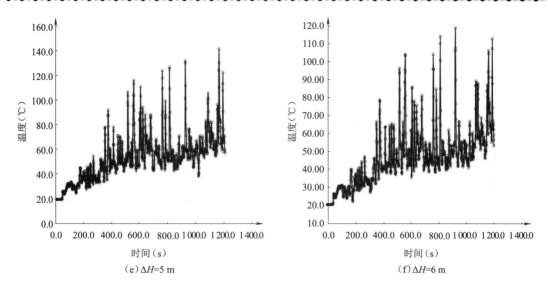

图 11-9　火源上方温度时间曲线图(火灾场景 1)

2. 火灾场景 2——9.0 m 高架层小商铺火灾

火灾场景 2：本场景设定高架层小商铺火灾场景，如图 11-10 所示。小商铺火灾场景考虑火灾时自动灭火系统与排烟系统均失效，高架层内采用自然排烟，排烟口布置于高架层上空，火灾时利用高架层对外开口进行自然补风，火灾规模为 8.0 MW，火灾模拟时间为 1 200 s。将设定条件输入火灾模拟软件 FDS 中进行模拟计算，结果如图 11-10～图 11-14 所示。

由图 11-12 可以看出，当高架层内发生商铺火灾时，由于火灾规模较大(为 8.0 MW)，产烟量也较大，在小商铺内未设置排烟系统的情况下，火灾产生的热烟将迅速充满小商铺，并沿小商铺门洞向高架层大空间内蔓延，由于高架层顶棚空间高大，具有较强的蓄烟功能，结合自然排烟，有效地控制了高架层候车厅内的烟气层界面下降。

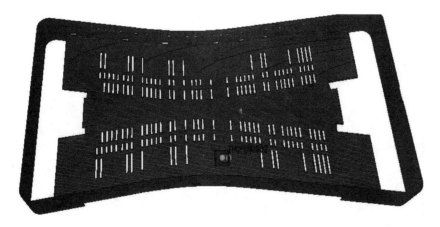

图 11-10　小商铺火灾场景火源布置示意图

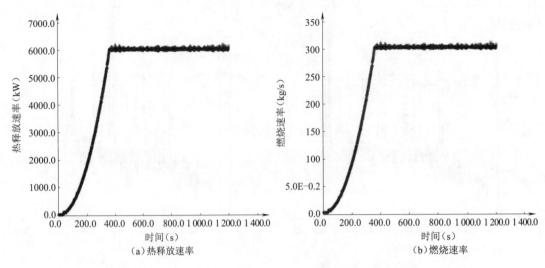

（a）热释放速率　　　　　　　　　　（b）燃烧速率

图 11-11　火源功率（火灾场景 2）

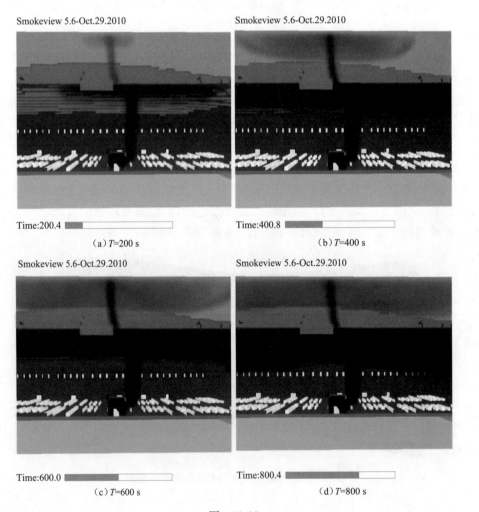

（a）T=200 s　　　　　　　　　（b）T=400 s

（c）T=600 s　　　　　　　　　（d）T=800 s

图　11-12

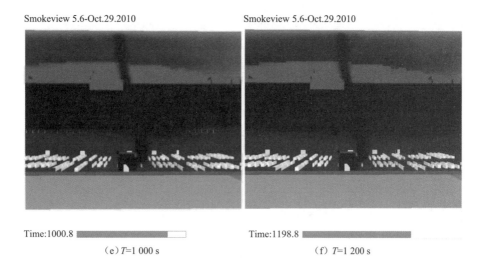

（e）T=1 000 s   （f）T=1 200 s

图 11-12   火灾场景 2 时,烟气流动三维视图

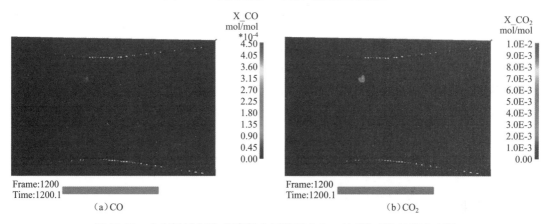

（a）CO   （b）CO_2

图 11-13   火灾场景 2 时,距高架夹层地面 2.0 m 处 CO、CO_2 浓度分布图

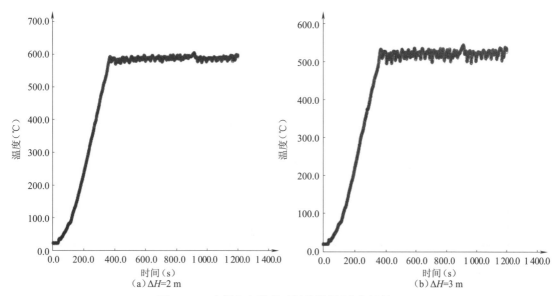

（a）ΔH=2 m   （b）ΔH=3 m

图 11-14   火源上方温度时间曲线图（火灾场景 2）

由图 11-13 可看出,在 1 200 s 内,距高架层地面 2.0 m 高度处(除火源上空外)CO 浓度小于 450 ppm;1 200 s 内,距高架层地面 2.0 m 高度处(除火源上空外)CO_2 浓度小于 1%。

由以上分析可得出,在模拟时间内,由于高架层顶棚空间高大,具有较强的蓄烟功能,火灾产生的热烟未对着火空间内人员疏散造成较大不利影响。

火灾场景 2 中,考虑不利的商业区火灾,按稳态火灾考虑,并保守假定 V 型撑位于火源正中央,V 型撑被周围火焰和烟气完全包围且周围气体温度为无 V 型撑时羽流中央温度。

火源等效直径:$D=\sqrt{\dfrac{4Q}{\pi q}}=\sqrt{\dfrac{4\times 6\ 000}{\pi \times 500}}=3.91(m)$;

等效火焰高度:$L_f=0.23Q^{2/5}-1.02D=0.23\times 6\ 000^{2/5}-1.02\times 3.91=3.5(m)$。

假设极端最不利情况,即火源就在 V 型撑附近,因此在等效火焰高度位置,结合图 11-14 的结果,取火焰的温度为烟气温度进行计算,该处气体温度约 500 ℃。

3. 小结

通过上述模拟分析,可得出以下几个结论:

(1)实际火灾模拟得出的升温曲线综合考虑了火灾荷载、火源位置、建筑开口情况、空间大小等因素,较一般采用标准升温曲线更符合实际情况。

(2)火灾场景 1 中,餐饮区火灾产生的烟气不会影响人员的疏散,餐饮区上方距离火源地面 6.5 m 以上温度不超过 160 ℃。

(3)火灾场景 2 中,商铺火灾产生的烟气不会影响人员的疏散,商铺火灾等效火焰高度处烟气的温度达到 500 ℃。

(4)根据对青岛北站做的实际火灾模拟得到 6.5 m 以上烟羽流轴上气流温度不超过临界温度判定指标 325 ℃,则该处的屋顶钢结构受到火灾烟气影响较小。6.5 m 以上的不需要考虑防火保护,这里考虑一定的安全系数,保守取 8 m,则距离火源所在地面(高架层或高架夹层)以上 8 m 处的钢结构构件不需要防火保护。

11.2　主站房屋盖结构抗火承载力验算

11.2.1　屋盖结构抗火承载力验算

由火灾危险性分析知,对屋盖钢结构威胁较大的火灾场景是可能发生在高架夹层餐饮区的火灾(8.0 MW);而立体拱架中的 V 型撑受高架候车区的商业区火灾(8.0 MW)的威胁较大。图 11-15 给出了上述火灾场景的示意图。

高架夹层餐饮区火灾和小商铺火灾对结构的威胁较大,考虑实际夹层商业布置的不确定性,具体考虑如下不利升温工况:

如图 11-16 所示,高架夹层餐饮区火灾对屋盖威胁最大,有限元分析中保守将餐饮区域上方的钢构件均加温到 160 ℃,整个加温区域约 24 m×24 m=576 m^2。

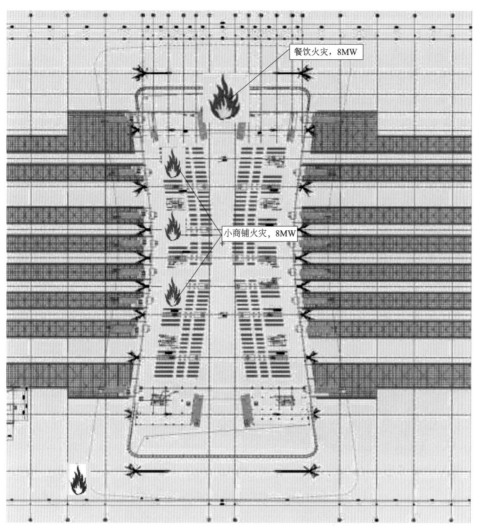

图 11-15　危险火灾场景示意图

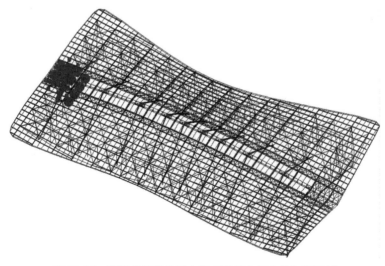

图 11-16　高架夹层餐饮区火灾有限元分析中的加温区域

参照《建筑钢结构防火技术规范》(CECS 200:2006)推荐的公式进行火灾下结构抗火承载力验算的荷载效应组合,抗火承载力验算的结构内力分析采用有限元分析软件 MIDAS 进行。表 11-1 给出了钢结构抗火验算时考虑的荷载组合情况。图 11-17 给出了不利升温工况 1 下,高架夹层餐饮区在各荷载组合下的应力结果。

图 11-18 给出了高架夹层餐饮区上方钢构件在所有组合下的应力比验算结果。从图 11-18 可知,在实际火灾模拟下的升温下,不同升温工况荷载组合下主站房屋盖钢结构的应力比均不超过 1,因而认为主站房屋盖无需防火保护便有足够的耐火能力。

表 11-1　抗火验算荷载组合

序号	荷载组合
COMB1	$1.15(D+0.6L+1.0Fire)$
COMB2	$1.15(D+0.4W_s+0.5L+1.0Fire)$
COMB3	$1.15(D+0.4W_e+0.5L+1.0Fire)$
COMB4	$1.15(D-0.4W_s+0.5L+1.0Fire)$
COMB5	$1.15(D-0.4W_e+0.5L+1.0Fire)$

备注:1.15 为结构抗火重要性系数;D 为恒载标准值效应;L 为活载标准值效应;0.6 为活载频遇系数;活载准永久值系数取 0.5;W 为风荷载标准值;$Fire$ 表示升温工况下的温度效应

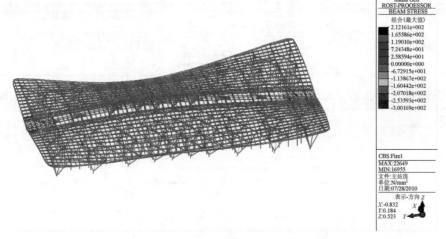

(a) COMB1

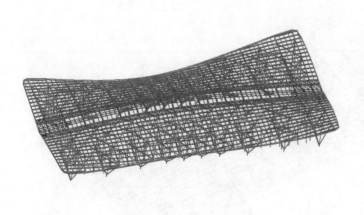
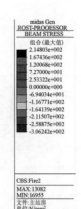

(b) COMB2

图　11-17

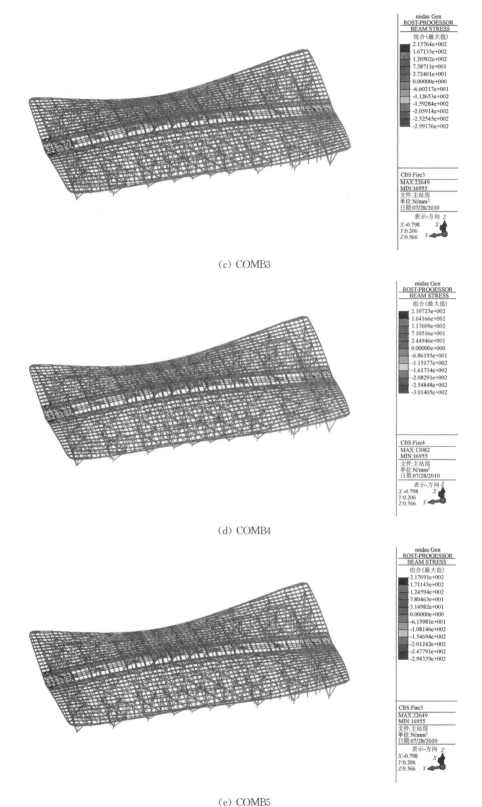

(c) COMB3

(d) COMB4

(e) COMB5

图 11-17　屋盖钢构件不同组合下的应力分布图

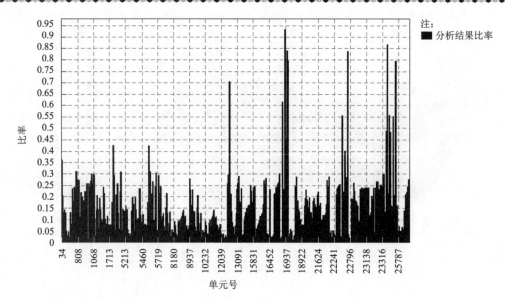

图 11-18　高架夹层餐饮区上方钢构件在所有组合下的应力验算结果(组合应力比)

11.2.2　V 型撑抗火承载力验算

根据上述火灾场景 2 的火灾模拟,对 V 型撑加温到 500 ℃。图 11-19 为商铺位置处的 V 型撑模型,V 型撑钢索与中心圆钢管之间通过十字形的撑杆连接,在受力分析时,钢索添加 400 kN 的初拉应力,如图 11-19(a)所示,V 型撑整体加温到 500 ℃,如图 11-19(b)所示。

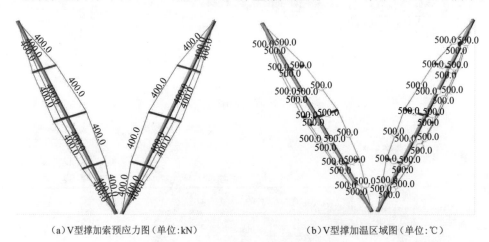

(a)V 型撑加索预应力图(单位:kN)　　　　　(b)V 型撑加温区域图(单位:℃)

图 11-19　V 型撑 MIDAS 分析模型

在对 V 型撑进行分析时,首先判断钢索是否处在工作状态,若松弛,不能工作之后则需对中间圆钢管进行受力分析,分析结果如图 11-20 所示。

由图 11-20 中数据可看出,钢索在单独火荷载作用下产生负的拉应力,钢索受压会松弛,但又由于钢索的预应力产生的拉应力要大于火荷载产生的压应力,故钢索仍然能工作。

通过 MIDAS 进行受力分析后,得到的 V 型撑在火灾各所有组合下的应力如图 11-21 所示,各组合下的应力对比如图 11-22 所示。

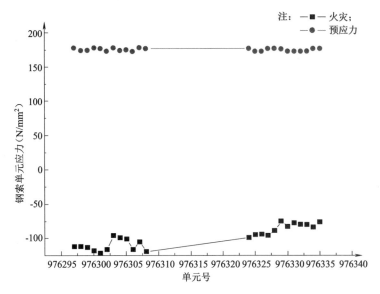

图 11-20 火灾场景 2 中钢索在火灾及预应力下的应力

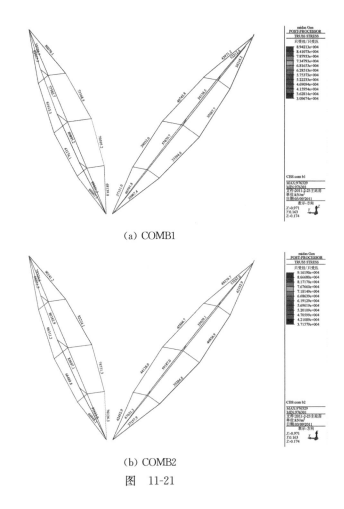

(a) COMB1

(b) COMB2

图 11-21

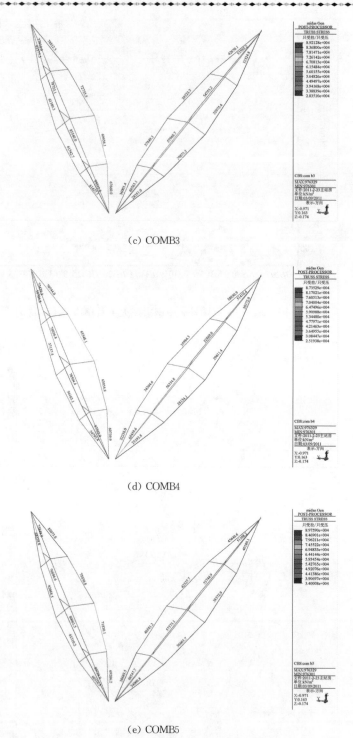

(c) COMB3

(d) COMB4

(e) COMB5

图 11-21　V 型撑钢索在所有组合下的应力分布图

由图 11-21 及图 11-22 中数据可看出,钢索在各荷载组合下最大的拉应力远小于其极限抗拉强度 1 670 MPa,应力比小于 1,故可认为 V 型撑不需要进行防火便具有足够的耐火能力。

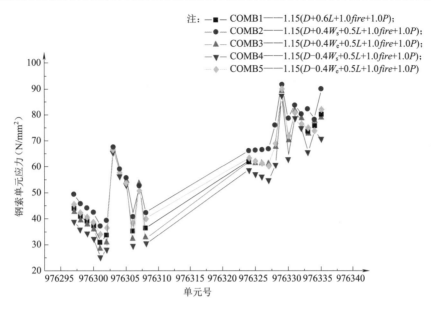

注：—■— COMB1——1.15(D+0.6L+1.0$fire$+1.0P);
—●— COMB2——1.15(D+0.4W_s+0.5L+1.0$fire$+1.0P);
—▲— COMB3——1.15(D+0.4W_e+0.5L+1.0$fire$+1.0P);
—▼— COMB4——1.15(D-0.4W_s+0.5L+1.0$fire$+1.0P);
—◆— COMB5——1.15(D-0.4W_e+0.5L+1.0$fire$+1.0P)

图 11-22 各组合下的应力对比图

注：D—恒载标准值效应；L—活载标准值效应；W—风荷载标准值；$Fire$—升温工况下的温度效应；P—钢索预应力；1.15—结构抗火重要性系数；0.6—活载频遇系数；0.5—活载准永久值系数

11.3 本章小结

在运用火灾模拟软件 FDS 对火灾场景进行模拟的基础上，用得到的钢构件升温进行了青岛北站主站房屋盖及其支承结构的性能化抗火分析与设计。通过上述分析结果可以得到以下结论：

(1)青岛北站主站房屋盖钢结构可以不进行防火保护。

(2)青岛北站主站房距离火源所在地面 8 m(即标高 17.000 m)以上的钢结构构件不需要进行防火保护，8 m(即标高 17.000 m)以下的构件(包括钢索)按 1.5 h 耐火极限要求进行防火保护。

(3)可采用超薄型防火涂料对钢索进行防火保护，涂料厚度及拉索在伸长情况下升温是否脱落需通过试验进行确定与验证。

(4)通过对青岛北站主站房的性能化抗火分析与设计，既保证了结构的安全，又节省了防火涂料的费用，具有很好的理论与实用价值，并且可以为同类工程的抗火设计提供参考。

第 12 章　预应力钢结构

12.1　预应力立体拱架

12.1.1　立体拱架中交叉索

立体拱架中交叉索根据其受力特性的不同分为承重索和抗风索,立体拱架构成示意如图 12-1 所示。承重索在向下的竖向荷载作用下索内力增大;抗风索在向上的风荷载作用下索内力增大。

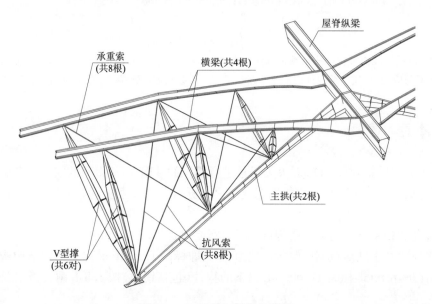

图 12-1　立体拱架构成示意图

分析发现:施加承重索的预应力可以减小拱架主拱位移和平面内弯矩;而施加抗风索的预应力会增大拱架主拱的平面内弯矩。因此,对于抗风索不宜施加过大的预应力。设计时,选取恒载+预应力标准组合的索拉力为各索的目标索力,并选择荷载效应基本组合的包络值进行索截面和直径的选取依据。

目标索力的确定原则为:(1)使拱架主拱主平面内弯矩尽量均匀、无突变;(2)无地震参与组合作用下索不退出工作(索内拉应力不小于 50 MPa)。优化后各索的目标索力如图 12-2 所示。钢索截面的有效面积最小为 4 259 mm^2,最大为 11 788 mm^2,拉索材料均为 1670 级。

另外,考虑到本工程交叉索在使用过程中的耐火要求较高,拉索采用了锌铝合金高钒镀层系统(Galfan System),并应具有 50 年的耐久性。

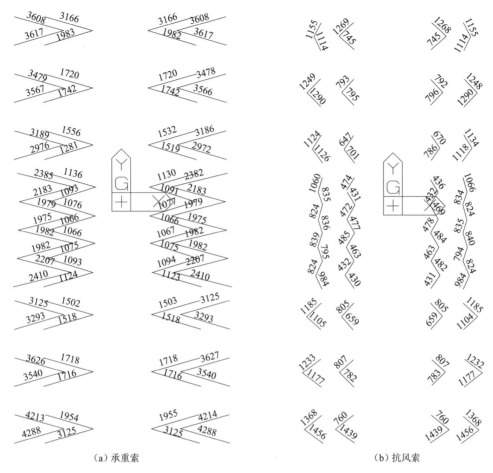

(a) 承重索　　　　　　　　　　　　　　　(b) 抗风索

图 12-2　交叉索目标索力分布图(单位:kN)

12.1.2　预应力压杆

1. 预应力压杆形成的 V 型撑

V 型撑由两根预应力压杆形成,由于预应力压杆的存在使得竖向力可以安全的从屋面传递到基础,同时预应力压杆使得拱和横梁形成一个空间整体,共同抵抗外荷载,因此预应力压杆的设计显得非常重要。图 12-3 为青岛北站预应力压杆所处的主要位置和预应力压杆的构造组成。每榀拱架共有 6 对 V 型撑,每个预应力压杆上布置有 3 根拉索,每榀拱架布置有 36 根拉索,整个结构的 V 型撑上布置有 360 根拉索。

预应力压杆由三部分组成:(1)刚性中心柱是压杆的主要部分,由圆钢管组成;(2)拉索布置在与重心对称的位置上,由高强钢丝做成;(3)撑杆是连接中心柱和拉索保证其共同工作的刚性构件,通过撑杆调整拉索的图形,以形成中心柱上不同弹性系数的中间弹性支座,撑杆按拉索分肢布置情况相应设置,由十字形钢板组成,与中心柱刚性相连,撑杆与拉索连接处固结,防止中心柱弯曲后其间相互滑动。

2. 预应力压杆的计算方法

预应力撑杆式压杆的计算方法有多种,基于不同的构造假设及计算图形大体分为两类:(1)根据临界状态下的静力特征而提出的计算方法,称为静力法;(2)根据临界状态下的能量特征而提出的计算方法,称为能量法。然后根据平衡形式的二重性(即失稳前后的两种平衡状态)建立特征方程式,最后根据特征方程式求出极限承载力 P_{cr}。具体的计算方法推导过程和平衡方程可参考陆赐麟《现代预应力钢结构》一书。

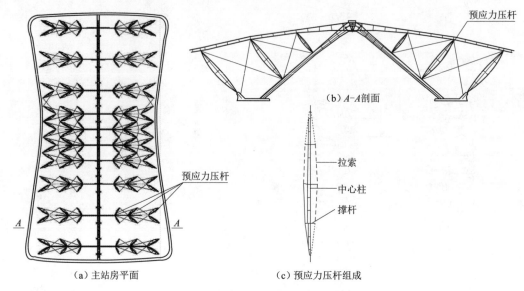

（a）主站房平面　　　　　　　　　　（c）预应力压杆组成

图 12-3　青岛北站预应力压杆示意图

　　实际计算和分析时可以利用手算法和软件分析法来得到预应力压杆的极限承载力。预应力钢结构任意工况下都应确保拉索处于受拉状态,按照这个原则来确定拉索初始预应力的下限值,包括由稳定控制的极限状态和由强度控制的极限状态;在拉索张力作用下,中心杆需要满足强度和稳定要求,同时确保拉索本身不会发生强度破坏,此为拉索初始预应力的上限值。

　　3. 预应力压杆手算过程

　　(1)计算依据

　　1)《现代预应力钢结构》(修订版),陆锡林等编著。

　　2)唐伯鉴、董军的《首部〈预应力钢结构技术规程〉的几点探讨》(引自《江苏科技大学学报》)。

　　(2)截面参数

　　中心柱弹性模量:$E_1 = 206\,000$ MPa;

　　中心柱几何尺寸:$D_1 = 600$ mm,$t_1 = 25$ mm;

　　压杆总长度:$l = 44$ m;

　　拉索弹性模量:$E_2 = 195\,000$ MPa;

　　拉索有效直径:$D_2 = 60$ mm;

　　中心柱节间数:$n = 4$;拉索边数:$k = 3$;

　　中心柱截面面积:

$$A_1 = \pi \cdot \left(\frac{D_1}{2}\right)^2 - \pi \cdot \left(\frac{D_1 - 2 \cdot t_1}{2}\right)^2 = \pi \cdot \left(\frac{600}{2}\right)^2 - \pi \cdot \left(\frac{600 - 2 \times 25}{2}\right)^2 = 45\,137.5\,(\mathrm{mm}^2);$$

　　拉索有效面积:$A_2 = \pi \cdot \left(\frac{D_2}{2}\right)^2 = \pi \cdot \left(\frac{60}{2}\right)^2 = 2\,826\,(\mathrm{mm}^2)$;

　　中心柱强度设计值:$f_1 = 295$ MPa;

　　拉索抗拉强度设计值:$f_2 = 930$ MPa。

(3)极限承载力计算(稳定)

中心柱惯性矩:

$$I_1 = \frac{\pi \cdot D_1^4}{64} - \frac{\pi \cdot (D_1 - 2 \cdot t_1)^4}{64} = \frac{\pi \cdot 600^4}{64} - \frac{\pi \cdot (600 - 2 \times 25)^4}{64} = 1.869 \times 10^9 \, (\text{mm}^2)$$

全部拉索面积对形心轴的最大惯性矩:

$$I_2 = \frac{1}{2} \cdot k \cdot A_2 \cdot b_{\max}^2 = \frac{1}{2} \times 3 \times 2\,826 \times 3.502^2 = 5.20 \times 10^{10} \, (\text{mm}^4)$$

中心柱的欧拉临界荷载:

$$P_{\text{cr1}} = \frac{\pi^2 \cdot E_1 \cdot I_1}{(\mu \cdot l_0)^2} = \frac{3.14^2 \cdot 206\,000 \times 1.869 \times 10^9}{(1.0 \times 44)^2} = 1\,963.7 \, (\text{kN})$$

拉索体系的最大等效欧拉荷载:

$$P_{\text{cr2}} = \frac{\pi^2 \cdot E_2 \cdot I_2}{(\mu \cdot l_{0_2})^2} = \frac{\pi^2 \times 195\,000 \times 5.20 \times 10^{10}}{44.66^2} = 51\,704.3 \, (\text{kN})$$

拉索体系的体型系数如式(12-1)、式(12-2):

$$\psi = \frac{2 \cdot n}{\pi^4} \cdot \sum_{i=0}^{n-1} \left[(B(i) \cdot \sin(\alpha(i)) + C(i) \cdot \pi \cdot \cos(\alpha(i)))^2 \cdot \cos(\alpha(i)) \right] \quad (12\text{-}1)$$

其中　$\alpha(i) = \arctan\left[\dfrac{4 \cdot (b_{i+1} - b_i)}{l} \right]$

$$B(i) = \sin\left[\frac{(i+1) \cdot \pi}{n} \right] - \sin\left(\frac{i \cdot \pi}{n} \right) \quad\quad (12\text{-}2)$$

$$C(i) = \xi(i) \cdot \cos\left(\frac{i \cdot \pi}{n} \right) - \xi(i+1) \cdot \cos\left[\frac{(i+1) \cdot \pi}{n} \right]$$

$$\xi(i) = \frac{b_i}{b_{\max}}$$

由此可得预应力压杆的稳定临界荷载值为:

$$P_{\text{cr}} = P_{\text{cr1}} + P_{\text{cr2}} \cdot \psi = 34\,855.6 \, (\text{kN})$$

(4)极限承载力计算(强度)

$$P_{\text{scr}} = A_1 \cdot f_1 = 45\,137.5 \times 295 = 13\,322.3 \, (\text{kN})$$

拉索初张力暂取 $T_0 = 600$ kN,

$$\eta = \frac{E_2 \cdot A_2}{E_1 \cdot A_1} = 0.059$$

$$P_{\text{st}}(i) = \frac{A_1 \cdot f_1 - k \cdot T_0 \cdot \cos(\alpha(i))}{1 + k \cdot \eta \cdot \cos(\alpha(i))^3}$$

$$P_{\text{str}} = \min\{ P_{\text{st}}(0), P_{\text{st}}(1), P_{\text{st}}(2), P_{\text{st}}(3) \} = 9\,805.6 \, (\text{kN})$$

(5)拉索初张力确定

1)拉索初张力下限

$$P_{\text{crm}} = \min(P_{\text{cr}}, P_{\text{str}}) = 9\,805.6 \, (\text{kN})$$

$$T_{0\text{d}} = \frac{P_{\text{crm}} \cdot \eta}{1 + k \cdot \eta} = 493.407 \, (\text{kN})$$

2)拉索初张力上限

①中心柱控制

$$T_{0\text{u1}} = \frac{\min\left(A_1 \cdot f_1, \dfrac{n^2 \cdot \pi^2 \cdot E_1 \cdot I_1}{l^2} \right)}{k} = 4\,440.8 \, (\text{kN})$$

②拉索本身控制

$$T_{0u2} = A_2 \cdot f_2 = 2\ 629.5(kN)$$

$$T_{0u} = \min(T_{0u1}, T_{0u2}) = 2\ 629.5(kN)$$

3)拉索初张力评判

拉索初张力 $T_0 = 600$ kN 介于拉索初张力上、下限之间,故此预应力压杆满足要求。

4. 预应力压杆的特征值屈曲分析

通过通用有限元软件 ABAQUS 对预应力压杆进行线性屈曲和非线性屈曲分析,进而分析青岛北站的预应力压杆的极限承载力供设计阶段使用。其中拉索用桁架单元模拟,截面是直径为 60 mm 的圆形截面,撑杆和中心杆用梁单元模拟,其中压杆总长为 44 m,中心杆为直径 600 mm、壁厚 25 mm 的圆管截面,撑杆为壁厚 20 mm 的十字形截面,拉索通过降温法来施加初始预应力,拉索降温 180 ℃,在竖向荷载 $F = 6\ 000$ kN 的作用下,利用 ABAQUS 分析得到的预应力压杆的第一特征值屈曲模态,如图 12-4 所示。

由图 12-4 可知,第一特征值为 1.52,因此当轴向压力 $F = 1.52 \times 6\ 000 = 9\ 121.2(kN)$ 时,构件

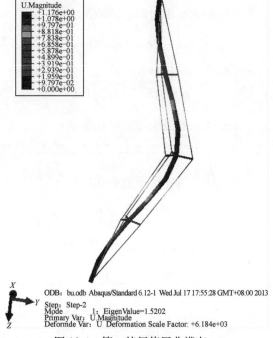

图 12-4   第一特征值屈曲模态

将发生弹性屈曲。由于结构的特征值屈曲分析过程忽略了结构的实际变形情况,通常会过高的估计结构的稳定承载力,为了更加准确的得到预应力压杆的极限承载力,进行非线性屈曲分析十分必要。

5. 预应力压杆的非线性屈曲分析

以上述弹性屈曲分析结果作为参考,考虑材料非线性和几何非线性,按照线性屈曲分析的第一屈曲模态结果施加 2% 的初始缺陷进行非线性屈曲分析,得到的荷载位移曲线如图 12-5 所示,其中竖坐标为荷载系数值,横坐标为预应力压杆中间节点沿 X 方向的位移。

由图 12-5 可知,当外荷载荷载为 $1.168 \times P_0 = 1.168 \times 6\ 000 = 7\ 008(kN)$ 时,构件发生破坏,即该预应力压杆的极限承载力为 7 008 kN,相比较特征值屈曲计算的 9 409 kN 要小很多。

为了研究不同初始缺陷对预应力压杆极限承载力的影响,在索单元降温 180 ℃、外荷载为 6 000 kN 时,得到各个初始缺陷对应的荷载位移曲线如图 12-6 所示,图例中括弧内为对应的初始缺陷的取值。

由图 12-6 可知,在初始缺陷不同的情况下,构件的极限承载力也发生了变化。在缺陷为 1.5% 时,构件的极限承载力较初始缺陷为 1% 时要小,较初始缺陷为 2% 时要大,因此由图 12-6 可得出结论:预应力压杆的极限承载力随着初始缺陷的增大而降低。

再研究不同的初始预应力对预应力压杆的极限承载力的影响。保持初始缺陷为 1.5%,施加不同的预应力,即分别对索单元降温 80 ℃、100 ℃、120 ℃、180 ℃ 来施加不同的初始预应力,得到不同初始预应力下的荷载位移曲线如图 12-7 所示,图例括弧内为对应的不同的降温数值。

由图 12-7 可知,预应力压杆构件在索单元降温 120 ℃ 时,极限承载力最高;当降温 80 ℃ 时,构件的极限承载力较降温 120 ℃ 时的低;降温为 180 ℃ 时,极限承载力也比降温 120 ℃ 的

低。这说明了构件的极限承载力和预应力的大小有关,但并不是随着预应力的增大而增大,因此在实际工程中,应当通过准确合理的计算分析来给预应力压杆施加一个合理的初始预应力值,以使预应力压杆可以充分有效的发挥作用。

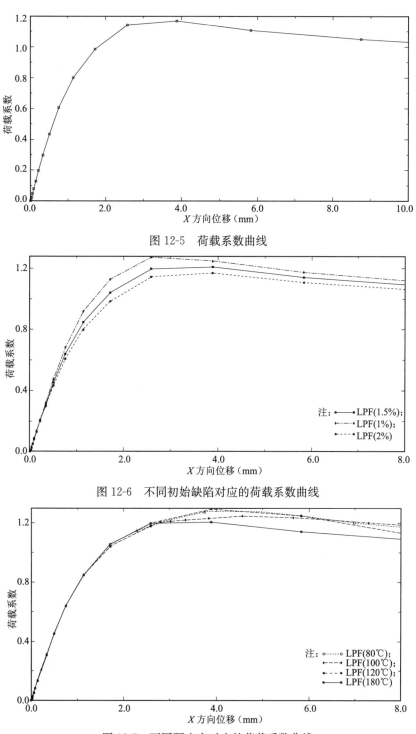

图 12-5　荷载系数曲线

图 12-6　不同初始缺陷对应的荷载系数曲线

图 12-7　不同预应力对应的荷载系数曲线

12.1.3 拱脚拉索

除了 A 轴外,其他 9 轴每个主拱的拱脚设置有 4 根预应力拉索以抵消拱架对拱脚的部分推力,减小基础对侧向刚度的要求。整个结构布置有 36 根拱脚拉索,长度 110～140 m 不等,单根拉索重量 9.5～11.5 t 不等。拉索的位置和布置形式如图 12-8 所示。

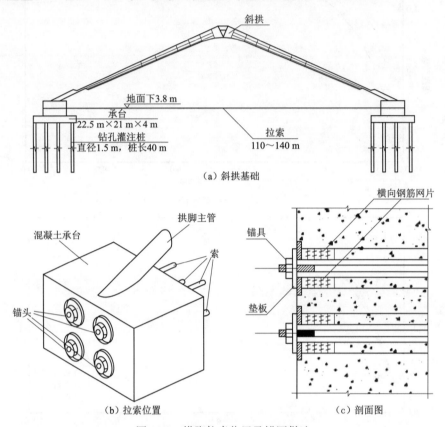

（a）斜拱基础

（b）拉索位置   （c）剖面图

图 12-8 拱脚拉索位置及锚固做法

预应力索规格及最终预应力值,见表 12-1。

表 12-1 拱脚拉索最终的目标索力

轴号	预应力索规格 （单束）	预应力目标值 （4 束预应力索合计）(kN)	轴号	预应力索规格 （单束）	预应力目标值 （4 束预应力索合计）(kN)
B	7×91	4 000	G	7×91	5 000
C	7×109	5 500	H	7×109	5 500
D	7×91	5 000	J	7×91	4 000
E	7×91	3 500	K	7×121	6 500
F	7×91	3 500	—	—	—

12.1.4 屋面稳定索

屋面曲面复杂,为加强面内刚度,在屋面适当位置布置屋面稳定索系。屋面稳定索的位置如图 12-9 所示,拉索规格为 5×127 的 PE 拉索,长度 8 m 左右,总共 1 048 根。

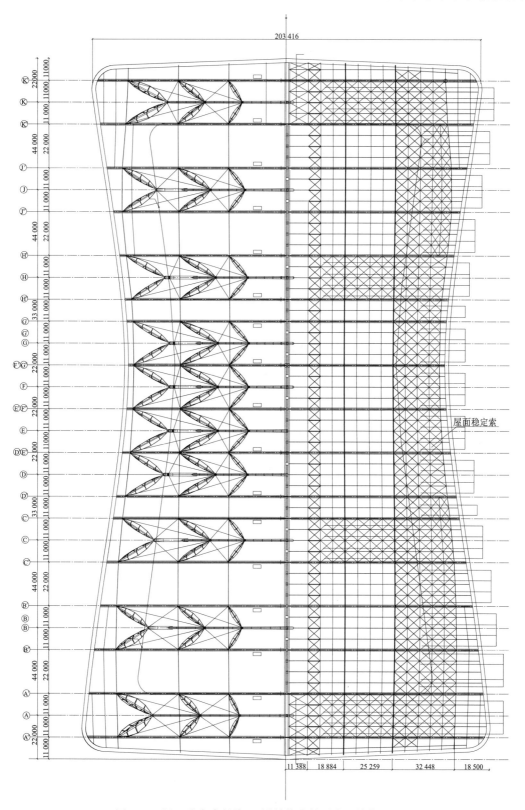

图 12-9　屋面稳定索的位置(沿结构中轴对称)(单位:mm)

12.2　无柱雨棚预应力钢结构

12.2.1　雨棚工程概况

　　雨棚钢结构为钢管柱、平面管桁架、落地预应力斜拉索及钢拉杆组成的受力体系,最大跨度 38.5 m。钢管柱为变截面锥形柱,在横向间隔柱列纵向布置落地斜拉索(ϕ90 高矾索),增强结构侧向稳定性。雨棚屋盖由横向主桁架、纵向桁架及横向次桁架组成,桁架高度 2.67 m,沿横向主桁架两侧在桁架上下弦双层布置水平钢拉杆,增加雨棚屋面水平面内刚度。水平钢拉杆采用 ϕ60 和 ϕ30 两种规格,分别布置在钢柱两侧区域和横向主桁架中间区域。无柱雨棚结构布置图如图 12-10 所示。雨棚设计方面可参看前述第 7 章的内容,下文主要介绍雨棚施工中的关键技术。

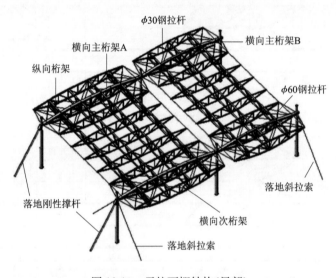

图 12-10　无柱雨棚结构(局部)

12.2.2　结构特点及工程关键技术

　　1. 结构特点

　　本工程钢结构由钢管柱、钢支撑、平面管桁架、落地斜拉索和屋面水平钢拉杆组成,结构传力直接、受力合理、形式新颖,斜拉索在钢管柱两侧对称布置,与地锚和钢柱顶斜拉,增加钢柱侧向刚度,两侧斜拉索的水平预应力自平衡。

　　2. 工程关键技术

　　落地斜拉索及水平钢拉杆的预应力施加增强了结构强度、刚度及整体稳定性,形成一整体预应力钢结构。为保证工程顺利实施,对预应力钢结构进行施工仿真分析,依据设计确定的目标索力值,确定预应力张拉次序及施工张拉索力至关重要。施工过程中有如下难点:

　　(1)共 3 排钢柱沿顺轨向设置斜拉索以增加其抗侧刚度,拉索选用 ϕ90 Galfan 钢拉索(1670 级)。拉索目标索力确定原则是在所有组合下均不失效且拉力最小,索力应力值按抗拉强度的 40%控制。经过试算,斜拉索施工张拉力最大达 1 581 kN,如图 12-11 所示张拉难度较大。

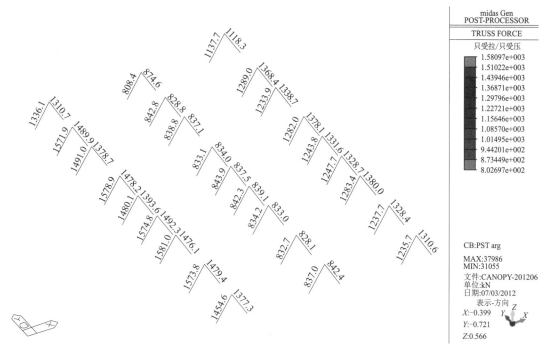

图 12-11　斜拉索施工张拉力(单位:kN)

(2)钢拉杆为双层双向布置,非规则区桁架翘起,端部节点复杂,施工难度大。

(3)本工程钢拉杆数量多(共 2 264 根)、种类多,张拉过程中存在一定的相互影响。钢拉索采用 4 台 100 t 千斤顶同时张拉施工。钢拉杆采用 8 台 20 t 千斤顶油泵同时施工,钢拉杆节点图及张拉施工如图 12-12 和图 12-13 所示。

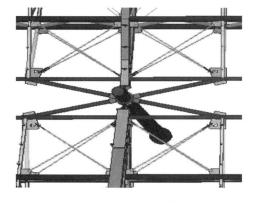

图 12-12　钢拉杆节点图

图 12-13　钢拉杆张拉施工

12.2.3　施工过程的仿真计算及分析

1. 各种工况下应力、位移的仿真计算

本工程采用 ANSYS 软件进行分析,计算中考虑几何大变形和应力刚化效应。桁架构件和梁构件采用 Beam188 梁单元;拉索采用 Link10 单元。钢材弹性模量为 2.06×10^5 MPa,泊松比为 0.3,温度膨胀系数为 1.2×10^{-5};斜拉索弹性模量为 1.6×10^5 MPa,泊松比为 0.3,温

度膨胀系数为 1.2×10^{-5}。由于在施工过程中结构尚未成型,且时间较短,风载、活载等可变荷载的影响较小,所以在施工过程仅考虑结构自重,钢构件的重力密度为 7.85×10^3 kg/m^3,并乘以相应的节点重量系数。

以南区雨棚为例,首先进行斜拉索张拉施工:在 2～6 轴线间,有斜拉索的钢柱轴线为 2、4、6 轴,根据对称施工原则,本工程先张拉 4 轴线斜拉索,其次是 2 轴线斜拉索,最后是 6 轴线斜拉索。

其次进行钢拉杆张拉施工:有钢拉杆的横向主桁架轴线为 2、3、4、5、6 轴,根据对称施工原则,本工程按照 4→6→2→3→5 轴线的顺序进行施工。本工程的钢拉杆有 $\phi 30$ 和 $\phi 60$ 两种规格,在施工时先对 $\phi 60$ 的钢拉杆进行张拉,然后再进行 $\phi 30$ 的钢拉杆的张拉。

分析过程中,预应力是通过等效温差施加的。本工程中预应力杆件即钢拉杆仅起到稳定作用,所以在未张拉之前,结构可以保持自身的平衡。

根据全过程的仿真模拟分析,在整个张拉过程中,结构最大位移和钢结构最大等效应力见表 12-2。

表 12-2　最大位移和最大分析索力(模拟施工)

模拟过程		最大竖向位移 (mm)	最大纵向位移 (mm)	最大横向位移 (mm)	钢结构等效应力 (MPa)	最大分析索力 (kN)
斜拉索	1	−26.9	−2.6	−1.7	103.3	1 512
	2	−26.9	−2.6	−1.7	103.3	1 512
	3	−27.2	−3	−2.1	102	1 512
$\phi 60$ 钢拉杆	1	−27.6	−3.2	−2.3	102	60
	2	−27.8	−3.2	−2.4	102.2	60
	3	−27.8	−3.3	−2.4	102.2	60
	4	−27.8	−3.4	−4.2	102.2	60
	5	−27.8	−3.5	−4.2	102.3	60
$\phi 30$ 钢拉杆	1	−27.8	−3.5	−4.2	102.3	30
	2	−27.9	−3.5	−4.2	102.4	30
	3	−27.9	−3.5	−4.2	102.4	30
	4	−27.9	−3.6	−4	102.4	30
	5	−27.9	−3.6	−4	102.5	30

注:1～5 分别表示在各个施工阶段中的施工步骤,每步按均匀增长的方式张拉。

由表 12-2 可以看出,在整个模拟施工过程中,屋盖的水平位移均保持在 5 mm 以内,结构的跨中最大竖向位移达到 28 mm,此桁架的跨度为 38.5 m,最大挠度为 1/1 375,满足要求。钢结构的等效应力一直处于较小的状态,在张拉完成以后,钢结构的最大等效应力虽然达到 103 MPa,但这也只是在极少的几个点处,绝大部分的钢结构的等效应力均处于 60 MPa 以下,处于弹性阶段,满足要求。

2. 施工过程中的应力与位移监测

为避免在施工过程中结构局部产生较大的变形,编制预应力方案时采用对称张拉以控制结构变形。

根据仿真计算数据结果,在南区雨棚选取具有代表性的 6 个点进行了全程观测,并监测了部分钢拉杆拉力,监测点布置如图 12-14 所示。

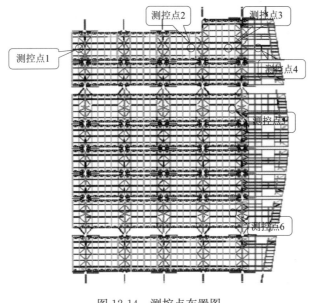

图 12-14　测控点布置图

12.2.4　预应力施工

1. 预应力施工

(1)钢拉索、钢拉杆施工工艺流程:钢管柱埋件及拉索埋件的精确定位→钢管柱安装时的坐标测量与校正→桁架安装时的定位控制→钢拉索、钢拉杆安装→钢拉索、钢拉杆张拉。

(2)为了确保张拉过程的同步性,采取以下措施:1)分级张拉:0→30%→65%→100%;2)钢拉索采用两端张拉,局部稍作调整;3)张拉过程中油压应缓慢、平稳,并且边张拉边拧紧调节。

2. 施工技术操作要点

(1)斜拉索安装:首先调整斜拉索长度;其次将斜拉索固定端与钢柱销轴连接;最后采用专用工具将斜拉索调节端与埋件耳板连接。

(2)ϕ60 钢拉杆安装:先安装上弦层面的交叉上、下钢拉杆,再安装下弦层面的交叉上、下钢拉杆。张拉顺序为:先同时张拉上弦杆 a,b,e,f;再同时张拉上弦杆 c,d,g,h;再同时张拉下弦杆 a′,b′,e′,f′;最后同时张拉下弦杆 c′,d′,g′,h′。其他编号的 ϕ60 钢拉杆的张拉顺序参照此编号,如图 12-15 所示。

(3)ϕ30 钢拉杆安装:先安装上弦钢拉杆,再安装下弦钢拉杆。张拉顺序为:先同时张拉上弦杆 a,c;再张拉 f,g;再同时张拉上弦杆 b,d;再张拉 e,h;再同时张拉下弦杆 a′,c′;再张拉 f′,g′;再同时张拉下弦杆 b′,d′;再张拉 e′,h′。其他编号的 ϕ30 钢拉杆的张拉顺序参照此编号,如图 12-16 所示。

(4)钢拉索张拉控制原则:1)张拉同步控制、分级加载;2)拉索张拉控制采用双控原则:控制索力和结构变形,控制索力为主。

图 12-15 ϕ60 钢拉杆张拉编号示意图

图 12-16 ϕ30 钢拉杆张拉编号示意图

(5)张拉调整措施：当张拉后出现索力或结构形状与理论值比较出现较大偏差时,采取以下措施予以调整:

1)重新检查分析模型和分析数据。在合理范围内,调整计算参数,进行分析对比,明确理论值的可变范围。若施工偏差在理论值的可变范围内,正常施工。

2)若张拉索的索力到位,而结构形状偏差较大,采取的措施是:采用监测仪器(如全站仪)测量形状偏差较大的局部的节点坐标,计算相应索段或拉索的长度,与理论值对比,确定索长安装偏差。对索长安装偏差大的拉索直接进行张拉调整。

3. 数据分析

预应力施工时结构位移现场实测数据如图 12-17、图 12-18 所示,施工索力和最大位移实测数据见表 12-3。

经对比分析现场实测数据表 12-3 与模拟分析数据表 12-2 可以看出:现场实测结构位移与模拟分析结构位移相近,钢拉索、钢拉杆与设计要求的索力吻合很好,最大误差为 2.6%,说明实际张拉力与有限元模拟分析计算的张拉力误差较小,张拉施工精度高。另外,结构的整体位移与理论计算结果也很接近,也可以推定结构安装精度良好,张拉力符合设计要求。

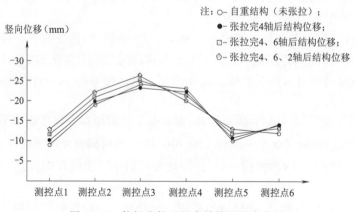

图 12-17 拉杆张拉过程中结构的竖向位移

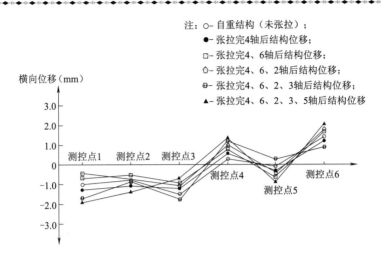

注：○- 自重结构（未张拉）；
● 张拉完4轴后结构位移；
□ 张拉完4、6轴后结构位移；
⬠ 张拉完4、6、2轴后结构位移；
⊟ 张拉完4、6、2、3轴后结构位移；
▲ 张拉完4、6、2、3、5轴后结构位移

图 12-18　拉杆张拉过程中结构的横向位移

表 12-3　最大位移和最大施工索力

施工过程		最大竖向位移(mm)	最大横向位移(mm)	最大施工索力(kN)
斜拉索	1	−24	−0.6	1540
	2	−25	−0.8	1 543
	3	−25	−1.0	1 546
ϕ60 钢拉杆	1	−22	−1.2	59
	2	−23	−1.2	59
	3	−23	−1.4	60
	4	−23	−1.6	61
	5	−24	−1.6	61.5
ϕ30 钢拉杆	1	−23	−1.8	29.5
	2	−23	−1.8	30
	3	−24	−2.0	30.5
	4	−24	−2.0	30.8
	5	−25	−2.2	30.8

注：1～5 表示在各个施工阶段中的施工步骤。

12.3　本章小结

本工程在施工前做了充分的准备工作，对结构张拉过程进行了施工模拟仿真计算，同时采用了有效的监测技术，保证了工程的顺利进行。经监测，施工满足设计要求，检测结果与理论数值对比分析很好的验证了理论计算，验证了有限元仿真分析的正确性。

第 13 章 钢结构异形截面承载力验算

本工程主站房屋盖结构大量采用了《钢结构设计规范》(GB 50017—2003)中未列出的截面形式,如三角形、椭圆形、扁豆形等。主受力构件均为这些不规则异形截面或若干常规截面组合而成,多种截面之间以板件相连,给设计工作主要带来两个难题:(1)大型组合截面的内力如何模拟;(2)异形截面如何进行强度和稳定性验算。

通过分析,组合截面内力的模型问题可以采用"梁单元+壳单元+梁单元"的形式对组合截面进行分解,同时适当加密网格划分数量。结果表明,这种模型可以满足工程设计的要求。采用这种模型可得到每个异形截面、常规截面的单工况内力,再按规范进行组合后用于截面承载力验算。本工程中,构件受力形式一般为拉弯或压弯受力。

13.1 异形截面验算思路

本工程涉及的异形截面有三种,如图 13-1 所示。这些截面使用现有的结构设计软件均无法完成截面验算,为了量化这些截面的承载力水平,专门开发了针对此类异形截面的验算程序 EASY MIDAS。该程序参考套用了《钢结构设计规范》(GB 50017—2003)中针对常规拉弯、压弯构件的强度和稳定验算公式,偏保守地取用相关计算参数进行截面验算,然后辅以整体有限元分析的方式对稳定性问题进行了验证。具体验算流程如图 13-2 所示。

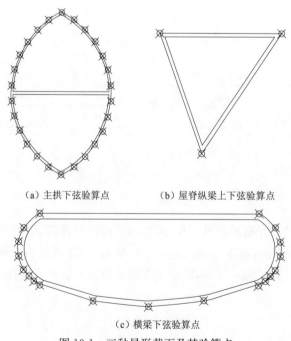

(a)主拱下弦验算点　　　　(b)屋脊纵梁上下弦验算点

(c)横梁下弦验算点

图 13-1　三种异形截面及其验算点

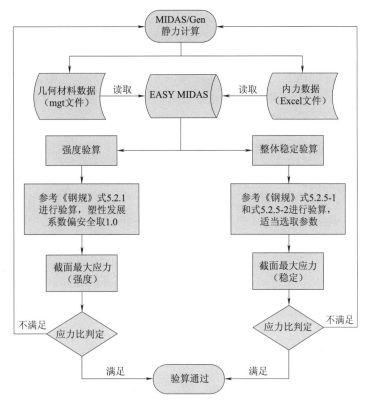

图 13-2　异形截面验算流程图

（1）截面强度验算时取参数如下：

1）净毛面积比取 0.9；

2）截面塑性发展系数(γ_x, γ_y)：圆管截面取 1.15，矩形管截面取 1.05，其他异形截面取 1.0。

（2）截面整体稳定性验算时取参数如下：

1）等效弯矩系数(β_{mx})均取 1.0；

2）受弯稳定系数(b)均取 1.0；

3）截面类别：矩形管取 c 类，其他均取 b 类；

4）截面影响系数(η)：闭口截面均取 0.7；

5）抗震承载力调整系数(γ_{RE})均取 0.8。

验算时，考虑到异形截面在轴力和双向弯矩作用下应力最大点不易判定，每个异形截面均设置了多个增验算点（如图 13-1 所示），并取截面中所有验算点的应力比最大值作为当前截面的控制应力比。在确定截面轴心受压稳定系数时，异形截面构件的计算长度近似由 Euler 公式反算求得，公式中的构件极限承载力偏安全地取弹性屈曲分析得到的第 1 阶整体失稳模态对应的构件内力。

13. 2　截面验算程序 EASY MIDAS

MIDAS/Gen 软件本身具有强大的有限元分析功能和常规规范截面的设计验算功能，可以使用 MIDAS/SPC（截面设计器）将异形截面输入模型进行内力计算，但无法进行异形截面验算。为此，在设计过程中专门开发了针对 MIDAS/Gen 的前后处理程序 EASY MIDAS。本程序采用对向对象的

C#语言开发,前处理方面可以批量调整荷载大小、荷载组合按规范自动生成等,后处理方面可以进行异形截面设计与验算、节点内力合成提取等,可大大提高MIDAS/Gen软件的设计效率。

EASY MIDAS程序主要由数据输入输出接口、前处理和后处理三部分组成。数据输入输出接口是本程序的基础功能,主要负责读取MIDAS/Gen的模型数据信息和内力信息等,同时可输出信息给MIDAS/Gen使用;前处理和后处理主要负责根据设计需要对读取的模型数据进行处理。本章仅介绍数据输入输出接口和后处理功能中的异形截面验算功能。

13.2.1 数据输入输出接口类介绍

EASY MIDAS程序中构建了一个模型类——Bmodel,把模型信息结构化方便处理(如图13-3所示)。其中,"nodes"字段存储模型节点信息;"elements"字段存储模型单元信息;"sections"字段存储模型截面表信息;"mats"字段存储模型材料表信息;"thickness"字段存储面单元厚度表信息;"_LoadCombTable"字段存储荷载组合表信息;"conloads"字段存储节点荷载表信息;"beamloads"字段存储单元荷载表信息;"elemforce"字段存储单元内力信息;"_Lengths"字段存储二维单元计算长度信息;"_K_Factors"字段存储计算长度系数信息。

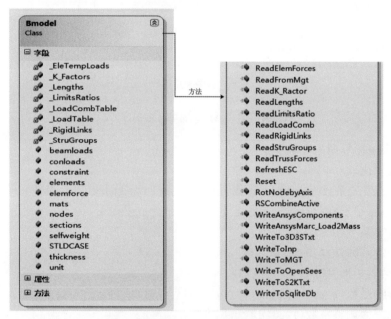

图13-3　Bmodel类关系图(截图)

Bmodel类中同样构建了一些数据输入输出的接口函数,如:"ReadFromMgt"方法用于读取MIDAS/Gen软件的"＊.mgt"文件;"ReadElemForces"方法用于读取MIDAS/Gen软件计算得到的梁单元内力;"ReadTrussForces"方法用于读取MIDAS/Gen软件计算得到的桁架单元内力;"WriteToInp"方法用于写出当前模型信息为ANSYS软件的"＊.inp"文件,方便ANSYS软件进行对比分析;"WriteToMGT"方法用于写出当前模型信息为MIDAS/Gen软件的"＊.mgt",方便对模型前处理修改后使用MIDAS/Gen软件重新计算。

13.2.2 截面验算功能介绍

Bmodel类实现了模型几何信息、材料信息、荷载组合、单元内力等的读取,进行截面验算还需要净毛面积比、截面塑性发展系数、等效弯矩系数、长细比、强度设计值、截面类别等参数的输入,为此构建了 BCheckModel 设计参数集合类,包括了截面验算用到的所有参数数据。另外,构建了 CheckRes 验算结果类,用于存储和处理验算后的应力比信息。CodeCheck 类为功能的核心类,其静态方法实现了依据规范公式对 BCheckModel 类中数据进行计算,并将结果存储于 CheckRes 类中。截面验算功能类关系图如图 13-4 所示。

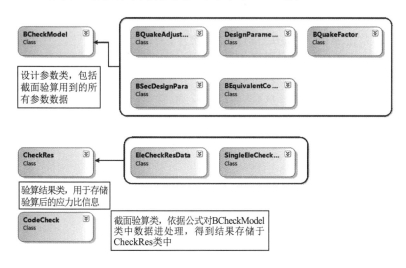

图 13-4　截面验算类关系图

图 13-5 为异形截面验算程序的主界面,读取模型 ＊.mgt 文件和单元内力表格后,首先通过按扭 1 指定验算参数(修改 BCheckModel 类的实例),之后通过按扭 2 分截面类型依次进行截面验算,按扭 3 和按扭 4 根据本工程特殊情况对验算结果进行格式化处理输出,方便查验。

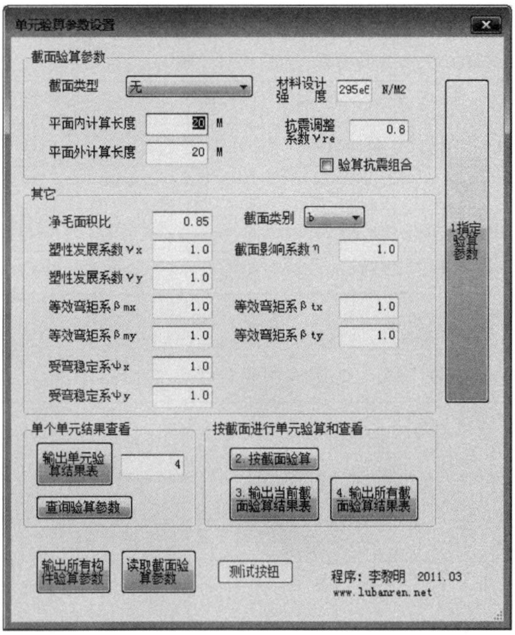

图 13-5　异形截面验算程序主界面(截图)

13.3 截面验算结果

使用程序对 7 452 个单元进行了截面验算,分别得到了非地震作用组合下应力比结果(表 13-1)和地震作用组合下应力比结果(表 13-2)。表中针对不同截面给出了应力比最大的控制单元号、控制截面位置(I 端或 J 端)、控制组合号和控制内力等。

表 13-1　非地震作用组合下应力比结果

截面名称		控制单元号(截面)	控制组合	N(kN)	M_y(kN·m)	M_z(kN·m)	强度(MPa)	稳定(MPa)	应力比
主拱下弦	arc0	19156(I)	sGen5	−8 861.5	−1 820.4	−25.8	225.3	222.0	0.76
	arc0b	13164(I)	sGen6	−12 780.2	−1 884.2	905.3	233.7	243.6	0.83
	arc1b	18709(I)	sGen16	−23 819.7	−3 090.9	−2 221.3	201.0	224.1	0.73
	arc1renew	18726(J)	sGen16	−19 974.2	1 185.9	1 062.6	158.3	195.4	0.64
	arch	18734(J)	sGen14	−12 842.0	−974.6	69.1	146.6	236.7	0.80
主拱上弦	ARCHD245×16	13715(I)	sGen5	−2 003.4	8.6	−0.4	206.9	276.8	0.89
	ARCHD245×30	12943(1/2)	sGen14	−2 614.7	8.0	3.1	151.3	210.9	0.71
横梁下弦	bt1	20016(I)	sGen23	2 495.3	169.8	285.4	213.6	0.0	0.69
	bth	14568(J)	sGen14	−1 493.7	−62.1	984.7	220.5	209.8	0.71
	btr1	20216(J)	sGen26	−7 373.4	−398.4	−477.9	283.9	289.9	0.94
	btr2	15177(I)	sGen26	8 602.1	770.9	−579.0	248.3	0.0	0.84
V型撑	D299×18	18213(I)	sGen5	−2 047.9	0.0	0.0	143.2	144.3	0.49
	D400×20	5062(I)	sGen33	−3 661.1	0.0	0.0	170.4	193.9	0.66
	D500×20	205(J)	sGen17	−4 814.5	0.0	0.0	177.4	186.4	0.63
	D600×25	4948(I)	sGen32	−5 933.0	0.0	0.0	146.0	167.6	0.57
横梁上弦	HL300×500×36×36	15418(I)	sGen26	−8 214.4	352.8	−21.7	257.4	252.9	0.84
	HL200×400×16×16	16770(J)	sGen19	1 571.0	215.0	−12.6	290.9	67.0	0.94
	HL300×500×20×20	15420(I)	sGen26	−5 656.8	103.3	−21.5	248.7	256.7	0.87
三角屋脊梁	Trg3	4887(J)	sGen14	−10 773.4	−3 702.2	658.1	279.0	280.9	0.95
	Trg1new	26250(I)	sGen5	−610.0	−1 045.9	−79.5	316.2	334.5	1.13

注:设计中对表中个别应力比超限的杆件进行了分析和加强,以满足规范要求。

表 13-2　地震作用组合下应力比结果

截面名称		控制单元号(截面)	控制组合	N(kN)	M_y(kN·m)	M_z(kN·m)	强度(MPa)	稳定(MPa)	应力比
主拱下弦	arc0	13356(I)	sGen36	−3 099.1	991.5	103.4	80.2	76.7	0.27
	arc0b	13164(I)	sGen37	−7 150.4	−1 052.9	1 151.9	122.2	130.2	0.44
	arc1b	18709(I)	sGen39	−12 873.7	−2 998.3	308.0	109.5	106.8	0.36
	arc1renew	18726(J)	sGen37	−9 897.6	1 186.4	429.5	71.4	79.0	0.26
	arch	25378(J)	sGen37	−6 446.7	284.3	520.5	63.1	104.6	0.35

截面名称		控制单元号 （截面）	控制组合	N （kN）	M_y （kN·m）	M_z （kN·m）	强度 （MPa）	稳定 （MPa）	应力比
主拱 上弦	ARCHD245×16	19520(1/2)	sGen39	−983.1	4.3	0.9	81.2	107.2	0.35
	ARCHD245×30	18769(1/2)	sGen39	−1 433.7	2.9	1.3	65.2	90.6	0.31
横梁 下弦	bt1	14478(I)	sGen37	1 196.8	61.1	141.9	78.7	0.0	0.25
	bth	20625(J)	sGen36	−1 059.3	21.5	519.6	102.6	97.5	0.33
	btr1	22837(I)	sGen37	113.0	−68.6	1 137.1	99.3	82.6	0.32
	btr2	20972(I)	sGen39	−2 989.1	−305.9	−31.5	72.0	82.9	0.28
V 型撑	D299×18	259(J)	sGen39	−303.2	0.0	0.0	17.0	17.1	0.06
	D400×20	183(I)	sGen39	−359.5	0.0	0.0	13.4	15.2	0.05
	D500×20	12140(I)	sSEky	1 148.8	0.0	0.0	33.9	0.0	0.11
	D600×25	173(I)	sGen39	−2 502.5	0.0	0.0	49.3	56.6	0.19
横梁 上弦	HL300×500×36×36	21211(J)	sGen36	4 499.6	−138.9	26.9	104.9	0.0	0.34
	HL200×400×16×16	16111(J)	sGen36	866.0	55.1	−9.0	84.9	0.0	0.27
	HL300×500×20×20	15339(J)	sGen36	3 080.5	−39.2	10.3	103.3	0.0	0.35
三角 屋脊梁	Trg3	26352(I)	sGen37	825.1	4 873.2	840.0	169.2	101.4	0.57
	Trg1new	26255(I)	sGen36	59.3	870.0	250.0	209.0	122.9	0.71

图 13-6 和图 13-7 分别给出了 arc0 截面非地震组合和地震作用组合下的应力比分布图，对比可以看出，地震作用组合下应力比明显小于非地震作用组合下的应力比，地震作用对工程不起控制作用。

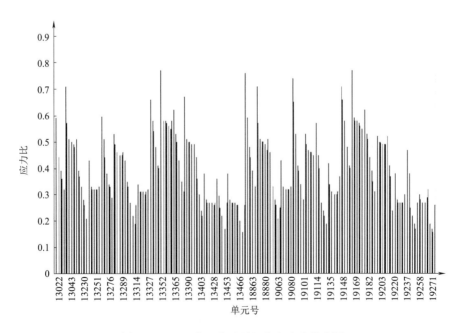

图 13-6　arc0 截面非地震组合应力比分布图

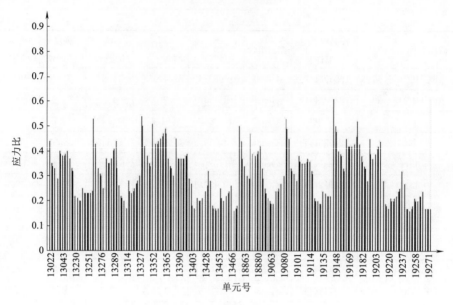

图 13-7　arc0 截面地震作用组合应力比分布图

13. 4　本章小结

针对本工程主要构件均为异形截面的情况，专门开发了异形截面的验算程序 EASY MIDAS。在完成整体结构内力分析后，接力进行截面强度与稳定性的验算，完成整个结构的设计过程。

第14章 消能减振设计

本工程主站房的消能减振设计包括两部分：考虑人体舒适度的人行荷载 MTMD 减振设计和基于性能的地震作用下 BRB 减振设计。通过 MTMD 体系对该结构进行人行荷载 MTMD减振分析；同时采用屈曲约束支撑进行消能减振设计，分析了其耗能原理，并对结构在多遇和罕遇地震作用下的动力响应进行了对比，同时给出了塑性铰开展情况以及 BRB 的滞回曲线。

14.1 有限元分析模型及动力特性分析

本工程采用 MIDAS/Gen 有限元程序建立青岛北站西广厅有限元模型，图 14-1 分别给出了在有限元模型基础上 MTMD 减振体系和 BRB 减振体系的布置情况。计算按三维空间结构进行，所用材料属性均按规范取值。结构模态分析时，质量源选取：恒载＋0.5 活载。对该结构（布置 MTMD 和 BRB 体系前）进行动力特性分析，其模态结果见表 14-1 所示。

表 14-1 结构前 10 阶振型频率与竖向质量参与系数

模态号	1	2	3	4	5
频率(Hz)	1.155	1.210	1.340	1.992	2.530
竖向质量参与系数(%)	0.000 5	0.000 9	0.000 1	1.540 0	0.081 0
模态号	6	7	8	9	10
频率(Hz)	2.785	2.920	3.073	3.143	3.219
竖向质量参与系数(%)	0.000 0	0.000 3	0.512 0	0.031 1	0.016 6

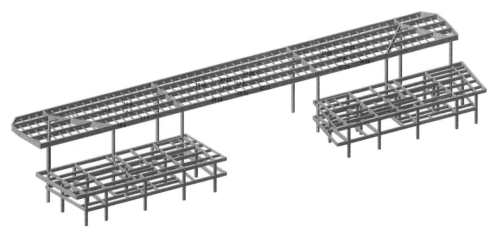

（a）MTMD 减振体系

图 14-1

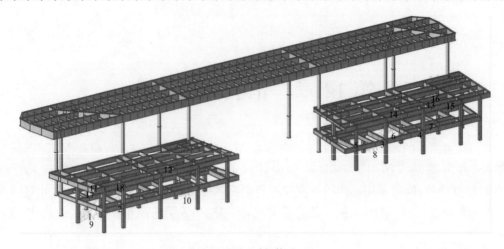

（b）BRB 减振体系

图 14-1　青岛北客站西广厅有限元模型

14.2　人群荷载模拟与分析工况定义

14.2.1　单人人行荷载模拟

单人步行激励曲线取 IABSE（International Association for Bridge and Structural Engineering）[87]的曲线，公式如式（14-1）：

$$F_p(t) = G\Big[1 + \sum_{i=1}^{3}\alpha_i \sin(2i\pi f_s t - \varPhi_i)\Big]$$

$$(14-1)$$

式中，F_p 为行人激励；t 为时间；G 为体重；f_s 为步行频率；α_i 为第 i 阶简谐波动载因子。本文只取前 3 阶计算：$\alpha_1 = 0.4 + 0.25(f_s - 2)$，$\alpha_2 = \alpha_3 = 0.1$；$\varPhi_1 = 0$，$\varPhi_2 = \varPhi_3 = \pi/2$。人的重量参考 AISC Steel Design Guide Series 11 之 2.2.1 节取作 70 kg/人。图 14-2 给出了步频一致（2.0 Hz）时单人人行荷载与人体重量 G 的比值曲线。

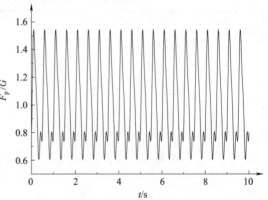

图 14-2　步行荷载激励与人体重量 G 的比值时程关系（2.0 Hz）

14.2.2　分析工况定义

正常使用条件下大跨结构往往承受着大量人群的同时作用，因此需要研究大量人群产生的步行力，即人群荷载。文献[89]给出了低密度人群自由行走（人群密度<1.0 人/m²）时的等效人数计算公式，如式（14-2）：

$$N_p = 10.8\sqrt{n \cdot \xi} \qquad\qquad (14-2)$$

当高密度人群自由行走时，因为行人前后间距变小，已不能自由的按本人意愿行走。文献[88]、[89]给出了人群密度大于 1.0 人/m²时的等效人数的计算公式，如式（14-3）：

$$N_p = 1.85\sqrt{n} \tag{14-3}$$

式中, ξ 为结构阻尼比; n 为受荷面积上行人的总数。

工况定义考虑了顶部观景平台的实际使用功能,区分不同的行人交通级别和相关的人流密度,取最不利情况,考虑下列几种荷载激励工况:(1)慢走工况(1.7 Hz);(2)正常行走工况(2.0 Hz);(3)快走工况(2.3 Hz);(4)根据观景平台结构高阶振型竖向质量参与系数,选取激励工况为 3.0 Hz,以模拟该频率下实际的人群荷载。分析工况见表 14-2。

表 14-2　分析工况定义

工况	行人密度(人/m²)	频率(Hz)	描述	特　　点	等效人数计算公式
1	1.5	1.7	交通异常繁忙	行走不舒适,人群拥挤。行人不能自由的选择步伐	$N_p = 1.85\sqrt{n}$
2	1.0	2.0	交通十分繁忙	自由移动受到限制,步行受阻,快步行走不再可能	
3	0.5	2.3	交通稀少	舒适而自由的行走,快步行走是可能的,单人行走能够自由选择步伐	$N_p = 10.8\sqrt{n \cdot \xi}$
4	0.3	3.0	交通稀少		

14.3　TMD 减振方案及效果分析

根据表 14-1 所给出的结构前 10 阶振型频率及其竖向质量参与系数可以看出,结构的前 3 阶振型体现为整体的水平振动,而第 4、第 8 阶振型的竖向质量参与系数较大,为竖向振型,且其竖向自振频率与人的一般步行频率(1.5～3.2 Hz)很接近,容易造成共振,需进行消能减振设计。

14.3.1　舒适度评价标准

文献[88]分别给出了住宅及办公室、商场、室外人行天桥竖向振动峰值加速度的控制指标限值,即 0.05 m/s²、0.15 m/s²、0.5 m/s²。本工程的竖向振动减振目标取为 0.15 m/s²。

14.3.2　MTMD 减振方案

通过综合考虑人行荷载频率范围、结构动力特性及振型竖向质量参与系数等情况,经过多次循环优化计算,确定了共 14 套 TMD 的 MTMD 减振系统:TMD1 按 1.8 Hz 调频;TMD2 按 2.2 Hz 调频,布置在第三层观景平台的左、中、右三个区域。减振装置参数见表 14-3,减振装置的布置位置如图 14-3 所示。

表 14-3　MTMD 体系参数

减振系统编号	弹簧刚度(N/m)(单根弹簧)	质量块质量(kg)	调频频率(Hz)	阻尼器参数		
				阻尼指数	阻尼系数 C(N·s/m)	最大出力(kN)
TMD1	15 973(1±15%)	500	1.8	1	3 000	1.7
TMD2	23 860(1±15%)	500	2.2	1	3 000	2.1

注:考虑到计算模型与实际模型的误差,表中弹簧刚度在计算值的基础上乘以±15%,阻尼系数根据吸振器参数优化公式(Warburton,1982)计算得到。

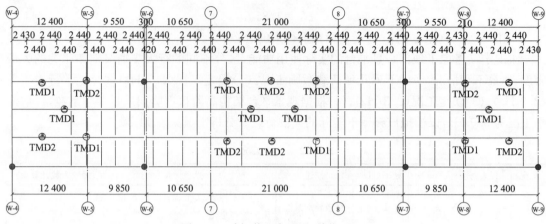

图 14-3　减振装置布置图(单位:mm)

14.3.3　减振分析

根据上述定义的分析工况,应用模拟的荷载曲线进行结构荷载作用下动力响应分析,并分别取结构在不同工况下的三个最大响应点:节点306(左侧区域)、节点474(中间区域)和节点629(右侧区域)进行减振后加速度最大响应的对比。其中工况2结构加速度峰值见表14-4。图14-4列举了节点474在2.0 Hz激励工况下,减振前后的加速度值对比情况。图14-5列举了工况2时各点竖向振动最大加速度散点云图。

从分析的结果来看,设置MTMD减振系统使得结构在人行荷载激励下的竖向振动得到了有效抑制。在2.0 Hz的人行频率激励下,减振前结构的共振响应较为明显,而减振后最大加速度减振率达到了50.56%。

表 14-4　采用 MTMD 布置下工况 2 加速度最大响应

工况	节点号	减振前(m/s²)	减振后(m/s²)	减振率
工况 2 (2.0 Hz)	306	0.083 08	0.074 49	10.34%
	474	0.237 44	0.117 39	50.56%
	629	0.125 57	0.112 14	10.70%

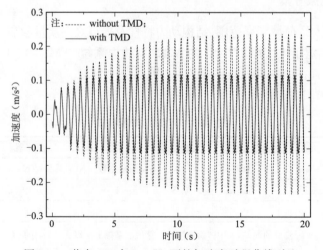

图 14-4　节点 474 在 2.0 Hz 下的加速度时程曲线对比

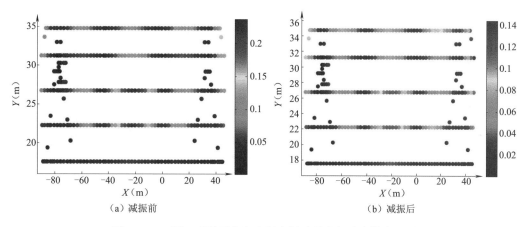

（a）减振前　　　　　　　　　　　　　　（b）减振后

图 14-5　工况 2 观景平台各点竖向振动最大加速度散点云图

14. 4　屈曲约束支撑消能原理

14. 4. 1　抗震性能目标

西广厅结构分析的相关参数如下：抗震设防烈度为 6 度（0.05g），抗震设防类别为丙类，场地类别为Ⅱ类，设计地震分组为第三组，50 年重现期基本风压取 0.45 kN/m²，地面粗糙度为 B 类。

施工图设计阶段，根据业主单位提供的《地震安评报告》中的地震动参数，场地特征周期 $T_g = 0.6$ s，多遇地震时水平地震影响系数 α_{max} 取 0.11，罕遇地震时 α_{max} 取 0.72。

通过计算发现，结构的层间位移难以满足规范所规定的要求，但建筑专业又不允许加大框架柱截面，经与业主沟通，决定采用屈曲约束支撑同时改善结构的抗震性能。图 14-6 所示为屈曲约束支撑在本工程中的应用。

图 14-6　青岛北站西广厅中 BRB 实景照片

结构的抗震设计需要满足"三水准"的抗震设防目标，根据建筑功能和工程的重要性，规范要求的"三水准"抗震设防目标具体化为表 14-5 所示的抗震性能目标。

表 14-5　结构抗震性能目标

性能指标	多遇地震	设防烈度	罕遇地震
目标	小震不坏	中震可修	大震不倒
位移角限值	$h/550$	$3h/550$	$h/50$
框架梁	弹性	弹性	塑性
框架柱	弹性	弹性	塑性
BRB	弹性	塑性	塑性

14.4.2　耗能原理

屈曲约束支撑主要由核心单元、约束单元组成,如图 14-7 所示。核心单元又称芯材,是主要受力元件,由低屈服强度、延性较好且屈服强度稳定的钢材制成,常见的截面有一字形、十字形和工字形等。约束单元用于防止核心单元受压时发生整体或局部屈曲,采用矩形或圆形钢管,内填混凝土或砂浆。在核心单元和约束单元间填入无粘结材料来提供滑动界面,避免约束单元参与受力和提供刚度。

在地震力作用下,芯材可能屈服但不发生屈曲,同时由于芯材本身材料延性较好,且屈服强度稳定,因此屈曲约束支撑受拉与受压性能基本相同,且具有良好的滞回性能,如图 14-8 所示。利用屈曲约束支撑的耗能特点,在地震作用下允许其屈服,以耗散地震能量,并提高抗震性能。在 MIDAS 有限元模型中,采用 wen 单元模型来进行 BRB 的模拟。

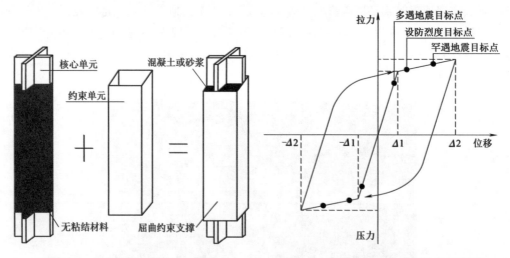

图 14-7　屈曲约束支撑构成示意图　　　　图 14-8　屈曲约束支撑滞回性能示意图

14.5　消能减振设计方案

14.5.1　地震波选取

我国《建筑抗震设计规范》(GB 50011—2010)规定:"当取七组或七组以上的时程曲线时,计算结果可取时程法的平均值和振型分解反应谱法的较大值";"弹性时程分析时,每条时程曲线计算所得结构底部剪力不应小于振型分解反应谱法计算结果的 65%,多条时程曲线计算所得结构底部剪力的平均值不应小于振型分解反应谱法计算结果的 80%"。根据本工程场地类别和地震分组,现选择 Parkfield_00 波、smi_00_nor 波、1949 Olympia Hwy Test Lab_356 波、1979 Array♯6(Imperial Valley)_230 波、Lwd_00 波、人工 1 波和人工 2 波作为地震动输入到有限元模型中进行时程分析。

将原结构的时程数据与 PKPM、MIDAS/Gen 反应谱数据进行对比,结果见表 14-6。图 14-9 所示为所选取的七条地震波在 7 度多遇(55 gal)情况下与规范中 5%阻尼比时反应谱的对比情况。

表 14-6　多遇地震作用下结构的基底剪力与反应谱基底剪力对比

地震波	X 向		Y 向	
	剪力(kN)	比值	剪力(kN)	比值
Parkfield	4 490	98%	5 845	106%
smi	4 790	105%	4 940	90%
Olympia	5 420	118%	5 550	101%
Imperial	4 320	94%	4 980	90%
Lwd	4 700	103%	6 390	116%
RG1	5 180	113%	5 400	98%
RG2	5 210	114%	6 540	119%
平均值	4 872.86	106%	5 663.57	103%
PKPM	4 581.24	100%	5 511.74	100%
MIDAS	4 849.20	—	5 595.40	—

注:比值＝地震波基底剪力/反应谱基底剪力×100%。

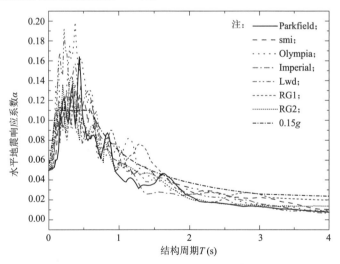

图 14-9　55 gal 设计地震动和 5%阻尼比规范反应谱对比图

14.5.2　BRB 的选取与布置

根据 BRB 的耗能原理,结合结构振动特点,本工程分别在结构的两个主轴方向设置屈曲约束支撑,其数量、型号、位置通过多轮时程分析进行优化调整后确定,参数取值见表14-7。依据《建筑抗震设计规范》(GB 50011—2010)以及建筑设计图、结构布置图与相关设计分析模型与结果,考虑在本工程一、二层的适当位置沿结构的两个主轴方向设置约束屈曲支撑,以降低结构的地震响应。

表 14-7　屈曲约束支撑布置参数

支撑类型	弹性刚度(kN/m)	屈服点(MPa)	屈服力(kN)	极限力(kN)	刚度比	屈服指数	数量
A(X)	1.5×10^5	160	270	468	0.02	2	8
B(Y)	3.0×10^5	160	540	960	0.02	2	7
C(Y)	1.7×10^5	160	320	492	0.02	2	3

14.6　多遇地震下弹性时程分析

14.6.1　层间位移

限于篇幅,随机选取一条地震波,结构在其作用下减振前后的层间位移见表14-8。根据抗震规范中框架结构层间位移角 1/550 的限值要求,该结构第一、二层的层间位移应小于 0.008 2 m,第三层应小于 0.014 7 m。从层间位移变化情况可以看出,结构 X 向刚度较 Y 向的刚度大。因此减振方案在 Y 向多布置几个屈曲约束支撑,减振效果也要好于 X 向,但两个方向减振后的地震响应较为接近,符合规范要求。

表 14-8　Parkfield 波作用下层间位移减振效果(多遇地震)

方向	楼层	层高(m)	层间位移(m) 减振前	减振后	减振率
X 向	3F	8.1	0.014 4	0.012 1	15.97%
	2F	4.5	0.003 5	0.003	14.29%
	1F	4.5	0.002 4	0.002 4	0.00%
Y 向	3F	8.1	0.017 8	0.010 4	41.57%
	2F	4.5	0.004 6	0.002 3	50.00%
	1F	4.5	0.003 1	0.002	35.48%

在弹性阶段,屈曲约束支撑处于弹性变形阶段,而 BRB 的设置主要是为了增加结构的刚度,虽然这会增加结构减振后的层间剪力,但其程度并不大;同时,增加的刚度可以减小结构在小震作用下的层间位移,已达到减振的效果。

14.6.2　屈曲约束支撑滞回曲线

图 14-10 给出了第一层某 C 型屈曲约束支撑在多遇地震 Parkfield_00 波作用下的位移-力滞回曲线。通过位移-力滞回曲线可以看出,屈曲约束支撑在多遇地震下没有屈服,仍处于弹性变形阶段,这符合屈曲约束支撑的设计原理。

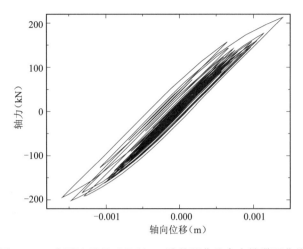

图 14-10　多遇地震 Parkfield_00 波某屈曲约束支撑滞回曲线

14.7　罕遇地震下弹塑性时程分析

14.7.1　层间位移

框架结构在罕遇地震作用下,结构楼层的层间位移角 $\Delta u/h < [\theta] = 1/50$。表 14-9 列出了结构在罕遇地震 Parkfield_00 波作用下减振前后的层间位移。通过给出的减振数据可以看出,虽然 X 向的层间位移减振率较 Y 向的减振率存在一定的差距,但减振后的层间位移数值较为接近,且均满足规范的要求。

表 14-9　Parkfield 波作用下层间位移减振效果(罕遇地震)

方向	楼层	层高(m)	层间位移(m)		减振率
			减振前	减振后	
X 向	3F	8.1	0.096 8	0.093	3.93%
	2F	4.5	0.034 5	0.032 8	4.93%
	1F	4.5	0.022 5	0.021 5	4.44%
Y 向	3F	8.1	0.104 5	0.095 4	8.71%
	2F	4.5	0.037 3	0.032 5	12.87%
	1F	4.5	0.024	0.021 1	12.08%

14.7.2　屈曲约束支撑滞回曲线

图 14-11 给出了 X 向罕遇地震作用下第一层上某屈曲约束支撑的位移-力滞回曲线,该屈曲约束支撑的位置为南区 W-1 与 W-3 轴之间,屈曲约束支撑类型为 A 型。滞回曲线表明,该屈曲约束支撑在罕遇地震作用下达到屈服力,进入塑性耗能阶段。

14.7.3　塑性行为发展情况

MIDAS/Gen 通过定义包括铰数量、滞回模型类型及其特征值等参数在内的非弹性铰特性值,以使结构在弹塑性分析时能够显示构件塑性行为的发展程度。图 14-12 给出了塑性铰发展程度的示例。通过定义代表非弹性铰变形水平的变形指数来表示塑性铰的出现情况。根据所定义的延性系数将铰的状态划分为 5 种,并通过不同的颜色在构件的相应位置显示出来。

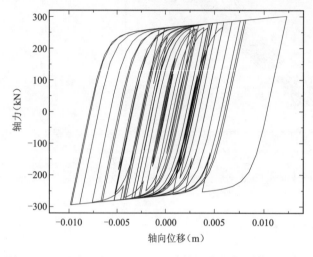

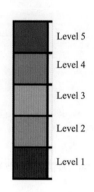

图 14-11 罕遇地震 Parkfield_00 波某屈曲约束支撑滞回曲线   图 14-12 塑性铰发展程度的颜色示例

图 14-13 和图 14-14 分别给出了结构在 X 向罕遇地震 Parkfield_00 波作用下减振前后塑性铰开展情况,从图中可以直观的看出,屈曲约束支撑对抑制塑性铰的开展起到了积极的作用。

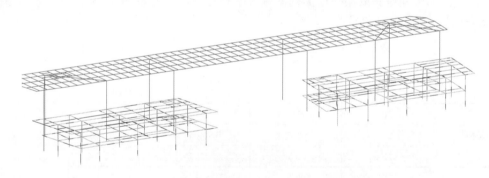

图 14-13 罕遇地震 Parkfield_00 波 X 向减振前

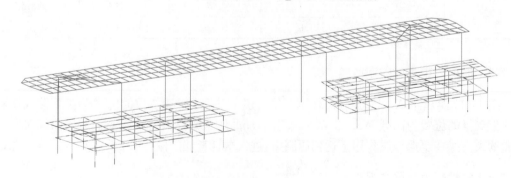

图 14-14 罕遇地震 Parkfield_00 波 X 向减振后

14.8 本章小结

本章分别分析了青岛北客站西广厅考虑人体舒适度的人行荷载 MTMD 减振设计和基于性能的地震作用下 BRB 减振设计,相关分析结论如下:

(1)对于人行荷载工况,采用步频一致计算模型时:慢走工况(1.7 Hz)时,最大加速度峰值为 0.154 48 m/s²;正常行走工况(2.0 Hz)时,最大加速度峰值为 0.237 44 m/s²;快走工况(2.3 Hz)时,最大加速度峰值为 0.068 64 m/s²;当步行频率为 3.0 Hz 时,最大加速度峰值为 0.048 63 m/s²。

(2)本章所采用的 4 种计算工况下,部分工况(1.7 Hz、2.0 Hz)下加速度响应大于 0.15 m/s²,不满足人体舒适度要求,因此应采取措施增加结构整体刚度,或采用消能减振技术控制人群荷载作用下结构竖向加速度响应,以满足人体舒适度要求。

(3)本章所采用的方案为 1.8 Hz 调谐频率与 2.2 Hz 调谐频率相结合的 MTMD 方案,采用该 MTMD 减振方案,能有效地降低 2.0 Hz 激励工况时结构的共振响应;4 种激励工况下最大响应点加速度峰值的减振率分别为 7.58%、50.56%、10.81% 及 15.91%;减振后,各工况加速度峰值均小于 0.15 m/s²,满足人体舒适度要求。

(4)屈曲约束支撑对结构在多遇地震作用下减振效果较为明显,保证了结构的安全。在多遇地震作用下,X 向和 Y 向的层间位移角均满足规范 1/550 的要求。

(5)在罕遇地震作用下,屈曲约束支撑能有效地耗散输入到上部结构的能量,减振结构的塑性行为发展得到了大幅度的减缓,有效地推迟了塑性铰出现的时间及减小了其出现的强度。

(6)屈曲约束支撑的位移-力滞回曲线符合其耗能原理及参数设置。在多遇地震作用下,屈曲约束支撑处于弹性变形阶段;在罕遇地震作用下,屈曲约束支撑进入塑性耗能阶段,滞回曲线饱满,耗能充分,效果良好。

(7)本工程采用屈曲约束支撑消能减振技术后,可以有效减小结构的地震响应,特别是第三层的地震作用,使薄弱层部分得到加强,有效降低了结构的不安全因素影响。

第15章　大型拱脚节点设计

由于立体拱架的作用非常突出,拱脚在将主体结构所承受的竖向力和水平力传递给地基基础的过程中发挥着十分重要的作用,因此拱脚节点的设计尤为重要。本工程共有 10 榀立体拱架,每榀拱架由于几何曲线的复杂性,其拱脚的构造都不一样,因此设计变得异常复杂。现选取其中两种拱脚的设计进行介绍,某拱脚节点图如图 15-1 所示,另一拱脚与 V 型撑连接处的节点如图 15-2 所示。

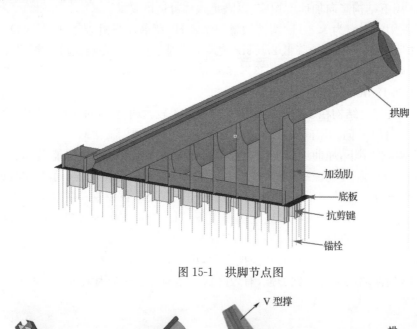

图 15-1　拱脚节点图

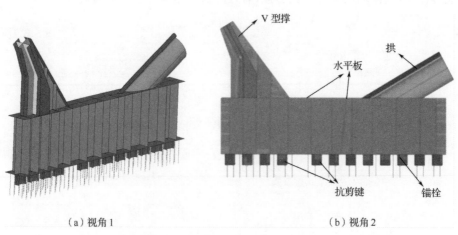

（a）视角 1　　　　　　　　　　　　　　（b）视角 2

图 15-2　拱脚与 V 型撑连接节点图

图 15-1 中,拱脚钢板对应的壁厚度为 60 mm,加劲肋板厚度为 60 mm,底板厚度为

100 mm,抗剪键为 HM600×300c,锚栓直径为 40 mm,材质均为 Q345B;图 15-2 中,拱脚和 V 型撑钢板对应的壁厚度为 60 mm,加劲肋板厚度为 60 mm,水平板厚度为 100 mm,抗剪键为 HM600×300c,锚栓直径为 40 mm,材质均为 Q345B。

15.1　有限元分析讨论

　　本工程的支座节点构造复杂,所受的外荷载复杂多样,考虑到埋入式柱脚具有较好的抗震性能,将钢拱脚埋入到基础内部,以便在往复荷载作用下,可由钢和混凝土之间的侧压力来承担柱脚的弯矩和剪力。

　　由于柱脚是该结构的重要传力构件,该柱脚的截面为异形,构造非常复杂,但目前对这种复杂的异形截面钢柱脚的承载力还未有明确的计算依据。为了确保结构设计的安全可靠,采用通用有限元软件 ABAQUS 对该柱脚受力性能进行了有限元分析。

　　在本工程柱脚的有限元分析中,先在 CATIA 中建立柱脚的几何模型,后导入到 Hypermesh 中进行单元划分,采用网格试验确定单元网格划分尺寸,不考虑混凝土的作用,只建立钢拱脚、加劲肋、抗剪键、锚栓模型,通过合理的网格划分,然后对单元赋予相应材料属性和单元类型。由于组成拱脚的各个钢构件壁厚相比单元尺寸均较薄,因此钢拱脚、钢骨、抗剪键均选用壳单元来模拟。由于锚栓在受拉时发挥较大的作用,受压时退出工作,因此锚栓采用只受拉桁架单元模拟,最后将有限元模型导入到 ABAQUS 中进行有限元计算,最终的有限元模型如图 15-3 所示。

　　本工程中,钢材选用 Q345B,材料的本构选择如下:弹性模量为 206 000 N/mm^2,泊松比为 0.3,钢材强度设计值为 250 MPa,采用双线性随动硬化模型,考虑包辛格效应,在循环过程中无刚度退化,计算分析中,设定钢材的强屈比为 1.4,极限应变为 0.025,本构示意图如图 15-4 所示。

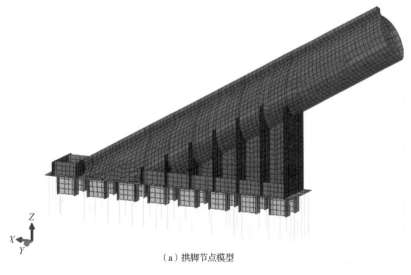

(a)拱脚节点模型

图　15-3

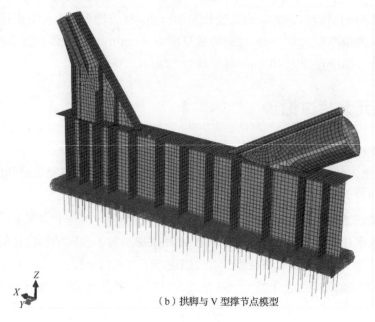

（b）拱脚与 V 型撑节点模型

图 15-3　拱脚节点有限元模型

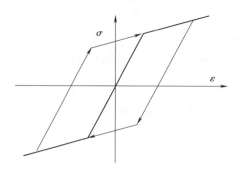

图 15-4　钢材双线性随动硬化模型示意图

15.2　边界条件和荷载取值

为了对柱脚节点进行比较真实的模拟，对底板上的每个节点赋予节点弹性支承，这些弹性支承可以承受压力，但是不可以承受拉力，以此来模拟底板与混凝土之间的关系。在 ABAQUS 中通过在这些节点处设置弹簧，并通过对弹簧的刚度进行合理的设置来实现。本文用的是 ABAQUS 中的 Spring1 单元，通过对其力和位移的关系进行设置来体现其刚度，为了实现可承受压力不可承受拉力，对其在位移为负值的时候赋予一个负的力来体现它的受压刚度，位移为正值时，力为零来反映它不可以承受拉力，本工程中弹簧的刚度设为 810 000 kN/m。

之后再对结构设置合理的边界条件，对锚栓施加固定约束，约束各个方向的自由度；对抗剪键，约束水平方向的平动自由度，即约束 X、Y 方向的自由度。然后再对结构进行加载，加载的力从整体分析的模型中提取，取最不利的荷载工况对应的内力值，见表 15-1、表 15-2。

表 15-1　供拱脚节点模型有限元分析的最不利荷载工况

位置	轴力 (kN)	剪力 F_y (kN)	剪力 F_z (kN)	扭矩 M_x (kN · m)	弯矩 M_y (kN · m)	弯矩 M_z (kN · m)
上弦	−209	0	1.5	0	−10	0
下弦	−22 063	0	−383	−159	−2 389	144

表 15-2　供拱脚与 V 型撑连接节点模型有限元分析的最不利荷载工况

位置	F_x(kN)	F_y(kN)	F_z(kN)	M_x(kN · m)	M_y(kN · m)	M_z(kN · m)
拱上弦	38	0	12	1	12	2
拱下弦	14 047	29	130	86	1 731	345
V 型撑	8 499	313	778	0	0	0

15.3　计算结果的分析与讨论

15.3.1　拱脚节点计算结果的分析与讨论

有限元分析结果如图 15-5 所示。根据拱脚的 Mises 应力云图可以看到,拱脚最大 Mises 应力为 605 MPa,位于抗剪键处,除了抗剪键之外的区域,结构的大部分应力水平均较小,都在 100 MPa 附近。

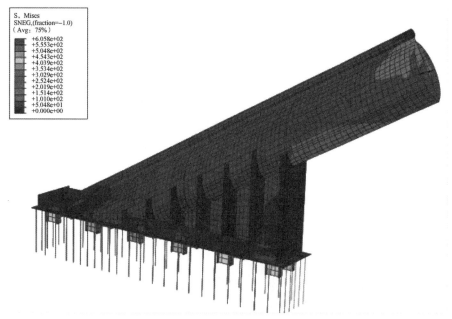

图 15-5　拱脚的有限元分析结果(一)(单位:MPa)

单独显示抗剪键的应力云图如图 15-6 所示,由图 15-6 可以发现,结构的最大应力处在抗剪键位置,主要是由于外荷载在水平方向的分量较大,导致所设置的抗剪键抗剪能力不一,所以应加强抗剪键。可以通过多设置一些抗剪键来分担剪力,也可以通过加厚该部分抗剪键的厚度来满足抗剪要求。

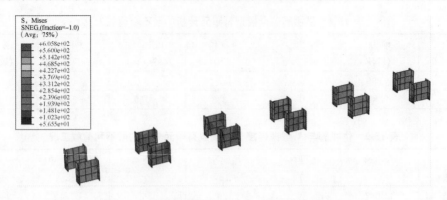

图 15-6　抗剪键的 Mises 应力云图(单位:MPa)

　　为了确定锚栓的强度是否满足,查看图 15-7 所示的锚栓轴向应力图,锚栓最大受拉应力为 137 MPa,应力水平小于材料的屈服强度,说明 40 mm 直径的锚栓能满足抗拉要求。

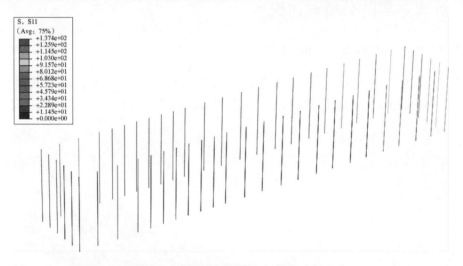

图 15-7　锚栓的应力图(一)(单位:MPa)

　　再查看弹簧的反力,如图 15-8 所示,可以发现,弹簧区域中部存在压力,最大值为147 kN,该处的力作用于下部混凝土上,该节点力对应的网格面积为 100 mm×100 mm,故混凝土受压应力为 14.7 MPa,小于强度等级为 C40 的混凝土的抗压强度设计值 19.1 MPa。

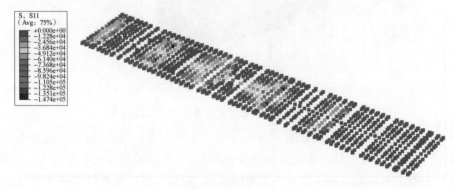

图 15-8　底部弹簧的反力图(一)(单位:N)

15.3.2　拱脚与 V 型撑连接处计算结果的分析与讨论

有限元分析结果如图 15-9 所示。根据拱脚的 Mises 应力云图可以看到,拱脚最大 Mises 应力为 279 MPa,位于抗剪键处,除了抗剪键之外的区域,结构的大部分应力水平均较小,都在 160 MPa 附近。

为了确定锚栓的强度是否满足,查看图 15-10 所示的锚栓轴向应力图,锚栓最大受拉应力为 86.6 MPa,应力水平小于材料的屈服强度,说明 40 mm 直径的锚栓能满足抗拉要求。

再查看弹簧的反力,如图 15-11 所示,可以发现,弹簧区域中部存在压力,最大值为 118 kN,该处的力作用于下部混凝土上,该节点力对应的网格面积为 100 mm×100 mm,故混凝土受压应力为 11.8 MPa,小于强度等级为 C40 的混凝土的抗压强度设计值 19.1 MPa。

15.4　本章小结

通过上述计算分析,对此复杂拱脚支座节点的设计从受力和构造方面都进行了全面和细致的考虑。计算结果表明,青岛北站主站房的拱脚支座节点的设计安全可靠,为该类支座节点的设计提供了具有实用价值的计算方法和建议。对支座下的抗拉锚栓和抗剪键应按有限元的分析结果进行设计,并从构造上进行一定程度的加强,这样可使该节点在各种荷载工况下安全有效的发挥作用。

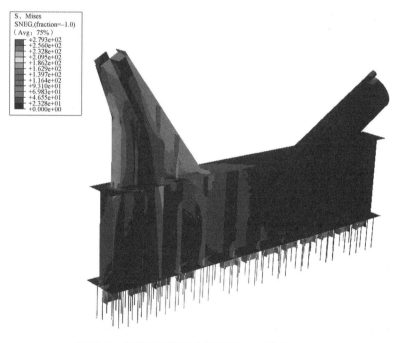

图 15-9　拱脚的有限元分析结果(二)(单位:MPa)

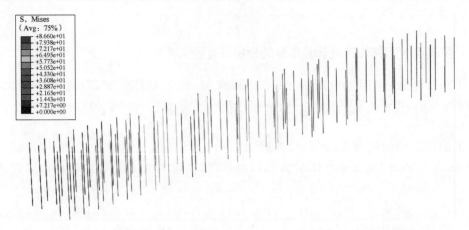

图 15-10　锚栓的应力图(二)(单位:MPa)

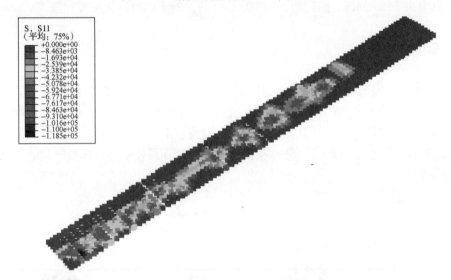

图 15-11　底部弹簧的反力图(二)(单位:N)

第16章　结构试验研究

16.1　立体拱架缩尺模型试验

青岛北站主站房屋盖采用的预应力立体拱架结构体系造型新颖美观,充分体现了建筑师的设计意图。整个屋盖结构在各种不同荷载组合作用下,由拱、屋面横梁、纵向主檩条及V型撑组成的立体拱架将荷载传至下部结构。为进一步研究立体拱架的受力性能,在北京科技大学牟在根教授主持下,采用缩尺试验验证其可靠性。

16.1.1　试验目的

本次试验是通过选取青岛北站主站房屋盖中间三榀立体拱进行1∶20缩尺建立试验模型的方法,完成以下方面的研究:

(1)了解立体拱结构的传力路径和受力特点;

(2)了解在对结构施加静力荷载时,对主要构件的影响(主要是拱、横梁和拉索),并与理论分析结果(即MIDAS有限元软件分析结果)对比,以验证理论分析结果的正确性,为以后设计、施工以及MIDAS仿真软件开发提供依据;

(3)了解立体拱结构在静力荷载作用下的受力性能,主要包括引起的各杆件应力、节点竖向位移和各索力变化;

(4)验证理论结果的正确性;

(5)建立主站房屋盖结构的整体数值模型,进行地震作用下的响应分析,以获得整体结构在地震作用下的内力分布趋势;

(6)通过缩尺模型试验分析站房钢结构体系总体的稳定性及索在其中起的作用。

16.1.2　试验模型设计

本试验取主站房屋盖整体模型中间三榀进行试验,如图16-1所示,取出后对模型进行一定的简化,去掉次要构件(檩条和悬挑端),如图16-2所示。

由于拱、横梁以及屋脊都是异形截面,且有的截面壁厚较薄,在截面按1∶20缩尺以后,导致其壁厚更薄,致使部分构件根本无法加工,因此在不影响结构静力特性的前提下可以对结构进行简化。简化原则和方法为:按刚度等效的原则,横梁的异形截面简化为箱型截面,屋脊和V型撑简化为圆管截面,拱的异形截面简化为箱型截面,檩条简化为箱型截面。

1. 相似关系

大多数工程结构的正常工作状态处于弹性工作范围内,所谓弹性工作范围是指结构材料的应力 σ、应变 ε 关系处于一个线性变化条件下,可以近似地用胡克定理 $\sigma = E\varepsilon$ 加以表述。同

时影响应力 σ 的量有外荷载 F、结构几何尺寸、结构材料自身的弹性常数 E 和 μ 等,它们之间的关系受到相关的物理方程的制约。这样的数理方程表述形式有很多,基本可归结为静力平衡方程、物理方程、几何方程及相容方程,也即弹性力学的基本方程。根据相似理论的基本定理,则可由这样的数理方程求出模型试验需遵循的相似条件。

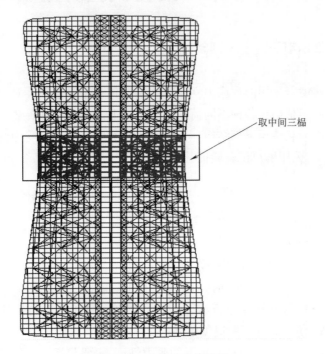

取中间三榀

图 16-1   主站房整体模型

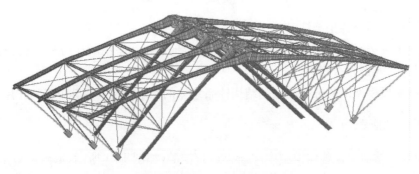

图 16-2   所取三榀的简化模型

在模型设计中,由于原型钢结构为 Q345 钢材,模型用的钢材为 Q235,因此按应变自模拟计算模拟关系,首先列出所研究现象的物理方程和单值条件,采用相似变化、积分类比和化方程为无量纲形式等数学手段,求出待定相似准则 π,然后求出各模拟关系。

本试验中,已知模拟关系为:

$$c_l=\frac{l_m}{l_p}=\frac{1}{20},c_\sigma=\frac{\sigma_m}{\sigma_p}=\frac{235}{345}=0.681,c_E=\frac{E_m}{E_p}=1$$

根据已知模拟关系确定本次模型试验的相似关系,见表 16-1。

表 16-1　模型相似关系(缩尺/原型模型)

类　型	物理量	相似比
材料特性	应力	$c_\sigma = 0.681$
	应变	$c_\varepsilon = 0.681$
	弹性模量	$c_E = 1$
	泊松比	$c_\mu = 1$
几何特性	长度	$c_l = 1/20$
	线位移	$c_x = c_l = 1/20$
	角位移	$c_\theta = c_l = 1/20$
	面积	$c_A = c_l^2 = 1/400$
	惯性矩	$c_I = c_l^4 = 1/160\ 000$
荷载	集中荷载	$c_F = c_\sigma c_l^2 = 0.001\ 7$
	线荷载	$c_q = c_\sigma c_l = 0.034$
	面荷载	$c_q = c_\sigma = 0.681$

最终的试验模型如图 16-3 所示。

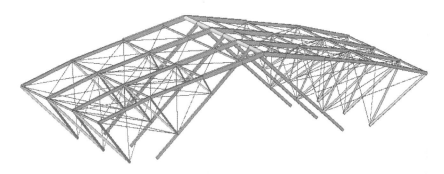

图 16-3　缩尺试验模型图

2. 相似比验证

利用 MIDAS/Gen 对试验模型进行
分析,并和原始模型进行对比。对试验
模型进行加载,加载方式为对屋面上部
所有节点施加同等大小的节点荷载,当
荷载加至 12 kN 时,拱脚应力达到
228.9 MPa,结构屈服,如图 16-4 所示。

按照相似关系,集中荷载的相似比
为 0.001 7,因此对实际模型中屋面上部
所有节点施加节点荷载 12/0.001 7 ＝

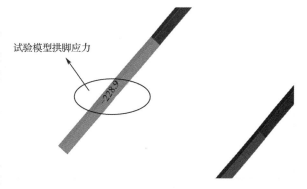

图 16-4　试验模型拱脚应力图(单位:MPa)

7 058.8 kN时,实际模型中相应拱脚部位的应力为 376 MPa,如图 16-5 所示,按照相似比算的
应力应该为 345 MPa 左右。228.9/235 和 376/345 大致相当,误差较小,可以接受。产生误差
的主要原因是在刚度和强度等效过程中存在少许简化。

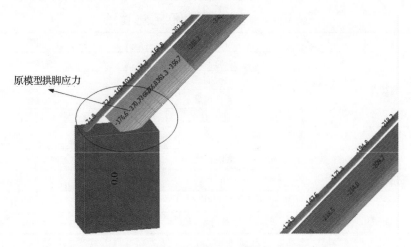

图 16-5　原模型拱脚应力图(单位:MPa)

3. 试验模型制作

本试验模型主体结构是在中建钢构江苏有限公司内加工完成,通过拧紧花篮螺栓来模拟施加预应力。本模型的加工特点是以焊接为主,部分构件壁厚很薄,对拱、横梁变截面构件还需要进行特殊的卷制。

为了保证质量,焊接方式是氩弧焊,试验模型制作过程如图 16-6 所示。

图 16-6　主体结构搭设

16.1.3　试验测试

1. 加载方案

本试验加载采用节点荷载,在模型上弦所有节点上均施加节点荷载。模型上弦节点编号如图 16-7 所示,由于模型对称,故只在半边编号。对各节点进行分级加载,加载的荷载值大小见表 16-2,各点的荷载增量见表 16-3。

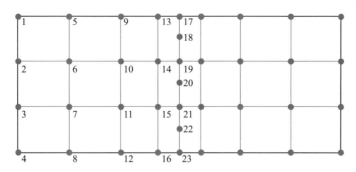

图 16-7　模型上弦节点编号示意图(半边)

表 16-2　荷载加载表

荷载步	加载点	荷载数值(kN)	备　注
第 1 级荷载	1,4	0.5	相当于 $0.83 \times (1.32G + 1.54L_L)$
	2,3,5,8	1	
	6,7	2	
	9,12	0.9	
	10,11	1.7	
	13,16	0.6	
	14,15	1.2	
	17,23	0.4	
	19,21	0.8	
第 2 级荷载	1,4	1	相当于 $1.66 \times (1.32G + 1.54L_L)$
	2,3,5,8	2	
	6,7	4	
	9,12	1.8	
	10,11	3.4	
	13,16	1.2	
	14,15	2.4	
	17,23	0.8	
	19,21	1.6	
第 3 级荷载	1,4	1.5	相当于 $2.5 \times (1.32G + 1.54L_L)$
	2,3,5,8	3	
	6,7	6	
	9,12	2.7	
	10,11	5.1	
	13,16	1.8	
	14,15	3.6	
	17,23	1.2	
	19,21	2.4	

荷载步	加载点	荷载数值(kN)	备 注
第4级荷载	1,4	2	相当于3.33×(1.32G+1.54L_L)
	2,3,5,8	4	
	6,7	8	
	9,12	3.6	
	10,11	6.8	
	13,16	2.4	
	14,15	4.8	
	17,23	1.6	
	19,21	3.2	
第5级荷载	1,4	2.5	相当于4.16×(1.32G+1.54L_L)
	2,3,5,8	5	
	6,7	10	
	9,12	4.5	
	10,11	8.5	
	13,16	3	
	14,15	6	
	17,23	2	
	19,21	4	
第6级荷载	1,4	3	相当于5×(1.32G+1.54L_L)
	2,3,5,8	6	
	6,7	12	
	9,12	5.4	
	10,11	10.2	
	13,16	3.6	
	14,15	7.2	
	17,23	2.4	
	19,21	4.8	

表 16-3　各点荷载增量

加载点	荷载数值(kN)	加载点	荷载数值(kN)
1,4	0.5	13,16	0.6
2,3,5,8	1	14,15	1.2
6,7	2	17,23	0.4
9,12	0.9	19,21	0.8
10,11	1.7	—	—

　　试验在每个节点上焊接一个节点板,通过在节点板上施加配重块来对结构施加节点荷载,试验立体模型如图16-8所示,现场照片如图16-9所示。

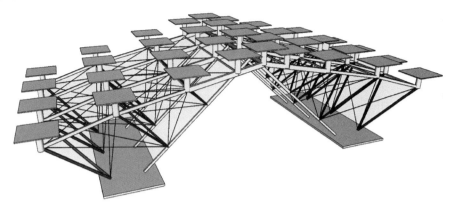

图 16-8　试验立体模型

图 16-9　模型节点板焊于屋面每个节点上

2. 位移计布置方案

位移计均布置在上弦截面,如图 16-10 中大圆点处,分别布置在节点 3、4、7、8、11、12、13、14、15、16、17、18、19、20、21、22、23、25、27、33、35 处,共 17 个位移计。基于弹性计算结果,节点 13、16、17、23、27 变形最大,当最大应力接近 235 MPa 的时候,试验模型最大挠度为 7.4 mm。

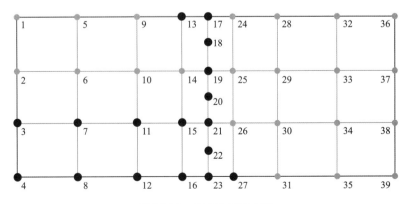

图 16-10　位移计布置方案

3. 应变片布置方案

为了说明方便,将杆件分别分为上弦梁系杆件、下弦拱、支撑杆件(包括索)。

(1)上弦梁系杆件应变片布置

由于上弦梁系杆件受轴力和弯矩共同作用,所以对于每一根需要测量的杆件,其贴片截面均为杆件两端(节点区外),对于每个截面均在截面上表面和下表面各贴一个应变片。需要贴片测量的梁系杆件为图 16-11 中标有短线的杆件,共 17 个杆件,每个杆件 4 个测点,共 68 个测点。

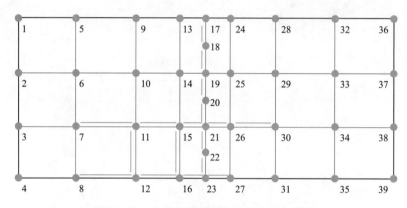

图 16-11　上弦梁系杆件应变片布置位置图

(2)下弦拱应变片布置

下弦拱截面虽然主要受轴力的作用,但弯矩对其仍有影响,所以同上弦梁系杆件一样,对于每一根需要测量的杆件,其贴片截面均为杆件两端(节点区外),对于每个截面均在截面上表面和下表面各贴一个应变片。图 16-12 中用深色线标出了左半跨,右半跨与拱脚相连的杆件仅布置中间一根杆即可,共 7 个杆件,每个杆件 4 个测点,共 28 个测点。

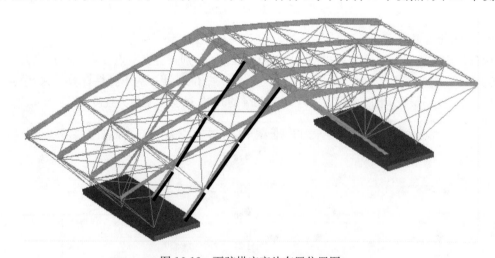

图 16-12　下弦拱应变片布置位置图

(3)支撑杆件应变片布置

支撑杆只受轴力作用,故对需要量测的杆件仅在杆件中间沿轴线方向布置一个应变片即可。由于上弦所在屋面内的斜撑受力较小,不考虑布置应变片,只在上弦梁和下弦拱之间的斜撑杆上布置测点。如图 16-13 所示粗线,共 16 个杆件,16 个测点。

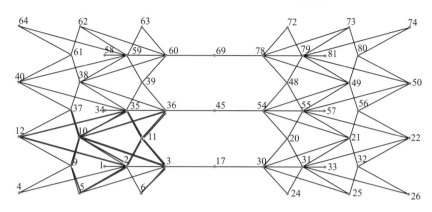

图 16-13 支撑杆件应变片布置位置图

共计:位移计 17 个,应变片 68+28+16=112,总数为 129 个。试验过程中位移计和应变片布置现场图如图 16-14、图 16-15 所示。

图 16-14 布置位移计

图 16-15 布置应变片

4. 加载过程

本试验按照加载方案进行加载时,由于加载过程中分配到每个节点的配重块较多,因此加载过程较为复杂。在加载的过程中为了防止偏心,每级加载的配重块都沿节点板中心均匀布置,在前 4 级较安全的情况下,由工作人员直接向节点板上添加配重块,随着加载级数的增加,考虑到加载的安全性和准确性,改用人员站在吊车上对节点板继续添加配重块,加载一级的过程大致需要 30 min,加载示意图如图 16-16 所示。

16.1.4 测试结果

1. 位移测试结果

试验在施加第 1 级到第 5 级荷载过程中,没有发生明显的破坏现象。各节点编号如图 16-10 所示,节点位移结果见表 16-4。

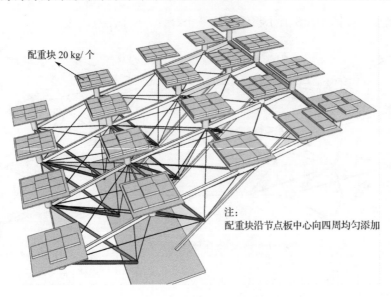

配重块 20 kg/个

注:
配重块沿节点板中心向四周均匀添加

图 16-16 模型加载示意图

表 16-4 各节点位移结果 （单位:mm）

钢节点 荷载等级	3	7	8	11	12	13	16	18	19	23	27
第 1 级荷载	0.32	2.17	1.5	0.46	1.7	2.54	1.48	0.59	0.78	1.75	1.94
第 2 级荷载	0.51	2.67	2.37	1.82	3.9	3.46	3.27	0.94	1.43	2.61	3.08
第 3 级荷载	0.82	4.38	4.37	2.66	5.9	5.06	4.77	1.45	2.12	3.63	4.35
第 4 级荷载	1.34	7.04	7.56	4.9	8.52	7.02	6.07	1.81	2.55	4.38	5.68
第 5 级荷载	2.00	8.23	12.39	9.7	12.95	9.68	8.61	2.1	3.47	5.47	7.35
第 6 级荷载	4.73	20.86	37.67	25.29	31.75	20.69	16.49	2.44	5.38	6.01	9.77

由表 16-4 可知,在第 1 级荷载施加完成后,节点 13 的位移最大,为 2.54 mm;其次是节点 7,位移为 2.17 mm;再次是节点 27,位移为 1.94 mm;其余节点位移较小。随着加载级数的增多,从第 1 级到第 5 级,节点位移基本呈线性变化,也就是结构整体处于弹性阶段;当荷载加到第 6 级,相当于 5 倍设计荷载时,结构的拉索的拉钩被拉直崩脱,节点位移突然增大。部分节点位移曲线如图 16-17～图 16-19 所示。

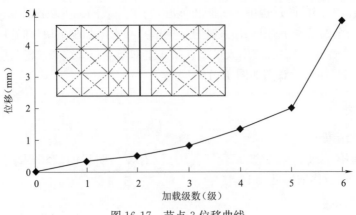

图 16-17 节点 3 位移曲线

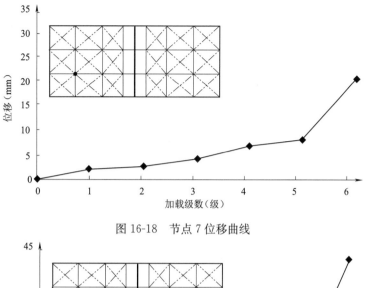

图 16-18　节点 7 位移曲线

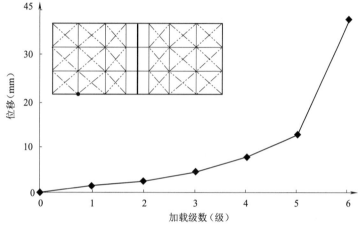

图 16-19　节点 8 位移曲线

2. 应变测试结果

拱的应变测试结果如图 16-20、图 16-21 所示。当第 1 级荷载施加完成后，单元的应变量较小；随着荷载级数从 1 级到 5 级的过程中，单元的应变量逐渐增大，曲线大致呈线性增长，表明结构处于弹性阶段；当荷载增加到第 6 级时，由于拉索端部失效，曲线斜率突然变大。

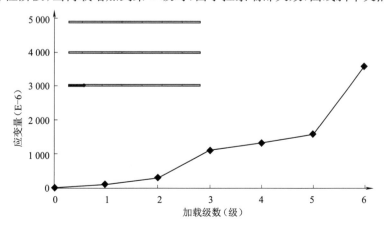

图 16-20　31 单元 I 端下表面应变曲线

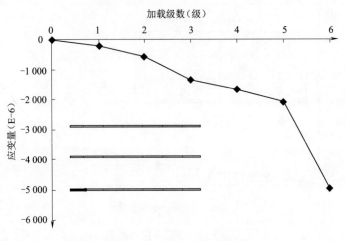

图 16-21　31 单元 I 端上表面应变曲线

　　拉索和 V 型撑的应变测试结果如图 16-22、图 16-23 所示。随着荷载级数从 1 级到 5 级的过程中，单元的应变量逐渐增大，曲线大致呈线性增长。在第 6 级加载过程中，由于拉索端部失效，导致单元应变急剧加大。

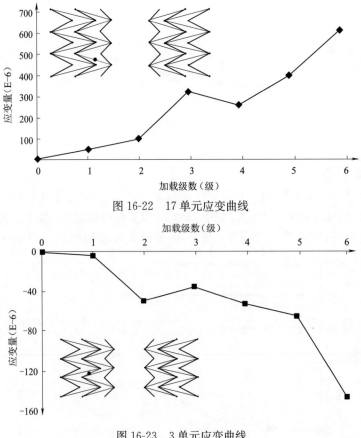

图 16-22　17 单元应变曲线

图 16-23　3 单元应变曲线

　　横梁、纵梁及屋脊的应变测试结果如图 16-24～图 16-29 所示，由曲线可以看出，有的单元被压缩,有的单元被拉伸。当第 1 级荷载施加完成后,单元的应变量较小;随着荷载级数从 1 级到 5 级的过程中,单元的应变量逐渐增大,曲线大致呈线性增长,表明结构处于弹性阶段;当荷载增加到第 6 级时,由于拉索端部失效,曲线斜率突然变大。

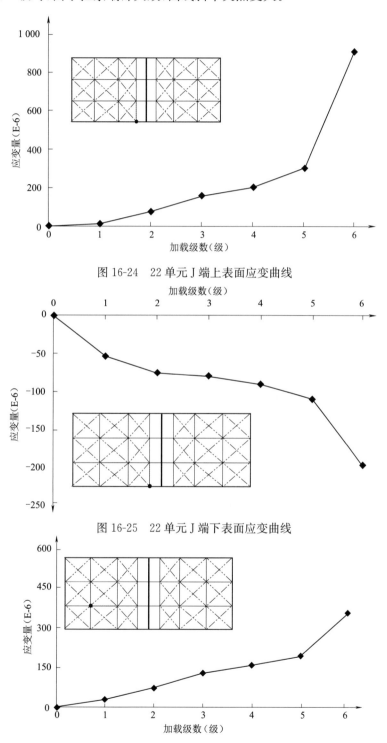

图 16-24　22 单元 J 端上表面应变曲线

图 16-25　22 单元 J 端下表面应变曲线

图 16-26　24 单元 I 端上表面应变曲线

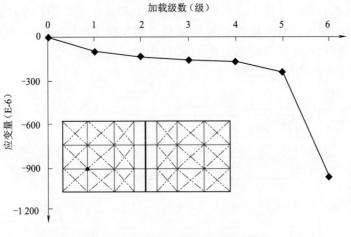

图 16-27　24 单元 I 端下表面应变曲线

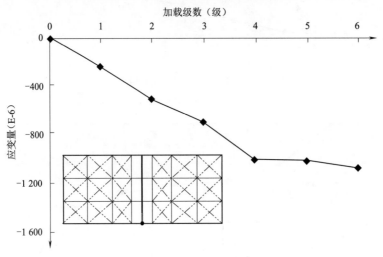

图 16-28　27 单元 I 端下表面应变曲线

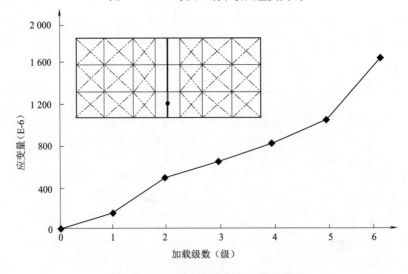

图 16-29　28 单元 I 端上表面应变曲线

3. 结构破坏

在试验过程中对结构进行分级加载,在加第 1 级到第 5 级荷载时,结构没有明显的破坏现象发生;当加载到第 6 级荷载时,结构的拉索被拉断;之后施加第 7 级荷载,施加到一半时,结构发生整体倒塌,倒塌后的现场照片如图 16-30 所示。

图 16-30　结构整体坍塌图

由图 16-30 可知,由于拱脚的破坏,导致整个结构坍塌,同时在拱脚破坏时,横梁、屋脊一些部位已经发生了明显的屈服和屈曲。

16.1.5　模型试验小结

(1)模型设计过程中对原结构进行了合理的简化,试验结果表明,模型与原结构相似关系较好,模型的设计与制造是成功的。

(2)在第 1 级荷载施加完成后,节点 13 的位移最大,为 2.54 mm;其次是节点 7,位移为 2.17 mm;再次是节点 27,位移为 1.94 mm;其余节点位移较小。随着加载级数的增多,从第 1 级到第 5 级,节点位移基本呈线性变化,也就是结构整体处于弹性阶段,当荷载加到第 6 级,相当于 5 倍设计荷载时,结构的拉索被拉断,节点位移产生突变,达到一个较大的值。

(3)在施加第 1 级到第 3 级荷载的过程中,结构的应变值都在 $1\,000\times10^{-6}$ 以下,表明结构未发生屈服。随着荷载的继续增大,到第 4 级到第 6 级的过程中,有的单元已经发生屈服,其中拱脚部位的应力最大。

(4)由于拉索在第 1 级到第 3 级的过程中可以承受很大的拉力,可以充分发挥作用。随着荷载级数的增大,试验中有的拉索已经被拉直,拉索应力松弛,已经无法发挥作用。

(5)当荷载级数加到第 6 级时,拉索被拉断,此时结构并没有破坏,依然具有一定的抗变形能力。随着荷载的继续增大,增加到第 7 级时,结构发生破坏,发生破坏的为拱脚部位,拱脚部位的破坏导致结构整体倒塌。

16.2 异形截面试验

青岛北站的拱、横梁构件都属于异形截面,其中拱由三部分组成:类椭圆形下弦、圆形上弦、竖腹板(如图 16-31 所示);横梁也由三部分组成:类半椭圆形下弦、矩形上弦、竖腹板(如图 16-32 所示)。异形截面试验主要试验内容见表 16-5。为了研究异形截面的受力机理、承载能力和变形,进行了轴心受压试验,拱异形截面试件编号为试件 1,横梁异形截面试件编号为试件 2。限于篇幅,本节只简要介绍拱异形截面加载试验情况。

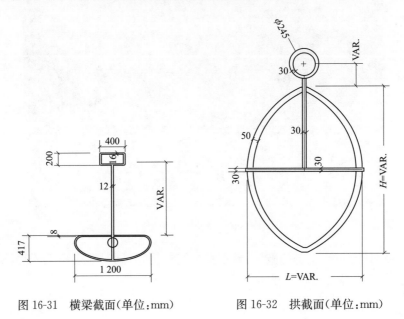

图 16-31 横梁截面(单位:mm)   图 16-32 拱截面(单位:mm)

本试验所有试件均做受压试验,考虑到加载设备的能力,本试验的试件为缩尺模型,几何相似比例为 1∶4。

表 16-5 异形截面试验主要试验内容

试件编号	试件名称	试验方式	几何缩比	加载方式
试件 1	拱异形截面试件	轴心受压试验	1∶4	单调加载
试件 2	横梁异形截面试件	轴心受压试验	1∶4	单调加载

16.2.1 试验方法

试验加载装置如图 16-33 所示。通过千斤顶对拱和横梁异形截面施加竖向轴力,千斤顶的加载作用线与异形截面的几何中心一致,保证轴心受压。千斤顶的加载能力为 2 000 kN。试验时采用力控制单调加载方式,分级施加竖向轴力,达到加载设备的极限能力时试验结束。

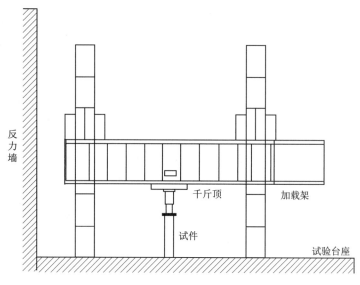

图 16-33　加载装置示意图

16.2.2　拱异形截面试验

1. 拱异形截面测点布置

试验量测的内容包括：施加的竖向轴压力（拱截面的形心位置如图 16-34 所示），竖向位移，以及关键部位的应变。轴压力通过千斤顶端部的力传感器量测；竖向位移采用位移计量测，位移计的布设如图 16-35 所示；应变由应变片量测，应变片的布设如图 16-36 所示。

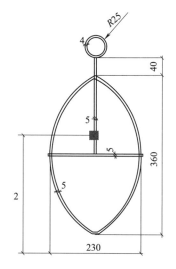

图 16-34　拱截面形心
位置（单位：mm）

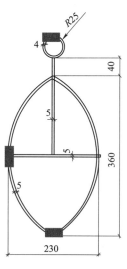

图 16-35　拱截面位移
计布置图（单位：mm）

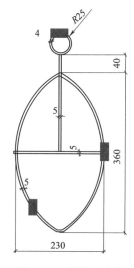

图 16-36　拱截面应变
片布置图（单位：mm）

2. 拱异形截面现场加载

拱异形截面的现场加载图如图 16-37 所示。

3. 试验结果

在试验整个过程中,没有明显的破坏现象发生。随着轴压力的增加,可以看到试件的变形。构件均为轴心受压加载。按照 235 N/mm² 的屈服强度计算,预估截面屈服承载力,拱异形截面的屈服承载力为 1 717 kN。

(1)荷载-位移曲线

实测试件的荷载-位移曲线如图 16-38、图 16-39 所示,其中荷载为试验中施加的竖向荷载,位移为位移计实测的值。

从图 16-38～图 16-39 中可以看出,刚开始加载的过程中,从 0 kN 增大到 1 000 kN 的过程中,荷载与位移呈线性关系;随着荷载的继续增大,试件的竖向力-位移曲线开始

图 16-37　拱异形截面现场加载图

出现非线性。试验测量表明,竖向力达到 1 200 kN 时,位移为 0.2 mm;竖向力达到 1 700 kN 时,位移为 0.3 mm;竖向力达到 1 700 kN 时,卸载,有残余变形,卸载刚度与加载弹性刚度基本一致。在加载的过程中,图 16-38 与图 16-39 的变化趋势基本一致,说明拱异形截面共同工作性能较好。

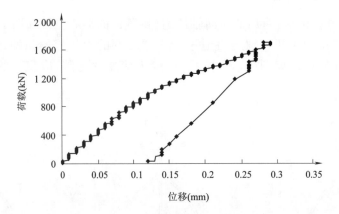

图 16-38　下弦中部荷载-位移曲线

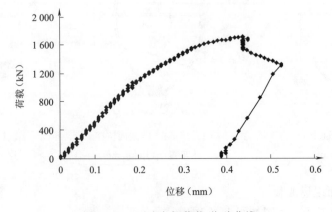

图 16-39　下弦底部荷载-位移曲线

（2）荷载-应变曲线

实测试件的荷载与各测点应变曲线如图 16-40～图 16-43 所示。从图 16-40～图 16-43 中可看出，荷载小于 1 000 kN 时，荷载与应变的关系呈线性；荷载为 1 000 kN 时，下弦中部和 3/4 处横向应变均为 300 $\mu\varepsilon$，下弦中部和 3/4 处竖向应变为 -750 $\mu\varepsilon$ 和 -1 700 $\mu\varepsilon$。随着荷载的增大，荷载与应变的关系呈非线性，当荷载为 1 700 kN 时杆件大部分区域已发生屈服，此时应变超过屈服应变 1 140 $\mu\varepsilon$，达到 1 700 kN 时卸载，有残余变形，卸载刚度与加载弹性刚度基本一致。同时可以发现，在加载的过程中，图 16-40 与图 16-41 以及图 16-42 与图 16-43 的变化趋势基本一致，说明拱异形截面共同工作性能较好。

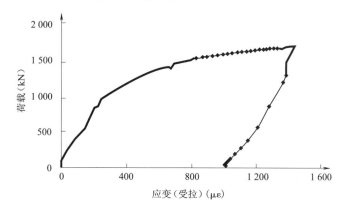

图 16-40　下弦中部荷载-横向应变曲线

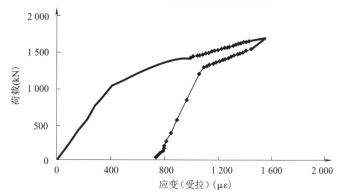

图 16-41　下弦 3/4 处荷载-横向应变曲线

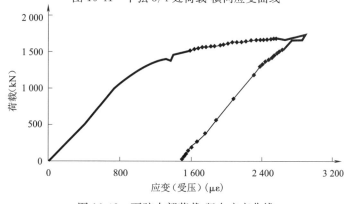

图 16-42　下弦中部荷载-竖向应变曲线

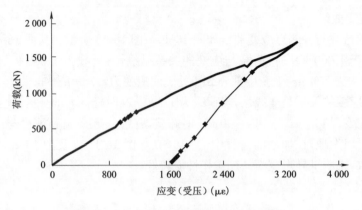

图 16-43　下弦 3/4 处荷载-竖向应变曲线

16.2.3　小　　结

在拱异形截面试验过程中,上弦、下弦和腹板基本保持了工作的一致性。由表 16-6 可知,拱异形截面理论屈服值和试验屈服值基本相同。

表 16-6　拱异形截面的理论与试验屈服值对比

项　　目	理论屈服值	试验屈服值
数值	1 717 kN	1 700 kN

16.3　复杂节点试验

为了研究复杂节点的受力机理、承载能力和变形,复杂节点试验进行了拱-屋脊节点及横梁-屋脊节点的加载试验。限于篇幅,本节只简要介绍拱-屋脊节点轴心、偏心受压试验情况。

16.3.1　试验方法

通过千斤顶对节点两端端板截面施加轴力,同时在节点顶面用千斤顶将节点构件固定,以免构件在加载过程中向上移动。千斤顶的加载作用线与异形截面的几何中心一致,保证轴心受压。千斤顶的加载极值为 2 000 kN。试验时采用力控制单调加载方式,加载到千斤顶的加载极值时试验结束。

16.3.2　加载方案及测点布置

拱-屋脊节点加载示意图如图 16-44 所示。

1. 沿两个杆件的轴向施加轴压荷载

拱-屋脊节点轴心加载位置如图 16-45 所示。

2. 在轴心位置向下偏 150 mm 进行偏心加载

拱-屋脊节点偏心加载位置如图 16-46 所示。

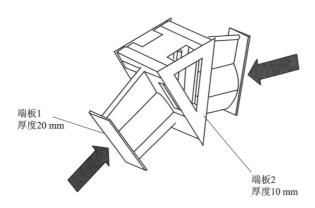

图 16-44　拱-屋脊节点加载示意图(等轴视图)

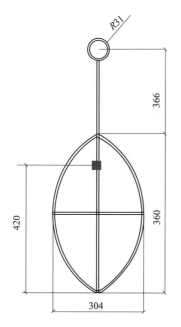

图 16-45　拱-屋脊节点轴心
加载位置(单位:mm)

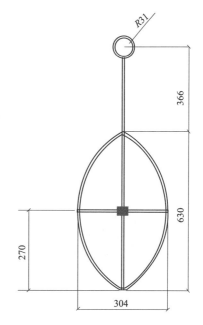

图 16-46　拱-屋脊节点偏心
加载位置(单位:mm)

3. 位移计布置方案

在两个端板的中心位置布置位移计,测量杆端位移,如图 16-47 中粗圆点所示的位置。

在两个端板上、下两个不规则截面的中心位置布置位移计,用于测量偏心受压时杆端的转角,如图 16-47 中方块所示的位置。

4. 应变片布置方案

在两个杆件的根部分别布置应变片,在中间拱的位置也分别布置应变片,如图 16-48 中粗圆点所标识的位置,其中右侧杆件截面图中无法标识,与左侧截面同样布置应变片。

在两个杆件的上、下表面分别布置应变片,用于测量杆端弯矩,如图 16-48 方块所示的位置,其中右侧杆件截面图中无法标识,与左侧截面同样布置应变片。

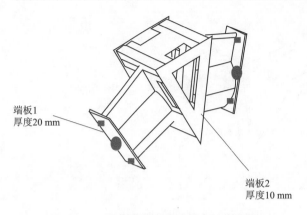

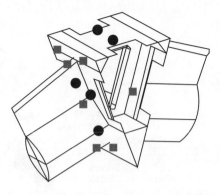

端板1
厚度20 mm

端板2
厚度10 mm

图16-47   拱-屋脊节点位移计布置位置图   图16-48   拱-屋脊节点应变片布置位置图
        （等轴视图）   （等轴视图）

16.3.3　拱-屋脊节点轴心受压试验结果

在试验整个过程中，没有明显的破坏现象发生，构件不发生屈服，基本在弹性范围内。随着轴压力的增加，位移和变形都略有增大。加载到1 000 kN时，加载停止。拱-屋脊节点加载现场如图16-49所示。

图16-49   拱-屋脊节点轴心试验加载现场

1. 轴心力-位移曲线

实测试件的荷载-位移曲线如图16-50所示，其中位移为拱-屋脊节点模型沿拱方向的竖向位移。从图16-50中可以看出，竖向轴力小于设计荷载，即512 kN时，轴心力与位移曲线呈线性关系。

2. 轴心力-应变曲线

实测试件的荷载与拱下弦应变曲线如图16-51所示，其中横坐标为拱下弦实测应变的值，测点位置如图16-52中的方块所示。从图16-51中可以看出，竖向力小于设计荷载（512 kN）

时,竖向力与平均应变的关系呈线性变化。当荷载为 1 000 kN 时,应变为 18 $\mu\varepsilon$,远小于钢材的屈服应变 1 141 $\mu\varepsilon$。其他测试点情况类似。

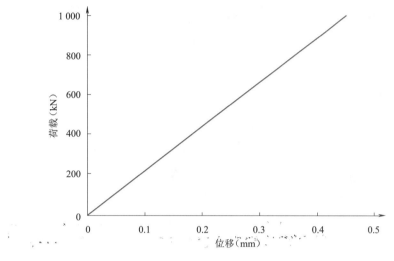

图 16-50　竖向力-位移曲线

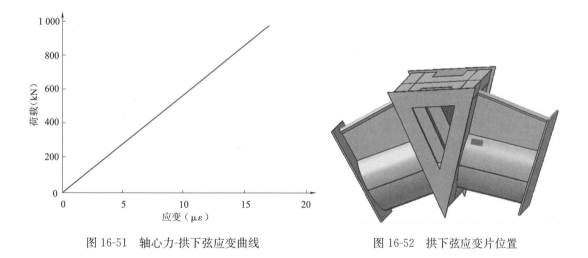

图 16-51　轴心力-拱下弦应变曲线　　　　　　　　图 16-52　拱下弦应变片位置

　　分析结果表明,在试验加载过程中,位移和变形都略有增大,基本在弹性范围内。在实际加载过程中,构件各处均无明显变化,各连接处表现良好。随着轴压力的增加,当加载到 1 000 kN 时,没有明显的破坏现象发生,构件也没有发现屈服。

16.3.4　拱-屋脊节点偏心受压试验结果

　　在正常使用阶段,拱-屋脊节点处于偏心受压状态,为研究其偏心竖向荷载作用下的受力机理、承载能力和变形,进行了拱-屋脊节点模型偏心受压试验。偏心距根据设计荷载的弯矩和轴力的比例关系确定,最终确定的偏心距为沿拱界面主轴方向偏 150 mm。

　　在试验过程中,没有发生明显的破坏现象。随着竖向力的增加,可以看到试件的变形,特别是屋脊内部连接处腹板和加劲板的弯曲变形。加载到 1 800 kN 时,屋脊内部连接处腹板和加劲板发生屈服,构件其他各处无明显变化,各连接处表现良好。拱-屋脊节点偏心加载现场如图 16-53 所示。

图 16-53   拱-屋脊节点偏心试验加载现场

1. 偏心力-位移曲线

实测试件的荷载-位移曲线如图 16-54 所示,其中位移为拱-屋脊模型的沿拱方向的变形。从图 16-54 中可以看出,力小于设计荷载(512 kN)时,偏心力与位移的关系曲线呈线性。随着荷载的增加,试件开始进入非线性。应变测量表明,偏心力达到 1 250 kN 时,竖向位移为 0.4 mm,受拉屈服;当偏心力达到 1 750 kN 时,位移为 1 mm,此时构件已屈服。

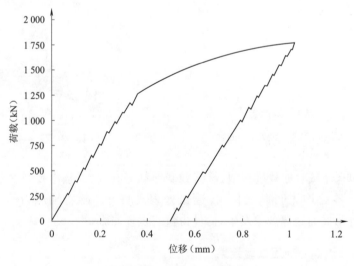

图 16-54   偏心力-位移曲线

2. 偏心力-应变曲线

实测的试件 3 竖向力与屋脊上弦应变关系曲线如图 16-55 所示,其中横坐标为屋脊上弦实测应变值,测点位置如图 16-56 中方块所示位置。从图 16-55 中可以看出,竖向力小于设计荷载(512 kN)时,荷载力与屋脊上弦的关系曲线呈线性变化。随着竖向力的增大,试件开始出现非线性。竖向力达到 1 600 kN 时,屋脊上弦应变达到 230 $\mu\varepsilon$。

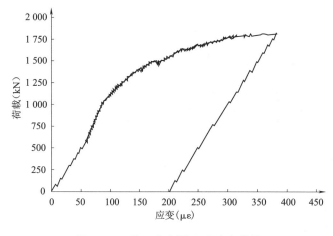

图 16-55　偏心力-屋脊上弦应变曲线

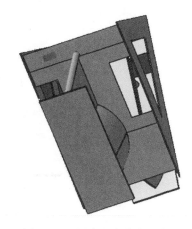

图 16-56　屋脊上弦应变片位置

分析结果表明,当对拱-屋脊节点偏心 150 mm 加载时,拱-屋脊节点应变增长较轴心加载快。本模型中所分析的拱-屋脊节点在整体计算模型中计算的偏心值为 150 mm,因加工、安装、实际情况复杂等原因所造成的偏心值可能要大于整体模型中的计算值,在此情况下,实际所加荷载仍大于设计荷载。由此可见,拱-屋脊节点是具有足够的安全储备的。从以上图可以看出,在达到设计荷载标准值时,拱-屋脊节点的变形随着荷载的增加而增大,而且基本呈线性关系。

在试验过程中,拱-屋脊节点的破坏是由于屋脊处无法继续承载和变形,因此拱-屋脊节点的薄弱环节在屋脊处。在实际工程中,建议适当加大屋脊处的壁厚,以保证屋脊具备足够的承载能力和安全储备。

综合而言,节点在构件发生局部破坏后,承载力并没有马上达到峰值且后续表现良好,而当节点承载力达到峰值后,相应的荷载-位移曲线也未迅速下降,节点整体上表现出非常好的延性和受力性能。承载力满足设计要求,具有一定的安全储备,节点性能设计标准合理。

16.3.5　试验结果与数值模拟分析对比

数值模拟采用大型通用有限元分析软件 ABAQUS,模型中单元主要为 S4 单元,局部交接处采用 S3 单元,采用双线性随动硬化模型,如图 16-57 所示。考虑包辛格效应,在循环过程中无刚度退化。计算分析中,设定钢材的屈服强度为 235 MPa,强屈比为 1.4,极限应变为 0.025。

在本结构的弹塑性分析过程中,须考虑以下非线性因素:

几何非线性:结构的平衡方程建立在结构变形后的几何状态上,"P-Δ"效应、非线性屈曲效应、大变形效应等都得到全面考虑。

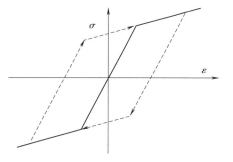

图 16-57　钢材双线性随动硬化模型示意图

材料非线性:直接采用材料非线性应力-应变本构关系模拟钢材的弹塑性特性,可以有效模拟构件的弹塑性发生、发展以及破坏的全过程。

拱-屋脊的有限元模型如图 16-58 所示,左右施加对称的荷载,不断递增。

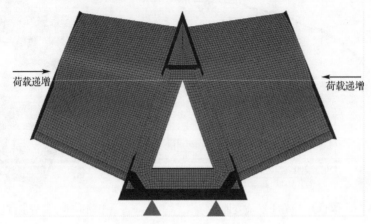

荷载递增　　　　　　　　　　　　　　　　　荷载递增

图 16-58　拱-屋脊节点有限元模型

1. 拱-屋脊节点轴心受压

轴心受压时的计算结果和试验结果的对比曲线如图 16-59 所示。图 16-59 结果表明,在轴心受压过程中,当荷载由 0 kN 增大到 1 000 kN 时,拱-屋脊节点处于弹性阶段,计算结果和试验结果非常接近,整个节点表现出较好的刚度和承载能力。

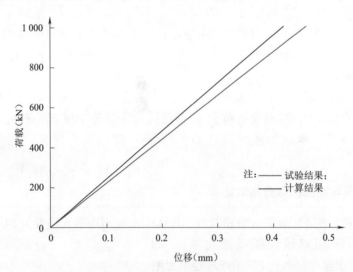

注:——试验结果;
——计算结果

图 16-59　拱-屋脊节点轴压计算结果和试验结果对比曲线

2. 拱-屋脊节点偏心受压

拱-屋脊节点偏心受压时的计算结果和试验结果的对比曲线如图 16-60 所示。由图 16-60 可知,拱-屋脊节点偏心加载时计算的极值约为 3.99 倍的标准荷载值,要略大于试验的加载极值(3.54 倍的标准荷载),主要原因是由于板厚较薄,加工过程中存在一定的误差,同时初始缺陷对结果也有一定的影响,但总体上来说,试验曲线和计算结果的曲线还是非常靠近的,因此理论分析的结果是可以作为钢结构拱-屋脊节点的设计依据的,并且是安全可靠的。无论是试验结果还是理论分析结果,最终的加载极值均达到了构件实际标准荷载值 3.5 倍以上。另外,由于结构冗余度高,构件发生局部破坏后,承载力并没有马上达到峰值且后续表现良好,而当节点承载力达到峰值后,相应的荷载-位移曲线也未迅速下降,节点整体上表现出非常好的延性和受力性能。

拱-屋脊节点模型在极限荷载时的应力云图和位移云图如图 16-61、图 16-62 所示。

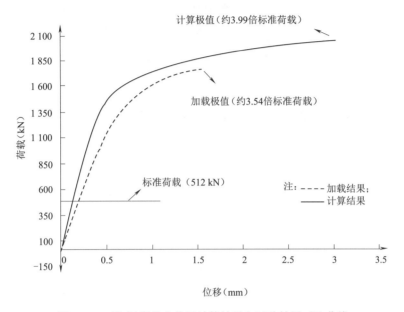

图 16-60　拱-屋脊节点偏压计算结果和试验结果对比曲线

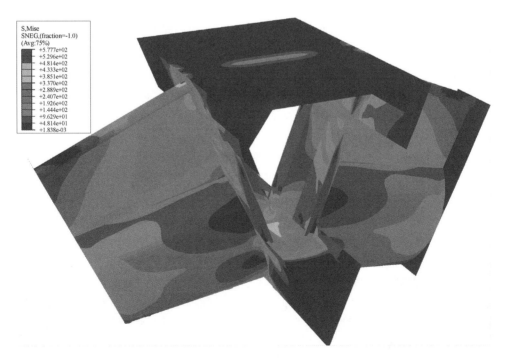

图 16-61　拱-屋脊节点偏心受压应力云图

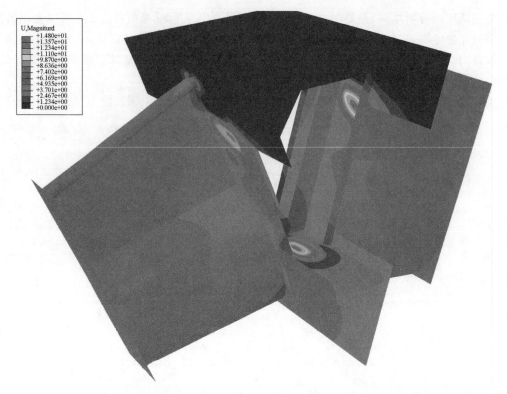

图 16-62　拱-屋脊节点偏心受压位移云图

　　由图 16-61 可知,加载至极限荷载时,节点大部分区域已经进入了塑性区,应力最大区域位于屋脊的中心交点处。从图 16-62 中可以看出,拱-屋脊节点最终是由于屋脊处塑性应变过大导致最终的破坏,主要表现在屋脊的左、右腹板发生局部屈曲和屋脊下弦的水平板发生局部屈曲,使得节点屋脊处无法继续承载变形而发生破坏。这与试验的结果一致,主要原因是由于两端加载的过程中,应力最大区域位于中间交叉处,最终由于中间屋脊无法继续承载变形而导致破坏,因此建议在实际工程中适当加大屋脊处左、右腹板和屋脊下弦水平板的壁厚。

16.4　本章小结

　　(1)立体拱架缩尺模型试验通过选取青岛北站主站房屋盖中间三榀立体拱,进行 1:20 缩尺建立试验模型,了解在对结构施加静力荷载时,对主要构件的影响,分析出站房钢结构体系总体的稳定性及索在其中起的作用,并验证了理论分析结果的正确性,为后续设计提供依据。

　　(2)在拱异形截面试验过程中,上弦、下弦和腹板基本保持了工作的一致性。由试验结果可知,拱异形截面理论屈服值和试验屈服值基本相同。

　　(3)拱-屋脊节点轴心、偏心受压试验结果与理论分析结果基本吻合,证明了整个节点在相应工作状态下表现出较好的刚度和承载能力。但拱-屋脊节点偏压模型在极限荷载时节点屋脊处无法继续承载变形而发生破坏,这与试验的结果一致,建议在后续设计中适当加大屋脊处左、右腹板和屋脊下弦水平板的壁厚。

第 17 章　含预应力张拉与卸载的施工仿真分析

青岛北站主站房屋盖如图 17-1 所示,结构形式新颖、受力复杂,施工过程中存在钢结构拼装、预应力施加、温度作用、结构卸载等结构体系转换的施工过程,这些过程与设计状态不一致,需要进行施工仿真计算分析,以确保钢结构施工过程安全可靠。施工仿真计算是施工控制的基础,是为主站房结构施工过程中的控制服务的,能确保施工过程的安全,同时为结构监测提供依据。

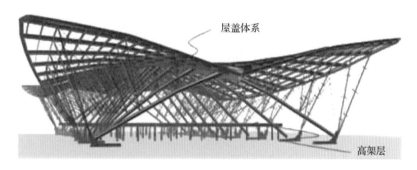

图 17-1　主站房屋盖结构三维图

17.1　拼装过程

17.1.1　屋盖钢结构安装顺序

根据现场作业面所具备的条件,钢结构拼装分区及流程如图 17-2、图 17-3 所示,主站房分为 1 区(图 17-2 中的 1-S 区和 1-N 区)、2 区(图 17-2 中的 2-S 区和 2-N 区)和 3 区(图 17-2 中的 3-S 区和 3-N 区)。先从西往东施工 1 区,然后同时施工 2 区和 3 区。2 区从东往西依次安装,3 区从西往东依次安装。每一榀拱架的立面施工顺序为屋脊主梁→屋面横向梁→斜拱→预应力支撑体系。

根据轴线将结构分为 10 个安装模块,每个模块分 12 步进行模拟,基本阶段分为:安装屋脊梁、安装横梁 1、安装横梁 2、安装人字拱 1、安装人字拱 2、安装 V 型撑 1 并施加预应力、安装檩条 1、安装 V 型撑 2 并施加预应力、安装檩条 2、安装 V 型撑 3 并施加预应力、安装檩条 3、安装承重和抗风拉索并施加预应力。胎架的安装、临时胎架的拆除以及拉索的张拉穿插在拼装过程中,幕墙钢结构与主檩条连接,施工模拟过程中将幕墙钢结构与主结构放在一个计算模型中一起进行施工模拟。

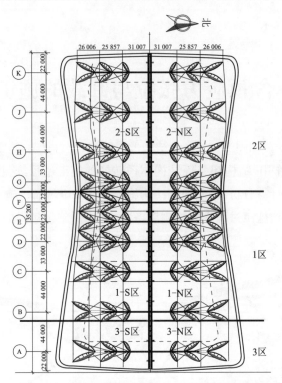

图 17-2　钢结构安装平面图(1：300)(单位：mm)

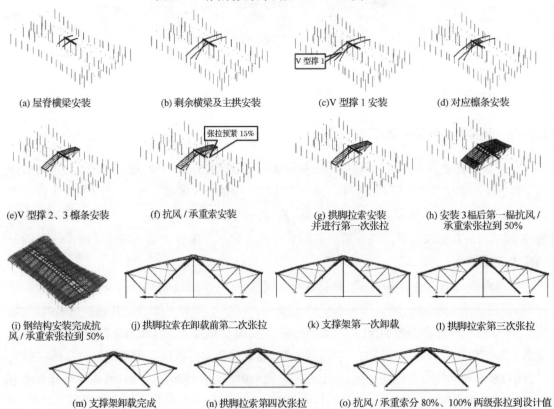

(a) 屋脊横梁安装　　(b) 剩余横梁及主拱安装　　(c)V 型撑 1 安装　　(d) 对应檩条安装

(e)V 型撑 2、3 檩条安装　　(f) 抗风 / 承重索安装　　(g) 拱脚拉索安装并进行第一次张拉　　(h) 安装 3 榀后第一榀抗风 / 承重索张拉到 50%

(i) 钢结构安装完成抗风 / 承重索张拉到 50%　　(j) 拱脚拉索在卸载前第二次张拉　　(k) 支撑架第一次卸载　　(l) 拱脚拉索第三次张拉

(m) 支撑架卸载完成　　(n) 拱脚拉索第四次张拉　　(o) 抗风 / 承重索分 80%、100% 两级张拉到设计值

图 17-3　钢结构拼装及流程

17.1.2　预应力施工顺序

第一步：在基础施工完毕满足拱脚拉索安装条件即开始拱脚拉索的安装，并预紧拉索至 800 kN(4 根拉索共 800 kN)。

第二步：钢结构在地面胎架拼装 V 型撑，拼装完毕安装 V 型撑上的 3 根拉索，分 4 级同步张拉到位，依次张拉至设计值的 20%、50%、75%、103%。

在施工现场，V 型撑拼装完毕需给拉索安装和张拉预留时间，否则 V 型撑刚度不够不能完成吊装。每个 V 型撑拉索的安装与张拉预计需要 1~2 d。

第三步：钢结构拼装人字拱和横梁，当相邻两个横梁间的联系梁部分安装完毕以后进行承重索的安装和预紧，预紧至初拉力的 20%。

该过程的拉索安装和预紧工作展开时，钢结构已经转移到下一个工作面进行下一个单元的安装，因此工作面不会冲突。

第四步：安装抗风索并预紧，预紧至初拉力的 20%。

第五步：在钢结构拼装过程中，安装屋面结构中的稳定索并预紧至初拉力的 20%。

第三步到第五步的拉索安装和预紧工作展开时，钢结构已经转移到下一个工作面进行下一个单元的安装，因此工作面不会冲突。

第六步：当第 3 榀拱架安装完毕且第 1 榀拼装的拱架焊接完毕后，依次张拉第 1 榀拱架的承重索、抗风索和稳定索至初拉力的 50%，然后随着安装的推进依次进行张拉，即张拉的拱架轴线和安装的拱架轴线间隔两个轴线。

第七步：钢结构安装完毕，承重索、抗风索、稳定索均张拉到初拉力的 50% 以后，对 A 轴、B 轴、C 轴、D 轴、G 轴、H 轴、J 轴的拱脚拉索进行第二次张拉，以减小因下一步卸载带来的支座水平推力。

第八步：钢结构开始卸载，根据卸载方案，钢结构第一级卸载 10 mm 完毕对拱脚拉索进行第三次张拉；然后进行第二级卸载，待钢结构第二级卸载完毕对拱脚拉索进行第四次张拉。

在整个卸载过程中，由于还要对拱脚拉索进行一次张拉，因此在卸载过程必须考虑钢结构需要为拉索张拉预留施工时间。

第九步：卸载工作完成以后，从西往东依次对各榀拱架的承重索、抗风索、稳定索进行张拉，分批一次张拉至初拉力的 100%。

第十步：从 A 轴到 K 轴依次对拱脚拉索进行第五次张拉，预应力拉索施工完毕。

根据该总体施工顺序制定的本工程预应力施工流程图如图 17-4 所示。

1. 承重索的张拉控制值

承重索的张拉分为三个阶段，即安装完毕预紧至初拉力的 20%；钢结构卸载前张拉至初拉力的 50%；卸载完毕以后张拉至初拉力的 100%。承重索的各阶段张拉力见表 17-1、表 17-2。

每一级的张拉均是从西往东依次张拉，即先张拉 K 轴，再张拉 J 轴，然后依次张拉到 A 轴，每一次同时张拉 4 根拉索，如当张拉 K 轴的承重索时，最外侧的 4 根承重索同时张拉，然后再转到外侧的 4 根抗风索上同时张拉。

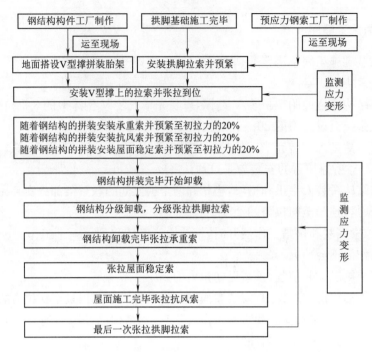

图 17-4　预应力施工流程图

表 17-1　承重索 50% 张拉值列表（单位：kN）

轴线号	拉索位置	外侧承重索	内侧承重索
K	KK′	1 515	1 436
	KK″	1 504	853
J	JJ′	1 460	719
	JJ″	1 402	699
H	HH′	1 352	573
	HH″	1 248	456
G	GG′	1 039	418
	GG″	988	443
F	FF′	900	415
	FF″	915	432
E	EE′	883	431
	EE″	909	430
D	DD′	980	434
	DD″	1 050	412
C	CC′	1 294	591
	CC″	1 379	588
B	BB′	1 404	703
	BB″	1 420	706
A	AA′	1 820	815
	AA″	1 831	1 307

表 17-2　承重索 100% 张拉值列表（单位：kN）

轴线号	拉索位置	外侧承重索	内侧承重索
K	KK′	3 176	2 924
	KK″	2 564	1 823
J	JJ′	3 389	1 611
	JJ″	3 472	1 619
H	HH′	2 809	1 187
	HH″	2 703	1 123
G	GG′	2 360	1 010
	GG″	2 002	971
F	FF′	1 829	960
	FF″	1 825	963
E	EE′	1 823	959
	EE″	1 846	954
D	DD′	2 028	967
	DD″	2 173	994
C	CC′	2 788	1 109
	CC″	2 860	1 171
B	BB′	3 558	1 600
	BB″	3 525	1 605
A	AA′	3 773	1 790
	AA″	3 781	2 885

2. 抗风索的张拉控制值

抗风索的张拉分为三个阶段，即安装完毕预紧至初拉力的 20％；钢结构卸载前张拉至初拉力的 50％；卸载完毕以后张拉至初拉力的 100％。各阶段张拉力见表 17-3、表 17-4。

表 17-3　抗风索 50％张拉值列表（单位：kN）

轴线号	拉索位置	外侧抗风索	内侧抗风索
K	KK′	1 162	1 094
	KK″	1 051	782
J	JJ′	1 039	765
	JJ″	1 204	848
H	HH′	1 150	879
	HH″	1 110	706
G	GG′	923	493
	GG″	705	392
F	FF′	605	410
	FF″	614	419
E	EE′	688	404
	EE″	581	425
D	DD′	706	394
	DD″	881	502
C	CC′	1 167	798
	CC″	1 138	806
B	BB′	1 207	826
	BB″	1 142	808
A	AA′	1 436	921
	AA″	1 553	1 461

表 17-4　抗风索 100％张拉值列表（单位：kN）

轴线号	拉索位置	外侧抗风索	内侧抗风索
K	KK′	1 624	1 627
	KK″	1 116	1 102
J	JJ′	2 003	1 394
	JJ″	2 161	2 149
H	HH′	1 643	1 117
	HH″	1 401	982
G	GG′	1 519	573
	GG″	1 052	597
F	FF′	1 025	615
	FF″	1 077	609
E	EE′	1 065	614
	EE″	1 014	618
D	DD′	1 043	589
	DD″	1 319	599
C	CC′	1 537	999
	CC″	1 682	1 127
B	BB′	2 171	1 385
	BB″	2 083	1 397
A	AA′	1 844	1 060
	AA″	2 101	1 785

3. 屋面稳定索的张拉控制值

屋面稳定索数量较多，如图 17-5 所示。屋面稳定索的张拉分为三个阶段，即安装完毕预紧至初拉力的 20％；钢结构卸载前张拉至初拉力的 50％；卸载完毕以后张拉至初拉力的 100％。限于篇幅，不再赘述。

图 17-5　屋面稳定索分布图

17.2　卸载方式

采取液压千斤顶卸载。卸载的部位包括主屋脊梁 17 部胎架、屋盖横梁的 48 部胎架及 6 部人字拱胎架共 71 部卸载点。其余 50 部胎架为临时胎架,不参与卸载过程。

卸载思路为“分阶段分批逐步等值”卸载,第 1～10 阶段每一步的卸载量为 10 mm,第 11 和 12 阶段每一步卸载量为 20 mm。封边梁胎架、横梁中部临时胎架、人字拱中部胎架及其对称部位在卸载开始之前拆除,其余所有胎架均参与卸载,共 71 部卸载胎架。将卸载胎架分为 4 组,分别为横梁端部胎架、人字拱中部胎架、横梁中部胎架、屋脊胎架,卸载过程中利用千斤顶对结构进行 12 个阶段的卸载,计算过程每一阶段卸载顺序:横梁端部胎架→人字拱中部胎架→横梁中部胎架→屋脊胎架。按等值卸载,每一级卸载 10 mm 进行考虑,共分 52 个卸载步。

17.3　施工仿真

大跨度预应力钢结构施工仿真主要包括施工力学仿真和施工工艺仿真,其中施工力学仿真可以模拟施工过程中的结构,以确保安全性。在结构的施工过程中,结构的形状和内力分布不断发生变化,为了验证施工方案的合理性并保证结构在施工过程中的安全性,需对施工过程进行精确的模拟计算。施工力学仿真的目的如下:(1)验证施工方案的可行性,确保施工过程的安全性、可靠性与经济性;(2)给出施工过程中胎架受力的大小,为胎架的设计提供设计控制力,并为卸载过程中千斤顶的选择提供依据;(3)为钢结构施工反拱提供参考数值;(4)给出施工过程中结构的变形及应力分布,为施工过程中的变形监测及应力、索力监测提供理论依据。

施工力学仿真主要采用的软件有 ANSYS、SAP2000 和 MIDAS。主要流程是:(1)确定钢结构总体施工流程;(2)根据施工流程,在对计算精度影响不大的前提下划分计算荷载步;(3)根据划分的荷载步采用计算软件进行建模计算;(4)查看计算结果,并根据计算结果调整施工方案,重新计算;(5)经过多轮调整,最终确定详细的施工方案。

本工程为了保证计算结果的准确性,在结构分析模型的基础上,添加了施工阶段进行施工模拟计算。利用有限元软件 MIDAS/Gen 对施工过程进行模拟,以整体结构 MIDAS 计算模型为基础,利用程序的阶段分析功能对拼装过程进行模拟。考虑到拼装的工期可能安排在冬季,将结构降温 20 ℃作为一个阶段(共 110 个阶段)进行模拟。另外考虑到结构节点荷载以及施工附属设施荷载,在利用软件模拟时,将自重乘以 1.4 的系数来考虑这些增加的重量。整个拼装过程一共分为 110 个阶段计算完成,卸载过程分为 52 个阶段完成。计算模型如图 17-6 所示。

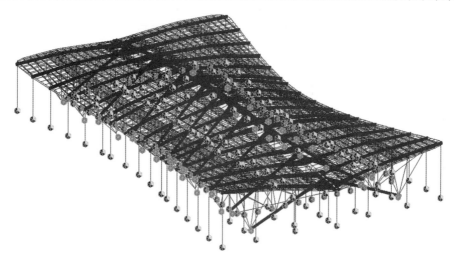

图 17-6　站房屋盖结构施工仿真模型

17.4　结果分析

17.4.1　支撑胎架反力

　　在整个结构施工及卸载过程中,支撑胎架反力随着施工过程改变,整个工程共布置有 71 部固定胎架,其中 TJ1-1～TJ1-17 为横梁端部胎架,共 34 部;TJ2-1～TJ2-7 为横梁中部胎架,共 14 部;TJ3-1～TJ3-17 为屋脊胎架,共 17 部;TJ4-1～TJ4-3 为人字拱胎架,共 6 部。胎架具体布置如图 17-7 所示。经过施工仿真模拟计算,整个施工过程中反力最大值见表 17-5。

表 17-5　固定支撑胎架最大反力　　　　　　　　　　　　　（单位:kN）

胎架编号	竖向力	胎架编号	竖向力	胎架编号	竖向力
TJ1-1	770	TJ1-16	780	TJ3-7	3 370
TJ1-2	850	TJ1-17	700	TJ3-8	3 070
TJ1-3	630	TJ2-1	1 630	TJ3-9	3 350
TJ1-4	960	TJ2-2	1 920	TJ3-10	3 090
TJ1-5	960	TJ2-3	1 440	TJ3-11	3 360
TJ1-6	1 000	TJ2-4	980	TJ3-12	3 630
TJ1-7	960	TJ2-5	1 700	TJ3-13	4 160
TJ1-8	1 040	TJ2-6	1 540	TJ3-14	3 010
TJ1-9	1 060	TJ2-7	1 400	TJ3-15	2 910
TJ1-10	920	TJ3-1	1 340	TJ3-16	5 090
TJ1-11	870	TJ3-2	3 720	TJ3-17	1 050
TJ1-12	860	TJ3-3	3 950	TJ4-1	1 930
TJ1-13	750	TJ3-4	2 780	TJ4-2	2 920
TJ1-14	970	TJ3-5	2 870	TJ4-3	3 250
TJ1-15	610	TJ3-6	2 790	—	—

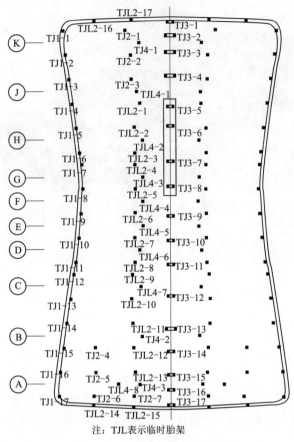

注：TJL表示临时胎架

图 17-7　主站房屋盖胎架布置

图 17-8 为各个位置胎架中的 4 部典型胎架在整个施工过程中的内力变化。由图 17-8 可以看出，最大胎架反力值发生在降温时，增加了将近一倍；另外在卸载过程中，胎架反力会随着卸载有反复增大、变小的趋势，但总体趋势是减小的。

17.4.2　结构应力与位移

结构最大应力出现于拼装过程中，降温荷载下应力最大。在卸载过程中，支撑胎架顶部的横梁存在应力集中现象，最大应力为 349 MPa，位于 TJ2-2 胎架的横梁处，而其他区域的应力均在 200 MPa 以下。通过增大胎架顶部与横梁的接触面积以及局部加强措施来削弱横梁的应力集中现象，可以保证安装过程的安全。在卸载完成后，应力分布趋于均匀，最大应力为 158 MPa。整个结构最大应力变化曲线如图 17-9、图 17-10 所示。

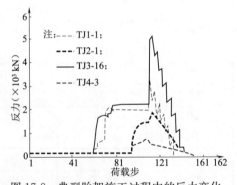

图 17-8　典型胎架施工过程中的反力变化

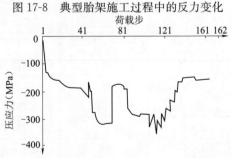

图 17-9　施工过程中钢结构最大压应力变化曲线

随着结构的拼装,结构最大竖向位移逐渐增大,在降温阶段达到最大,为 220 mm,最大位移值位于 K 轴横梁中部;最终结构卸载完成后的最大竖向位移约为 214 mm。整个结构最大位移变化曲线如图 17-11 所示。

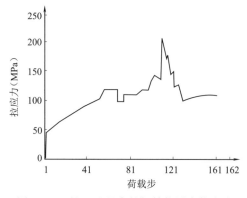

图 17-10　施工过程中的钢结构最大拉应力
变化曲线

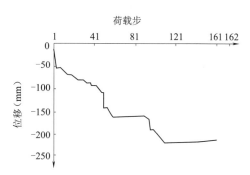

图 17-11　施工过程中的钢结构最大位移
变化曲线

17.5　拉索抗火试验

1. 试验内容及目的

为了观测拉索在初始预应力、喷涂防火涂料后,拉伸变形 0.3% 的情况下,在 500 ℃ 高温下能否达到 1.5 h 的耐火极限,在设计过程中委托同济大学在山东建筑大学火灾实验室进行了拉索抗火试验。

2. 产品概况

锌-5%铝-混合稀土合金镀层拉索是一种国内新型的建筑结构用索,是预应力结构中重要的受力构件之一,钢丝的表面为锌-5%铝-混合稀土合金镀层,此镀层被国外命名为 Galfan,音译为高矾。锌-5%铝-混合稀土合金镀层拉索(以下简称高矾索)主要由索体、锚具组成,索体是由至少两层钢丝围绕一中心圆钢丝、组合股或平行捻股螺旋捻制而成,外层钢丝可为右捻或左捻;索体两端配以专用锚具,可采用浇铸或压制固结。

3. 试验方案

(1)试件名称:涂装防火涂料的索具,如图 17-12 所示。

图 17-12　涂好防火涂料的 3 根索

（2）试件规格：SYS65-00（φ65 试验索），如图 17-13 所示。

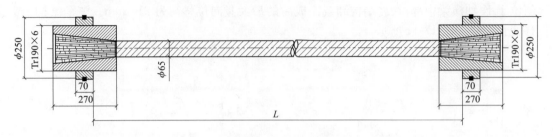

图 17-13   SYS65-00 试验索（单位：mm）

（3）试件数量：3 根。

（4）涂料采用阿克苏诺贝尔防护涂料（苏州）有限公司提供的环氧类防火涂料 Chartek 1709（如图 17-14 所示）。施工工序按照该产品的标准施工工艺文件进行涂装。该产品直接施工在经表面处理的索表面，不需涂装底漆。

防火涂料 Chartek 1709 的施工膜厚：设计干膜厚度 3.5 mm，实测干膜厚度平均值为 3.4 mm。

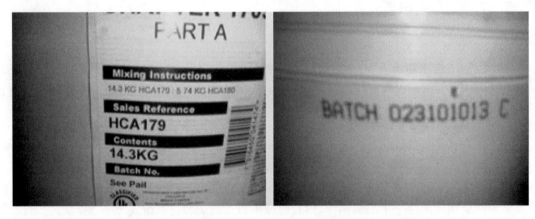

图 17-14   Chartek 1709 一套（截图）

4．试验标准

（1）《建筑构件耐火试验方法 第 1 部分：通用要求》（GB/T 9978.1—2008）。

（2）《建筑构件耐火试验方法 第 6 部分：梁的特殊要求》（GB/T 9978.6—2008）。

（3）根据业主要求，采用下列炉内升温曲线：按 GB/T 9978.1—2008 规定的升温曲线上升至 500 ℃后保持恒定，持续 1.5 h；其他试验条件按 GB/T 9978.1—2008。

5．试验过程

采用 φ65 高矾索，拉索施加预应力至破断索力的 40% 即 1 410 kN，在此预应力下锚具及索体所有部位均涂装防火涂料，防火涂料完全固化后，如图 17-15 所示，继续加大预应力，施加的预应力比 1 410 kN 大 0.3%。

本次试验在山东建筑大学火灾实验室的水平试验炉内进行，试验前准备工作及试验情况如图 17-16～图 17-18 所示。

图 17-15　涂装防火涂料的拉索

图 17-16　施加预应力后的高矾索　　　　　图 17-17　试验完成后

6. 试验结果

(1)拉索施加预应力至破断索力的 40% 即 1 410 kN,在此预应力下锚具及索体所有部位均涂装防火涂料,防火涂料完全固化后,继续加大预应力,施加的预应力比 1 410 kN 大 0.3%。此时防火涂料表面完整,无破损、开裂现象,高矾索表面涂料完好且高矾索处于良好的受力状态。

(2)耐火试验按 GB/T 9978.1—2008 规定的升温曲线上升至 500 ℃后保持恒定,持续了90 min。整个试验过程中的炉内温度通过温度仪表计来读取。试验开始 7 min 后,炉内升温基本稳定,最低温度约 498 ℃,最高温度约 510 ℃,平均温度约 503 ℃。

(3)拉索索具和反力架在耐火试验中表现完好,索具及反力架无任何变形,表明反力架设计合理,满足试验要求。施加预应力后的高矾索在高温下的试验结果真实可靠。

(4)对索表面涂料进行采样分析,索表层涂料高温后膨胀,膨胀物大概可分为两层:外层较酥松,平均厚度为 1 cm,最厚达 1.5 cm;内层较密实,平均厚度为 3 mm,最厚达 5 mm。防火涂料 Chartek 1709 的膨胀层没有发现脱落,对高矾索起到很好的防火作用,表明高矾索在 1.5 h高温后仍能处于正常工作状态,如图 17-19 所示。

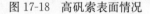

图 17-18　高矾索表面情况　　　　　　图 17-19　高矾索表面(1.5 h 高温后)

7. 结论

(1)喷涂防火涂料的高矾索在 500 ℃高温下能达到 1.5 h 的耐火极限。

(2)拉索索具和反力架在耐火试验中表现完好,表明反力架设计合理,施加预应力后的高矾索在高温下的试验结果真实可靠。

(3)索防火涂料在高温下膨胀,起到保温隔热的作用,避免了高温后索失效的风险,从而使得高矾索在高温后仍能处于正常工作状态。

17.6　本章小结

(1)最大胎架反力发生在温度降低时,反力约增大一倍,说明本结构对温度比较敏感。所以尽量选择在温度较高时进行卸载,此时支撑胎架反力最小。

(2)结构最大应力出现于卸载过程中,胎架顶部横梁的最大应力为 349 MPa,之后,在结构卸载过程中应力逐渐减小;拼装过程中降温荷载下应力最大为 330 MPa,应力最大值出现在胎架顶部连接处的局部区域,这主要由结构的特点引起的。根据施工仿真计算结果,在深化设计时对应力最大值处的结构进行了局部加强,使结构在施工时满足设计要求。

(3)大跨预应力钢结构受力复杂,在施工前进行详细的施工仿真计算,可以明确结构对哪种施工荷载比较敏感。通过对这些因素进行预先控制,可以使施工过程结构处于安全状态。

第 18 章　大跨钢结构施工监测与健康监测

18.1　监测的必要性

主站房屋盖的立体拱架结构新颖、跨度大、索系多,为了确保工程在整个施工过程和运营阶段的安全性,以及考察施工过程中结构的变形和内力变化规律,需要对结构进行现场监测。通过监测,指导施工过程的安全及精确进行,积累预应力工程施工数据资料,为站房的运营提供保障。

1. 结构施工监测的必要性

站房预应力钢结构施工采用搭设胎架、直接高空散装的方法,此施工方法的一个关键环节为胎架拆除过程中(此过程又称为“卸载”)主体结构的安全问题。卸载过程是主体结构和临时支承相互作用的一个复杂过程,是结构受力逐渐转移和内力重分布的过程。尽管利用先进的计算手段可对结构进行详细的计算分析,但由于钢结构在制作、安装阶段存在很多不确定性因素,为确保卸载过程的安全性,需要对钢结构关键构件在整个卸载过程中的应力以及整体结构的变形进行有效监测,全面把握卸载过程中的实际受力状态与原设计的符合情况,提供结构状态的实时信息,这对于确保结构的安全性具有十分重要的意义。

2. 结构运营健康监测的必要性

(1)目前风工程理论能够给出小尺度、简单体形的结构上风压力分布,但对大尺度或体形复杂的结构不能从理论上提供风压力分布和风振系数。目前解决途径为采用风洞试验,但由于风洞工作段的空间限制,风洞试验模型与原型结构缩比比例太小,风洞试验结果与真实结构风压力分布存在误差。因此需要对真实结构进行风压力分布和脉动风实测,以补充风荷载基础数据,验证结构设计的安全性。

(2)本站房整体结构为预应力立体拱架结构,整体振动对脉动风的反作用不能忽视。因此站房预应力立体拱架结构可能存在整体和局部的气固耦合振动,且可能造成自激振动,有必要对整体和局部结构风压力分布和风致振动进行监测。

(3)预应力立体拱架结构为创新结构,结构新颖、跨度大、索系多。尽管部分杆件、拉索及支撑等关键杆件的理论分析和试验研究已较充分,但其实际受力状态需进一步验证,有必要对受力较大和重要的杆件进行监测和报警。同时,站房整体结构变形对使用功能也有一定影响,故结构变形也成为结构健康监测的重要内容。因此,通过健康监测可以为本结构的设计和施工的科技创新提供技术支撑。

(4)站房在整个服役期内可能会受到各种突发或者超设计的荷载,比如大的台风、地震、暴雪等,这些荷载会对结构造成一定的损伤,通过健康监测可以判定这些损伤的程度,从而为业主单位提供客观的技术数据。

18.2　监测的内容

18.2.1　应力监测

对钢结构的应力监测采用振弦式应变计,应力测点的布置需结合施工过程模拟计算的结果进行,并能反映整个结构的应力分布规律:

(1)在 K 轴线的人字拱上布设 3 个监测点;

(2)在 K 轴线的 6 个 V 型撑上布设 6 个监测点;

(3)在 K 轴线的两根横梁上布设 6 个监测点。

监测点布置如图 18-1 所示。

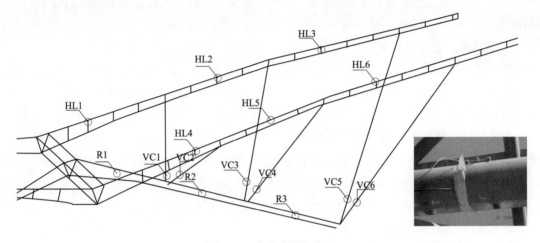

图 18-1　应力监测点布置

18.2.2　结构变形监测

在预应力钢索张拉的过程中,结合施工模拟计算结果,对结构的整体变形进行监测可以保证预应力施工期间结构的安全以及预应力施加的质量。对施工过程变形的监测采用全站仪进行。施工阶段,每榀钢结构都应进行测量。运营过程中也采用全站仪定期测量。

对于 A～K 轴拱架,位移监测点为拱架的屋脊处,共布置 10 个位移监测点,如图 18-2 所示。

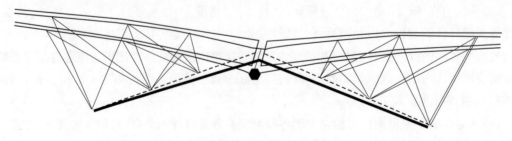

图 18-2　位移监测点布置

18.2.3　结构振动监测

　　主要监测选定点在风荷载、地震作用下的振动响应,直接测量振动加速度及振幅。

　　结构模态分析的结果表明:结构东西两端普遍具有较大竖向振幅,中部振幅较小。因此,根据该结构的形式、受力特点以及振动模态分布,为了全面掌握该结构的动力特性,沿 K 轴布置测点如图 18-3 所示,其中屋脊处 D 点为竖向振幅,其他的为纵向(东西向)振幅。

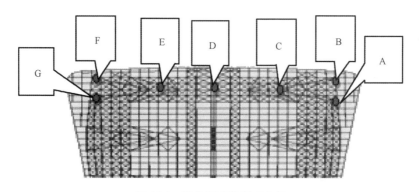

图 18-3　结构振动监测点布置

18.2.4　风压监测

　　在 K 轴拱架的横梁上方屋面布置 8 个风压传感器,如图 18-4 所示。

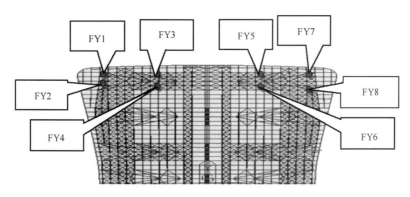

图 18-4　风压传感器布置

18.2.5　索力监测

　　每榀拱架含 8 根承重索和 8 根抗风索,如图 18-5 所示。本次监测主站房幕墙外 A 轴的立体拱架,包括所有的抗风索和一半的承重索。

　　1. 施工期监测

　　施工期钢索的索力可以通过油压传感器和索力动测仪进行监测,如图 18-6、图 18-7所示。

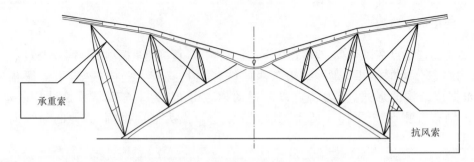

图 18-5 承重索与抗风索布置

图 18-6 油泵和油压传感器

图 18-7 JMM-268 索力动测仪

2. 运营期监测

运营期健康监测索力采用锚索计和 EM 传感器进行测量,如图 18-8、图 18-9 所示。

图 18-8 锚索计

图 18-9 EM 传感器

拱脚拉索采用锚索计、抗风索和承重索采用 EM 传感器进行拉索索力长期健康监测,索力监测点布置在 A 轴三榀拱架的承重索、抗风索及拱脚拉索上,其中 A 轴拱脚布置锚索计 2

个,A、E 每榀布置 4 个 EM 传感器索力监测点,承重索和抗风索具体布置如图 18-10 中粗线条所示。

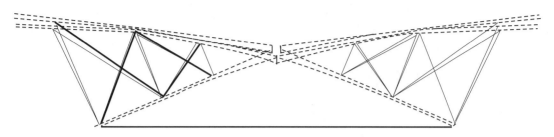

图 18-10　A 轴立体拱架承重索和抗风索、拱脚(东侧)索力监测布置图

18.2.6　监测技术

1. 数据采集与传输系统

所有数据采集都采用澳大利亚 DataTaker DTMCU80G-40 型现场监测系统,如图 18-11 所示。

现场通过 RS232 串口直接连接获取数据,如图 18-12 所示。

2. 健康监测及损伤识别软件

本项目采用自行开发的结构安全监测软件系统,该软件系统的功能主要有:把应变信号、位移信号、结构振动信号、风压及风速信号、四个子系统的数据进行汇总收集;管理各个子系统的仪器设备;进行相应的运算分析;以人性化的界面进行三维实时数据和实时曲线的展示;对超过预设值的数据给予报警;可查询历史数据及报警数据;对结构进行定期损伤识别。软件须实现本项

图 18-11　自动采集设备

目场地之内外的远程监控,系统所得数据及分析结果应能及时传输到总监控中心及其他有关部门(如业主、健康监测单位、设计单位、经业主授权的其他部门)。软件窗口示意图如图 18-13 所示。

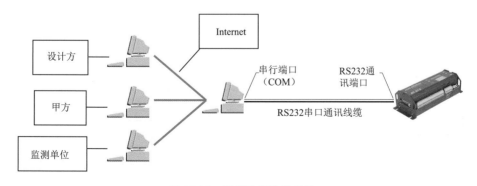

图 18-12　远程数据传输系统

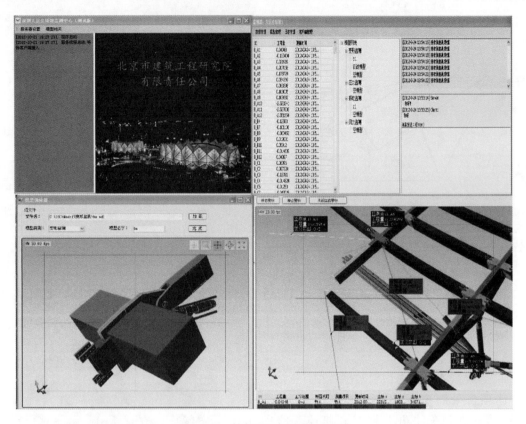

图 18-13　软件窗口示意图（截图）

18.3　监测的结果

施工过程的监测情况不再赘述，下面介绍主站房通车营运半年与一年后共两次的监测情况。

18.3.1　运营阶段第一次监测

1. 应力监测

（1）人字拱

人字拱应力监测结果如图 18-14 所示，最大压应力发生在 R3 处，为 −45.7 MPa；最小压应力发生在 R1 处，为 −17.6 MPa。

（2）V 型撑

V 型撑上应力监测结果如图 18-15 所示，最大压应力发生在 VC3 处，为 −125.2 MPa；最小压应力发生在 VC5 处，为 −73.8 MPa。

（3）横梁

横梁应力监测结果如图 18-16 所示，最大压应力发生在 HL2 处，为 −18.6 MPa；最大拉应力发生在 HL1 处，为 10.3 MPa。

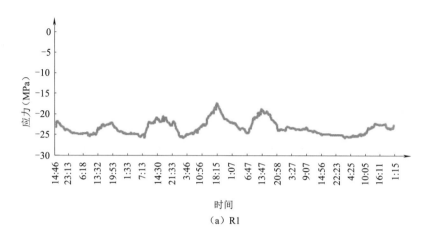

（a）R1

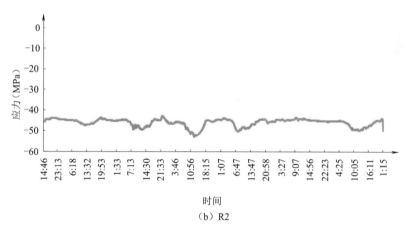

（b）R2

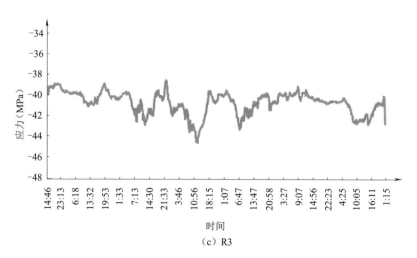

（c）R3

图 18-14　人字拱应力监测结果(一)

(监测时间为 2014 年 6 月 15~22 日)

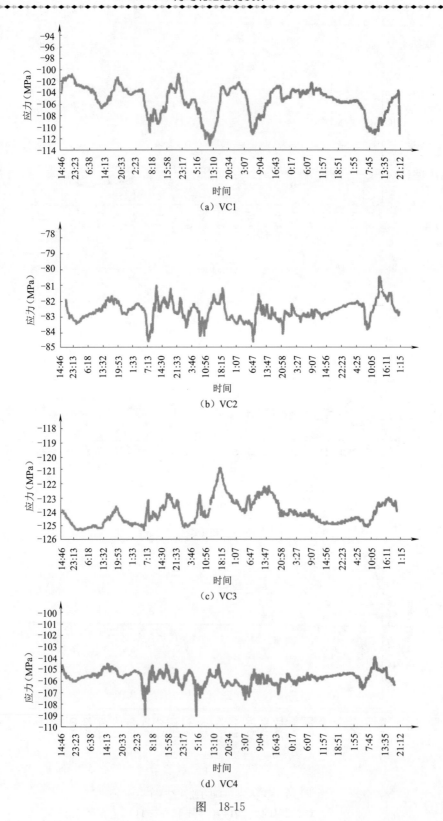

（a）VC1

（b）VC2

（c）VC3

（d）VC4

图　18-15

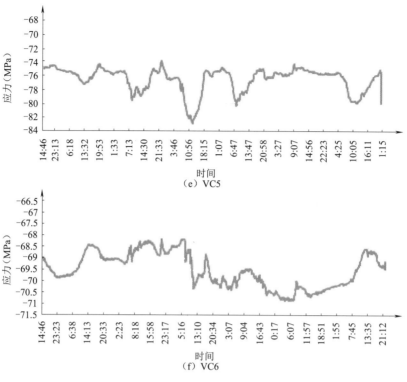

图 18-15　V 型撑应力监测结果(一)

(监测时间为 2014 年 6 月 15～22 日)

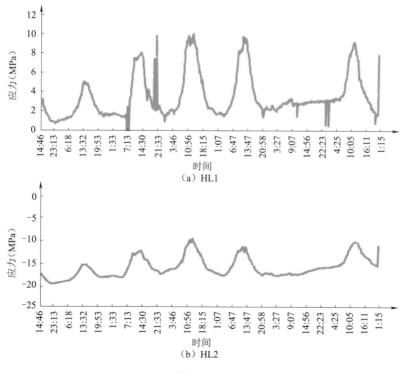

图　18-16

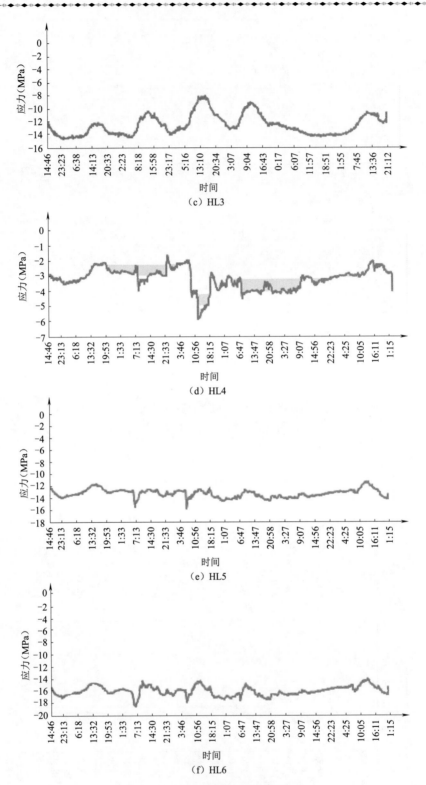

（c）HL3

（d）HL4

（e）HL5

（f）HL6

图 18-16　横梁应力监测结果（一）

（监测时间为 2014 年 6 月 15～22 日）

2. 变形监测

承重索与抗风索进行 50％、100％张拉时,记录结构变形,结果见表 18-1。

表 18-1　变形监测结果

测　　点	50％张拉时位移(mm)	100％张拉时位移(mm)
A 轴	−32	−38
B 轴	−24	−29
C 轴	−17	−20
D 轴	−9	−11
E 轴	−8	−9
F 轴	−7	−9
G 轴	−8	−10
H 轴	−13	−16
J 轴	−16	−20
K 轴	−17	−20

3. 结构振动监测

部分测点振动监测结果如图 18-17 所示,其中屋脊处 D 点最大竖向振幅为 0.47 mm,其他的纵向振幅最大为 0.39 mm。

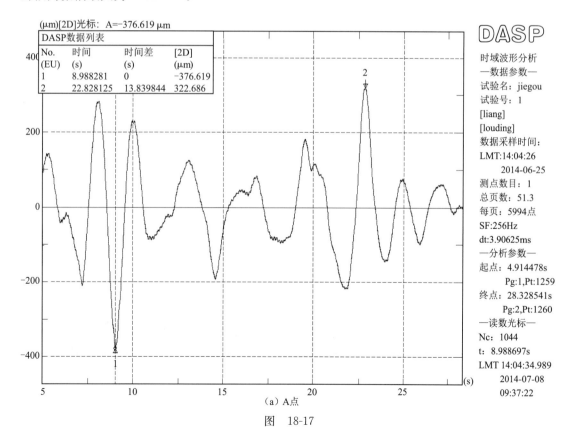

(a) A点

图　18-17

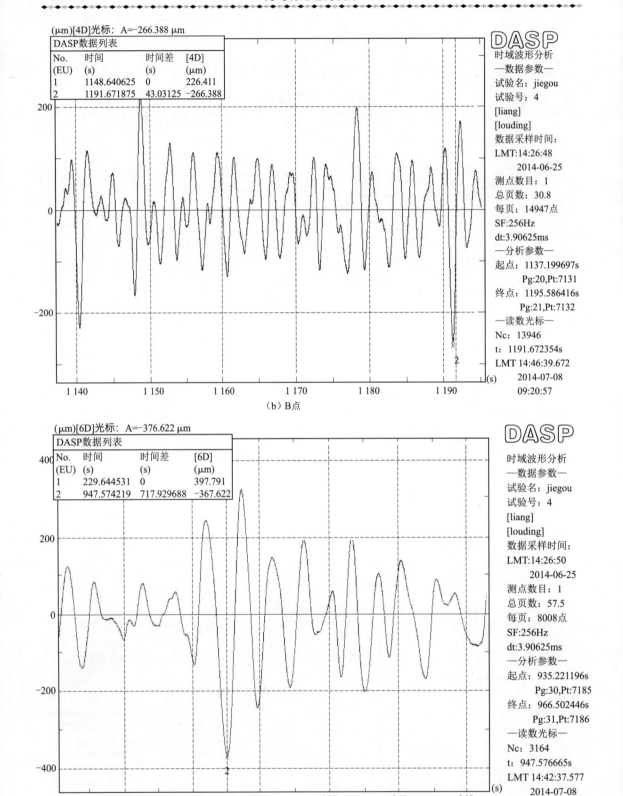

（b）B点

（c）C点

图　18-17

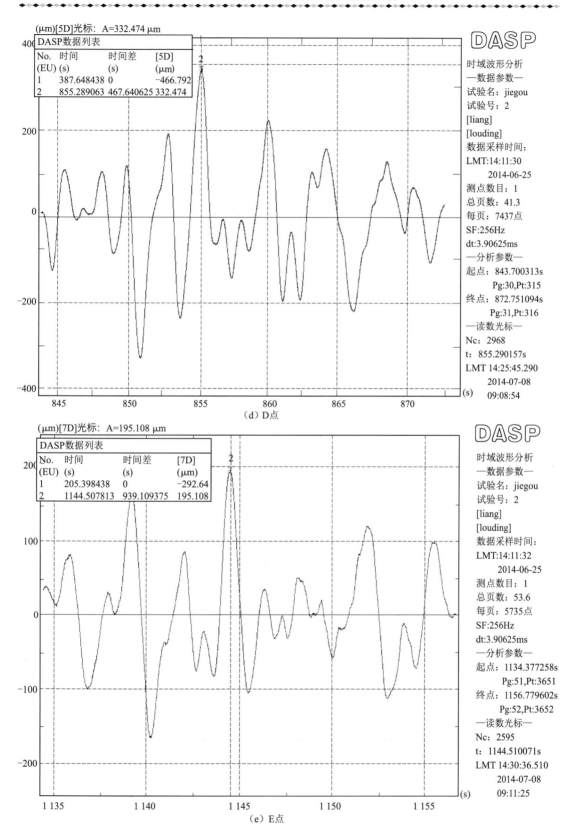

图 18-17　结构振动监测结果(一)

4. 风压监测结果

各测点风压监测结果如图 18-18 所示，其中最大瞬时风压为 110 Pa。

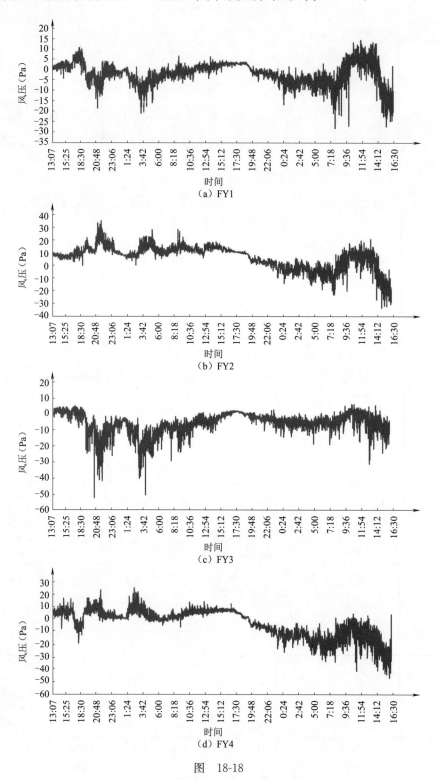

（a）FY1

（b）FY2

（c）FY3

（d）FY4

图　18-18

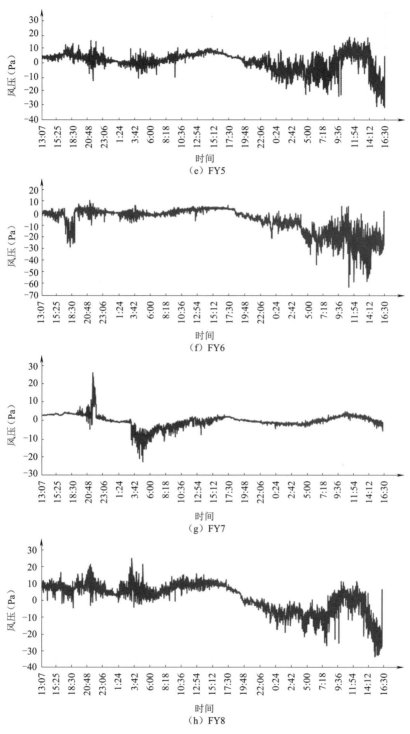

图 18-18　风压监测结果(一)

(监测时间为 2014 年 6 月 15～17 日)

5. 监测情况

本监测系统包括应力监测、结构变形监测、振动监测和风压监测几个部分,其中应力和变形监测的结果与理论值较为接近;通过振动监测测得的振幅,竖向最大为 0.47 mm,轴向最大为 0.39 mm;通过风压监测得到的最大风压值为 110 Pa。

18.3.2　运营阶段第二次监测

1. 应力监测

(1)人字拱

人字拱应力监测结果如图 18-19 所示。在测得的数据中,最大压应力发生在 R2 处,为 −48.2 MPa;最小压应力发生在 R3 处,为 −36.2 MPa。各个测点测试值与 1.0 恒载作用下的设计值接近。

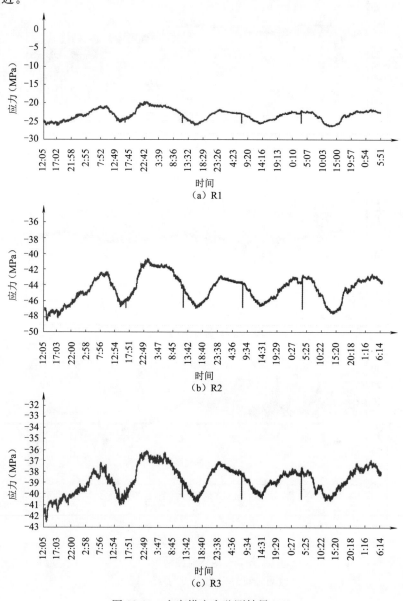

图 18-19　人字拱应力监测结果(二)

(监测时间为 2014 年 12 月 11～16 日)

（2）V型撑

V型撑的测试结果如图18-20所示,最大压应力发生在VC3处,为-127.9 MPa;最小压应力发生在VC6处,为-70.7 MPa。各个测点测试值与1.0恒载作用下的设计值接近。

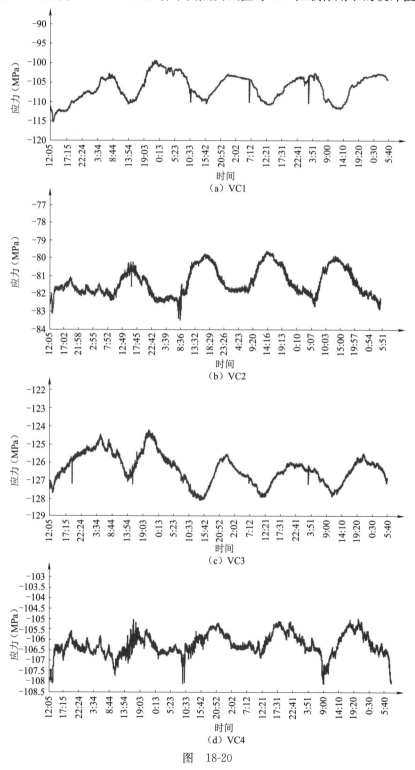

图　18-20

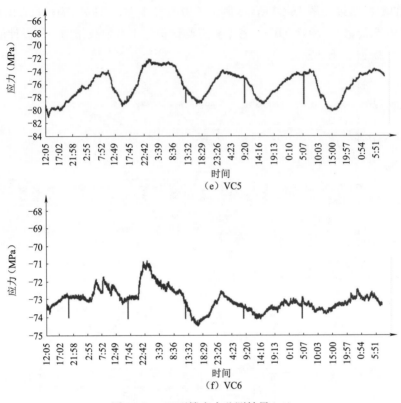

（e）VC5

（f）VC6

图 18-20　Ｖ型撑应力监测结果（二）

（监测时间为 2014 年 12 月 11～16 日）

（3）横梁

K 轴线的两根横梁上应力监测结果如图 18-21 所示，在所测得的数据中，HL1 处主要受到拉应力，其最大拉应力为 4.3 MPa，其余的横梁主要受到压应力，最大压应力发生在 HL2 处，为－22.3 MPa。各个测点测试值与 1.0 恒载作用下的设计值接近。

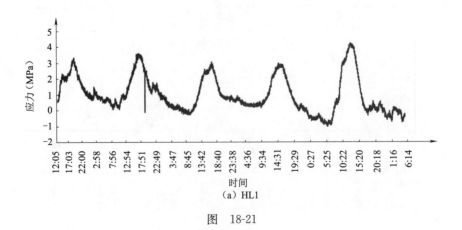

（a）HL1

图　18-21

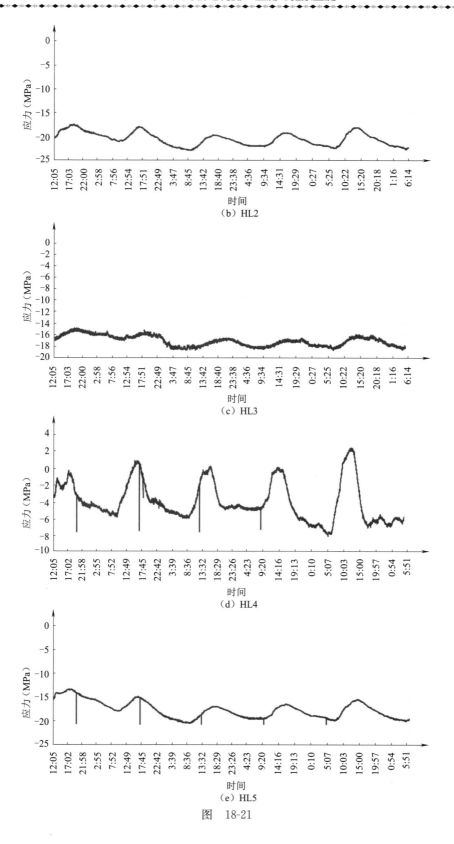

图　18-21

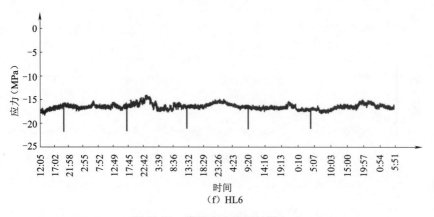

（f）HL6

图 18-21　横梁应力监测结果（二）

（监测时间为 2014 年 12 月 11～16 日）

2. 结构振动监测

应用软件 DASP 对结构加速度数据分析得到的部分测点的振幅如图 18-22 所示。由图 18-22 可知，纵向振幅（东西向）幅值都在 1 mm 左右；竖向振幅平时也在 1 mm 左右。

3. 风压监测结果

各测点风压监测结果如图 18-23 所示，本系统所测得的是屋顶上下表面的压差，即候车室内外的压差，风压都比较小，测得的最大风压在 FY3 处，为 50.3 Pa。

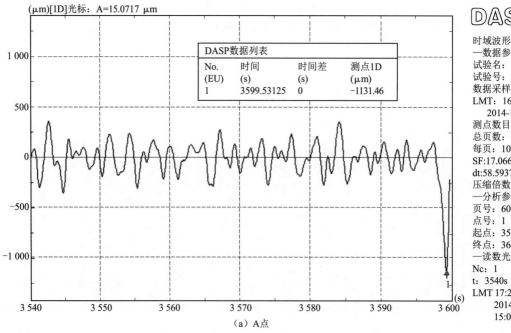

（a）A点

图　18-22

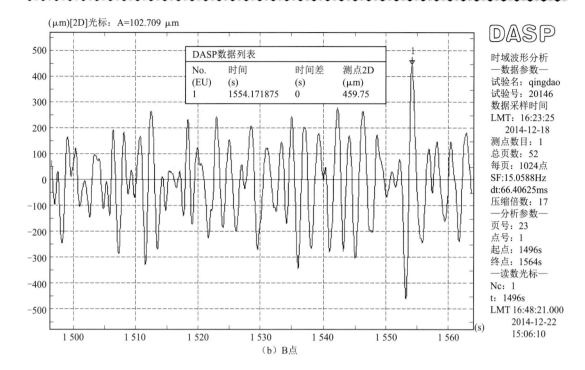

(μm)[2D]光标：A=102.709 μm

DASP数据列表			
No.	时间	时间差	测点2D
(EU)	(s)	(s)	(μm)
1	1554.171875	0	459.75

DASP

时域波形分析
—数据参数—
试验名：qingdao
试验号：20146
数据采样时间
LMT：16:23:25
2014-12-18
测点数目：1
总页数：52
每页：1024点
SF:15.0588Hz
dt:66.40625ms
压缩倍数：17
—分析参数—
页号：23
点号：1
起点：1496s
终点：1564s
—读数光标—
Nc：1
t：1496s
LMT 16:48:21.000
2014-12-22
15:06:10

（b）B点

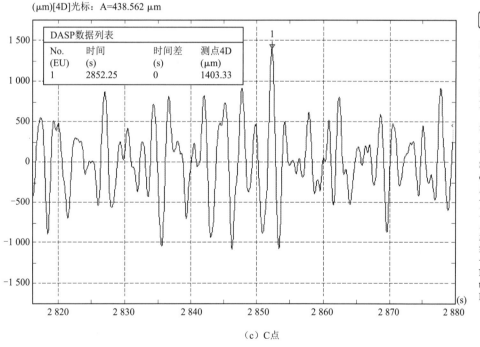

(μm)[4D]光标：A=438.562 μm

DASP数据列表			
No.	时间	时间差	测点4D
(EU)	(s)	(s)	(μm)
1	2852.25	0	1403.33

DASP

时域波形分析
—数据参数—
试验名：qingdao
试验号：20146
数据采样时间
LMT：16:23:23
2014-12-18
测点数目：1
总页数：56
每页：1024点
SF:16Hz
dt:62.5ms
压缩倍数：16
—分析参数—
页号：45
点号：1
起点：2816s
终点：2880s
—读数光标—
Nc：1024
t：2879.9375s
LMT 17:11:31.938
2014-12-22
15:08:20

（c）C点

图 18-22

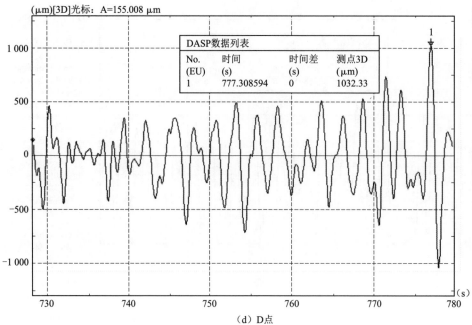

（d）D点

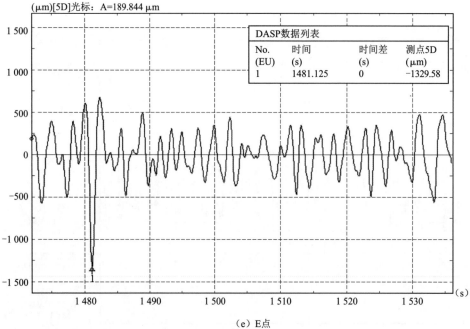

（e）E点

图　18-22

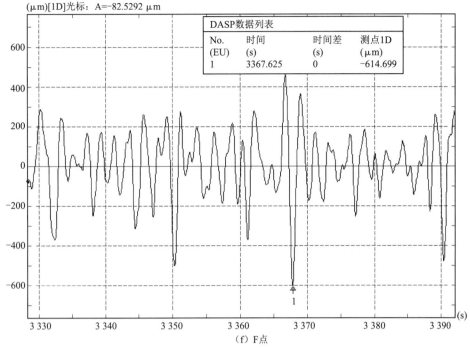

图 18-22　结构振动监测结果(二)

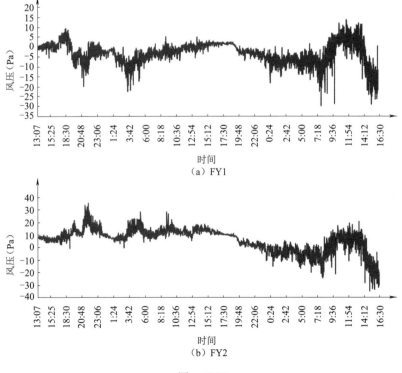

（a）FY1

（b）FY2

图　18-23

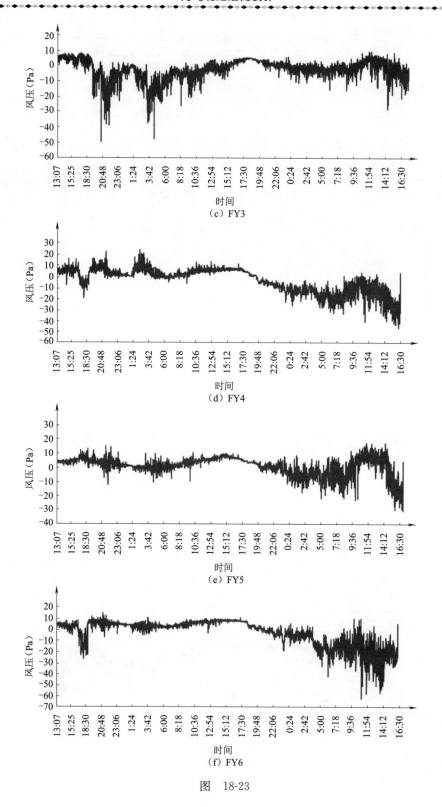

（c）FY3

（d）FY4

（e）FY5

（f）FY6

图　18-23

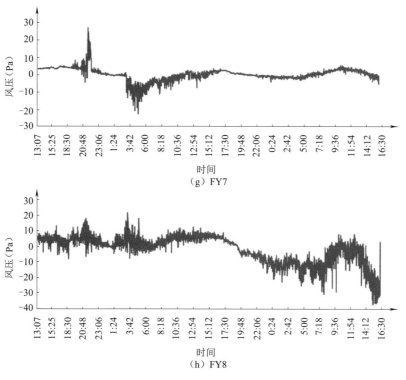

图 18-23　风压监测结果(二)

(监测时间为 2014 年 12 月 11~13 日)

4. 索力监测

通过对 120 根索力的实测,实测值与张拉成型时索力的对比最大为 25%,其中索力对比超过 20% 的数量为 10 个,索力值见表 18-2、表 18-3。

表 18-2　承重索索力

编　　号	张拉成型索力(kN)	测试索力(kN)		误差值	
		南	北	南	北
承重索 A2	4 000	4 267	3 707	7%	−7%
承重索 A4	4 000	4 360	3 859	9%	−4%
承重索 B2	3 400	3 796	3 318	12%	−2%
承重索 B4	3 400	3 127	3 050	−8%	−10%
承重索 C2	3 000	3 586	2 923	20%	−3%
承重索 C4	3 000	3 475	2 859	16%	−5%
承重索 D2	2 200	2 533	2 748	15%	25%
承重索 D4	2 200	2 657	2 287	21%	4%
承重索 E2	2 000	1 756	2 248	−12%	12%
承重索 E4	2 000	1 856	2 245	−7%	12%
承重索 F2	2 000	2 443	2 369	22%	18%
承重索 F4	2 000	2 326	2 313	16%	16%
承重索 G2	2 000	2 039	2 436	2%	22%

续上表

编　　号	张拉成型索力（kN）	测试索力（kN）		误差值	
		南	北	南	北
承重索 G4	2 000	2 107	1 826	5%	−9%
承重索 H2	3 000	2 734	3 160	−9%	5%
承重索 H4	3 000	3 334	2 686	11%	−10%
承重索 J2	3 400	3 081	2 918	−9%	−14%
承重索 J4	3 400	3 731	3 619	10%	6%
承重索 K2	3 500	3 626	3 635	4%	4%
承重索 K4	3 500	2 950	3 068	−16%	−12%

表 18-3　抗风索索力

编　　号	张拉成型索力（kN）	测试索力（kN）		误差值	
		南	北	南	北
抗风索 A1	1 800	1 525	1 708	−15%	−5%
抗风索 A2	3 500	3 352	3 123	−4%	−11%
抗风索 A3	3 800	4 226	3 942	11%	4%
抗风索 A4	4 000	4 308	3 730	8%	−7%
抗风索 B1	1 900	1 641	1 777	−14%	−6%
抗风索 B2	2 800	3 151	2 878	13%	3%
抗风索 B3	1 900	1 691	2 322	−11%	22%
抗风索 B4	2 700	2 960	2 499	10%	−7%
抗风索 C1	1 900	1 932	1 999	2%	5%
抗风索 C2	2 600	2 532	2 667	−3%	3%
抗风索 C3	1 900	2 126	1 760	12%	−7%
抗风索 C4	3 100	2 839	3 411	−8%	10%
抗风索 D1	900	794	765	−12%	−15%
抗风索 D2	1 500	1 305	1 772	−13%	18%
抗风索 D3	1 000	770	985	−23%	−2%
抗风索 D4	2 300	2 136	2 657	−7%	16%
抗风索 E1	900	850	724	−6%	−20%
抗风索 E2	1 500	1 645	1 494	10%	0%
抗风索 E3	900	755	934	−16%	4%
抗风索 E4	1 500	1 769	1 307	18%	−13%
抗风索 F1	900	813	759	−10%	−16%
抗风索 F2	1 500	1 729	1 478	15%	−1%
抗风索 F3	900	698	1 031	−22%	15%
抗风索 F4	1 500	1 328	1 773	−11%	18%

续上表

编　号	张拉成型索力(kN)	测试索力(kN)		误差值	
		南	北	南	北
抗风索 G1	1 000	759	859	−24%	−14%
抗风索 G2	2 300	2 019	2 553	−12%	11%
抗风索 G3	900	709	721	−21%	−20%
抗风索 G4	1 500	1 786	1 411	19%	−6%
抗风索 H1	1 900	1 673	2 381	−12%	25%
抗风索 H2	3 100	2 993	2 926	−3%	−6%
抗风索 H3	1 900	2 011	2 079	6%	9%
抗风索 H4	2 400	2 731	2 851	14%	19%
抗风索 J1	1 900	2 251	1 513	18%	−20%
抗风索 J2	2 700	3 047	3 121	13%	16%
抗风索 J3	1 900	1 571	1 907	−17%	0%
抗风索 J4	2 800	2 459	3 087	−12%	10%
抗风索 K1	3 200	3 030	3 560	−5%	11%
抗风索 K2	3 200	3 329	3 399	4%	6%
抗风索 K3	1 800	1 536	2 077	−15%	15%
抗风索 K4	3 000	2 681	2 781	−11%	−7%

5. 监测情况

通过本次应力监测、振动监测、风压监测和索力监测几个部分的监测验证,其中最大压应力发生在 VC3 处,为−127.9 MPa;通过振动监测测得的振幅,纵向(东西向)振幅都在 1 mm 左右,竖向平时也保持 1 mm 左右的振幅;通过风压监测得的最大风压在 FY3 处,为 50.3 Pa;通过对 120 根索力的实测,实测值与张拉成型时索力对比的最大值为 25%,其中索力对比超过 20% 的数量为 10 个。站房整体结构设计安全性可控。

18.4　本章小结

(1)第一次监测应力和变形的结果与理论值较为接近,验证了结构安全性合格。结构振动和风压监测结果显示在安全范围内,但仍需持续监测,保证结构运行状态正常。

(2)根据第二次监测结果,结构索力与张拉成型时的对比最大为 25%,其中索力对比超过 20% 的数量为 10 个,预应力立体拱架结构实际受力状态需进一步通过运营健康监测继续验证,尤其关注结构变形较大的部位、受力较大和重要杆件。

(3)站房在整个服役期内可能会受到各种突发或者超设计的荷载,比如大的台风、地震、暴雪等,这些荷载会对结构造成一定的损伤,通过健康监测可以判定这些损伤的程度,因此应当对结构持续进行监测。

参考文献

[1] 中华人民共和国建设部. GB 50017—2003 钢结构设计规范[S]. 北京:中国计划出版社,2003.

[2] 中华人民共和国住房与城乡建设部. GB 50009—2012 建筑结构荷载规范[S]. 北京:中国建筑工业出版社,2012.

[3] 中华人民共和国住房与城乡建设部. GB 50010—2010 混凝土结构设计规范[S]. 北京:中国建筑工业出版社,2011.

[4] 中华人民共和国住房与城乡建设部. GB 50011—2010 建筑抗震设计规范[S]. 北京:中国建筑工业出版社,2010.

[5] 同济大学. CECS 200:2006 建筑钢结构防火技术规范[S]. 北京:中国计划出版社,2006.

[6] 中华人民共和国建设部. JGJ 99—1998 高层民用建筑钢结构技术规程[S]. 北京:中国建筑工业出版社,1998.

[7] 中华人民共和国住房与城乡建设部. JGJ 7—2010 空间网格结构技术规程[S]. 北京:中国建筑工业出版社,2010.

[8] 北京工业大学. CECS 212:2006 预应力钢结构技术规程[S]. 北京:中国计划出版社,2006.

[9] 中国建筑科学研究院. CECS 28:2012 钢管混凝土结构设计与施工规程[S]. 北京:中国计划出版社,2012.

[10] 中华人民共和国建设部. GB 50205—2001 钢结构工程施工质量验收规范[S]. 北京:中国建筑工业出版社,2001.

[11] 中华人民共和国建设部. GB 50226—2007 铁路旅客车站建筑设计规范[S]. 北京:中国计划出版社,2007.

[12] 中华人民共和国铁道部. TB 10002.1—2005 铁路桥涵设计基本规范[S]. 北京:中国铁道出版社,2005.

[13] 中华人民共和国铁道部. TB 10002.3—2005 铁路桥涵钢筋混凝土和预应力混凝土结构设计规范[S]. 北京:中国铁道出版社,2005.

[14] 中华人民共和国住房和城乡建设部. JGJ 94—2008 建筑桩基技术规范[S]. 北京:中国建筑工业出版社,2008.

[15] 同济大学桥梁工程系. 青岛火车站风荷载参数数值风洞研究报告[R]. 上海:同济大学,2009.

[16] 西南交通大学风工程试验研究中心. 青岛火车北站站房雨棚风洞试验研究报告[R]. 成都:西南交通大学,2011.

[17] 建研科技股份有限公司. 青岛北站主站房屋面结构超限设计可行性论证报告[R]. 北京:建研科技股份有限公司,2010.

[18] 青岛市工程地震研究所. 新建青岛北客站及相关工程场地地震安全性评价报告[R]. 青岛:青岛市工程地震研究所,2010.

[19] 上海泰孚建筑安全咨询有限公司. 青岛北站站房工程消防性能化设计评估报告[R]. 上海:上海泰孚建筑安全咨询有限公司,2010.

[20] 北京科技大学土木工程系. 青岛北站主站房缩尺模型试验及数值分析报告[R]. 北京:北京科技大学,2011.

[21] 东南大学土木工程学院. 青岛北客站西广厅项目减震分析计算报告[R]. 南京:东南大学,2012.

[22] 同济大学土木工程学院建筑工程系. 锌-5%铝混合稀土合金镀层拉索耐火试验报告[R]. 上海:同济大学,2013.

[23] 北京市建筑工程研究院有限责任公司．青岛北客站项目站房钢结构施工模拟计算分析[R]．北京:北京市建筑工程研究院有限责任公司,2012.

[24] 南京国博土木工程技术有限公司．青岛北站结构振动测试分析报告[R]．南京:南京国博土木工程技术有限公司,2013.

[25] 北京市建筑工程研究院有限责任公司．青岛北客站站房钢结构健康监测报告[R]．北京,北京市建筑工程研究院有限责任公司,2014.

[26] 吴晨,毛晓兵,秦红．能看海的车站:青岛北站[J]．建筑创作,2012(3):151-155.

[27] 毛晓兵,周泽刚．大型铁路站房与城市规划的协同和促进——青岛北站综合交通枢纽一体化设计[J]．铁道经济研究,2013(6):93-98.

[28] 张相勇,李黎明,魏建友,等．青岛北站结构设计综述[J]．建筑结构,2013(23):1-6,13.

[29] 张相勇,李黎明,甘明．青岛北站主站房屋盖钢结构设计[J]．建筑结构,2013(23):7-13.

[30] 阳升,赵鹏飞,杜义欣,等．青岛北站主站房屋盖结构性能研究[C]//第十三届空间结构学术会议论文集,2010.

[31] 赵鹏飞,Emmanuel Livadiotti,阳升,等．青岛北站站房屋盖结构体系研究[J]．建筑结构学报,2011(8):10-17.

[32] 张相勇,尧金金,牟在根．青岛北站主站房性能化抗火设计研究[J]．建筑结构,2011(S1):816-820.

[33] 张相勇．多点多维输入下青岛北站主站房屋盖扭转效应分析[J]．建筑结构,2013(23):14-16,29.

[34] 焦峰华,王天荣,张相勇,等．青岛北站无柱雨棚预应力钢结构关键技术[J]．建筑结构,2013(23):26-29.

[35] 牟在根,尧金金,张相勇．青岛北站大跨钢结构抗火性能研究[J]．北京科技大学学报,2012(8):971-975.

[36] 张相勇,张爵扬,李黎明．青岛北站撑杆式预应力钢压杆的极限承载力分析[J]．钢结构,2014(4):33-35,41.

[37] 张爵扬,张相勇,李黎明．青岛北站拱脚支座节点的有限元分析[J]．钢结构,2014(6):33-35.

[38] 石光磊,张爵扬,张相勇．青岛北站拱脚与V形撑支座节点有限元分析[C]//第二届大型建筑钢与组合结构国际会议论文集,2014.

[39] 冉鹏飞,张爵扬,张相勇,等．青岛北站主站房复杂节点缩尺模型试验研究[C]//第十四届空间结构学术会议论文集,2012.

[40] 张相勇,尧金金,牟在根．青岛北站主站房性能化抗火设计研究[J]．建筑结构,2011(S1):816-820.

[41] 张耀林,赵雅,王海亮,等．青岛北站主站房屋盖钢结构深化设计技术[J]．施工技术,2015(20):59-62.

[42] 王阳阳,单红仙,刘小丽,等．青岛北站基坑桩体水平位移监测及数据异常点分析处理[C]//第九届全国工程地质大会论文集,2012.

[43] 兹远涛,单红仙,刘小丽,等．青岛地铁北站基坑地下连续墙深层水平位移监测分析[C]//第九届全国工程地质大会论文集,2012.

[44] 徐瑞龙,尧金金,陈新礼,等．青岛北站主站房施工仿真计算分析[J]．建筑结构,2013(23):23-25,86.

[45] 张伟,杜冰冰,王垒．青岛火车北站钢结构工程"主拱"加工制作技术[J]．电焊机,2014(5):120-127.

[46] 焦峰华,吴显伟．青岛北站无柱雨棚钢结构施工测量技术应用[C]//第二届大型建筑钢与组合结构国际会议论文集,2014.

[47] 梁锐,尉成伟,孟祥冲,等．青岛北客站复杂巨型倒三角箱型构件高空安装技术[J]．钢结构,2013(9):68-73.

[48] 梁锐,孟祥冲,尉成伟,等．青岛北客站大跨度预应力拱架安装技术[J]．钢结构,2014(1):54-57.

[49] 梁锐,孟祥冲,程存玉,等．青岛北客站复杂巨型钢骨安装技术[J]．钢结构,2014(4):65-68.

[50] 朱志华．青岛北站深基坑土压力及围护结构内力监测分析[D]．青岛:中国海洋大学,2012.

[51] 兹远涛．垃圾土参数对青岛地铁北站基坑支护结构变形的影响研究[D]．青岛:中国海洋大学,2012.

[52] 闫泰山．青岛火车北站主站房抗震研究[D]．成都：西南交通大学，2012.

[53] 孙常清．青岛北客站钢结构屋盖抗震分析[D]．青岛：中国海洋大学，2014.

[54] 陆赐麟，尹思明，刘锡良．现代预应力钢结构(修订版)[M]．北京：人民交通出版社，2007.

[55] 李星荣，魏才昂．钢结构连接节点设计手册[M]．北京：中国建筑工业出版社，2005.

[56] 张其林．建筑索结构设计计算与实例精选[M]．北京：中国建筑工业出版社，2009.

[57] 中国建筑金属结构协会专家组．中国大型建筑钢结构工程设计与施工[M]．北京：中国建筑工业出版社，2007.

[58] 龙文志．点支承玻璃幕墙[M]．大连：大连理工大学出版社，2010.

[59] 刘大海．型钢、钢管混凝土高楼计算与构造[M]．北京：中国建筑工业出版社，2003.

[60] 黄斌．新型空间钢结构设计与实例[M]．北京：机械工业出版社，2009.

[61] 龚思礼．建筑抗震设计手册[M]．北京：中国建筑工业出版社，2002.

[62] 刘锡良．现代空间结构[M]．天津：天津大学出版社，2003.

[63] 沈祖炎．钢结构学[M]．北京：中国建筑工业出版社，2005.

[64] 尹德钰．网壳结构设计[M]．北京：中国建筑工业出版社，1996.

[65] 陈绍蕃，等．钢结构设计原理[M]．北京：科学出版社，2001.

[66] 牟在根．钢结构设计与原理[M]．北京：人民交通出版社，2004.

[67] 蓝天，张毅刚．大跨度屋盖结构抗震设计[M]．北京：中国建筑工业出版社，2000.

[68] 沈世钊．网壳结构稳定性[M]．北京：科学出版社，1999.

[69] 钢结构规范组．钢结构设计计算实例[M]．北京：中国计划出版社，2007.

[70] 魏琏．建筑结构抗震设计[M]．北京：万国学术出版社，1991.

[71] 北京市建筑设计研究院．建筑结构专业技术措施[M]．北京：中国建筑工业出版社，2007.

[72] 童根树．钢结构设计方法[M]．北京：中国建筑工业出版社，2005.

[73] 李国强．多高层建筑钢结构设计[M]．北京：中国建筑工业出版社，2004.

[74] 李国强．钢结构及钢-混凝土组合结构抗火设计[M]．北京：中国建筑工业出版社，2006.

[75] 张志强，李爱群．建筑结构黏滞阻尼减震设计[M]．北京：中国建筑工业出版社，2012.

[76] 石亦平，周玉蓉．ABAQUS有限元分析实例讲解[M]．北京：机械工业出版社，2006.

[77] 徐培福．复杂高层建筑结构设计[M]．北京：中国建筑工业出版社，2005.

[78] 张相勇．建筑钢结构设计方法与实例解析[M]．北京：中国建筑工业出版社，2013.

[79] 王国周，瞿履谦．钢结构——原理与设计[M]．北京：清华大学出版社，1993.

[80] 包头钢铁设计研究院．钢结构设计与计算(第二版)[M]．北京：机械工业出版社．2006.

[81] 钢结构设计手册编委会．钢结构设计手册(上、下册)(第三版)[M]．北京：中国建筑工业出版社，2004.

[82] 傅学怡，等．国家游泳中心水立方结构设计[M]．北京：中国建筑工业出版社，2009.

[83] 王立长，等．大连国家会议中心结构设计[M]．北京：中国建筑工业出版社，2014.

[84] 范重，等．国家体育场鸟巢结构设计[M]．北京：中国建筑工业出版社，2011.

[85] 张爵扬，张相勇，甘明，等．预应力和初始缺陷对极限承载力的影响[C]//第十三届空间结构学术会议论文集，2010.

[86] 张相勇，常为华，甘明．合肥南站主站房大跨超限结构设计与研究[J]．建筑结构，2011(9)：88-92.

[87] 马斐，张志强，李爱群，等．大跨高空连廊人群荷载下TMD减振控制分析[J]．建筑结构，2011(S1)：1399-1403.

[88] Floor Vibrations Due to Human Activity(Steel Design Guide Series 11)[S]. American Institute of Steel Construction，1997.

[89] AFGC(French association of civil engineering)working group：Assessment of vibration behavior of footbridge under pedestrian loading[R]. France：Sétra，2006.

[90] Hivoss(Human induced Vibrations of Steel Structures). EN 03(2007)RFS2-CT-2007-00033. Design of

Footbridges Guideline[S]. Germany：Research Found for Coal&steel,2008.

[91] 赵鹏飞. 大跨结构异型构件设计[J]. 建筑结构,2013(2):36-40.

[92] 刘桐,罗斌,凌庆军. 预应力斜拉网格结构拉索张拉施工分析[J]. 建筑结构,2011(10):54-57.

[93] 郭正兴,罗斌. 大跨空间钢结构预应力施工技术研究与应用大跨空间钢结构预应力施工成套技术[J]. 施工技术,2011(7):96-102.

[94] 包联进,姜文伟,陈建兴,等. 某大型会议中心防屈曲耗能支撑结构设计[J]. 建筑结构学报,2009(S1):134-138.

[95] 汪大绥,陈建兴,包联进,等. 耗能减震支撑体系研究及其在世博中心工程中的应用[J]. 建筑结构学报,2010(5):117-123.

[96] 罗开海. 屈曲约束支撑体系设计方法[J]. 建筑结构,2011(11):98-102.

[97] 赵瑛,郭彦林. 防屈曲支撑框架设计方法研究[J]. 建筑结构,2010(1):38-43.

[98] 李东方,王立长,曲鑫蕃. 大连国际会议中心施工模拟计算分析[J]. 建筑结构,2012(2):54-57.

[99] 秦杰,吕学正,付炎. 大跨度预应力钢结构施工仿真软件开发[J]. 施工技术,2009(3):73-76.

[100] 王永泉. 大跨度弦支穹顶结构施工关键技术与试验研究[D]. 南京:东南大学,2009.

[101] 张相勇,刘国跃. 鄂尔多斯综合高中体育馆结构设计研究[C]//第十四届空间结构学术会议论文集,2012.

[102] 卜国熊,谭平,张颖,等. 大型超高层建筑的随机风振响应分析[J]. 哈尔滨工业大学学报,2010(2):175-179.

[103] 田玉基,杨庆山. 国家体育场屋盖结构风振响应的时域分析[J]. 工程力学,2009(6):95-99.

[104] 王毅,卜龙瑰,朱忠义. 凤凰国际传媒中心屋盖钢结构设计研究[C]//第十三届空间结构学术会议论文集,2010.

[105] 齐五辉,甘明,闫锋,等. 北京五棵松文化体育中心体育馆结构新技术研究[C]//第十三届空间结构学术会议论文集,2010.

[106] 陈志华. 弦支穹顶结构体系及其结构特性分析[J]. 建筑结构,2004(5):38-41.

[107] 范重,彭翼,赵长军. 苏州火车站大跨度屋盖结构设计[C]//第十三届空间结构学术会议论文集,2010.

[108] 王小盾,王亚丽,闫翔宇,等. 天津米粒方屋盖结构方案的比选[C]//第十三届空间结构学术会议论文集,2010.

[109] 朱忠义,束伟农,卜龙瑰,等. 昆明新机场大空旷结构抗震性能研究[C]//第十三届空间结构学术会议论文集,2010.

[110] 赵阳,陈贤川,董石麟. 大跨椭球面圆形钢拱结构的强度及稳定性分析[J]. 土木工程学报,2005(5):15-23.

[111] 赵鹏飞,潘国华,汤荣伟,等. 武汉火车站复杂大型钢结构体系研究[J]. 建筑结构,2009(1):1-4.

[112] 白学丽,叶继红. 大跨空间网格结构在多维多点输入下的简化计算方法[J]. 空间结构,2008(2):30-37.

[113] 陈海忠,朱宏平,蔡振,等. 多维多点地震作用下某体育馆的动力响应分析[J]. 华中科技大学学报(城市科学版).2009(2):12-15.

[114] 朱鸣,张志强,柯长华,等. 大跨度钢结构楼盖竖向振动舒适度的研究[J]. 建筑结构,2008(1):72-76.

[115] Graham H. Powell. Modeling for Structural Analysis[M]. Berkeley：Computers and Structures Inc. ,2010.

[116] 张爵扬,张相勇,甘明,等. 多点多维输入下某火车站房的动力响应分析[C]//第十三届空间结构会议论文集,2010.

[117] 牟在根. 简明钢结构设计与计算[M]. 北京:人民交通出版社,2005.

[118] 牟在根. 房屋建筑结构抗震设计规定及其应用算例解析[M]. 北京:中国铁道出版社,2014.